中 国 国 家 标 准 汇 编

2011年修订-34

中国标准出版社　编

中国标准出版社

北　京

图书在版编目(CIP)数据

中国国家标准汇编:2011年修订.34/中国标准出版社编.—北京:中国标准出版社,2012
ISBN 978-7-5066-6952-8

Ⅰ.①中… Ⅱ.①中… Ⅲ.①国家标准-汇编-中国-2011 Ⅳ.①T-652.1

中国版本图书馆CIP数据核字(2012)第197114号

中国标准出版社出版发行
北京市朝阳区和平里西街甲2号(100013)
北京市西城区三里河北街16号(100045)

网址 www.spc.net.cn
总编室:(010)64275323 发行中心:(010)51780235
读者服务部:(010)68523946

中国标准出版社秦皇岛印刷厂印刷
各地新华书店经销

*

开本 880×1230 1/16 印张 34.25 字数 939 千字
2012年9月第一版 2012年9月第一次印刷

*

定价 220.00 元

出 版 说 明

1.《中国国家标准汇编》是一部大型综合性国家标准全集。自1983年起,按国家标准顺序号以精装本、平装本两种装帧形式陆续分册汇编出版。它在一定程度上反映了我国建国以来标准化事业发展的基本情况和主要成就,是各级标准化管理机构,工矿企事业单位,农林牧副渔系统,科研、设计、教学等部门必不可少的工具书。

2.《中国国家标准汇编》收入我国每年正式发布的全部国家标准,分为"制定"卷和"修订"卷两种编辑版本。

"制定"卷收入上一年度我国发布的、新制定的国家标准,顺延前年度标准编号分成若干分册,封面和书脊上注明"20××年制定"字样及分册号,分册号一直连续。各分册中的标准是按照标准编号顺序连续排列的,如有标准顺序号缺号的,除特殊情况注明外,暂为空号。

"修订"卷收入上一年度我国发布的、被修订的国家标准,视篇幅分设若干分册,但与"制定"卷分册号无关联,仅在封面和书脊上注明"20××年修订-1,-2,-3,……"字样。"修订"卷各分册中的标准,仍按标准编号顺序排列(但不连续);如有遗漏的,均在当年最后一分册中补齐。需提请读者注意的是,个别非顺延前年度标准编号的新制定的国家标准没有收入在"制定"卷中,而是收入在"修订"卷中。

读者配套购买《中国国家标准汇编》"制定"卷和"修订"卷则可收齐由我社出版的上一年度我国制定和修订的全部国家标准。

3. 由于读者需求的变化,自1996年起,《中国国家标准汇编》仅出版精装本。

4. 2011年我国制修订国家标准共1 989项。本分册为"2011年修订-34",收入新制修订的国家标准31项。

中国标准出版社

2012年8月

目　　录

目录

ICS 25.040.40
N 18

中华人民共和国国家标准

GB/T 26803.1—2011

工业控制计算机系统 总线
第1部分：总论

Industrial control computer system—Bus—
Part 1: General description

2011-07-29 发布　　2011-12-01 实施

中华人民共和国国家质量监督检验检疫总局
中国国家标准化管理委员会　发布

前　言

GB/T 26803《工业控制计算机系统　总线》分为以下部分：

——第 1 部分：总论；

——第 2 部分：系统外部总线　串行接口通用技术条件；

——第 3 部分：系统外部总线　并行接口通用技术条件。

本部分是 GB/T 26803 的第 1 部分。

本部分由中国机械工业联合会提出。

本部分由全国工业过程测量和控制标准化技术委员会(SAC/TC 124)归口。

本部分负责起草单位：北京康拓科技开发总公司。

本部分参加起草单位：深圳市研祥通讯终端技术有限公司、北京研华兴业电子科技有限公司、西南大学、中国计算机学会工业控制计算机专业委员会。

本部分主要起草人：刘鑫、刘晖、马飞、张伟艳。

本部分参加起草人：陈志列、耿稳强、刘永池、刘学东、刘朝晖、吕静、黄伟、刘枫、黄巧莉、潘东波、杨孟飞。

工业控制计算机系统　总线
第1部分：总论

1　范围

GB/T 26803 的本部分规定了适用于工业控制计算机的设计和制造过程中有关工业控制计算机局部总线、系统总线和外部总线的定义、结构及基本要求等。

本部分适用于一般工作条件下工业控制计算机系统中的总线。

2　规范性引用文件

下列文件中的条款通过 GB/T 26803 的本部分的引用而成为本部分的条款。凡是注日期的引用文件，其随后所有的修改单(不包括勘误的内容)或修订版均不适用于本部分，然而，鼓励根据本部分达成协议的各方研究是否可使用这些文件的最新版本。凡是不注日期的引用文件，其最新版本适用于本部分。

GB/T 26802.1　工业控制计算机系统　通用规范　第1部分：通用要求

GB/T 26806.1　工业控制计算机系统　工业控制计算机基本平台　第1部分：通用技术条件

GB/T 26803.2　工业控制计算机系统　总线　第2部分：系统外部总线　串行接口通用技术条件

GB/T 26803.3　工业控制计算机系统　总线　第3部分：系统外部总线　并行接口通用技术条件

3　术语和定义

下列术语和定义适用于 GB/T 26803 的本部分。

3.1

总线　bus

工业控制计算机系统的总线是一组信号线的集合，是一种传送规定信息的公共通道，通过它可以把各种数据和命令传送到各自要去的地方。总线是通信的工具和手段，包括不同工业控制计算机之间，或一台工业控制计算机内部各模板模块之间的信息传送。

GB/T 26803 的本部分定义的总线包括工业控制计算机系统的局部总线、系统总线和外部总线。

3.2

系统总线　system bus

GB/T 26803 的本部分定义的系统总线将多台工业控制计算机互连组成更大规模的工业控制计算机系统的数据通信网络，和(或)将单台工业控制计算机同一个或多个外部独立智能 I/O 单元(或模块)互连的数据通信网络叫做工业控制计算机系统的系统总线。

3.3

外部总线　external bus

GB/T 26803 的本部分定义的工业控制计算机的外部总线是将单台工业控制计算机同一个或多个系统外部设备互连的数据通信网络。

3.4

局部总线　local bus

工业控制计算机的局部总线将处理器模板与各功能模板或模块联系起来，以实现各部件之间的数据信息、地址信息和控制信息的传递。局部总线是工业控制计算机内的板级互连总线。

4 符号和缩略语

下列符号和缩略语适用于 GB/T 26803 的本部分。

PCI(Peripheral Component Interconnect),外围部件互连总线

ISA(Industry Standard Architecture),工业标准结构

CompactPCI(Compact Peripheral Component Interconnect),紧凑型 PCI

PCI Express,高速外围部件互连总线

PC/104-*plus*,国际 PC/104 嵌入式协会制定的一种小型化嵌入式计算机标准总线

PXI (PCI eXtensions for Instrumentation),PCI 面向仪器扩展总线

VME(Versa Module European),欧洲卡总线标准

VXI(VME eXtensions for Instrumentation),VME 面向仪器扩展总线

5 工业控制计算机系统的总线结构

5.1 总线结构的定义

利用总线来实现工业控制计算机内部部件及内部与外部之间的信息传输的标准结构。它是现代工业控制计算机系统开放性系统结构的基础。

工业控制计算机处理器模板、输入/输出通道模板(或模块)、人机接口组成单台工业控制计算机装置。多个工业控制计算机装置互连组成工业控制计算机系统。工业控制计算机系统的定义见 GB/T 26802.1。

5.2 总线的层次结构

5.2.1 总线的分类

按照工业控制计算机系统结构将总线分为局部总线和系统总线两层。每个层次的总线都包括三个组成部分:数据总线、地址总线、控制总线。

数据总线上传送的是信息,地址总线传送的是相互通信的设备地址,控制总线是用来确定信息流时间序列的。

5.2.2 局部总线结构

局部总线是主板与 I/O 扩展插槽(或插座)之间互连的一层总线。处理器模板和各功能模板(或模块)通过插入对应的 I/O 扩展插槽(或插座)实现电气连接,组成一个基本工业控制计算机装置。一块处理器模板不通过局部总线也可以单独组成一个基本工业控制计算机装置。

5.2.3 系统总线结构

工业控制计算机装置之间可以通过系统总线扩展成更大规模的工业控制计算机系统。

5.2.4 总线结构图

工业控制计算机系统内的总线结构分单总线结构和双总线结构两种,单总线结构图见图 1,双总线结构图见图 2。本部分规定的单总线结构适用于局部总线和系统总线,双总线结构只用于系统总线。

6 工业控制计算机系统的总线基本要求

6.1 总线数据宽度

6.1.1 并行总线数据宽度以总线可同时传输数据的位数表示,单位:位(bit)。工业控制计算机产品应明确标识支持的总线数据宽度。

6.1.2 串行总线要明确规定串行总线数据宽度,单位:位(bit)。

6.2 总线带宽

数据传输率，单位时间内总线上可传送的数据总量，即每秒钟传送多少字节的最大稳态数据传输速率，单位：字节/秒(byte/s)。总线带宽的理论值可以通过总线数据宽度与时钟频率计算出来。工业控制计算机产品应明确标识支持的总线带宽。

6.3 总线时钟频率

总线工作频率，以每秒的时钟周期数表示，它由一个用于同步各种操作的时钟或者振荡器控制。单位：赫兹(Hz)。总线的时钟频率可以是系统支持的其他总线时钟频率。工业控制计算机产品应明确标识总线支持的时钟频率，允许用户根据需要选用。

6.4 电气特性

规定总线的信号定义、逻辑关系、时序要求、信号表示方法、电路驱动、逻辑电平、噪声容限及负载能力等。

6.5 机械特性

规定总线接插件的机械尺寸、规格及位置等。

6.6 通信协议

6.6.1 通信协议概述

为保证总线之间通信双方能有效，可靠通信而必须共同遵守的一系列规约即通信协议。

6.6.2 通信协议的要素

协议的要素为：语法、语义、同步。规定包括数据的格式，顺序和速率，数据传输的确认或拒收，差错检测，重传控制和询问等操作。

按照同一总线标准设计的功能模板或模块应遵循统一的通信协议，以便实现互相兼容。

6.7 开放性

本标准推荐的系统总线可以采用国际标准或事实上的国际标准，但优先考虑采用国家标准。

本标准推荐的局部总线可以采用国际标准或事实上的国际标准。本标准推荐的局部总线与 PCI、PCI Express、CompactPCI、PXI、PC/104-*plus*、VME、VXI 总线标准兼容。

工业控制计算机系统外部总线串行接口的有关描述见 GB/T 26803.2，工业控制计算机系统外部总线并行接口的有关描述见 GB/T 26803.3。

6.8 环境适应性

环境适应性包括电磁环境适应性，气候环境适应性，机械环境适应性，为适应外界干扰，需进行相应抗扰、加固设计。工业控制计算机产品应遵循 GB/T 26806.1 的有关规定。

6.9 故障检测

对于可能出现的故障，总线应具备故障检测功能，提高总线的抗干扰能力。

6.10 热插拔

建议支持热插拔技术，使工业控制计算机系统模板或模块可以在不切断电源的情况下更换，便于在工业现场快速维修与维护。

6.11 支持即插即用

建议支持即插即用技术，使设备更换、升级相对简单，增加工业控制计算机系统灵活性。

6.12 扩展性

总线应具备一定的扩展能力，以提高系统的可扩展性。

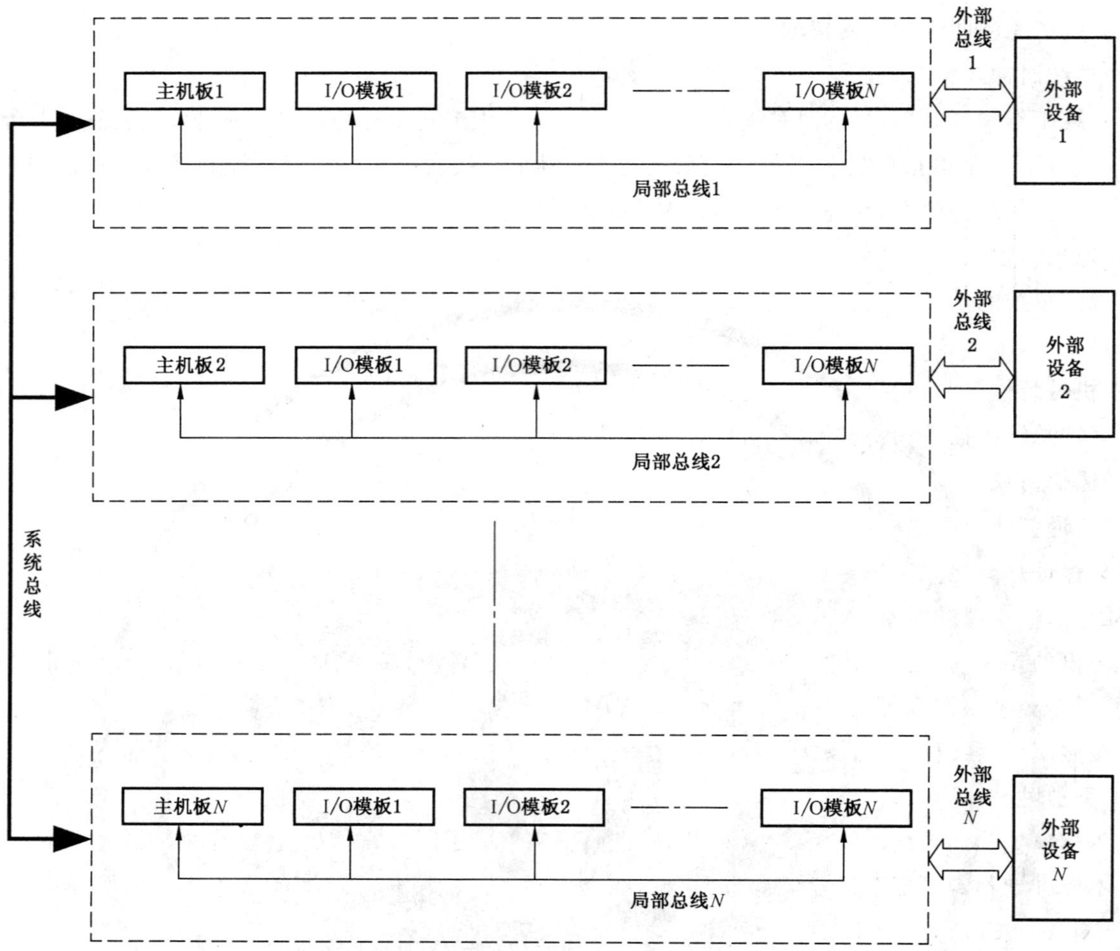
外部
总线
1
主机板1
I/O模板1
I/O模板2
I/O模板N
外部
设备
1
局部总线1
外部
总线
2
主机板2
I/O模板1
I/O模板2
I/O模板N
外部
设备
2
局部总线2
系统总线
外部
总线
N
主机板N
I/O模板1
I/O模板2
I/O模板N
外部
设备
N
局部总线N

图1　单总线结构图

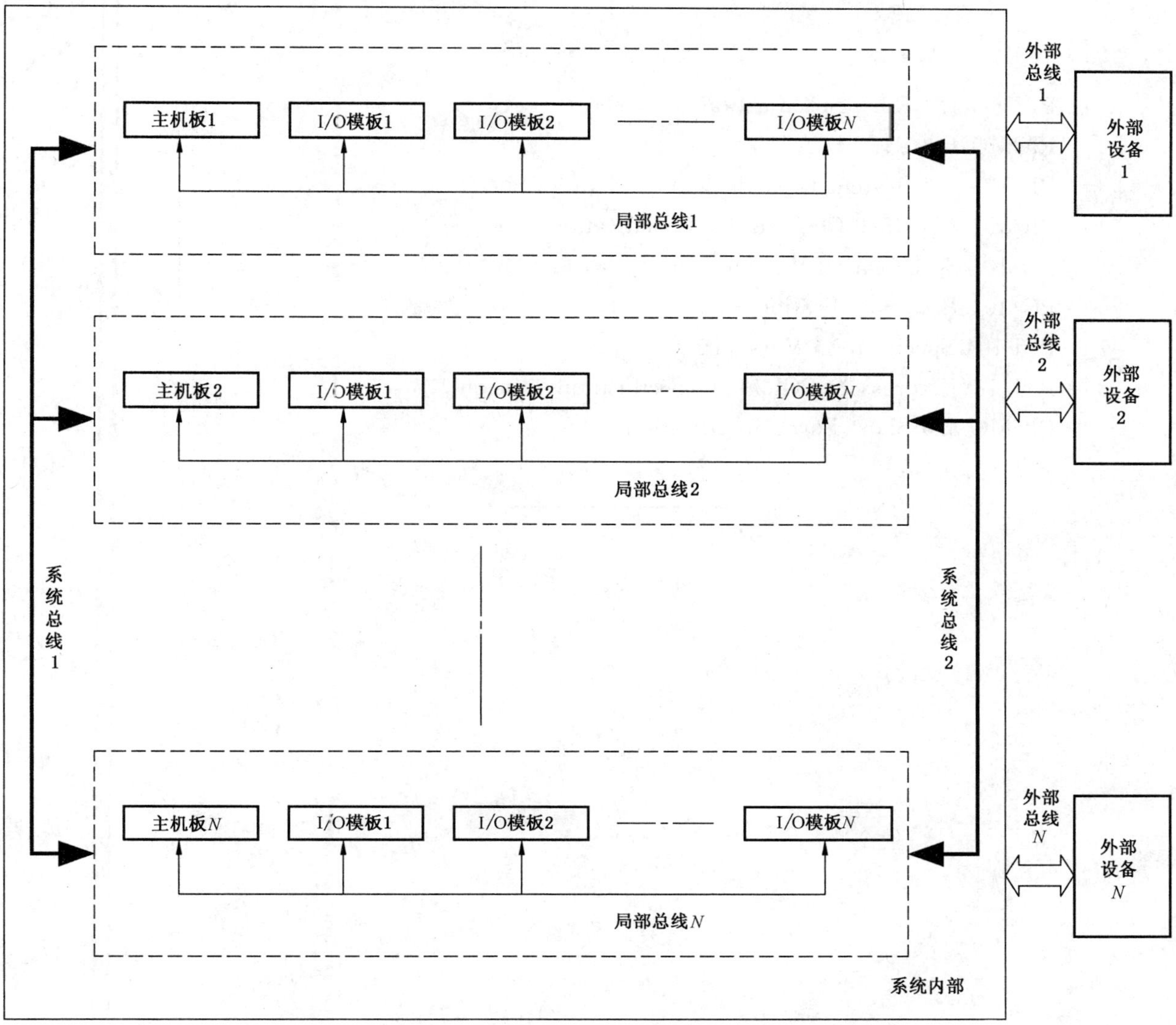
外部总线1
外部设备1
主机板1
I/O模板1
I/O模板2
I/O模板N
局部总线1
外部总线2
外部设备2
主机板2
I/O模板1
I/O模板2
I/O模板N
局部总线2
系统总线1
系统总线2
外部总线N
外部设备N
主机板N
I/O模板1
I/O模板2
I/O模板N
局部总线N
系统内部

图2　双总线结构图

参 考 文 献

[1] PICMG 1.0 R2.0 Specification
[2] PICMG 1.2 R1.0 Specification
[3] PICMG 1.3 System Host Board PCI Express Specification
[4] PICMG 2.0 R3.0 CompactPCI Specification
[5] PC/104 Specification Version 2.5
[6] PC/104-*Plus* Specification Version 2.2
[7] PCI-104 Specification Version 1.0
[8] PCI/104-Express & PCIe/104 Specification Version 1.0
[9] PICMG 3.0 Short Form Specification

ICS 25.040.40
N 18

中华人民共和国国家标准

GB/T 26803.2—2011

工业控制计算机系统 总线 第2部分:系统外部总线 串行接口通用技术条件

Industrial control computer system—Bus—
Part 2:System external bus—General specification for serial interface

2011-07-29 发布 2011-12-01 实施

中华人民共和国国家质量监督检验检疫总局
中国国家标准化管理委员会 发布

前　言

GB/T 26803《工业控制计算机系统　总线》分为以下部分：

——第1部分：总论；

——第2部分：系统外部总线　串行接口通用技术条件；

——第3部分：系统外部总线　并行接口通用技术条件。

本部分是GB/T 26803的第2部分。

本部分由中国机械工业联合会提出。

本部分由全国工业过程测量和控制标准化技术委员会(SAC/TC 124)归口。

本部分负责起草单位：深圳市研祥通讯终端技术有限公司。

本部分参加起草单位：南京菲尼克斯电气有限公司、北京研华兴业电子科技有限公司、西南大学、中国计算机学会工业控制计算机专业委员会。

本部分主要起草人：陈志列、墙登平。

本部分参加起草人：刘朝晖、马飞、刘永池、刘学东、张伟艳、刘鑫、吕静、李涛、张渝、赵亦欣、黄仁杰、杨孟飞。

工业控制计算机系统　总线
第 2 部分:系统外部总线
串行接口通用技术条件

1　范围

GB/T 26803 的本部分规定了工业控制计算机系统之系统外部总线串行接口的设计要求、技术要求等。

本部分适用于工业控制计算机系统中使用串行接口进行二进制数据交换的电子计算机和各种外部设备之间的互连,亦可用于设备与设备之间的互连。本部分列举了工业控制计算机系统中常用的 4 种串行接口实例。

2　规范性引用文件

下列文件中的条款通过 GB/T 26803 的本部分的引用而成为本部分的条款。凡是注日期的引用文件,其随后所有的修改单(不包括勘误的内容)或修订版均不适用于本部分,然而,鼓励根据本部分达成协议的各方研究是否可使用这些文件的最新版本。凡是不注日期的引用文件,其最新版本适用于本部分。

GB 3836.1—2010　爆炸性环境　第 1 部分:设备　通用要求(IEC 60079-0:2007,MOD)

GB 4208—2008　外壳防护等级(IP 代码)(IEC 60529:2001,IDT)

GB 4793.1—2007　测量、控制和实验室用电气设备的安全要求　第 1 部分:通用要求(IEC 61010-1:2001,IDT)

GB/T 6107—2000　使用串行二进制数据交换的数据终端设备和数据电路终接设备之间的接口(idt EIA/TIA-232-E)

GB/T 11014—1989　平衡电压数字接口电路的电气特性(eqv EIA-RS422A:1978)

GB/T 12057—1989　使用串行二进制数据交换的数据终端设备和数据电路终接设备之间的通用 37 插针和 9 插针接口(eqv EIA RS449:1977)

GB/T 15479—1995　工业自动化仪表绝缘电阻、绝缘强度技术要求和试验方法

GB/T 17212—1998　工业过程测量和控制　术语和定义(idt IEC 60902:1987)

GB/T 17214.1—1998　工业过程测量和控制装置工作条件　第 1 部分:气候条件(idt IEC 60654-1:1993)

GB/T 17214.3—2000　工业过程测量和控制装置的工作条件　第 3 部分:机械影响(idt IEC 60654-3:1983)

GB/T 17626.2—2006　电磁兼容　试验和测量技术　静电放电抗扰度试验(IEC 61000-4-2:2001,IDT)

GB/T 17626.3—2006　电磁兼容　试验和测量技术　射频电磁场辐射抗扰度试验(IEC 61000-4-3:2002,IDT)

GB/T 17626.4—2008　电磁兼容　试验和测量技术　电快速瞬变脉冲群抗扰度试验(IEC 61000-4-4:2004,IDT)

GB/T 17626.5—2008　电磁兼容　试验和测量技术　浪涌(冲击)抗扰度试验(IEC 61000-4-5:2005,IDT)

GB/T 17626.6—2008 电磁兼容 试验和测量技术 射频场感应的传导骚扰抗扰度(IEC 61000-4-6:2006,IDT)

GB/T 17626.8—2006 电磁兼容 试验和测量技术 工频磁场抗扰度试验(IEC 61000-4-8:2001,IDT)

GB/T 17799.2—2003 电磁兼容 通用标准 工业环境中的抗扰度试验(IEC 61000-6-2:1999,IDT)

3 术语和定义

GB/T 6107—2000、GB/T 17212—1998 确立的和本系列标准的其他部分确立的术语和定义适用于 GB/T 26803 的本部分。

4 设计要求

4.1 外观

串行接口表面应光洁、完好、无毛刺、无剥落、无划痕、无断裂、无锈蚀、无机械损伤;表面如有说明功能的文字、符号和标志,均应清晰、端正、牢固并与设计要求相符;连接器金属表面的镀层应光亮、无气泡。

4.2 材料

选用的元器件、金属材料、塑料材料、电镀材料、印刷线路板等应符合国家有关标准。结构件应具有足够的机械强度,非金属材料应具有良好的耐油、耐老化要求。电触点表面镀金层厚度不小于 0.2 μm,基层镀镍厚度不小于 1.2 μm;绝缘基座材料应该至少选用 UL94-V2 级阻燃材料,并应满足电气特性及防霉菌要求;优先选择符合环保要求的材料,尽量考虑可回收利用等环境保护因素。

4.3 连接紧固性要求

为满足工业环境的应用,串行接口应采取必要的安装紧固件设计手段,防止接口连接的偶然脱落,如振动与冲击设计。紧固件安装固定后,不得有松动、脱落和损伤等现象;可动部件应可灵活安装和拆卸并连接可靠。

4.4 防护要求

串行接口应该有一定的防护,避免裸露接口的氧化、腐蚀;应能防误插使用,确保接口实现电接触前得到准确的定位。尽量考虑快速连接卡口的接口形式,以方便维护与使用。

4.5 布局要求

串行接口组装后,应高低有序,纵横排列整齐;接口周围应有一定的自由空间,不应与其他接口、装置相干涉,并应符合人机工程学特点,每个端口应该都有标识。

4.6 互换性

电气特性相同的串行接口,使用相同连接器时应保证其外形、连接、装配上完全互换。

5 性能要求

5.1 串行接口电气特性

5.1.1 概述

接口的电气特性规定了信号定义、逻辑电平、电路驱动、噪声容限、负载能力等。互连的设备通过满足某种电气特性的总线进行信息传递。

5.1.2 RS232 电气特性

5.1.2.1 RS232 的电气特性

RS232 的电气特性应符合 GB/T 6107—2000 第 2 章的要求。

5.1.2.2 **RS232 DB9 形式的连接器信号定义**

RS232 DB9 形式的连接器信号定义应符合 GB/T 12057—1989 的规定。

5.1.2.3 **RS232 RJ45 形式的接口定义**

RS232 RJ45 形式的接口定义见表 1 规定。

表 1 RS232 RJ45 形式的接口定义

引脚标识数	信号名称	信号简称
1	请求发送	RTS
2	准备好数据终端	DTR
3	发送数据	TXD
4	信号地	GND
5	信号地	GND
6	接收数据	RXD
7	数据设备准备好	DSR
8	清零发送	CTS

5.1.3 **RS422 电气特性**

5.1.3.1 **RS422 电气特性**

RS485 电气特性应符合 GB/T 11014—1989 的要求。

5.1.3.2 **RS422 DB9 插针接口形式的接口定义**

RS422 DB9 插针接口形式的接口定义见表 2 的规定。

表 2 RS422 DB9 插针接口形式接口定义

引脚标识数	信号名称	信号简称
1	发送数据－	TXD－
2	发送数据＋	TXD＋
3	接收数据＋	RXD＋
4	接收数据－	RXD－
5	信号地	GND
6	不连接	NC
7	不连接	NC
8	不连接	NC
9	不连接	NC

5.1.4 **RS485 电气特性**

5.1.4.1 **RS485 电气特性**

RS485 电气特性应符合 EIA-485 的要求。

5.1.4.2 **DB9 插针接口形式的接口定义**

RS485 DB9 插针接口形式的接口定义见表 3 规定。

表 3 RS485 DB9 插针接口形式接口定义

引脚标识数	信号名称	信号简称
1	数据－	Data－
2	数据＋	Data＋
3	不连接	NC
4	不连接	NC
5	信号地	GND
6	不连接	NC
7	不连接	NC
8	不连接	NC
9	不连接	NC

5.1.5 USB 电气特性

USB 电气特性和接口形式及定义应参考《Universal Serial Bus Specification Revision 2.0》的要求。

5.2 连接器尺寸要求

串行接口的连接器尺寸应符合相关标准的规定，连接器应能满足通用的串行总线设备互连要求。特殊结构、尺寸的连接器由厂商与用户协商确定，并在产品标准中明确。

5.3 连接器电气要求

5.3.1 概述

连接器是串行总线设备间连接的媒介，在串行接口之间进行电气连接和信号传递，在电气方面要求其接触良好，工作可靠。

5.3.2 RS232、RS422、RS485 连接器电气要求

RS232、RS422、RS485 连接器电气要求如下：

a) 接触电阻不大于 10 MΩ；

b) 绝缘电阻不小于 1 000 MΩ；

c) 抗电强度要求 1 000 V(A.C.)。

5.3.3 USB 连接器电气要求

USB 连接器电气要求如下：

a) 接触电阻不大于 30 MΩ；

b) 绝缘电阻不小于 1 000 MΩ；

c) 抗电强度 500 V(A.C.)；

d) 接触电容小于 2 pF。

5.3.4 连接器的其他特殊要求，根据应用需要，由制造商和用户共同商定。

5.4 互连电缆特性

5.4.1 互连电缆通用要求

串行接口信号所使用的电缆类型和长度，必须能够保持特定应用所需要的信号质量。此外，平衡电缆必须使发送和接收端均能保持可以接受的串扰电平。

5.4.2 RS232 互连电缆特性

RS232 互连电缆特性参见 GB/T 6107—2000 附录 A。

5.4.3 RS422、RS485 互连电缆特性

RS422、RS485 互连电缆特性参见 GB/T 11014—1989 附录 A1 的要求。

5.4.4 USB 互连电缆特性

USB 互连电缆特性参见《Universal Serial Bus Specification Revision 2.0》，Chapter 6.6：Cable Mechanical Configuration and Material Requirements。

5.5 安全设计要求

5.5.1 串行接口设计

串行接口设计应满足 GB 4793.1—2007 的相关要求。当应用行业有强制性安全标准时,应遵照其标准执行。

5.5.2 产品采用的材料和元器件要求

产品采用的材料和元器件应符合有关元器件的国家、行业标准或 IEC 标准中与安全有关的要求。元器件应按额定值正确使用,额定值不应大于表 4 要求。

表 4 元器件额定值

接口种类	电压	电流
RS323,RS422,RS485	60 V(A.C.)	3 A
USB	30 V(A.C.)	1 A

5.5.3 与外部电路的连接应当不会出现的情况

与外部电路的连接应当不会出现下列情况:

——在正常条件和单一故障条件下,使外部电路可触及零部件变成为危险带电;

——或者在正常条件和单一故障条件下,使产品本身的可触及零部件变成为危险带电。

5.5.4 电气间隙和爬电距离要符合相关安全标准规定

电气间隙的尺寸应使得进入产品的瞬态过电压和产品内部产生的峰值电压不能使其击穿。爬电距离的尺寸应使得绝缘在给定的工作电压和污染等级下不会产生飞弧或击穿(起痕);最小值不应低于 1 mm(针/针);1.2 mm(针/地)。

5.5.5 串行接口的外壳设计

串行接口的外壳设计应符合整个工业控制计算机系统的安全要求。外壳的防护性能根据应用要求由 GB 4208—2008 中选择防护等级,并按其规定进行设计。

5.5.6 绝缘电阻

接口与外壳之间施加直流电压进行绝缘电阻试验。施加的直流试验电压值和应达到的绝缘电阻值由 GB/T 15479—1995 中表 2 规定。

5.5.7 其他安全要求

用户提出的其他安全要求由制造商和用户商定。

5.6 电磁兼容抗扰度

5.6.1 电磁兼容抗扰度项目选择

串行接口应具有良好的电磁兼容性,满足供工业控制计算机整体系统的电磁兼容要求。电磁兼容抗扰度试验包括下列条款所列项目,试验项目的选择见 GB/T 17799.2—2003。

5.6.2 射频电磁场辐射抗扰度

在 80 MHz~1 000 MHz 射频范围内,根据系统使用的电磁场环境,从 GB/T 17626.3—2006 的表 1 中选择等级进行试验,串行接口应正常工作。

保护(设备)抵抗数字无线电话射频辐射干扰的试验等级,从 GB/T 17626.3—2006 的表 2 中选择。

电磁场辐射环境分为:

a) 1 级:低电平电磁辐射环境;

b) 2 级:中等的电磁辐射环境;

c) 3 级:严重电磁辐射环境;

d) X 级:是一个开放的等级,可在产品规范中规定。

5.6.3 工频磁场抗扰度

工频磁场是由导体中的工频电流产生的,或极少量的由附近的其他装置(如变压器的漏磁通)所产生。

根据系统应用环境在 GB/T 17626.8—2006 中选择试验等级，确定磁场强度进行试验，根据系统和应用要求，串行接口应正常工作。

应用环境分为：

a) 1 级：有电子束的敏感装置能使用的环境；

b) 2 级：保护良好的环境；

c) 3 级：保护的环境；

d) 4 级：典型的工业环境；

e) 5 级：严酷的工业环境；

f) X 级：是一个开放的等级，可在产品规范中规定。

5.6.4 静电放电抗扰度

根据系统安装环境条件（如相对湿度等）和产品材料，在 GB/T 17626.2—2006 的表 1（并参照 GB/T 17626.2—2006 表 A.1）中选择试验等级进行。

接触放电或空气放电（不能使用接触放电场合时选用空气放电试验方式）试验，串行接口应正常工作。

5.6.5 电快速瞬变脉冲群抗扰度

电快速瞬变脉冲群抗扰度是工业控制计算机系统对诸如来自切换瞬态过程（切换感性负载、继电器触点弹跳等）的各种类型瞬变骚扰的抗扰度。

根据系统应用场所环境，在 GB/T 17626.4—2008 的表 1 中选择试验等级，确定开路试验电压和脉冲重复频率进行试验，串行接口应正常工作。

应用场所环境分为：

a) 1 级：具有保护良好的环境；

b) 2 级：受保护的环境；

c) 3 级：典型的工业环境；

d) 4 级：严酷的工业环境；

e) X 级：是一个开放的等级，可在产品规范中规定。

5.6.6 浪涌（冲击）抗扰度

浪涌（冲击）抗扰度是工业控制计算机系统对由开关和雷电瞬变过程电压引起的单极性浪涌（冲击）的抗扰度。

根据系统安装类别，在 GB/T 17626.5—2008 的表 1（并参照 GB/T 17626.5—2008 表 A.1）中选择试验等级，确定开路试验电压进行试验，串行接口应正常工作。

安装类别分为：

a) 0 类：保护良好的电气环境，常常在一间专用房间内；

b) 1 类：有部分保护的电气环境；

c) 2 类：电缆隔离良好，甚至短走线也隔离良好的电气环境；

d) 3 类：电源电缆和信号电缆平行敷设的电气环境；

e) 4 类：互连线按户外电缆沿电源电缆敷设并且这些电缆被作为电子和电气线路的电气环境；

f) 5 类：在非人口稠密区电子设备与通信电缆和架空电力线路连接的电气环境；

g) X 类：在产品技术要求中规定的特殊环境。

5.6.7 射频感应的传导骚扰抗扰度

射频感应的传导骚扰抗扰度是工业控制计算机系统对来自 9 kHz～80 MHz 频率范围内射频发射机电磁场骚扰的传导抗扰度。射频感应是通过电缆（如电源线、信号线、地连接线等）与射频场相耦合而引起的。

根据系统应用场所环境，在 GB/T 17626.6—2008 表 1 中选择试验等级，进行试验，串行接口应正常工作。

应用场所环境分为：

a) 1 级：低电平电磁辐射环境；

b) 2 级：中等的电磁辐射环境；

c) 3 级：严重电磁辐射环境；

d) X 级：是一个开放的等级，可在产品规范中规定。

5.7 环境影响

5.7.1 环境温度影响

根据工业控制计算机系统安装环境，在 GB/T 17214.1—1998 中选择温度，当温度在其范围变化时，串行接口应正常工作。

5.7.2 相对湿度影响

在试验温度为 40 ℃±2 ℃，相对湿度在 93%±3%之间，保持 48 h 后进行测试，串行接口应正常工作。

5.7.3 振动影响

根据应用场所，按照 GB/T 17214.3—2000 中选择振动频率、振动严酷度和振动时间等级，经过三个互相垂直的方向(其中一个为铅垂方向)进行振动试验，串行接口应正常工作。

5.8 抗运输环境影响

5.8.1 抗运输高温影响

产品在运输包装条件下，高温为 40 ℃±3 ℃或 55 ℃±3 ℃的运输环境下进行温度试验后，串行接口应正常工作。

5.8.2 抗运输低温影响

产品在运输包装条件下，低温为 5 ℃±3 ℃、−25 ℃±3 ℃或−40 ℃±3 ℃的运输环境下进行温度试验后，串行接口应正常工作。

5.8.3 抗运输湿热影响

产品在运输包装条件下，高温为 50 ℃±3 ℃和相对湿度为 93%±3%的运输环境下进行交变湿热试验后，串行接口应正常工作。

5.8.4 抗运输碰撞影响

产品在运输包装条件下，选择加速度：100 m/s^2±10 m/s^2；相应脉冲持续时间：11 ms±2 ms；脉冲重复频率：60 次/min～100 次/min；采用近似半正弦波的脉冲波形，进行 1 000 次±10 次的试验。试验后，串行接口应正常工作。

5.9 抗腐蚀性气体性能

应用于具有腐蚀性气体环境的工业控制计算机系统的串行接口应具有在腐蚀性气体环境条件下工作、贮存、运输的能力。其连接器和线缆应具有防腐蚀性能，应根据防腐蚀要求进行处理。

5.10 防爆要求

安装运行于爆炸性气体环境的工业控制计算机系统串行接口应满足 GB 3836.1—2010 的规定。

工业控制计算机系统的相关防爆产品应由国家授权的防爆产品监督检验机构检验并颁发防爆合格证。

ICS 25.040.40
N 18

中华人民共和国国家标准

GB/T 26803.3—2011

工业控制计算机系统 总线 第3部分:系统外部总线 并行接口通用技术条件

Industrial control computer system—Bus—
Part 3:System external bus—General specification for parallel interface

2011-07-29 发布 2011-12-01 实施

中华人民共和国国家质量监督检验检疫总局
中国国家标准化管理委员会 发布

前　言

GB/T 26803《工业控制计算机系统　总线》分为以下部分：

——第1部分：总论；

——第2部分：系统外部总线　串行接口通用技术条件；

——第3部分：系统外部总线　并行接口通用技术条件。

本部分是GB/T 26803的第3部分。

本部分由中国机械工业联合会提出。

本部分由全国工业过程测量和控制标准化技术委员会(SAC/TC 124)归口。

本部分负责起草单位：深圳市研祥通讯终端技术有限公司。

本部分参加起草单位：北京研华兴业电子科技有限公司、南京菲尼克斯电气有限公司、西南大学、中国计算机学会工业控制计算机专业委员会。

本部分主要起草人：陈志列、张景庆。

本部分参加起草人：刘永池、刘学东、刘朝晖、马飞、张伟艳、刘鑫、吕静、张渝、黄巧莉、杨颂华、赵亦欣、杨孟飞。

工业控制计算机系统 总线 第3部分:系统外部总线 并行接口通用技术条件

1 范围

GB/T 26803的本部分规定了工业控制计算机系统的系统外部总线并行接口设计要求、性能要求等。

本部分适用于工业控制计算机系统使用并行接口和打印机或各种外部设备之间的互连。

2 规范性引用文件

下列文件中的条款通过GB/T 26803的本部分的引用而成为本部分的条款。凡是注日期的引用文件,其随后所有的修改单(不包括勘误的内容)或修订版均不适用于本部分,然而,鼓励根据本部分达成协议的各方研究是否可使用这些文件的最新版本。凡是不注日期的引用文件,其最新版本适用于本部分。

GB 3836.1—2010 爆炸性环境 第1部分:设备 通用要求(IEC 60079-0:2007,MOD)

GB 4208—2008 外壳防护等级(IP代码)(IEC 60529:2001,IDT)

GB 4793.1—2007 测量、控制和实验室用电气设备的安全要求 第1部分:通用要求(IEC 61010-1:2001,IDT)

GB/T 15479—1995 工业自动化仪表绝缘电阻、绝缘强度技术要求和试验方法

GB/T 17214.1—1998 工业过程测量和控制装置工作条件 第1部分:气候条件(idt IEC 60654-1:1993)

GB/T 17214.3—2000 工业过程测量和控制装置的工作条件 第3部分:机械影响(idt IEC 60654-3:1983)

GB/T 17626.2—2006 电磁兼容 试验和测量技术 静电放电抗扰度试验(IEC 61000-4-2:2001,IDT)

GB/T 17626.3—2006 电磁兼容 试验和测量技术 射频电磁场辐射抗扰度试验(IEC 61000-4-3:2002,IDT)

GB/T 17626.4—2008 电磁兼容 试验和测量技术 电快速瞬变脉冲群抗扰度试验(IEC 61000-4-4:2004,IDT)

GB/T 17626.5—2008 电磁兼容 试验和测量技术 浪涌(冲击)抗扰度试验(IEC 61000-4-5:2005,IDT)

GB/T 17626.6—2008 电磁兼容 试验和测量技术 射频场感应的传导骚扰抗扰度(IEC 61000-4-6:2006,IDT)

GB/T 17626.8—2006 电磁兼容 试验和测量技术 工频磁场抗扰度试验(IEC 61000-4-8:2001,IDT)

GB/T 17799.2—2003 电磁兼容 通用标准 工业环境中的抗扰度试验(IEC 61000-6-2:1999,IDT)

GB/T 26802.1 工业控制计算机系统 通用规范 第1部分:通用要求

3 术语和定义

GB/T 26803.1 确立的以及下列术语和定义适用于本部分。

3.1

双向操作 bidirectional operation

外设和主机都用正向和反向通道通信。半字节和字节模式与兼容模式联合提供双向操作,ECP 和 EPP 支持双向通信。

3.2

Centronics 接口 Centronics interface

并行接口的流行名称,被并行打印机用做并口接口并被大多数"MS-DOS compatible"个人电脑支持。该名称出自引入该接口的打印机制造商 Centronics Data Computer Corporation。

3.3

Centronics 连接器 Centronics connector

36 针带状接触型连接器,通常被打印机并行接口使用。该标准里参考 IEEE 1284-B 连接器。

3.4

命令集 command set

设备 ID 信息里的一个字段,定义了外设期望的数据类型。例如:打印机可以使用该字段报告它支持的页面描述语言。

3.5

兼容设备 compatible device

支持任何指定范围的流行各种 Centronics 接口的设备。兼容设备与使用设备仅在兼容模式下可以互操作。

3.6

适用设备 compliant device

设备支持 1 类或 2 类电气接口加上兼容和半字节模式操作及这两种模式之间转变的协商阶段。

3.7

设备驱动 device driver

运行在主机里管理发送和从外设接受信息的程序。

3.8

设备 ID device ID

用于识别外设制造商,命令集和型号的结构化的,可变长度 ASCⅡ码消息。也可包括附加的信息。

3.9

正向通道 forward channel

从主机到外设的数据通路。

3.10

主机 host

一个设备,典型如个人电脑,控制与其相连的外设的通讯。

3.11

IEEE 1284-A 连接器 IEEE 1284-A connector

25 针 D 型连接器插头或插座。用于 MS-DOS compatible PC 并行接口。

3.12

IEEE 1284-B 连接器 IEEE 1284-B connector

36 针带状连接器 A 插头或插座。也称为 Centronics 连接器。

3.13

IEEE 1284-C 连接器　IEEE 1284-C connector

小型 36 针带状连接器 A 插头或插座。

3.14

1 类设备　level 1 device

支持 1 类电气接口的设备。

3.15

2 类设备　level 2 device

支持 2 类电气接口的设备。

3.16

链接　link

在主机和外设间传输数据的物理连接和电气硬件。

3.17

n＋信号名称　n＋signal name

在随后为大写信号名称时，指示该信号为负的真逻辑(如：nAck)。

3.18

PC 并口　PC parallel port

大多数打印机用做并行接口，多数个人电脑支持的并行打印机口。该接口被不同的 PC 和外设制造商大量定义。

3.19

外设　peripheral

通过通讯连接到主机的设备。

3.20

外设个性　peripheral personality

外设解释送给它的命令和数据的语言处理器或操作环境特性。

3.21

反向通道　reverse channel

从外设到主机的数据通路。

3.22

请求状态　solicited status

外设发出的响应主机命令的信息。

3.23

状态　status

描述由外设发出的反映外设当前操作状态的数据。

3.24

状态线　status lines

从外设到主机的单向信号，在兼容模式里的定义是握手数据和报告错误状态。在其他模式里用作控制、数据或状态。

3.25

协商阶段　negotiation phase

信号握手以改变信号方式从兼容模式到半字节，字节，ECP，EPP 模式。

4 并口工作模式

4.1 兼容模式

数据和状态信号根据初始定义的同步字节宽度正向通迅，兼容模式作为所有兼容接口的通用基本模式向后兼容大多数存在的设备，包括 PC 并口。兼容模式的兼容性是最好的，但是速度也比较慢。

4.2 半字节模式

在主机控制下的同步，反向(外设到主机)通道，数据字节使用四个外设到主机的状态线分两个四位半字节传输，和兼容方式一起构成双向并口，且两个模式不能同时激活。

4.3 字节模式

字节方式的反向同步数据传输(外设到 PC 机)，使用 8 个数据线传输数据，控制状态线作为握手信号，和兼容方式一起构成双向并口，当主机和外设同时支持使用数据线的双向传输时，传输方向由主机控制，两个模式不能同时激活。

4.4 EPP 模式

增强并行口，由主机控制的同步字节双向通道，此模式通过 8 根数据线提供分离的地址和数据周期。

4.5 ECP 模式

扩展并行口，同步字节双向通道，互锁的握手取代兼容模式下的最小时序要求。提供一根控制线区分命令和数据传输。可选的命令指示单字节数据压缩或通道地址。

ECP 协议是由 Hewlett Packard、Microsoft 公司提出，除了具有 EPP 相同特性外，ECP 模式还支持 DMA 传输和数据压缩，并可实现双向高速通信，ECP 采用双向全双工数据传输，传输速率高于 EPP。

4.6 IEEE-1284 并口模式

IEEE-1284 并口模式见表 1。

表 1 IEEE-1284 并口模式

并口模式	方向	传输率
半字节(4 位)	只输入	50 kB/s
字节(8 位)	只输入	150 kB/s
兼容	只输出	150 kB/s
EPP(增强型并口)	输入/输出	500 kB/s～2 MB/s
ECP(扩充能力端口)	输入/输出	500 kB/s～2 MB/s

5 设计要求

5.1 外观

并行接口表面应光洁、完好、无毛刺、无剥落、无划痕、无断裂、无锈蚀、无机械损伤；表面如有说明功能的文字、符号和标志，均应清晰、端正、牢固并与设计要求相符；连接器金属表面的镀层应光亮、无气泡。

5.2 材料

选用的元器件、金属材料、塑料材料、电镀材料、印刷线路板等应符合国家有关标准。结构件应具有足够的机械强度，非金属材料应具有良好的耐油、耐老化要求。电触点表面镀金层厚度不小于 0.2 μm，基层镀镍厚度不小于 1.2 μm；绝缘基座材料应该至少选用 UL94-V2 级阻燃材料，并应满足电气特性及防霉菌要求；优先选择符合环保要求的材料，尽量考虑可回收利用等环境保护因素。

5.3 连接紧固性要求

为满足工业环境的应用，并行接口应采取必要的安装紧固件设计手段，防止接口连接的偶然脱落，如振动与冲击设计。紧固件安装固定后，不得有松动、脱落和损伤等现象；可动部件应可灵活安装和拆卸并连接可靠。

5.4 防护要求

并行接口应该有一定的防护，避免裸露接口的氧化、腐蚀；应能防误插使用，确保接口实现电接触前得到准确的定位。尽量考虑快速连接卡口的接口形式，以方便维护与使用。

5.5 布局要求

并行接口组装后，应高低有序，纵横排列整齐；接口周围应有一定的自由空间，不应与其他接口、装置相干涉，并应符合人机工程学特点，每个端口应该都有标识。

5.6 互换性

电气特性相同的并行接口，使用相同连接器时应保证其外形、连接、装配上完全互换。

6 性能要求

6.1 并行接口电气特性

并行接口电平为 5 V，接口电压范围为 0 V～5 V，正电压峰值不能超过 5.5 V，负电压不能低于 −0.5 V。

具体要求参考 IEEE 1284 的规定。

6.2 连接器

并行接口的连接器尺寸应符合相关标准的规定，连接器应能满足通用的串行总线设备互连要求。特殊结构、尺寸的连接器由厂商与用户协商确定，并在产品使用说明中明确。

连接器是并行总线设备间连接的媒介，在并行接口之间进行电气连接和信号传递，在电气方面要求其接触良好，工作可靠。

连接器的尺寸见图 1、图 2 和图 3 所示。

单位为毫米

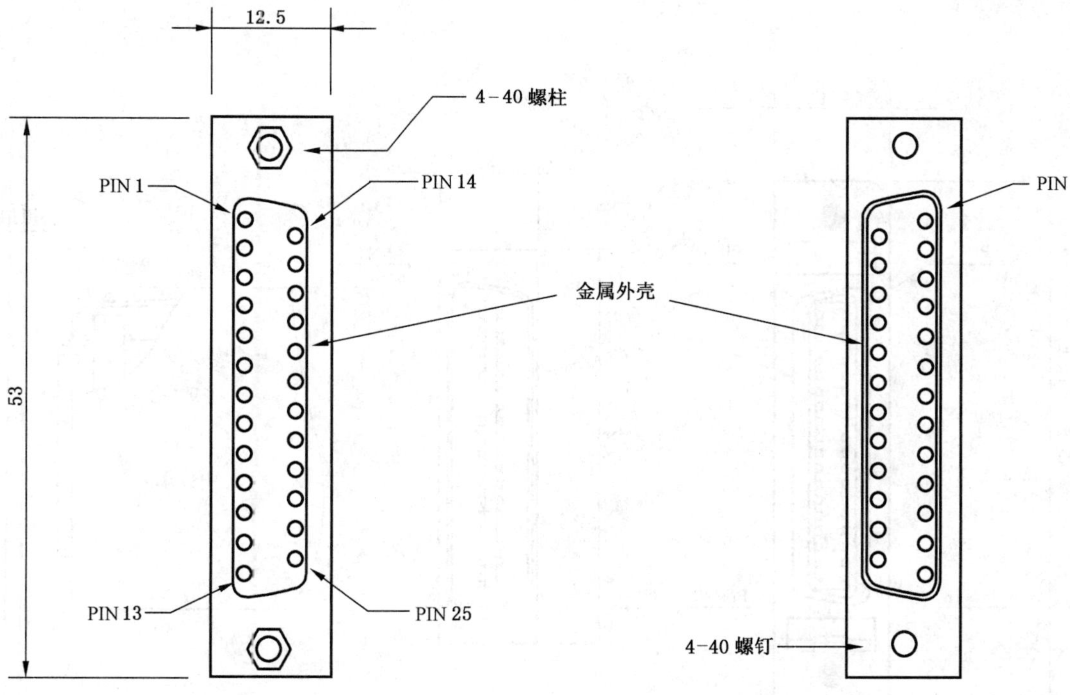

a) 插座　　b) 插头

图 1 IEEE 1284-A 连接器尺寸

单位为毫米

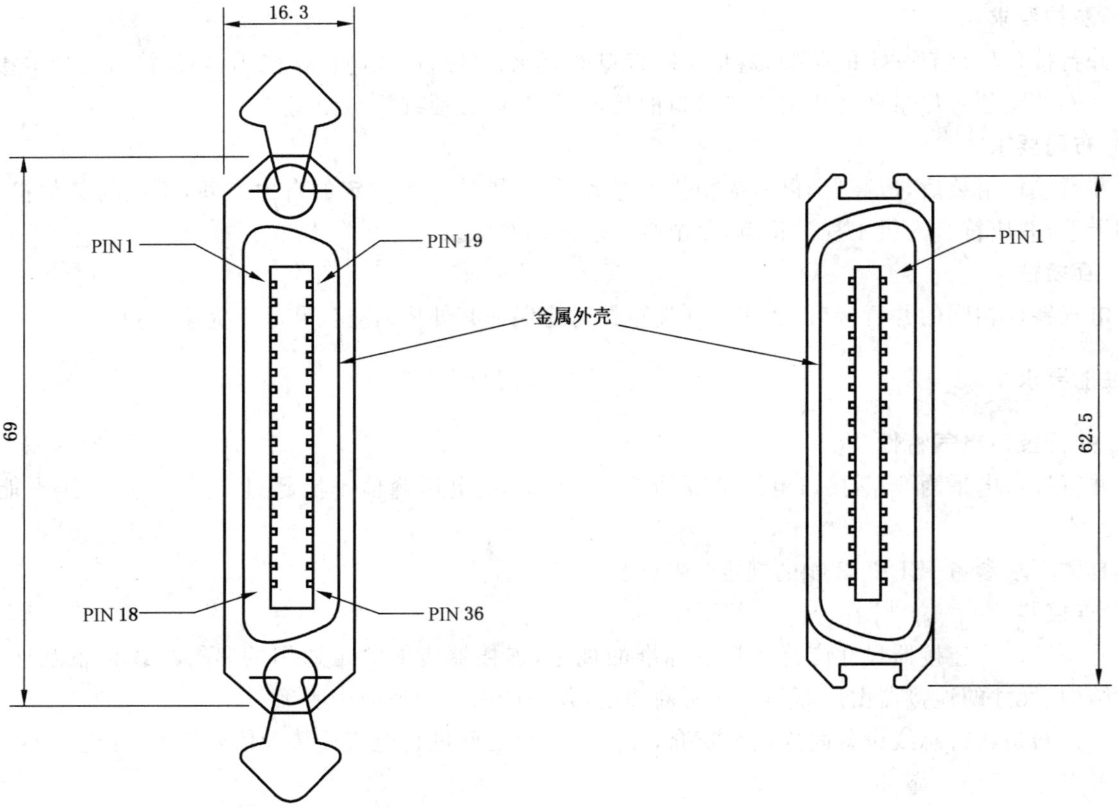

a）插座　　　　b）插头

图 2　IEEE 1284-B 连接器尺寸

单位为毫米

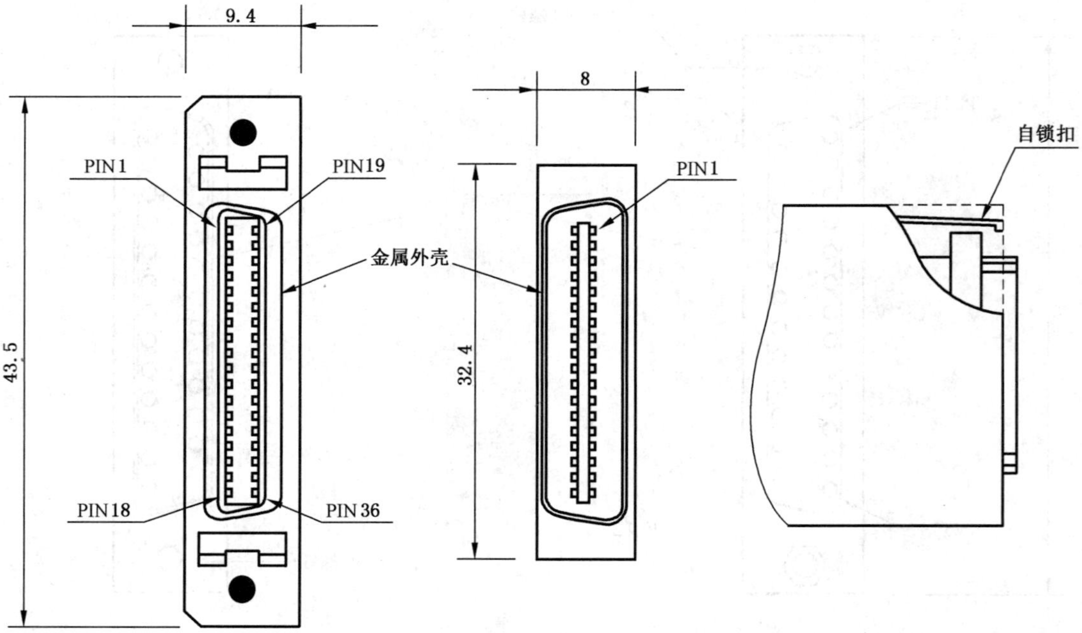

a）插座　　　　b）插头

图 3　IEEE 1284-C 连接器尺寸

6.3 信号分配

6.3.1 IEEE 1284-A 连接器信号分配

IEEE 1284-A 连接器信号分配见表 2。

表 2 IEEE 1284-A 连接器信号分配

引脚标识数	数据源	兼容模式	半字节模式	字节模式	ECP 模式	EPP 模式
1	主机	nStrobe	HostClk	HostClk	HostClk	nWrite
2	双向	Data 1(最低有效位)				AD1
3	双向	Data 2				AD2
4	双向	Data 3				AD3
5	双向	Data 4				AD4
6	双向	Data 5				AD5
7	双向	Data 6				AD6
8	双向	Data 7				AD7
9	双向	Data 8(最高有效位)				AD8
10	外设	nAck	PtrClk	PtrClk	PeriphClk	Intr
11	外设	Busy	PtrBusy	PtrBusy	PeriphAck	nWait
12	外设	PError	AckDataReq	AckDataReq	nAckReverse	用户自定义 1
13	外设	Select	Xflag	Xflag	Xflag	用户自定义 3
14	主机	nAutoFd	HostBusy	HostBusy	HostAck	nDStrb
15	外设	nFault	nDataAvail	nDataAvail	nPeriphRequest	用户自定义 2
16	主机	nInit	nInit	nInit	nReverseRequest	nInit
17	主机	nSelectIn	IEEE 1284 Active	IEEE 1284 Active	IEEE 1284 Active	nAStrb
18	信号地(nStrobe)					
19	信号地(Data 1 and Data 2)					
20	信号地(Data 3 and Data 4)					
21	信号地(Data 5 and Data 6)					
22	信号地(Data 7 and Data 8)					
23	信号地(Busy and nFault)					
24	信号地(PError,Select,and nAck)					
25	信号地(nAutoFd,nSelectIn,and nInit)					

6.3.2 IEEE 1284-B 连接器信号分配

IEEE 1284-B 连接器信号分配见表 3。

表 3　IEEE 1284-B 连接器信号分配

引脚标识数	数据源	兼容模式	半字节模式	字节模式	ECP 模式	EPP 模式
1	主机	nStrobe	HostClk	HostClk	HostClk	nWrite
2	双向	Data 1(最低有效位)				AD1
3	双向	Data 2				AD2
4	双向	Data 3				AD3
5	双向	Data 4				AD4
6	双向	Data 5				AD5
7	双向	Data 6				AD6
8	双向	Data 7				AD7
9	双向	Data 8(最高有效位)				AD8
10	外设	nAck	PtrClk	PtrClk	PeriphClk	Intr
11	外设	Busy	PtrBusy	PtrBusy	PeriphAck	nWait
12	外设	PError	AckDataReq	AckDataReq	nAckReverse	用户自定义 1
13	外设	Select	Xflag	Xflag	Xflag	用户自定义 3
14	主机	nAutoFd	HostBusy	HostBusy	HostAck	nDStrb
15		未定义				
16		逻辑地				
17		机壳地				
18	主机	外设逻辑高				
19		信号地(nStrobe)				
20		信号地(Data 1)				
21		信号地(Data 2)				
22		信号地(Data 3)				
23		信号地(Data 4)				
24		信号地(Data 5)				
25		信号地(Data 6)				
26		信号地(Data 7)				
27		信号地(Data 8)				
28		信号地(PError,Select,nAck)				
29		信号地(Busy,nFault)				
30		信号地(nAutoFd,nSelectIn,nInit)				
31	主机	nInit	nInit	nInit	nReverseRequest	nInit
32	外设	nFault	nDataAvail	nDataAvail	nPeriphRequest	用户自定义 2
33		未定义				
34		未定义				
35		未定义				
36	主机	nSelectIn	IEEE 1284 Active	IEEE 1284 Active	IEEE 1284 Active	nAStrb

6.3.3 IEEE 1284-C 连接器信号分配

IEEE 1284-C 连接器信号分配见表 4。

表 4 IEEE 1284-C 连接器信号分配

引脚标识数	数据源	兼容模式	半字节模式	字节模式	ECP 模式	EPP 模式
1	外设	Busy	PtrBusy	PtrBusy	PeriphAck	nWait
2	外设	Select	Xflag	Xflag	Xflag	用户自定义 3
3	外设	nAck	PtrClk	PtrClk	PeriphClk	Intr
4	外设	nFault	NDataAvail	nDataAvail	nPeriphRequest	用户自定义 2
5	外设	PError	AckDataReq	AckDataReq	nAckReverse	用户自定义 1
6	双向	Data 1(最低有效位)				AD1
7	双向	Data 2				AD2
8	双向	Data 3				AD3
9	双向	Data 4				AD4
10	双向	Data 5				AD5
11	双向	Data 6				AD6
12	双向	Data 7				AD7
13	双向	Data 8(最高有效位)				AD8
14	主机	nInit	NInit	nInit	nReverseRequest	NInit
15	主机	nStrobe	HostClk	HostClk	HostClk	NWrite
16	主机	nSelectIn	IEEE 1284 Active	IEEE 1284 Active	IEEE 1284 Active	NAStrb
17	主机	nAutoFd	HostBusy	HostBusy	HostAck	NDStrb
18	主机	Host Logic High				
19		信号地(Busy)				
20		信号地(Select)				
21		信号地(nAck)				
22		信号地(nFault)				
23		信号地(PError)				
24		信号地(Data 1)				
25		信号地(Data 2)				
26		信号地(Data 3)				
27		信号地(Data 4)				
28		信号地(Data 5)				
29		信号地(Data 6)				
30		信号地(Data 7)				
31		信号地(Data 8)				
32		信号地(nInit)				
33		信号地(nStrobe)				
34		信号地(nSelectIn)				
35		信号地(nAutoFd)				
36	外设	外设逻辑高				

6.4 信号定义

6.4.1 信号名称的说明

以下圆括号里的信号名称为兼容模式定义，使用特定模式信号名称暗指接口操作在该模式。

6.4.2 HostClk/nWrite(nStrobe)：主机驱动

兼容模式：设置active低传输数据到外设输入闩锁，nStrobe低时数据有效。

协商阶段：设定低电平有效以传输延伸请求值到外设输入闩锁，在HostClk上升(下降)边缘数据有效。

反向数据传输阶段：半字节模式，设定为高电平在传输中以避免闩锁数据进外设；字节模式：在传输中为低脉冲以确认从外设来的数据传输，外设应确保该脉冲不传输新数据字节到外设输入闩锁。

ECP模式：用在一个与PeriphAck(Busy)的闭环握手以传输数据从主机到外设。

EPP模式：设定为低电平以指示地址或数据写操作到外设，设定为高电平以指示地址或数据读操作从外设。

6.4.3 AD1…AD8(Data 1…Data 8)

兼容模式和协商阶段由主机驱动，半字节模式下未使用，其他模式下为双向数据。

所有模式：Data 1是最低有效位(bit 0)，Data 8是最高有效位(bit 7)。

兼容模式：正向数据通道。

协商阶段：延伸请求值。

反向数据传输阶段：半字节模式，未使用(主机可能仍驱动总线)；字节模式，反向通道数据。

ECP模式：主机到外设或外设到主机地址或数据。

EPP模式：主机到外设或外设到主机地址或数据。

6.4.4 PtrClk/PeriphClk/Intr(nAck)：外设驱动

兼容模式：外设低脉冲确认从主机传输数据。

协商阶段：设为低电平确认支持IEEE 1284，然后设置高电平指示Xflag(Select)和数据有效标志可以被读。

反向数据传输阶段：半字节模式和字节模式，用来qualify数据被送到主机。

反向空闲阶段：被外设设为低电平然后高电平导致一个指示主机数据有效的中断。

ECP模式：用在一个与HostAck(nAutoFd)的闭环握手以传输数据从外设到主机。

EPP模式：被外设使用以中断主机，该信号为一个最小500 ns的脉冲信号，在预定前必须被升高至少1 μs。

6.4.5 PtrBusy/PeriphAck/nWait(busy)：外设驱动

兼容模式：驱动为高电平指示外设未准备好接收数据。

协商阶段：反映外设正向通道的当前状态。

反向数据传输阶段：半字节模式，数据位3然后7，然后正向通道忙状态；字节模式，正向通道忙状态。

反向空闲阶段：正向通道忙状态。

ECP模式：在反向方向外设驱动该信号为流控制，PeriphAck也提供一个第九数据位被用来决定反向方向数据信号当前是命令还是数据信息。

EPP模式：该信号应被驱动为无效作为外设来的肯定确认数据或地址传输结束。该信号低电平有效，当设备准备接收下一个地址或数据传输时应被驱动为有效。

6.4.6 AckDataReq/nAckReverse(PError)：外设驱动

兼容模式：驱动为高电平以指示外设纸路径(Paper path)出现错误，该信号的含义随外设变化。当

PError 被设定为高电平时外设应该设定 nFault 为低电平。

协商阶段:设为高电平指示 IEEE 1284 支持,然后紧跟 nDataAvail(nFault)。

反向数据传输阶段:半字节模式,数据为 2 然后 6;字节模式,等同于 nDataAvail(nFault)。

反向空闲阶段:设为高电瓶指导主机请求数据传输然后紧跟 nDataAvail(nFault)。

ECP 模式:外设驱动该信号为低电平确认 nReverseRequest。主机依赖 nAckReverse 决定何时允许驱动数据信号。

EPP 模式:(用户自定义 1)该信号为厂商定义规格,超出了本标准范围。

6.4.7 **Xflag(Select):外设驱动**

兼容模式:设为高电平指示外设在线。

协商阶段:该名称 Xflag 针对延伸性标志。在协商阶段被外设使用来回应主机发送的请求延伸字节。该信号电瓶被用来指示确定的回应对每一个各自的延伸字节。

反向数据传输阶段:半字节模式,数据位 1 然后 5;字节模式,定义与协商阶段相同。

反向空闲阶段:定义与协商阶段相同。

ECP 模式:定义与协商阶段相同。

EPP 模式:(用户自定义 3)该信号为厂商定义规格,超出了本标准范围。

6.4.8 **HostBusy/HostAck/nDStrb(nAutoFd):主机驱动**

兼容模式:该信号的解释随外设变化,被主机设为低电平以使某些打印机进入自动换行进纸模式,也可被用做第九位数据,校验位或者命令/数据控制位。

协商阶段:设为低电平连同 IEEE 1284 Active(nSelectIn)被设定为高电平以请求 IEEE 1284 模式。然后在外设设定 PtrClk(nAck)为低电平后设为高电平。

反向数据传输阶段:半字节模式,设为低电平以指示主机可以解手外设到主机的数据。然后设为高电平以确认接受半字节模式。字节模式,与半字节模式相同请求和确认字节,紧跟反向通道传输,当 HostBusy(nAutoFd)被设为低电平并且外设无有效数据时接口转为空闲阶段。

反向空闲阶段:设为高电平在响应一个 PtrClk(nAck)低脉冲以重新进入反向数据传输阶段。

假如设为高电平并且 IEEE 1284 Active(nSelectIn)设为低电平,IEEE 1284 空前阶段停止并且接口返回到兼容模式。

ECP 模式:在反向方向主机驱动该信号为流控制,被用在与 PeriphClk(nAck)的互锁握手,HostAck 也提供一个第九数据位被用来决定正向方向数据信号当前是命令还是数据信息。

EPP 模式:该信号低电平有效,用来指示一个数据周期。

6.4.9 **Peripheral Logic High:外设驱动**

设为高电平指示所有从外设来的其他信号在有效状态,设为低电平指示外设已关机或者要不然外设驱动的接口信号在无效状态。外设制造商可以,但不是必须使用该信号提供 5 伏电源给一个连接的设备。在任何状况下,外设应该限制短时电流最大为 1.0 A 并且当外设电源关闭时应该提供电路以确保一个有效的逻辑低电平在该信号上。

6.4.10 **nReverseRequest(nInit):主机驱动**

兼容模式:低电平脉冲连同 IEEE 1284 Active 低电平以重置接口并且强迫返回兼容模式空闲阶段。

协商阶段:设为高电平。

反向数据传输阶段:设为高电平。

ECP 模式:该信号被驱动为低电平以使通道为反向方向,而在 ECP 模式,当 nReverseRequest 为低电平并且 IEEE 1284 Active 为高电平时,外设仅允许驱动双向数据信号。

EPP 模式:该信号低电平有效。当驱动有效(低电平),该信号初始化一个终结周期结果使接口返回兼容模式。

6.4.11 **nDataAvail/nPeriphRequest(nFault):外设驱动**

兼容模式:被外设设为低电平以指示错误发生,该信号的含义随外设不同变化。

协商阶段:设为高电平以确认 IEEE 1284 兼容模式。在半字节模式或字节模式下,随后设置为低电平以指示外设到主机数据有效紧跟着主机设置 HostBusy(nAutoFd)为高电平。

反向数据传输阶段:半字节模式,设置为低电平指示外设有数据准备传输到主机。然后被用来传输数据位 0 然后数据位 4。字节模式,用来指示数据有效。

反向空闲阶段:用来知识数据有效。

ECP 模式:在 ECP 模式中,外设应该驱动该引脚为低电瓶以请求与主机通信。该信号提供一个点对点的通信途径。该信号典型被用于产生一个到主机的中断。该信号在正向反向方向均有效。

EPP 模式:(用户自定义 2)该信号为厂商定义规格,超出了本标准范围。

6.4.12 **1284 Active/nAStrb(nSelectIn):主机驱动**

兼容模式:被主机设定为低电平以选择外设。

协商阶段:设定高电平连同主机忙设定为低电平以请求一个 IEEE 1284 模式。

反向数据传输阶段:设定为高电平指示总线方向为外设到主机,设定为低电平终止 IEEE 1284 模式以设定总线方向为主机到外设。

反向空闲阶段:与反向数据传输阶段定义相同。

ECP 模式:在 ECP 模式被主机驱动为高电平。被主机设置为低电平以结束 ECP 模式并且返回链接到兼容模式。

EPP 模式:该信号被用来指示一个地址周期,低电平有效。

6.4.13 **Host Logic High:主机驱动**

设定为高电平指示主机来的所有其他信号在有效状态,设定为低电平指示主机以关机或者或者外设驱动的接口信号在无效状态。主机制造商可以,但不是必须使用该信号提供 5 伏电源给一个连接的设备。在任何状况下,外设应该限制短时电流最大为 1.0 A 并且当外设电源关闭时应该提供电路以确保一个有效的逻辑低电平在该信号上。

6.5 IEEE 1284 延伸性请求值

IEEE 1284 延伸性请求值——位分配见表 5。

表 5 IEEE 1284 延伸性请求值——位分配表

定　义	延伸值	Xflag 确认响应
请求延伸链接	1000 0000	High
请求 EPP 模式	0100 0000	High
带 RLE 的请求 ECP 模式	0011 0000	High
请求 ECP 模式	0001 0000	High
保留	0000 1000	High
请求设备 ID;返回数据用半字节模式反向通道	0000 0100	High
字节模式反向通道传输	0000 0101	High
不带 RLE 的 ECP 模式传输	0001 0100	High
带 RLE 的 ECP 模式传输	0011 0100	High
保留	0000 0010	High
字节模式反向通道传输	0000 0001	High
半字节模式反向通道传输	0000 0000	Low
注:RLE——Run Length Encoding。		

6.6 电缆

6.6.1 线缆特性

a) 最小线径为约 0.08 mm(＃28AWG);

b) 每对信号和地的特性非平衡阻抗应该为 62 Ω±6 Ω(频率:4 MHz～16 MHz);

c) 在 1 MHz 下每对电缆的电容不能超过 107 pF/m;

d) 每根导线的最大直流阻抗 0.232 Ω/m(20 ℃);

e) 最大端对端的衰减不能超过 1.5 dB(5 MHz);

f) 线缆的最大传播延迟为 58 ns;

g) 成对线缆的最大传播延迟差为 2.5 ns;

h) 最大零到峰值交调失真信噪测量(近端和远端)应用 5 ns/2 MHz 方波。每对线都要用其特性阻抗终结;

i) 线缆铝箔外至少应有 85%金属网屏蔽;

j) 线缆屏蔽应该使用 360°同心方式低阻抗连接到连接器后壳;

k) 每对信号线应双绞至少每米 36 次。

6.6.2 电缆组成

电缆组成见图 4。

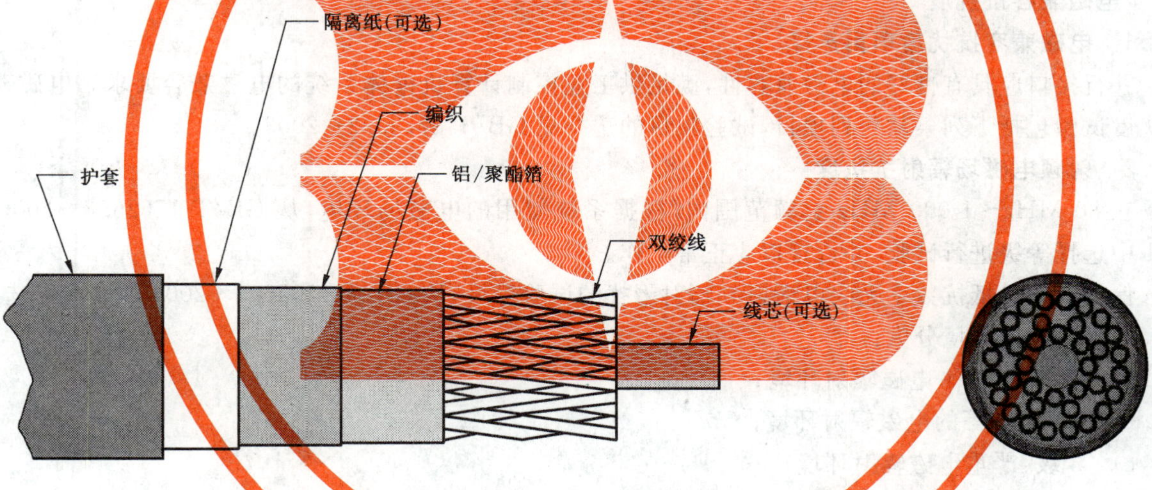

图 4 电缆组成

6.6.3 线缆的应用

线缆应用双绞线或扁平电缆,当采用双绞线时,其中一根线接信号脚,另一根线(返回线)接信号地,以减小传输中的干扰,采用扁平电缆时,接主要信号脚的导线之间应有接地线。

6.7 安全设计要求

6.7.1 并行接口设计要求

并行接口设计应满足 GB 4793.1—2007 的相关要求。当应用行业有强制性安全标准时,应遵照其标准执行。

6.7.2 产品采用的材料和元器件安全设计的要求

产品采用的材料和元器件应符合有关元器件的国家、行业标准或 IEC 标准中与安全有关的要求。元器件应按额定值正确使用,额定值不应大于表 6 的要求。

表 6 元器件额定值

接口种类	电压	电流
并口	30 V(A.C.)	1 A

6.7.3 与外部电路的连接应当不会出现的情况

与外部电路的连接应当不会出现以下的情况：

——在正常条件和单一故障条件下，使外部电路可触及零部件变成为危险带电；

——或者在正常条件和单一故障条件下，使产品本身的可触及零部件变成为危险带电。

6.7.4 电气间隙和爬电距离要符合相关安全标准规定

电气间隙的尺寸应使得进入产品的瞬态过电压和产品内部产生的峰值电压不能使其击穿。爬电距离的尺寸应使得绝缘在给定的工作电压和污染等级下不会产生飞弧或击穿（起痕）；最小值不应低于1 mm（针/针）；1.2 mm（针/地）。

6.7.5 并行接口的外壳设计的安全要求

并行接口的外壳设计应符合整个工业控制计算机系统的安全要求。外壳的防护性能根据应用要求由GB 4208—2008中选择防护等级，并按其规定进行设计。

6.7.6 绝缘电阻

接口与外壳之间施加直流电压进行绝缘电阻试验。施加的直流试验电压值和应达到的绝缘电阻值由GB/T 15479—1995中表2规定。

6.7.7 其他安全要求

用户提出的其他安全要求由制造商和用户商定。

6.8 电磁兼容抗扰度

6.8.1 电磁兼容抗扰度项目选择

并行接口应具有良好的电磁兼容性，满足供工业控制计算机整体系统的电磁兼容要求。电磁兼容抗扰度试验包括下列条款所列项目，试验项目的选择见GB/T 17799.2—2003。

6.8.2 射频电磁场辐射抗扰度

在80 MHz～1 000 MHz射频范围内，根据系统使用的电磁场环境，从GB/T 17626.3—2006的表1中选择等级进行试验，并行接口应正常工作。

保护（设备）抵抗数字无线电话射频辐射干扰的试验等级，从GB/T 17626.3—2006的表2中选择。

电磁场辐射环境分为：

a) 1级：低电平电磁辐射环境；

b) 2级：中等的电磁辐射环境；

c) 3级：严重电磁辐射环境；

d) X级：是一个开放的等级，可在产品规范中规定。

6.8.3 工频磁场抗扰度

工频磁场是由导体中的工频电流产生的，或极少量的由附近的其他装置（如变压器的漏磁通）所产生。

根据系统应用环境在GB/T 17626.8—2006中选择试验等级，确定磁场强度进行试验，根据系统和应用要求，并行接口应正常工作。

应用环境分为：

a) 1级：有电子束的敏感装置能使用的环境；

b) 2级：保护良好的环境；

c) 3级：保护的环境；

d) 4级：典型的工业环境；

e) 5级：严酷的工业环境；

f) X级：是一个开放的等级，可在产品规范中规定。

6.8.4 静电放电抗扰度

根据系统安装环境条件（如相对湿度等）和产品材料，在GB/T 17626.2—2006的表1（并参照

GB/T 17626.2—2006 表 A.1)中选择试验等级进行。

接触放电或空气放电(不能使用接触放电场合时选用空气放电试验方式)试验,并行接口应正常工作。

6.8.5 电快速瞬变脉冲群抗扰度

电快速瞬变脉冲群抗扰度是工业控制计算机系统对诸如来自切换瞬态过程(切换感性负载、继电器触点弹跳等)的各种类型瞬变骚扰的抗扰度。

根据系统应用场所环境,在 GB/T 17626.4—2008 的表 1 中选择试验等级,确定开路试验电压和脉冲重复频率进行试验,并行接口应正常工作。

应用场所环境分为:

a) 1 级:具有保护良好的环境;

b) 2 级:受保护的环境;

c) 3 级:典型的工业环境;

d) 4 级:严酷的工业环境;

e) X 级:是一个开放的等级,可在产品规范中规定。

6.8.6 浪涌(冲击)抗扰度

浪涌(冲击)抗扰度是工业控制计算机系统对由开关和雷电瞬变过程电压引起的单极性浪涌(冲击)的抗扰度。

根据系统安装类别,在 GB/T 17626.5—2008 的表 1(并参照 GB/T 17626.5—2008 表 A.1)中选择试验等级,确定开路试验电压进行试验,并行接口应正常工作。

安装类别分为:

a) 0 类:保护良好的电气环境,常常在一间专用房间内;

b) 1 类:有部分保护的电气环境;

c) 2 类:电缆隔离良好,甚至短走线也隔离良好的电气环境;

d) 3 类:电源电缆和信号电缆平行敷设的电气环境;

e) 4 类:互连线按户外电缆沿电源电缆敷设并且这些电缆被作为电子和电气线路的电气环境;

f) 5 类:在非人口稠密区电子设备与通信电缆和架空电力线路连接的电气环境;

g) X 类:在产品技术要求中规定的特殊环境。

6.8.7 射频感应的传导骚扰抗扰度

射频感应的传导骚扰抗扰度是工业控制计算机系统对来自 9 kHz～80 MHz 频率范围内射频发射机电磁场骚扰的传导抗扰度。射频感应是通过电缆(如电源线、信号线、地连接线等)与射频场相耦合而引起的。

根据系统应用场所环境,在 GB/T 17626.6—2008 表 1 中选择试验等级,进行试验,并行接口应正常工作。

应用场所环境分为:

a) 1 级:低电平电磁辐射环境;

b) 2 级:中等的电磁辐射环境;

c) 3 级:严重电磁辐射环境;

d) X 级:是一个开放的等级,可在产品规范中规定。

6.9 环境影响

6.9.1 环境温度影响

根据工业控制计算机系统安装环境,在 GB/T 17214.1—1998 中选择温度,当温度在其范围变化时,并行接口应正常工作。

6.9.2 相对湿度影响

在试验温度为 40 ℃±2 ℃，相对湿度在 93%±3%之间，保持 48 h 后进行测试，并行接口应正常工作。

6.9.3 振动影响

根据应用场所，按照 GB/T 17214.3—2000 中选择振动频率、振动严酷度和振动时间等级，经过三个互相垂直的方向(其中一个为铅垂方向)进行振动试验，并行接口应正常工作。

6.10 抗运输环境影响

6.10.1 抗运输高温影响

产品在运输包装条件下，高温为 40 ℃±3 ℃或 55 ℃±3 ℃的运输环境下进行温度试验后，并行接口应正常工作。

6.10.2 抗运输低温影响

产品在运输包装条件下，低温为 5 ℃±3 ℃、−25 ℃±3 ℃或−40 ℃±3 ℃的运输环境下进行温度试验后，并行接口应正常工作。

6.10.3 抗运输湿热影响

产品在运输包装条件下，高温为 50 ℃±3 ℃和相对湿度为 93%±3%的运输环境下进行交变湿热试验后，并行接口应正常工作。

6.10.4 抗运输碰撞影响

产品在运输包装条件下，选择加速度：100 m/s^2±10 m/s^2；相应脉冲持续时间：11 ms±2 ms；脉冲重复频率：60 次/min～100 次/min；采用近似半正弦波的脉冲波形，进行 1 000 次±10 次的试验。试验后，并行接口应正常工作。

6.11 抗腐蚀性气体性能

应用于具有腐蚀性气体环境的工业控制计算机系统的并行接口应具有在腐蚀性气体环境条件下工作、贮存、运输的能力。其连接器和线缆应具有防腐蚀性能，应根据防腐蚀要求进行处理。

6.12 防爆要求

安装运行于爆炸性气体环境的工业控制计算机系统并行接口应满足国家或行业相关标准规定，例如安装运行于爆炸性气体环境的工业控制计算机系统并行接口应满足 GB 3836.1—2010 的规定。

工业控制计算机系统的相关防爆产品应由国家授权的防爆产品监督检验机构检验认证。

参 考 文 献

[1] IEEE Std-1284—2000:IEEE Standard Signaling Method for a Bidirectional Parallel Peripheral Interface for Personal Computers.

[2] IEEE Std-1284.3—2000:Interface and Protocol Extensions to IEEE 1284-Compliant Peripherals and Host Adapters-a protocol to allow sharing of the parallel port by multiple peripherals (daisy chaining).

[3] IEEE Std-1284.4—2000:Data Delivery and Logical Channels for IEEE 1284 Interfaces-allows a device to carry on multiple,concurrent exchanges of data.

ICS 25.040.40
N 18

中华人民共和国国家标准

GB/T 26804.1—2011

工业控制计算机系统　功能模块模板 第1部分:处理器模板通用技术条件

Industrial control computer system—Function module—
Part 1:General specification for processor module

2011-07-29 发布　　2011-12-01 实施

中华人民共和国国家质量监督检验检疫总局
中国国家标准化管理委员会　发布

前 言

GB/T 26804《工业控制计算机系统 功能模块模板》分以下部分：

——第1部分：处理器模板通用技术条件；

——第2部分：处理器模板性能评定方法；

——第3部分：模拟量输入输出通道模板通用技术条件；

——第4部分：模拟量输入输出通道模板性能评定方法；

——第5部分：数字量输入输出通道模板通用技术条件；

——第6部分：数字量输入输出通道模板性能评定方法。

本部分是GB/T 26804的第1部分。

本部分的附录A为规范性附录，附录B为资料性附录。

本部分由中国机械工业联合会提出。

本部分由全国工业过程测量和控制标准化技术委员会(SAC/TC 124)归口。

本部分负责起草单位：研祥智能科技股份有限公司。

本部分参加起草单位：北京康拓科技开发总公司、北京研华兴业电子科技有限公司、西南大学、中国计算机学会工业控制计算机专业委员会。

本部分主要起草人：陈志列、庞观士、廖宇晖。

本部分参加起草人：马飞、张伟艳、刘鑫、叶剑波、刘永池、刘学东、刘朝晖、吕静、杨颂华、黄伟、李涛、祝培军、杨孟飞。

工业控制计算机系统　功能模块模板
第1部分：处理器模板通用技术条件

1　范围

GB/T 26804的本部分规定工业控制计算机系统处理器模板主要设计要求、主要技术性能、电源适应性、环境适应性要求、可靠性要求、标志、包装、贮存等。

本部分适用于工业控制计算机处理器模板的设计、制造及验收。

2　规范性引用文件

下列文件中的条款通过GB/T 26804的本部分的引用而成为本部分的条款。凡是注日期的引用文件，其随后所有的修改单(不包括勘误的内容)或修订版均不适用于本部分，然而，鼓励根据本部分达成协议的各方研究是否可使用这些文件的最新版本。凡是不注日期的引用文件，其最新版本适用于本部分。

GB/T 1988　信息技术　信息交换用七位编码字符集(eqv ISO/IEC 646:1991)

GB 2312　信息交换用汉字编码字符集　基本集

GB 4943—2001　信息技术设备的安全

GB 5007.1—2010　信息技术　汉字编码字符集(基本集)　24点阵字型

GB 5199—2010　信息技术　汉字编码字符集(基本集)　15×16点阵字型

GB 6345.1—2010　信息技术　汉字编码字符集(基本集)　32点阵字型　第1部分：宋体

GB 6345.2—2008　信息技术　汉字编码字符集(基本集)　32点阵字型　第2部分：黑体

GB 6345.4—2008　信息技术　汉字编码字符集(基本集)　32点阵字型　第4部分：仿宋体

GB 9254—2008　信息技术设备的无线电骚扰限值和测量方法

GB/T 9969—2008　工业产品使用说明书　总则

GB 12041.4—2008　信息技术　汉字编码字符集(基本集)　48点阵字型　第4部分：仿宋体

GB 12345—1990　信息交换用汉字编码字符集　辅助集

GB 13000—2010　信息技术　通用多八位编码字符集(UCS)(ISO/IEC 10646:2003，IDT)

GB 16793.1—2010　信息技术　通用多八位编码字符集(CJK统一汉字)　24点阵字型　第1部分：宋体

GB 16794.1—2010　信息技术　通用多八位编码字符集(CJK统一汉字)　48点阵字型　第1部分：宋体

GB/T 17212　工业过程测量和控制　术语和定义(idt IEC 902:1987)

GB/T 17626.2—2006　电磁兼容　试验和测量技术　静电放电抗扰度试验(IEC 61000-4-2:2001，IDT)

GB/T 17626.3—2006　电磁兼容　试验和测量技术　射频电磁场辐射抗扰度试验(IEC 61000-4-3:2002，IDT)

GB/T 17626.4—2008　电磁兼容　试验和测量技术　电快速瞬变脉冲群抗扰度试验(IEC 61000-4-4:2005，IDT)

GB/T 17626.5—2008　电磁兼容　试验和测量技术　浪涌(冲击)抗扰度试验(IEC 61000-4-5:2005，IDT)

GB/T 17626.6—2008　电磁兼容　试验和测量技术　射频场感应的传导骚扰抗扰度(IEC 61000-4-6:2006，IDT)

GB/T 17626.8—2006　电磁兼容　试验和测量技术　工频磁场抗扰度试验(IEC 61000-4-8:2001,IDT)

GB 18030—2005　信息技术　中文编码字符集

GB/T 26802.1—2011　工业控制计算机系统　通用规范　第1部分:通用要求

GB/T 26803.2—2011　工业控制计算机系统　总线　第2部分:系统外部总线　串行接口通用技术条件

GB/T 26803.3—2011　工业控制计算机系统　总线　第3部分:系统外部总线　并行接口通用技术条件

GB/T 26805.3—2011　工业控制计算机系统　软件　第3部分:文档管理指南

GB/T 26805.4—2011　工业控制计算机系统　软件　第4部分:工程化文档规范

GB/T 26805.5—2011　工业控制计算机系统　软件　第5部分:用户软件文档

SJ/T 11193—1998　微型数字电子计算机多媒体性能规范

SJ/T 11363—2006　电子信息产品中有毒有害物质的限量要求

3　术语和定义

GB/T 17212、GB/T 26802.1—2011确立的以及下列术语和定义适用于GB/T 26804的本部分。

3.1

处理器模板　processor module

以工业控制计算机主处理器(CPU)为核心的硬件模块,可以包括内存或内存插槽、固件、总线及输入输出接口等。

3.2

看门狗　watchdog

用于产生复位或中断信号,以防止死机或防止程序发生死循环的定时器电路。

3.3

固态盘　solid state disk

以固态电子存储芯片制成的存储设备。

3.4

固件　firmware

完成一个系统最基础、最底层工作的软件,是固化在集成电路内部的程序代码。

3.5

底/背板　backplane

需要搭配处理器模板才能使用,且带有扩展功能的硬件模块。

4　主要设计要求

4.1　硬件要求

设计产品时,除满足功能性设计要求外,还应进行软硬件兼容性、可靠性、易用性、维修性、电磁兼容性和安全性设计。如果设计系列化产品,应遵循系列化、标准化、模块化和向上兼容的原则,并应符合有关国家标准。

处理器模板应该具有系统自恢复功能,应该具有看门狗定时器功能。

4.2　固件要求

固件应与硬件系统的硬件资源相适应,具有一定的自检、资源配置功能。字符集编码及字形应符合相应国家标准。

4.3 结构和外观要求

结构设计应遵循标准化、系列化的要求。满足相应标准的安装尺寸。总线接口外形尺寸应符合有关总线标准规定。自带的所有输入输出接口要符合相应的国家标准或行业标准。

处理器模板的外观应符合下列要求：

——产品表面必须没有明显的凹痕、划伤、裂缝、变形和污染等。表面涂镀层应均匀、不应起泡、龟裂、脱落和磨损，金属零部件不得有锈蚀及其他机械损伤。

——产品表面说明功能的文字符号标志应清晰端正牢固并符合相应的国家标准，不应残缺和污损。如：铭牌、文字数字和标志。

——产品的零部件必须坚固无松动，安装可抽换部件的接插件必须灵活可靠，布局必须方便使用。

4.4 文档和软件要求

文档和软件要求如下：

——必须随产品提供简体中文文档，文档应该能指导模块的正确安装、使用、维护和编程；

——应该提供相应的驱动程序和应用软件；定制系统软件等需要提供相关的软件文档，应符合相应的国家标准；

——说明文档应符合 GB/T 9969—2008 的要求，软件文档应符合 GB/T 26805.3—2011、GB/T 26805.4—2011 和 GB/T 26805.5—2011 的要求；

——配置的软件应与硬件系统的资源相适应，便于掌握和操作；

——模板上固化的软件、程序应可升级。

4.5 中文信息处理

4.5.1 字符集

产品应采用国家标准规定的字符集，优先在下列范围内选用：

——GB 18030—2005 或 GB 13000—2010；

——GB 2312；

——GB 2312 和 GB 12345—1990；

——GB/T 1988；

其他有关少数民族文字编码字符集。

4.5.2 汉字字型

产品应采用国家标准规定的点阵汉字字型，优先采用下述标准点阵：

——15×16 (GB 5199—2010)一般用于显示；

——24×24 (GB 5007.1—2010、GB 16793.1—2010)可用于显示或打印；

——32×32 (GB 6345.1—2010、GB 6345.4—2008、GB 6345.2—2008)可用于打印；

——48×48 (GB 12041.4—2008、GB 16794.1—2010)可用于打印。

4.6 安全、环保、节能要求

4.6.1 安全

安全要求如下：

——产品的发热保护应符合 GB 4943—2001 中的要求，具体温升值在产品标准中规定；

——产品采用的材料和元器件应符合有关元器件的国家、行业标准中或 IEC 标准中与安全有关的要求；元器件应按额定值正确使用。

4.6.2 环保

选用的元器件、结构材料、印刷电路板材料、互连材料等应符合国家有关标准并在生命周期内是环保的；模板环保设计建议符合 SJ/T 11363—2006 的规定。

4.6.3 功耗

产品应根据实际应用，在正常的工作情况下，处理器模板最低功耗应适应表 1 中的相应范围，模板应该尽量节能。

表 1 功耗等级

功耗等级	最低功耗
1	≤6 W
2	6 W～15 W
3	15 W～40 W
4	>40 W

5 主要技术性能

5.1 电气特性

产品使用说明中明确规定 CPU 类型与工作频率、总线速度、存储器、输入输出控制器、外围设备控制器、网络特性等，产品功能必须与说明书相符合。

5.2 机械特性

机械特性应遵循标准化、系列化的要求，根据行业内认可的标准设计。模板的外形尺寸、安装孔位、不同区域限高等应该根据规范设计。模板应该能够互换，应符合人机工程的特点。模板与底板、背板间接口和扩展总线接插件的外形尺寸应符合有关总线标准规定。所有输入输出接口结构尺寸要符合相应的国家标准或行业标准。

行业内认可的标准结构尺寸，如：

——ETX；

——COM Express；

——PICMG 1.0、1.2、1.3；

——CPCI；

——PC/104，PC/104-plus，PCI-104，PCI/104-Express，PCIe/104；

——EBX，EPIC，3.5″；

——ATX，MicroATX，mini-ITX；

——POS；

——EPI。

详细结构尺寸见附录 A，参见附录 B。

5.3 总线及接口

5.3.1 处理器模板与底板、背板总线接口

5.3.1.1 ETX

参考《ETX Specification Document Revision 3.02》。

5.3.1.2 COM Express

参考《PICMG COM.0 R1.0 Computer On Module Specification》。

5.3.1.3 PICMG 1.0、1.2、1.3

参考《PICMG1.0 R2.0 Specification》、《PICMG1.2 R1.0 Specification》、《PICMG1.3 System Host Board PCI Express Specification》。

5.3.1.4 CPCI

参考《PICMG 2.0 R3.0 Compact PCI Specification》

5.3.1.5 PC/104，PC/104-plus，PCI-104，PCI/104-Express，PCIe/104

参考《PC/104Specification Version2.5》、《PC/104-Plus Specification Version2.2》、《PCI-104 Specification Version 1.0》、《PCI/104-Express & PCIe/104 Specification Version 1.0》

5.3.1.6 其他

参考后附参考文献中的相关文件。

5.3.2 外部总线接口

5.3.2.1 外部串行总结接口

符合 GB/T 26803.2—2011 的要求。

5.3.2.2 外部并行总线接口

符合 GB/T 26803.3—2011 的要求。

5.3.3 输入输出接口

可以根据实际应用选择相关内部接口，部分接口定义和尺寸内容可参考《Front Panel I/O Connectivity Design Guide Version 2.2》，如以下接口：

——PS/2 键盘、鼠标接口；

——通用 RJ45 网口；

——1394 总线接口；

——CF 卡接口；

——VGA、LVDS、DVI、TTL、TV-out、S-vedio 等显示设备接口；

——IDE、SATA、SCSI 接口。

5.4 基本功能

5.4.1 数据处理功能

处理器模板应具有对数据的采集、存储、检索、加工、变换和传输等功能。

5.4.2 存储功能

处理器模板对数据、信息应具有内部和外部存储功能。

5.4.3 输入、输出功能

处理器模板应具有通过不同的总线接口、内外部接口、输入设备等接收各种数据信号、状态信号、控制信号的输入；并且能把处理后的数据通过相应的总线接口、内外部接口、输出设备等输出。

5.4.4 工业控制串行通信功能

处理器模板可通过串行口获得外部的数据，作为过程输入，数据处理后输出。

5.4.5 状态检测功能

为保证处理器模板正常工作，应具备对处理器模板工作状态检测功能，如：处理器温度、环境温度、电压等状态的监测功能。当处理器温度超过设定极限时，应有相应的报警输出，方便排除故障。

5.4.6 系统自恢复功能

用于控制的计算机的处理器模板，要求具有看门狗定时器功能。能在定时器超时（预编程时间到）事件发生时，向系统发出中断，或者复位信号，使系统能通过预定的办法排除故障，恢复系统的正常运行。根据需要，可以禁止或使能看门狗定时器功能。

5.5 可选功能

5.5.1 远程唤醒功能

处理器模板根据实际应用可通过网络接口或 COM 接口接收远程信号从待机、睡眠、关机状态下唤醒。

5.5.2 固态盘存储功能

处理器模板根据实际应用可支持不同的固态盘存储设备，如：CF 卡、ADC、DOM 等。

5.5.3 多媒体功能

处理器模板根据实际应用可支持多媒体功能，工业控制计算机应符合 SJ/T 11193—1998 的规定。

5.5.4 工业控制网络通信要求

处理器模板可以通过网络接口在英特网、局域网等各种网络中与其他网络通信设备进行数据传输。

5.5.5 信息安全保护功能

处理器模板根据实际应用可支持信息安全保护功能。

5.5.6 系统管理功能

处理器模板在相应硬件、软件支持下，应该能实现远程故障判断，方便升级维护。

6 电源适应能力

要求能在电压标称值±5%、纹波/杂讯标称值0.1%的条件下正常工作，标称值在产品标准中规定。对于电源有特殊要求的单元应在产品标准中加以说明。如：ATX电源的电源适应范围参考表2，纹波/杂讯范围参考表3。

表2 电源适应范围

输入	范围	最小	正常	最大	单位
+12 VDC	±5%	+11.4	+12.00	+12.60	V
+5 VDC	±5%	+4.75	+5.00	+5.25	V
+3.3 VDC	±5%	+3.14	+3.30	+3.47	V
−12 VDC	±10%	−10.80	−12.00	−13.20	V
+5 VSB	±5%	+4.75	+5.00	+5.25	V

表3 纹波/杂讯

输入	最大纹波 & 杂讯/mVpp
+12 VDC	120
+5 VDC	50
+3.3 VDC	50
−12 VDC	120
+5 VSB	50

7 环境适应要求

7.1 环境温度影响

温度特性分工作温度、贮存温度。处理器模板在表4规定的工作温度范围内应能正常工作，在无包装、不通电时置于试验箱内，达到规定的贮存温度严酷等级下至少保持48 h，之后立即进行测试，应能无元器件损坏，能正常工作。

表4 工作和贮存运输温度

级别	工作温度/℃	贮存温度/℃
1	0～60	−25～75
2	−15～65	−25～75
3	−25～70	−40～85
4	−40～85	−55～95
注：低温工作允许有局部自加热设备。		

7.2 环境湿度影响

处理器模板在表5规定的工作湿度条件下，应能满足规定的绝缘电阻要求，工作正常，且表面无锈痕、无污染，在无包装、不通电时置于试验箱内，在达到规定的贮存湿热严酷等级下至少保持48 h，之后湿度恢复正常再进行测试，应能无元器件损坏，能正常工作。

表 5　湿热条件

级别	工作湿热条件	贮存湿热条件
	相对湿度/%	相对湿度/%
1	20%～75%(40 ℃)	20%～80%(40 ℃)
2	20%～80%(40 ℃)	20%～95%(40 ℃)
3	20%～95%(40 ℃)	20%～95%(40 ℃)

7.3　振动、冲击影响

经组装的处理器模板在表 6 的正弦振动条件、表 7 的随机振动条件、表 8 的冲击条件下，应无机械损伤和零部件松动等现象，功能特性、电气特性应符合原规定。

表 6　正弦振动条件

级别	正弦振动				
	频率/Hz	加速度/(m/s^2)	振幅/mm	振动方向	单向振动时间/min
1	20～60 不工作	10		1	7
2	5～15		0.4	1～3	7
	15～200	15			
3	15～30		0.4	3	7
	30～50	15			
	50～500	42			
4	5～30		0.5	3	7
	30～50	15			
	50～500	42			

表 7　随机振动条件

级别	振动谱型	总均方根加速度/(m/s^2)	振动方向	每方向振动时间
1	20～500 Hz，0.1 g^2/Hz	6.9	3	5 min/向
2	5～200 Hz，0.02 g^2/Hz 200～1 000 Hz，3 dB/oct	32.2	3	5 min/向
3	10～50 Hz，＋3 dB/oct 50～500 Hz，0.16 g^2/Hz 500～2 000 Hz，6 dB/oct	116.6	3	5 min/向

表 8　冲击条件

级别	冲击				
	加速度/(m/s^2)	持续时间/ms	波形	振动方向	每方向次数
1	50 不加电	8～15	半正弦波	1	3
2	100	8～15	半正弦波	3	3
3	150	8～15	半正弦波	3～6	3
4	200	8～15	半正弦波	3～6	3

7.4 跌落影响

经包装的处理器模板在表9规定的自由跌落条件下，产品和运输包装均应无明显的变形和损伤，且产品加电应能正常工作。

表9 自由跌落条件

包装件质量/kg	跌落高度/mm
≤15	1 000
15～30	800
30～40	600
40～45	500
45～50	400
>50	300

7.5 抗运输环境影响

7.5.1 抗运输高温影响

产品在运输包装条件下，高温为40 ℃±3 ℃或55 ℃±3 ℃的运输环境下进行温度试验后，处理器模板正常工作。

7.5.2 抗运输低温影响

产品在运输包装条件下，低温为5 ℃±3 ℃、−25 ℃±3 ℃或−40 ℃±3 ℃的运输环境下进行温度试验后，处理器模板正常工作。

7.5.3 抗运输湿热影响

产品在运输包装条件下，高温为40 ℃±3 ℃或55 ℃±3 ℃和相对湿度为93%+2/−3的运输环境下进行交变湿热试验后，工业控制计算机基本平台正常工作。

7.5.4 抗运输碰撞影响

产品在运输包装条件下，选择加速度：100 m/s^2±10 m/s^2；相应脉冲持续时间：11 ms±2 ms；脉冲重复频率；60次/min～100次/min；采用近似半正弦波的脉冲波形，进行1 000次±10次的运输冲击试验。试验后，工业控制计算机基本平台性能仍应符合产品标准要求。

7.5.5 抗腐蚀性气体影响检查

应用于具有腐蚀性气体环境的工业控制计算机基本平台应具有在腐蚀性气体环境条件下工作、贮存、运输的能力。其硬件应具有防腐蚀性能，应根据防腐蚀要求进行处理。

8 电磁兼容性要求

8.1 无线电骚扰

处理器模板所产生的电磁场对外部的影响。该要求适用的频率范围为30 MHz～1 000 MHz。对于尚未规定限值的频段，不作要求。

产品的无线电骚扰限值符合GB 9254—2008的规定，在产品标准中明确规定选用A级或B级所规定的无线电骚扰限值。

8.2 电磁兼容抗扰度

8.2.1 射频电磁场辐射抗扰度

在80 MHz～1 000 MHz射频范围内，根据处理器模板使用的电磁场环境(1级：低电平电磁辐射环境；2级：中等的电磁辐射环境；3级：严重电磁辐射环境；X级：是一个开放的等级，可在产品规范中规定)，在GB/T 17626.3—2006的表1中选择试验等级进行试验。

保护(设备)抵抗数字无线电话射频辐射干扰的试验等级，在GB/T 17626.3—2006的表2中选择。制造商的技术规范中可以规定对处理器模板的影响哪些可以忽略哪些可以接受。

8.2.2 工频磁场抗扰度

根据处理器模板应用环境，在 GB/T 17626.8—2006 中选择试验等级(1 级：有电子束的敏感装置能使用的环境；2 级：保护良好的环境；3 级：保护的环境；4 级：典型的工业环境；5 级：严酷的工业环境；X 级：是一个开放的等级，可在产品规范中规定)，确定磁场强度。一般工业环境选择 4 级(稳定持续磁场其磁场强度为 30 A/m，1 s～3 s 的短时磁场强度为 300 A/m)，严酷工业环境选择 5 级(稳定持续磁场其磁场强度为 100 A/m，1 s～3 s 的短时磁场强度为 1 000 A/m)进行试验。

制造商的技术规范中可以规定对处理器模板的影响哪些可以忽略哪些可以接受。

8.2.3 静电放电抗扰度

根据处理器模板安装环境条件(如相对湿度等)和产品材料，在 GB/T 17626.2—2006 的表 1 中选择试验等级进行接触放电或空气放电试验。

制造商的技术规范中可以规定对处理器模板的影响哪些可以忽略哪些可以接受。

8.2.4 电快速瞬变脉冲群抗扰度

根据处理器模板应用场所环境(1 级：具有保护良好的环境；2 级：受保护的环境；3 级：典型的工业环境；4 级：严酷的工业环境；X 级：是一个开放的等级，可在产品规范中规定)，在 GB/T 17626.4—2008 的表 1 中选择试验等级，确定开路试验电压和脉冲重复频率进行试验。

制造商的技术规范中可以规定对处理器模板的影响哪些可以忽略哪些可以接受。

8.2.5 浪涌(冲击)抗扰度

根据处理器模板安装类别(0 类：保护良好的电气环境，常常在一间专用房间内；1 类：有部分保护的电气环境；2 类：电缆隔离良好，甚至短走线也隔离良好的电气环境；3 类：电源电缆和信号电缆平行敷设的电气环境；4 类：互连线按户外电缆沿电源电缆敷设并且这些电缆被作为电子和电气线路的电气环境；5 类：在非人口稠密区电子设备与通信电缆和架空电力线路连接的电气环境；X 类：在产品技术要求中规定的特殊环境)，在 GB/T 17626.5—2008 的表 1 中选择试验等级，确定开路试验电压进行试验。

制造商的技术规范中可以规定对处理器模板的影响哪些可以忽略哪些可以接受。

8.2.6 射频感应的传导骚扰抗扰度

根据处理器模板应用场所环境等级如表 10，在 GB/T 17626.6—2008 的表 1 中选择试验等级，进行试验。

表 10 应用场所环境等级

级别	射频感应的传导骚扰抗扰度
1	低电平电磁辐射环境
2	中等的电磁辐射环境
3	严重电磁辐射环境
X	一个开放的等级

制造商的技术规范中可以规定对处理器模板的影响哪些可以忽略哪些可以接受。

9 可靠性要求

模板的设计应考虑降额、冗余、散热等可靠性方面的要求，以提高系统的可靠性。

9.1 可靠性特征量

工业控制计算机处理器模板可靠性特征量采用：

a) 平均故障间隔时间 MTBF(即平均无故障工作时间)，作为工业控制计算机处理器模板的主要可靠性特征量；

b) 平均修复时间 MTTR；

c) 平均可用度。

9.2 可靠性(MTBF)等级

9.2.1 采用平均无故障时间(MTBF)衡量处理器模板的可靠性(MTBF)设计水平,分为4级如表11,要求不低于1级。

表11 可靠性(MTBF)等级

级别	平均无故障时间 MTBF/h
1	20 000
2	60 000
3	100 000
4	>1 000 000

9.2.2 处理器模板平均修复时间(MTTR)不应大于30 min。

10 标志、包装、贮存

10.1 标志

处理器模板的适当位置上,应固定有相应标示:

a) 标记、型号、名称;

b) 制造厂名或厂标;

c) 制造编号;

d) 制造年月。

10.2 包装

处理器模板包装应附带如下随机文件:

a) 产品安装、使用、维护文档;

b) 驱动光盘;

c) 其他可选文件。

对产品包装的要求。

10.3 贮存

处理器模板应贮存在原包装箱内,存放在产品适应的贮存环境温度和湿度下。存放环境不允许有各种有害气体、易燃、易爆炸的物品及有腐蚀性的化学物品,并且无强烈的机械振动、冲击和强磁场作用。包装箱应垫离地面至少10 cm,距离墙壁、热源、冷源、窗口或空气入口至少50 cm。

附　录　A
（规范性附录）
处理器模板尺寸规范

A.1　ETX 系列处理器模板尺寸规范如图 A.1。

单位为毫米

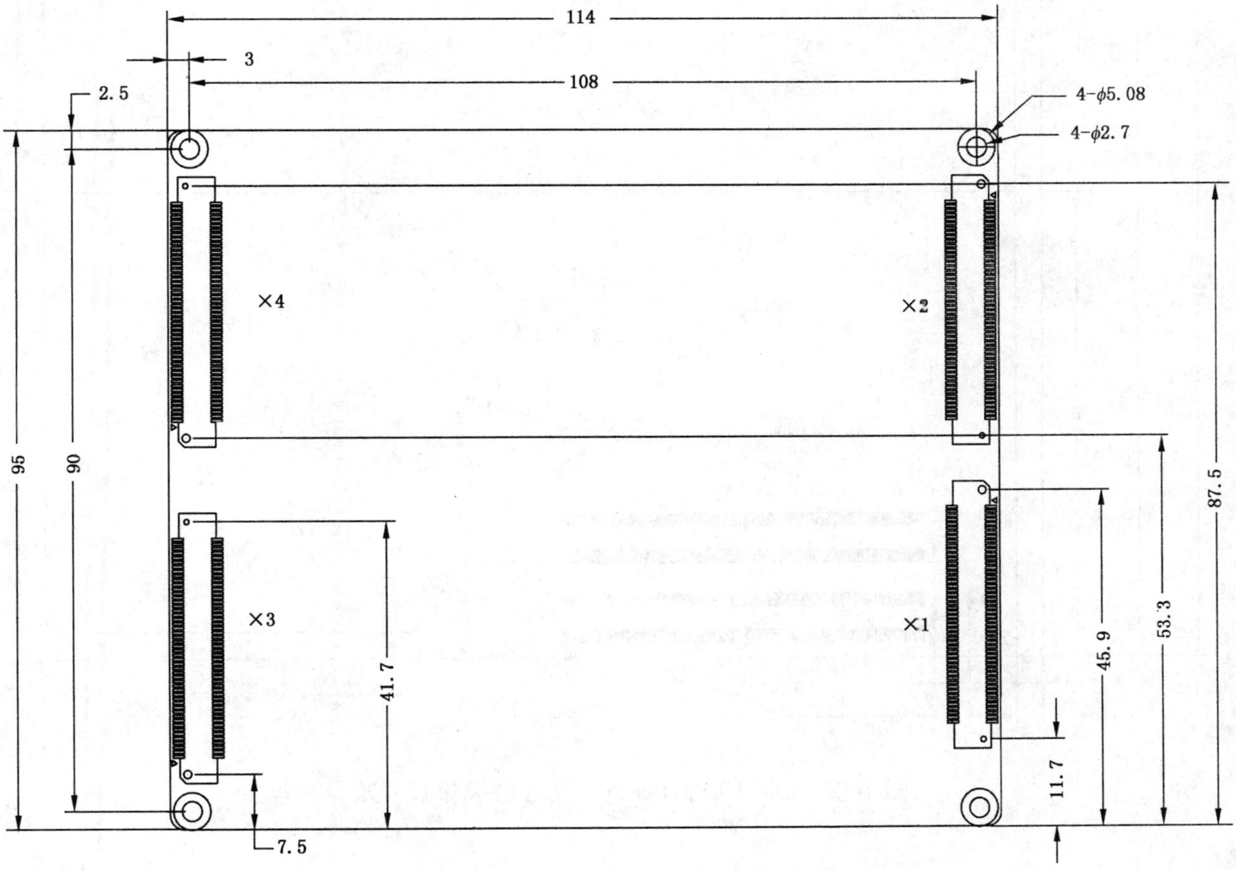

图 A.1　ETX 系列处理器模板尺寸规范

A.2 COM Express 系列处理器模板尺寸规范如图 A.2。

单位为毫米

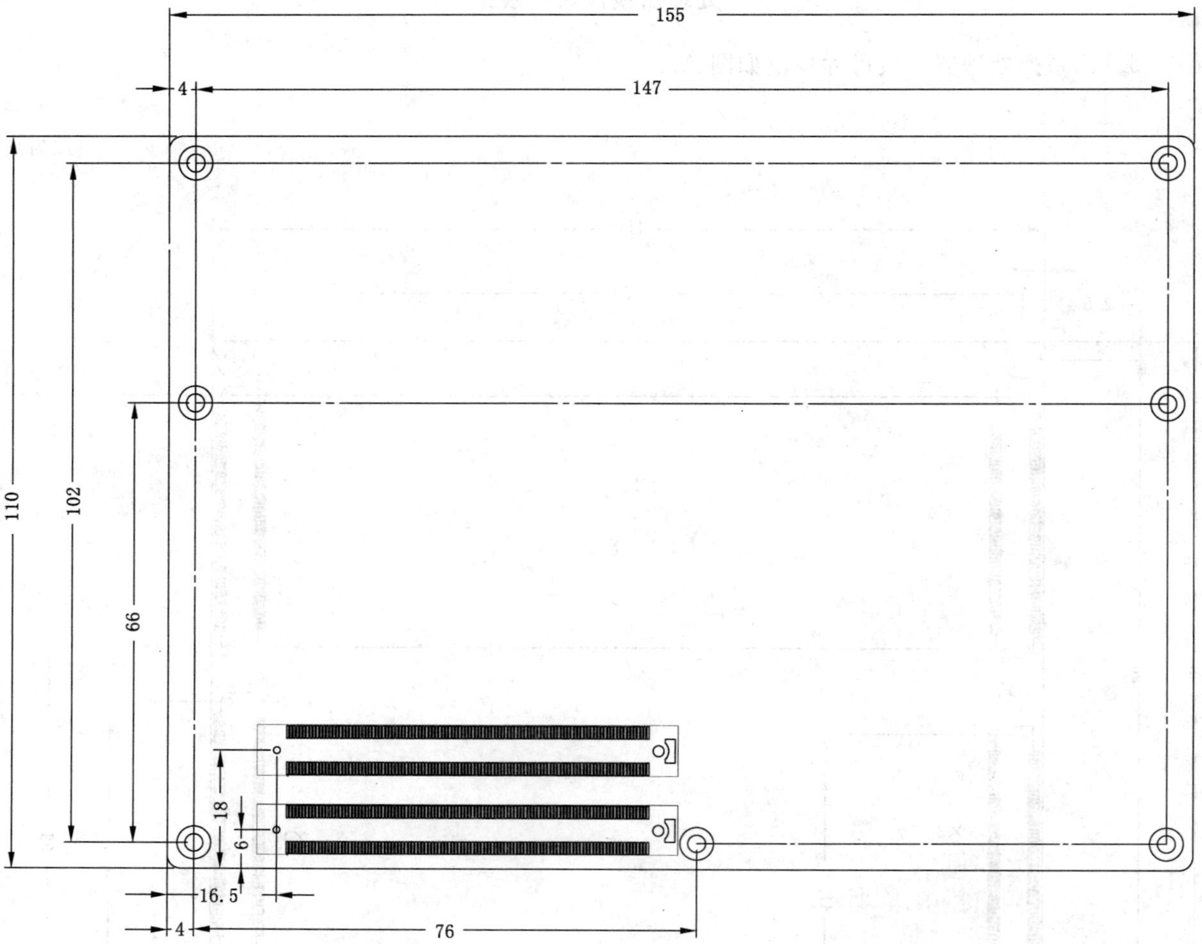

图 A.2 COM Express 系列处理器模板尺寸规范

A.3 PICMG-1.0 全长系列处理器模板尺寸规范如图 A.3。

单位为毫米

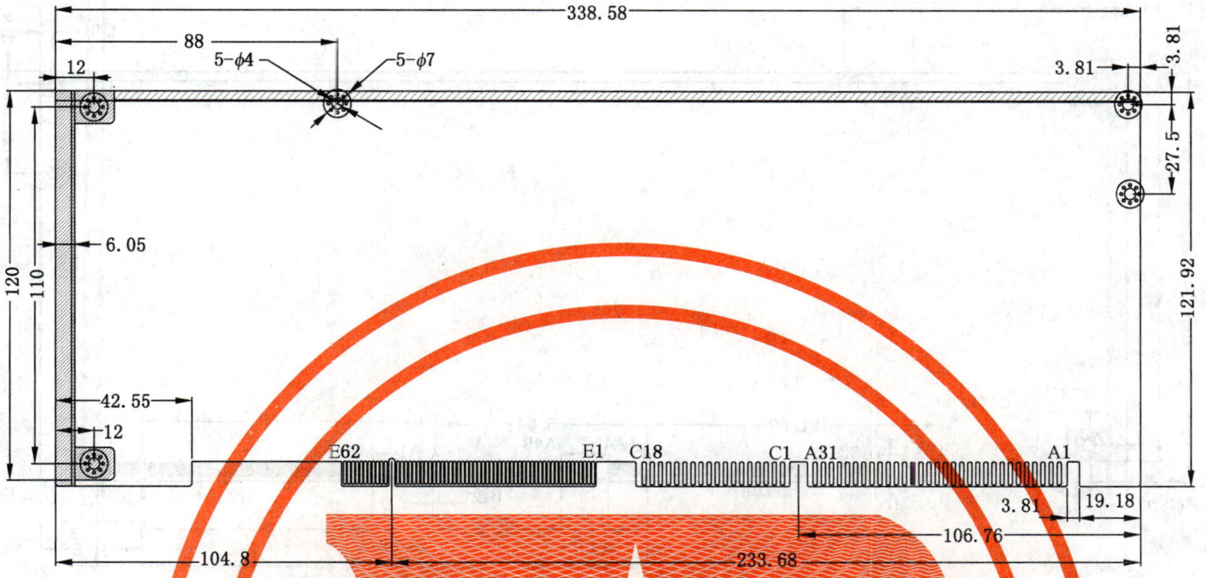

图 A.3 PICMG-1.0 全长系列处理器模板尺寸规范

A.4 PICMG-1.2 全长系列处理器模板尺寸规范如图 A.4。

单位为毫米

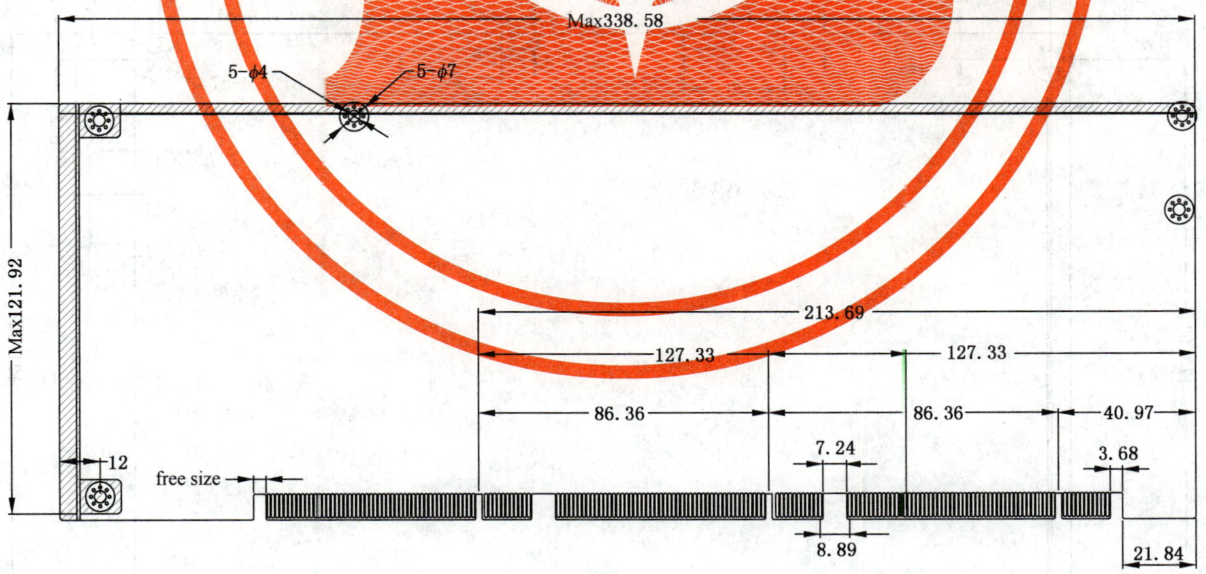

图 A.4 PICMG-1.2 全长系列处理器模板尺寸规范

A.5 PICMG-1.3 全长系列处理器模板尺寸规范如图 A.5。

单位为毫米

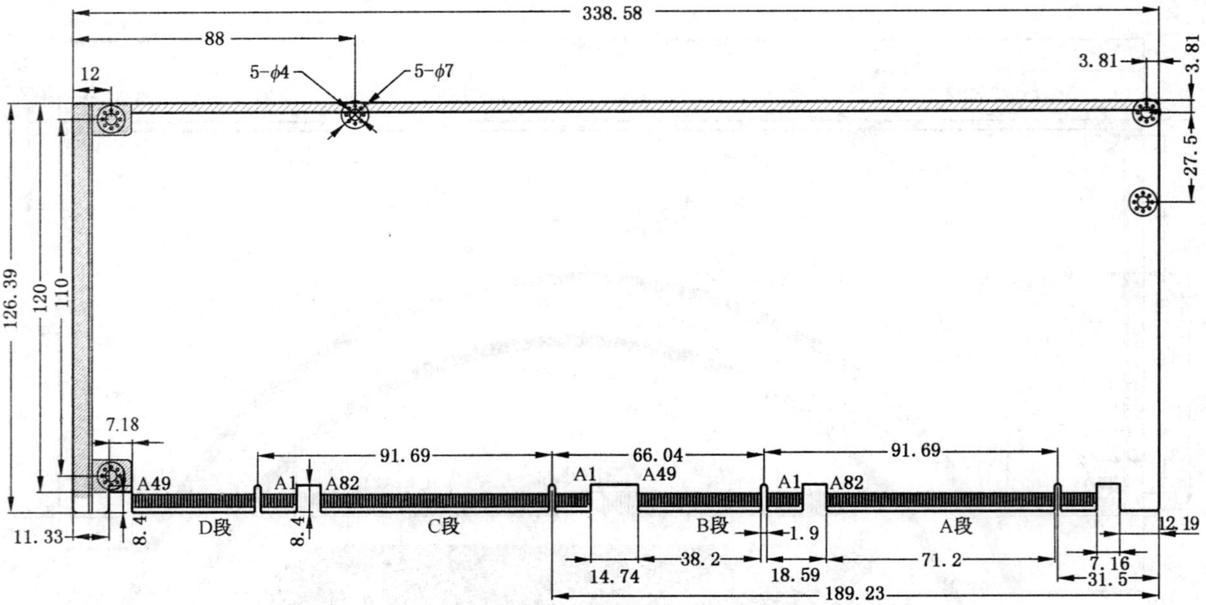

图 A.5 PICMG-1.3 全长系列处理器模板尺寸规范

A.6 ISA 总线半长卡系列处理器模板尺寸规范如图 A.6。

单位为毫米

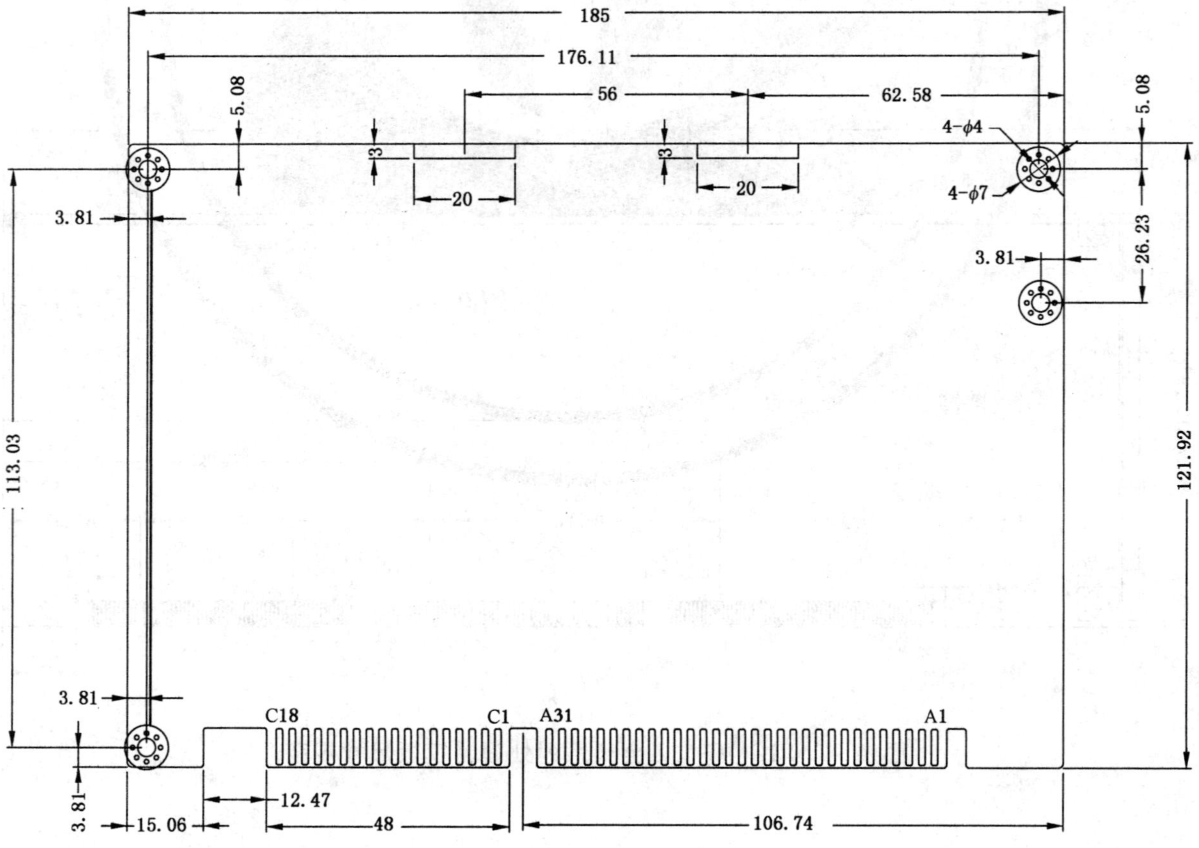

图 A.6 ISA 总线半长卡系列处理器模板尺寸规范

A.7 PCI 总线半长卡系列处理器模板尺寸规范如图 A.7。

单位为毫米

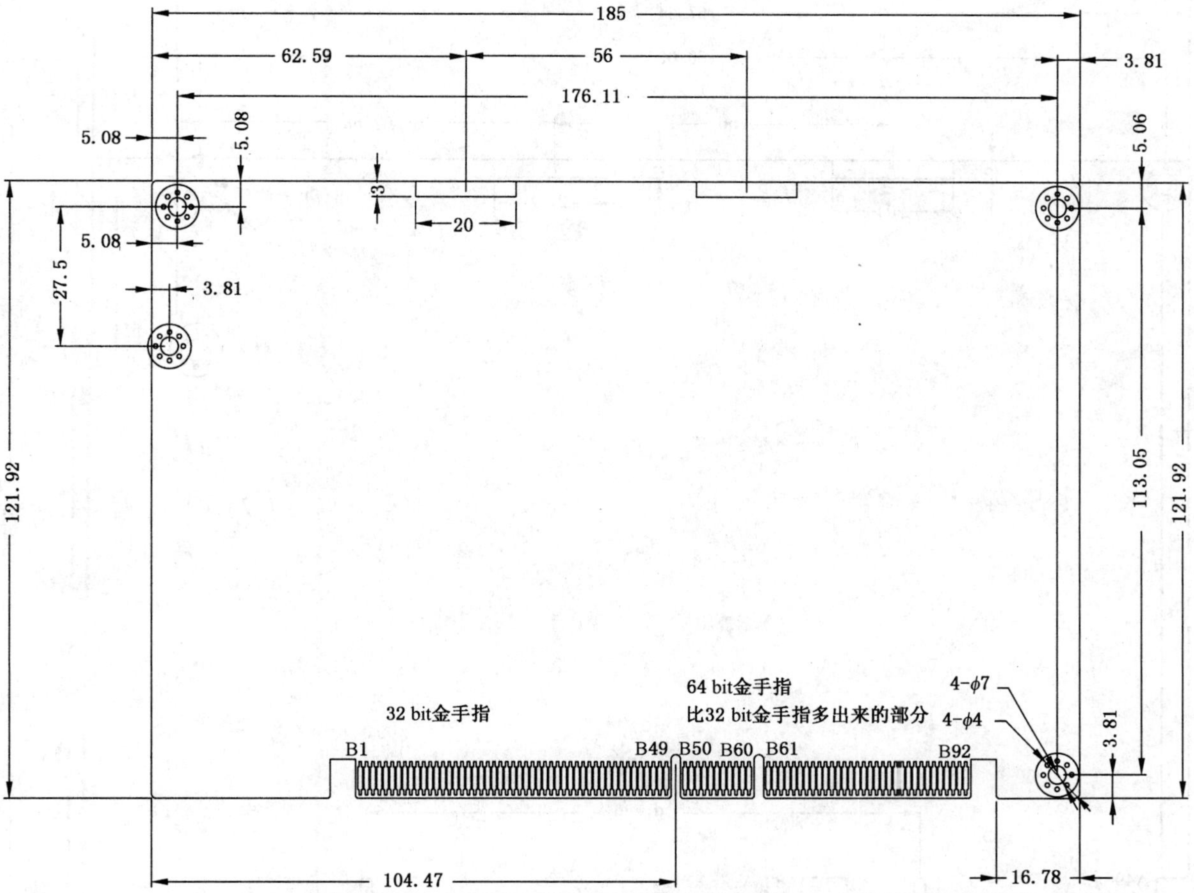

图 A.7 PCI 总线半长卡系列处理器模板尺寸规范

A.8 PICMG1.3 半长卡系列处理器模板尺寸规范如图 A.8。

单位为毫米

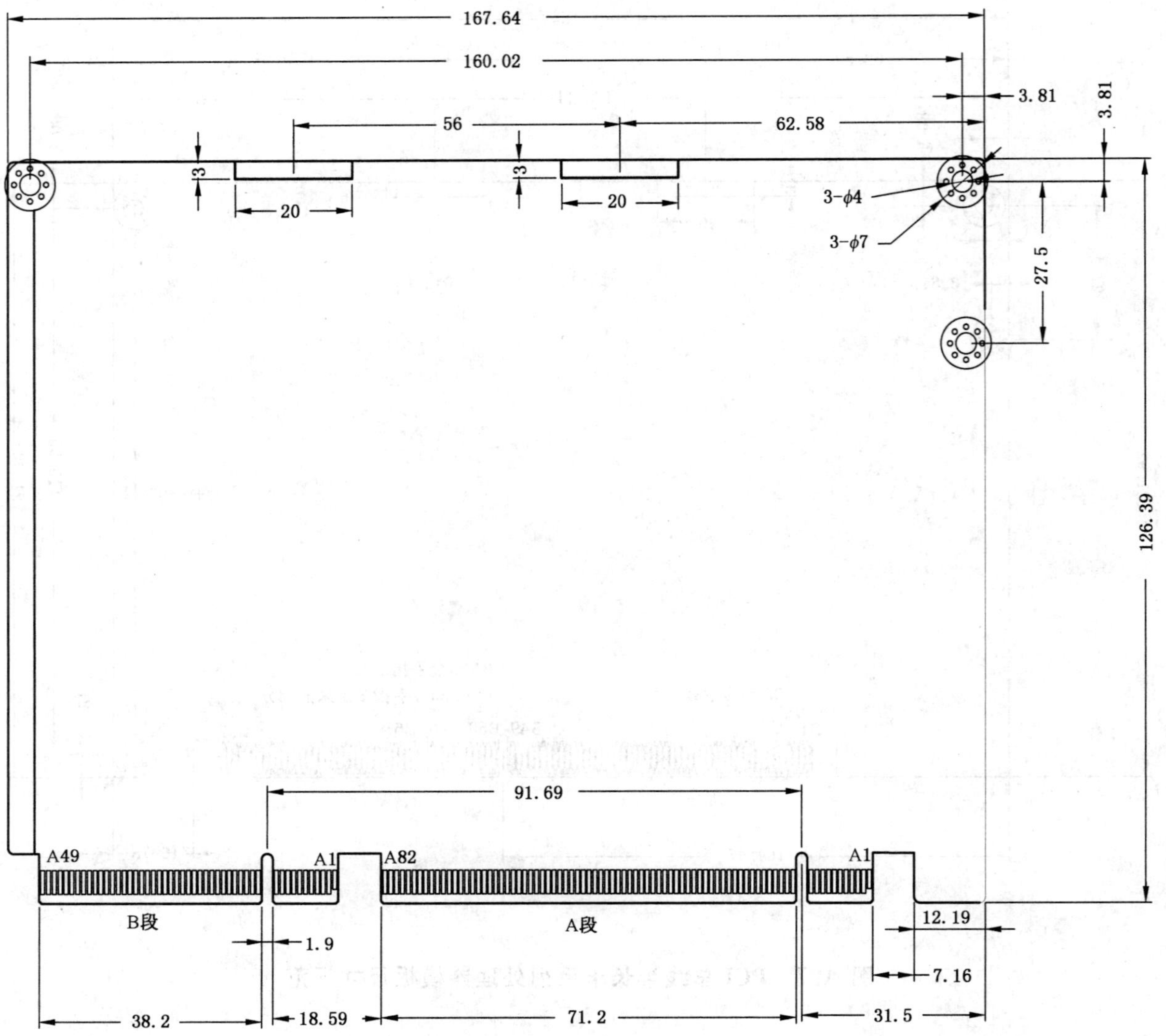

图 A.8 PICMG1.3 半长卡系列处理器模板尺寸规范

A.9 CPCI 系统处理器模板尺寸规范(3U)如图 A.9。

单位为毫米

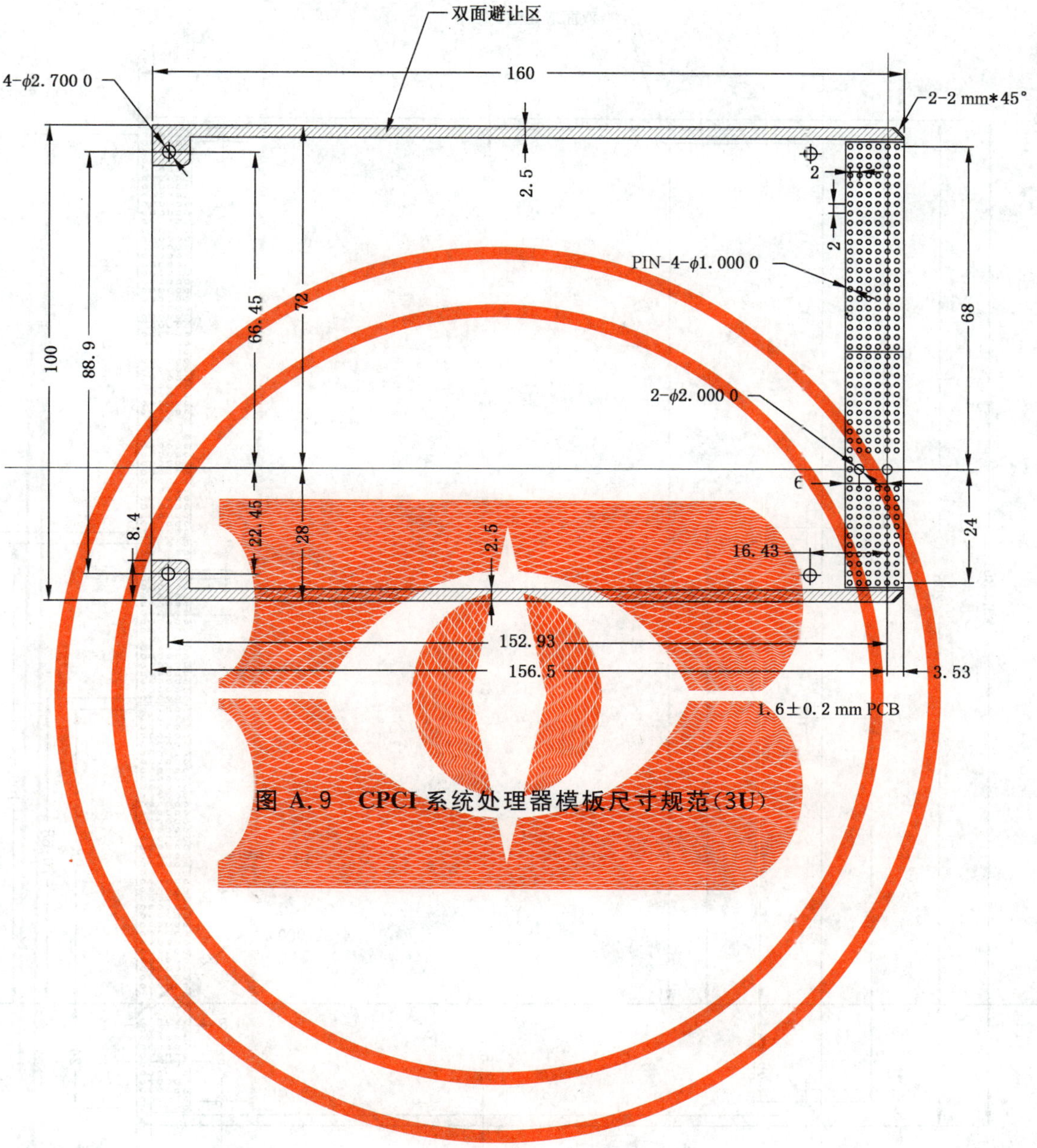

图 A.9　CPCI 系统处理器模板尺寸规范(3U)

A.10 CPCI 系统处理器模板尺寸规范(6U)如图 A.10。

单位为毫米

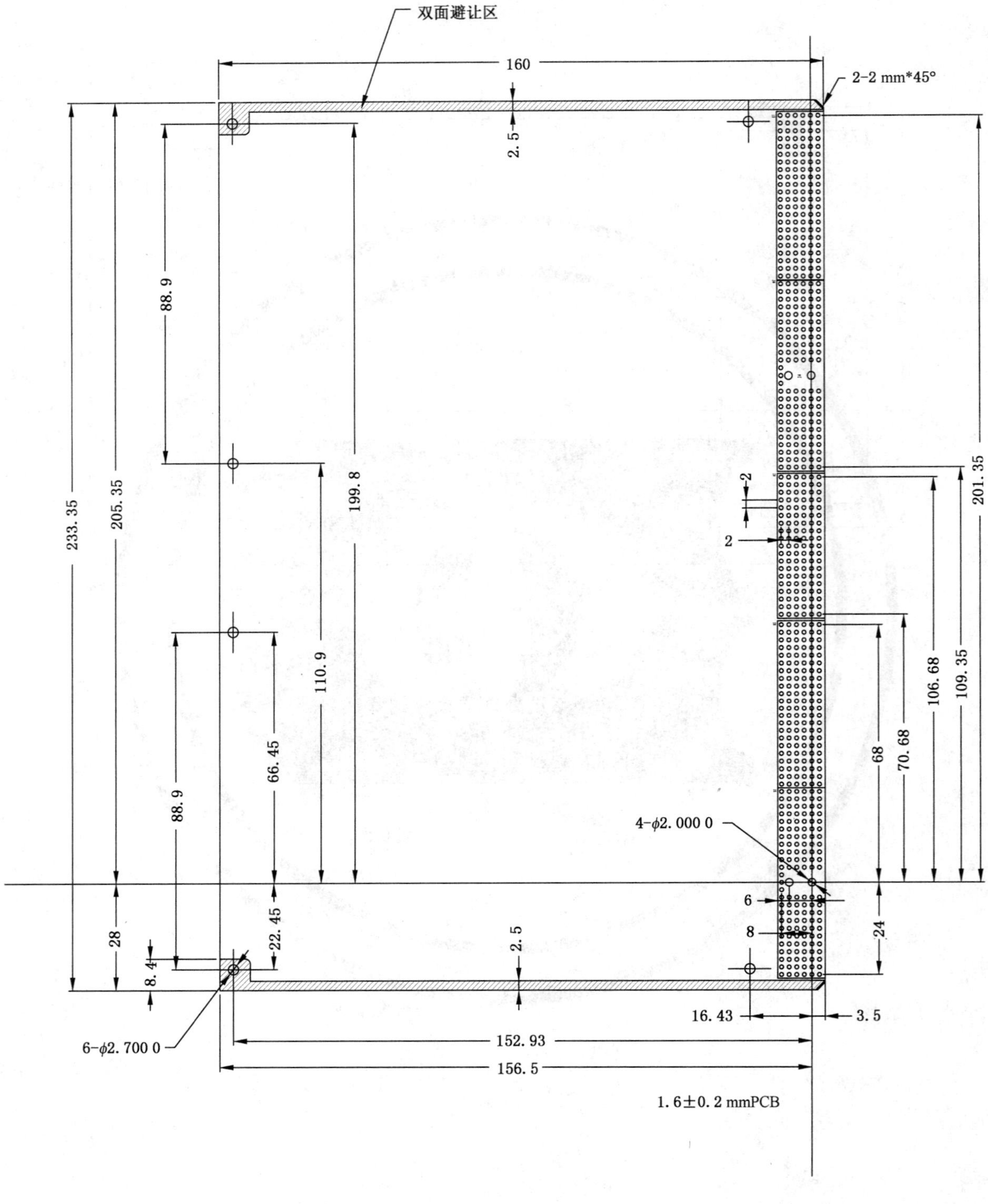

图 A.10 CPCI 系统处理器模板尺寸规范(6U)

A.11 PC/104 或 PC/104-Plus 系列处理器模板尺寸规范如图 A.11。

单位为毫米

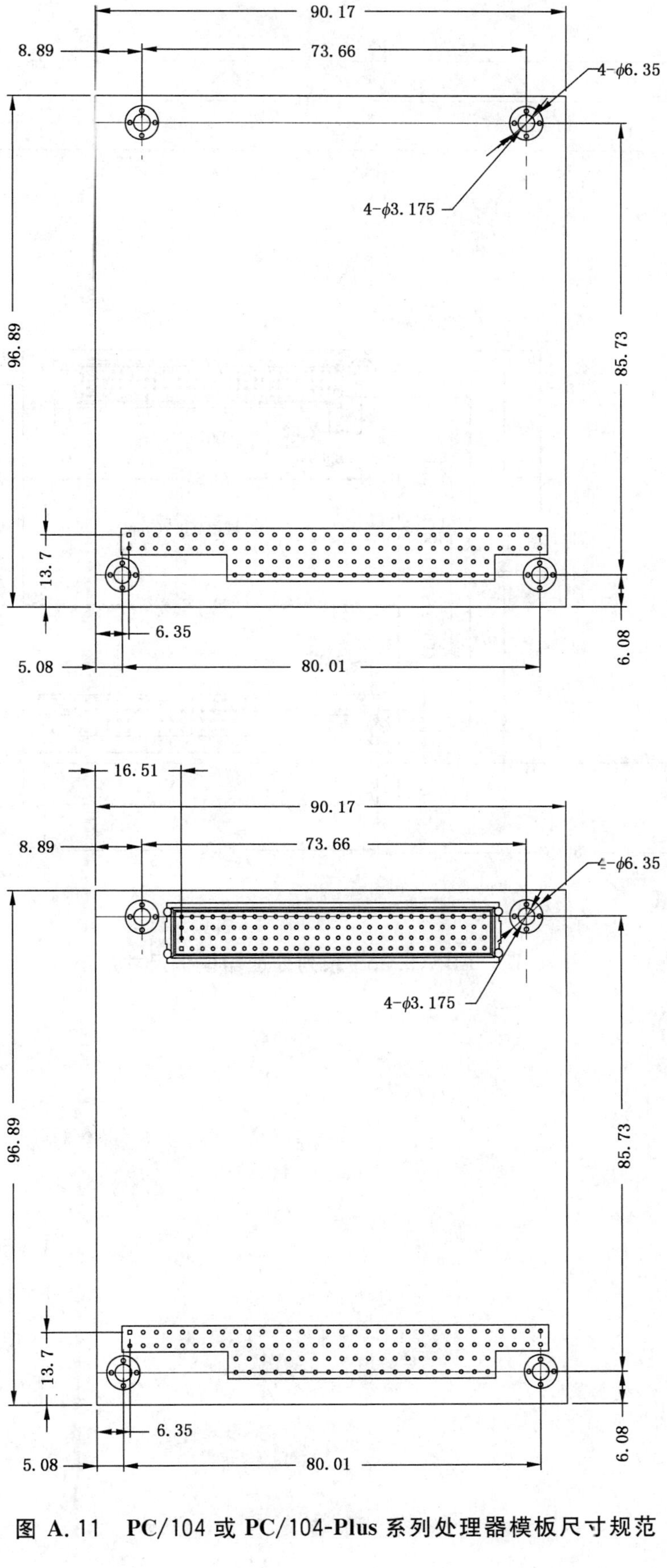

图 A.11 PC/104 或 PC/104-Plus 系列处理器模板尺寸规范

A.12 EBX(5.25″)系列处理器模板尺寸规范如图 A.12。

单位为毫米

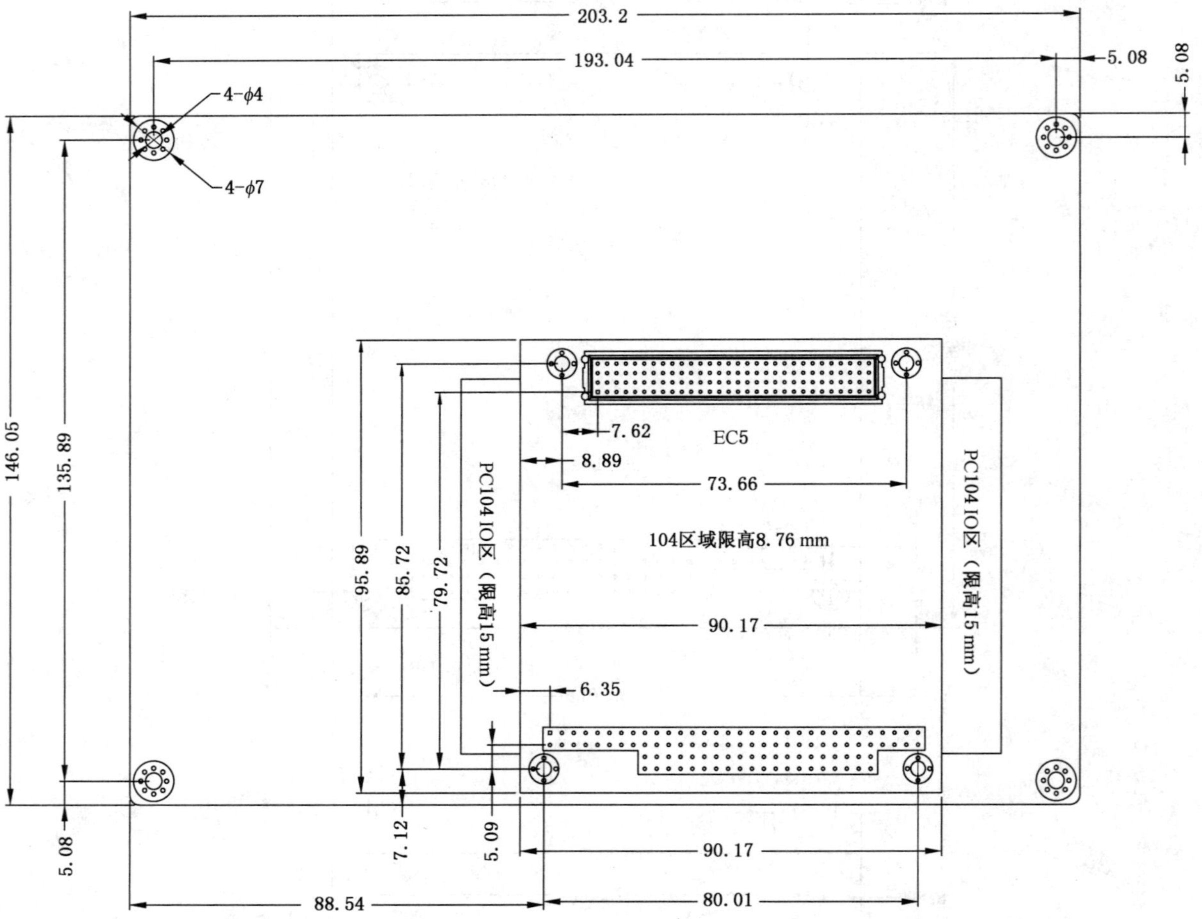

图 A.12 EBX(5.25″)系列处理器模板尺寸规范

A.13 EPIC 系统处理器模板尺寸规范如图 A.13。

单位为毫米

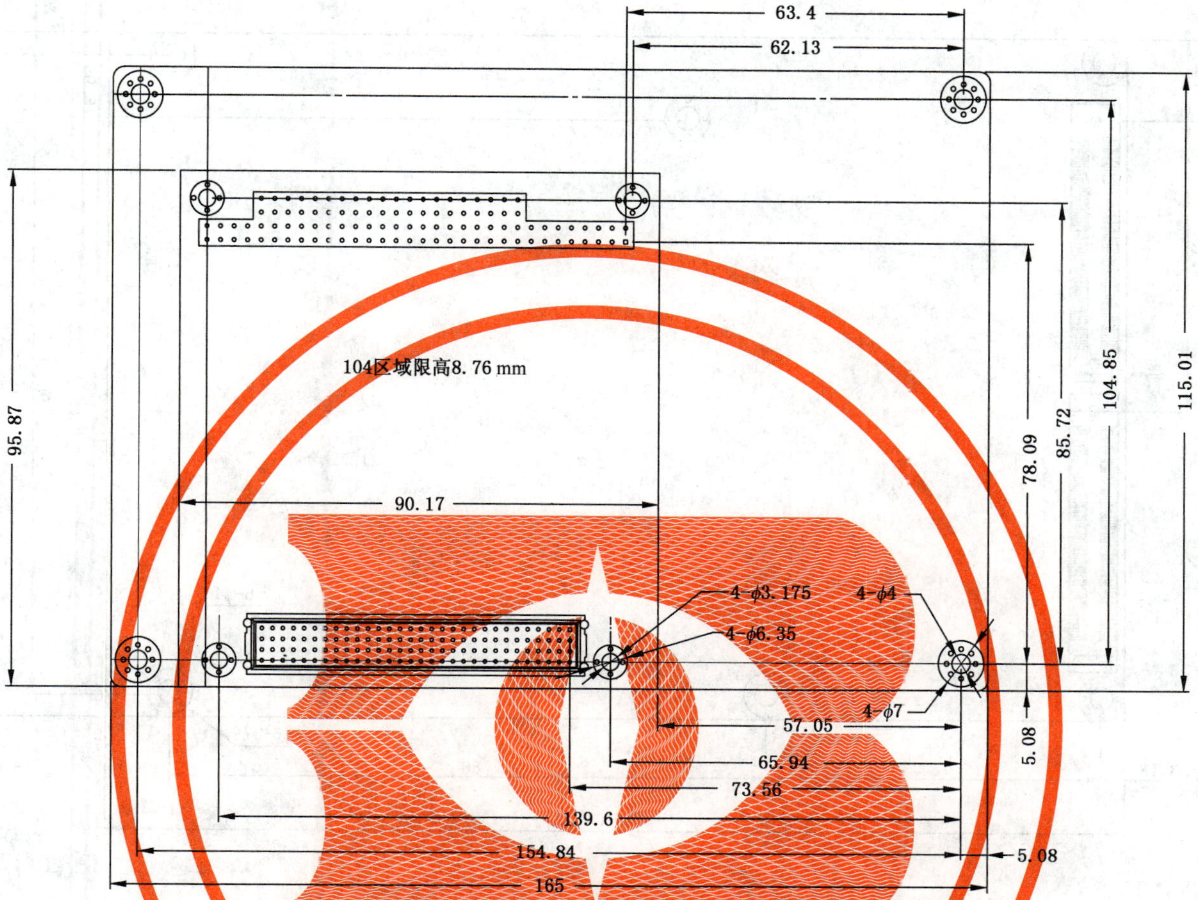

图 A.13 EPIC 系统处理器模板尺寸规范

A.14 3.5″系列处理器模板尺寸规范如图 A.14。

单位为毫米

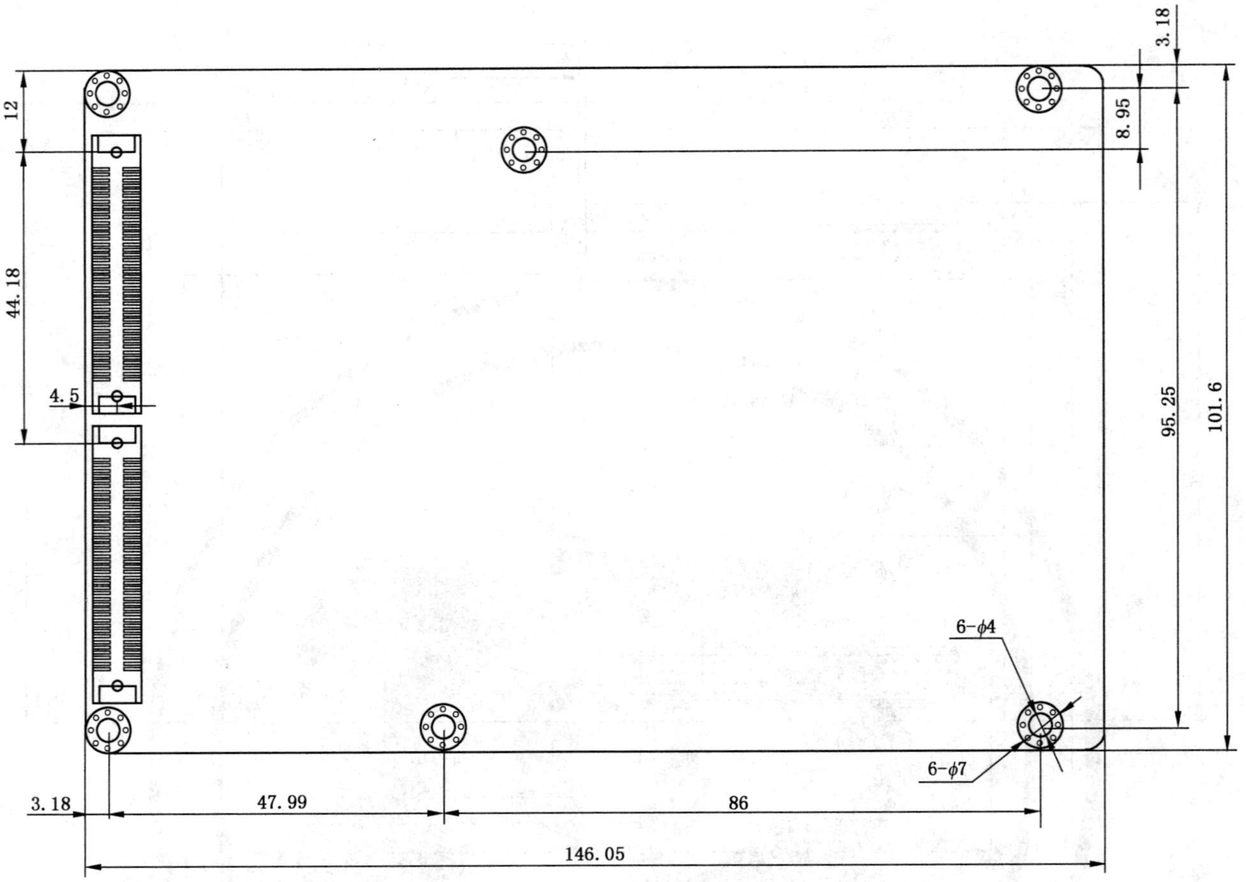

图 A.14 3.5″系列处理器模板尺寸规范

A.15 ATX系列处理器模板尺寸规范如图A.15。

单位为毫米

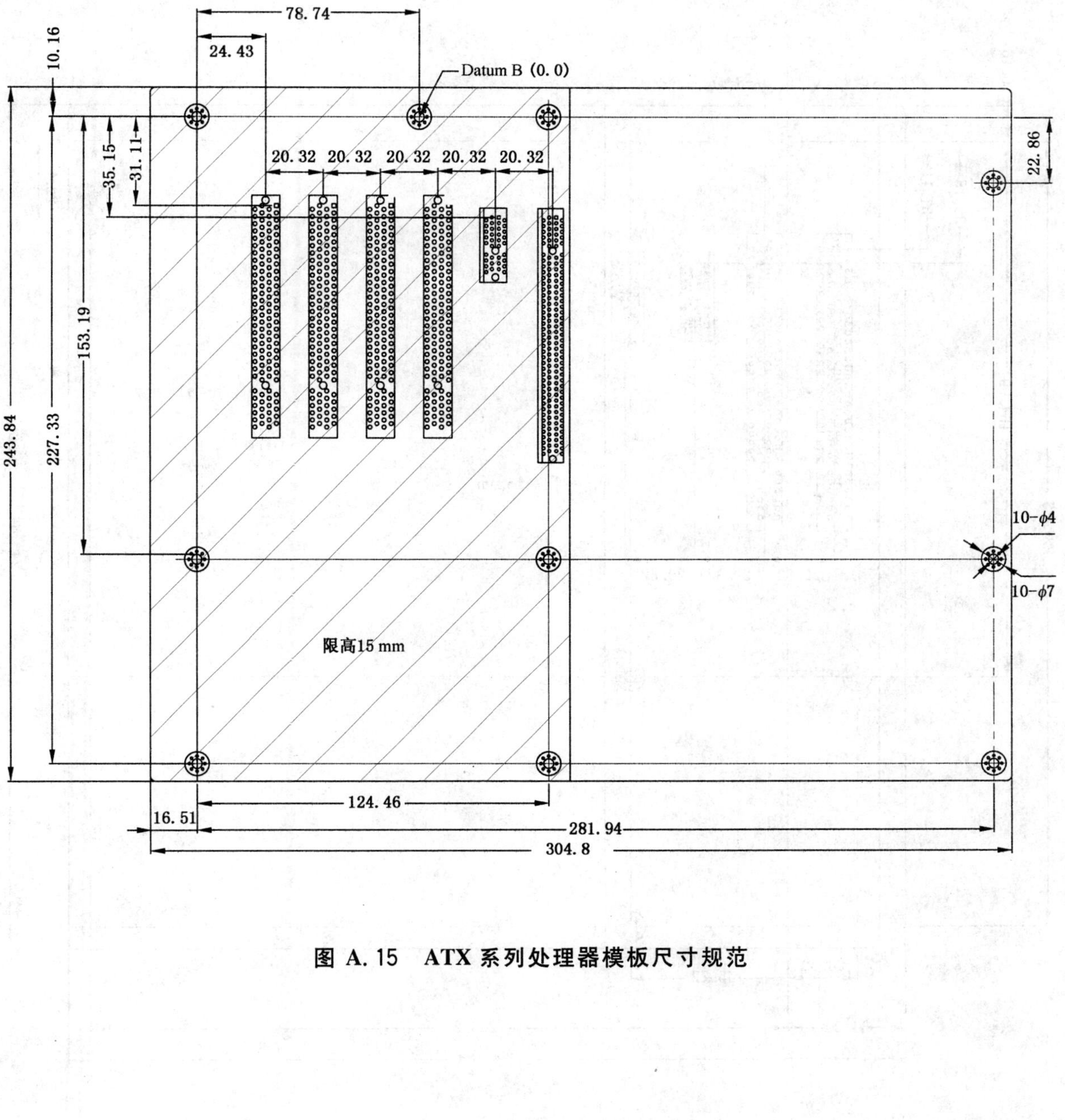

图 A.15 ATX系列处理器模板尺寸规范

A.16 MicroATX 系列处理器模板尺寸规范如图 A.16。

单位为毫米

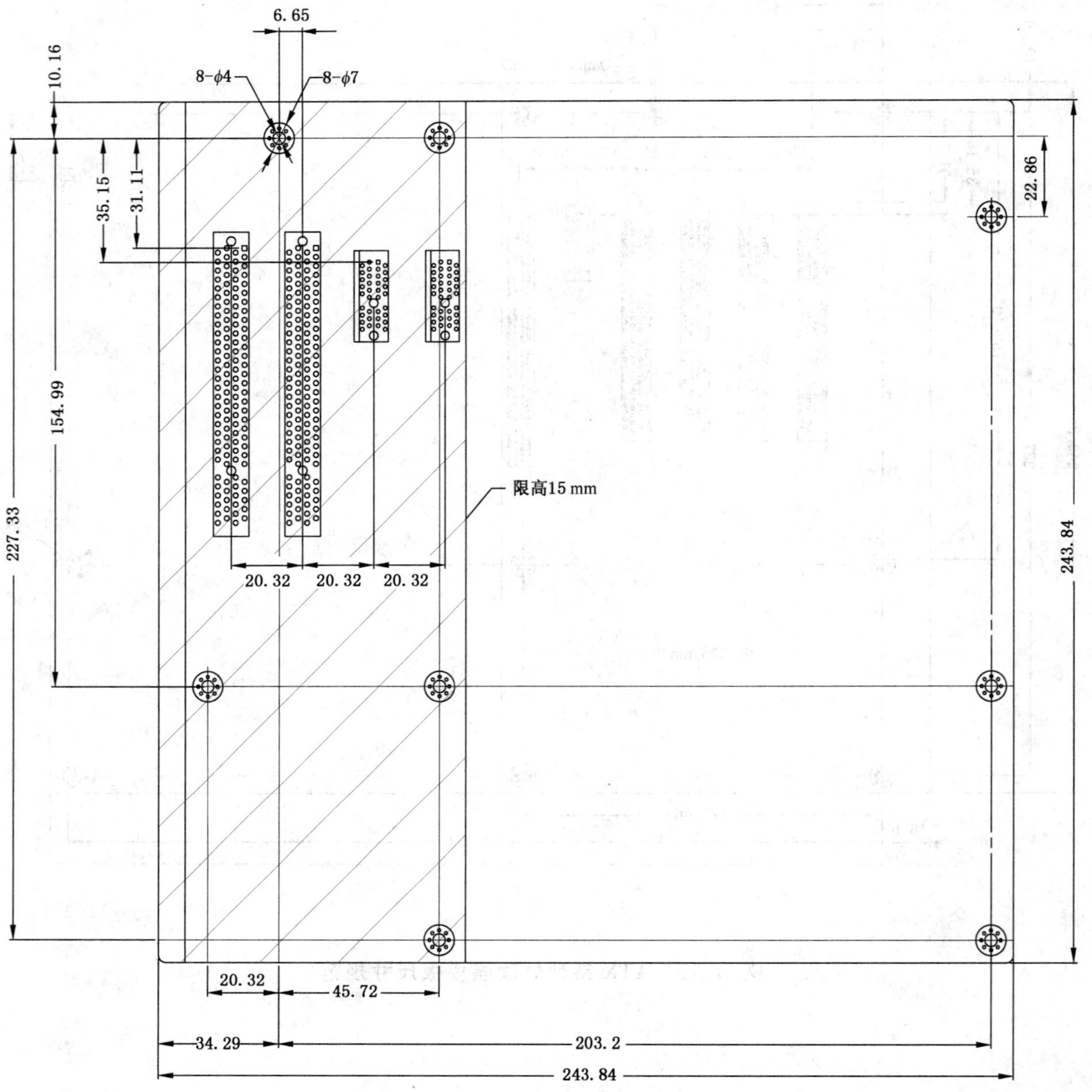

图 A.16 MicroATX 系列处理器模板尺寸规范

A.17 POS系列处理器模板尺寸规范如图A.17。

单位为毫米

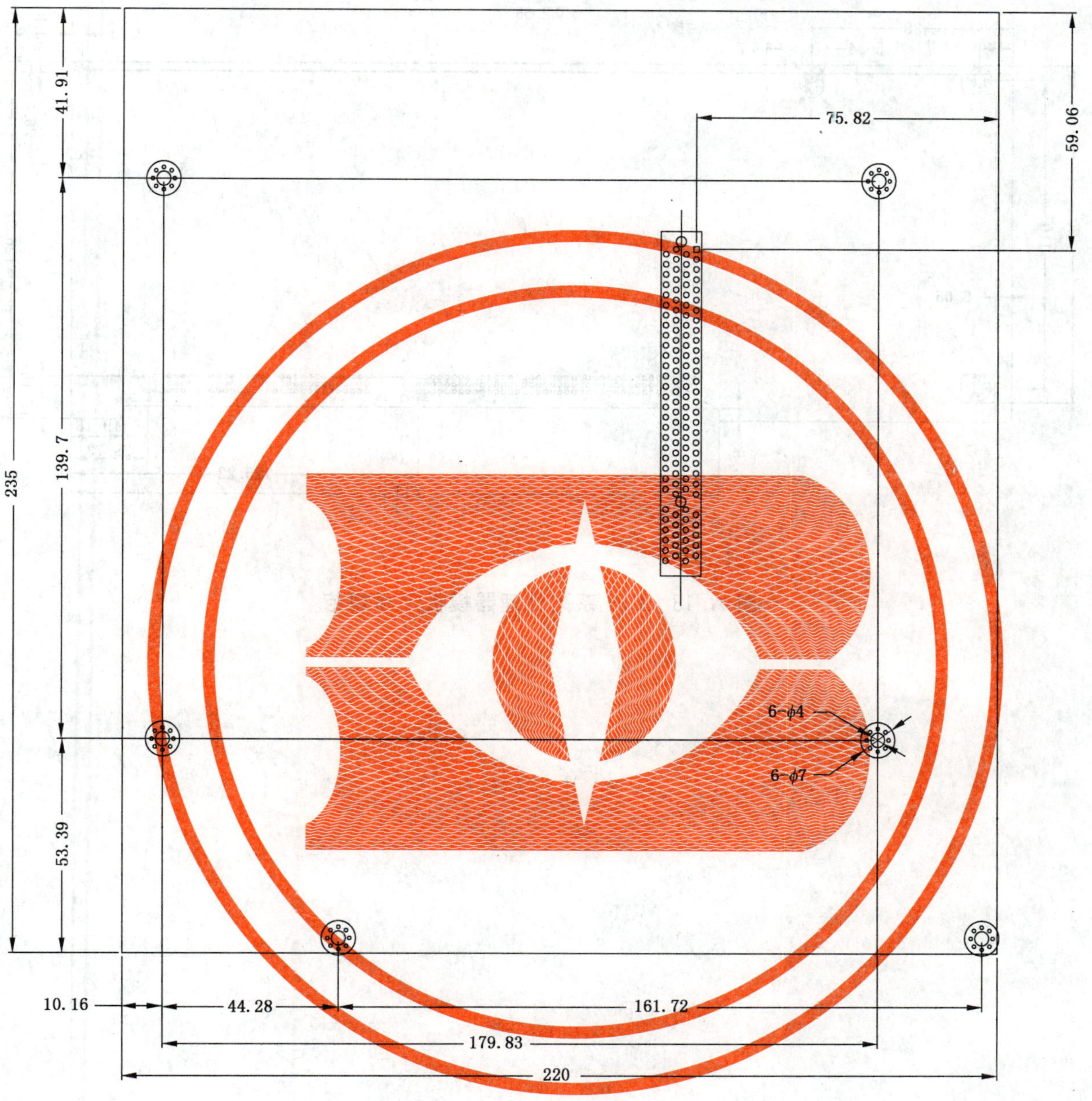

图A.17 POS系列处理器模板尺寸规范

A.18 EPI 系列处理器模板尺寸规范如图 A.18。

单位为毫米

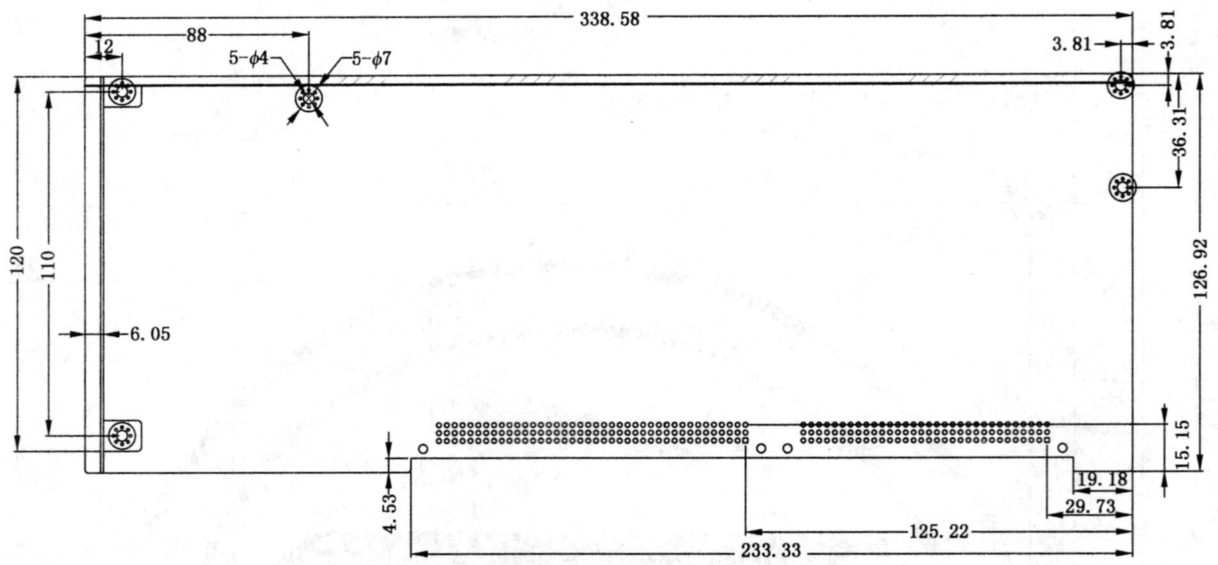

图 A.18 EPI 系列处理器模板尺寸规范

附 录 B
（资料性附录）
处理器模板尺寸规范（划分 IO 接口区及限高区）

B.1 ETX 系列处理器模板尺寸规范如图 B.1。

单位为毫米

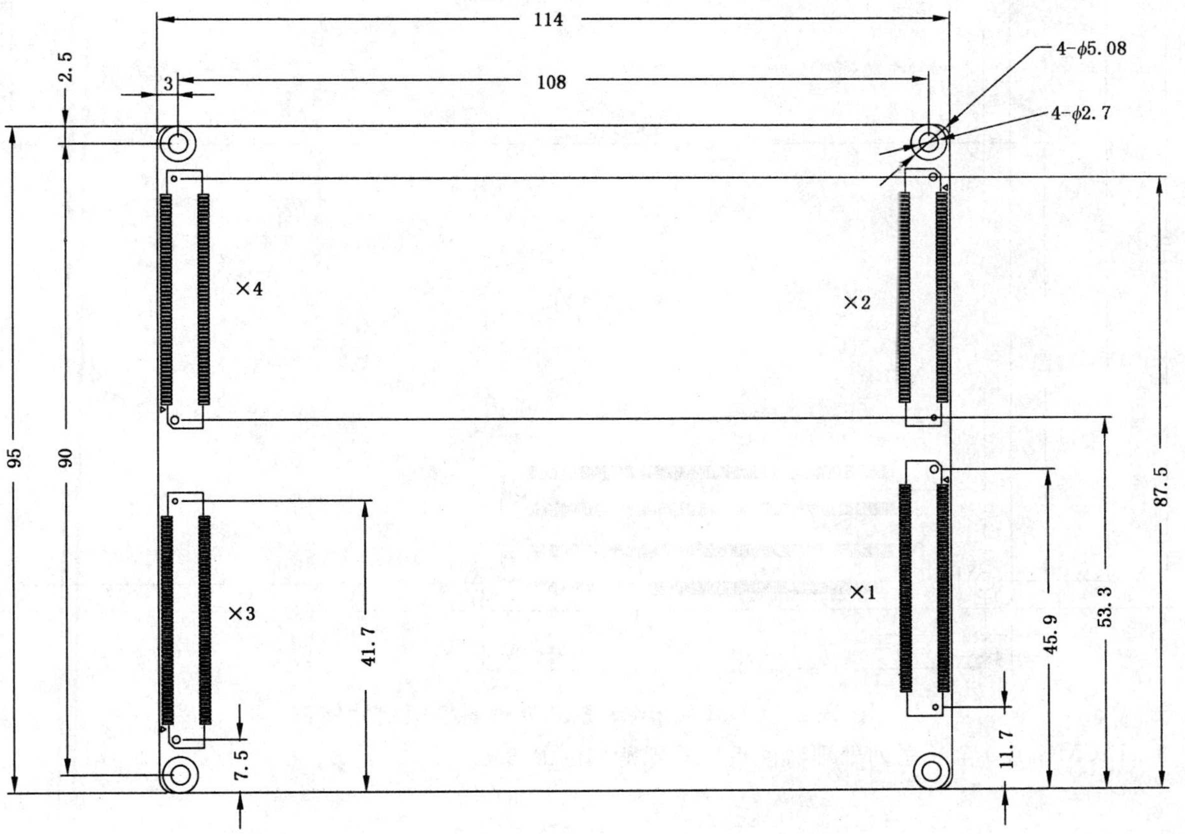

图 B.1 ETX 系列处理器模板尺寸规范

B.2 COM Express 系列处理器模板尺寸规范如图 B.2。

单位为毫米

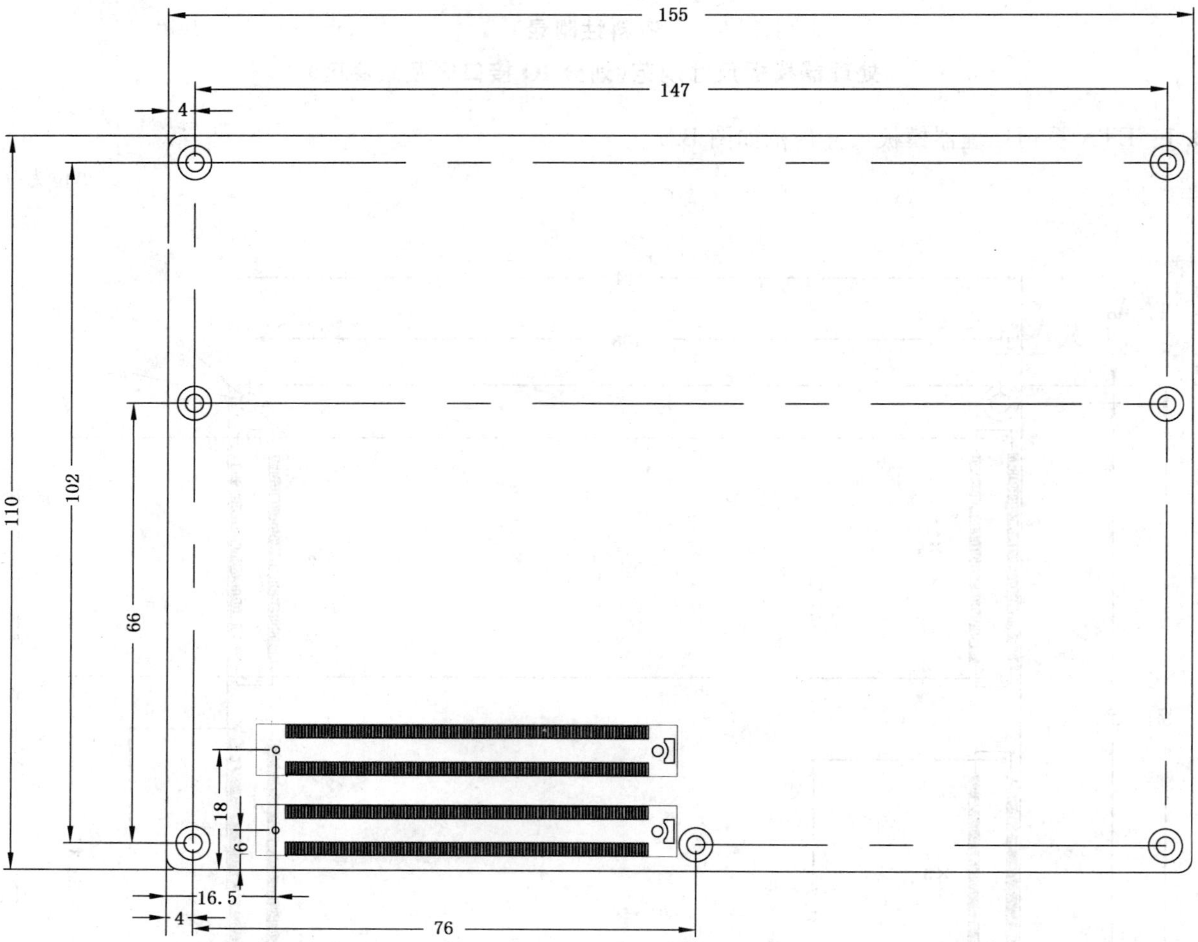

图 B.2 COM Express 系列处理器模板尺寸规范

B.3 PICMG-1.0 全长系列处理器模板尺寸规范如图 B.3。

单位为毫米

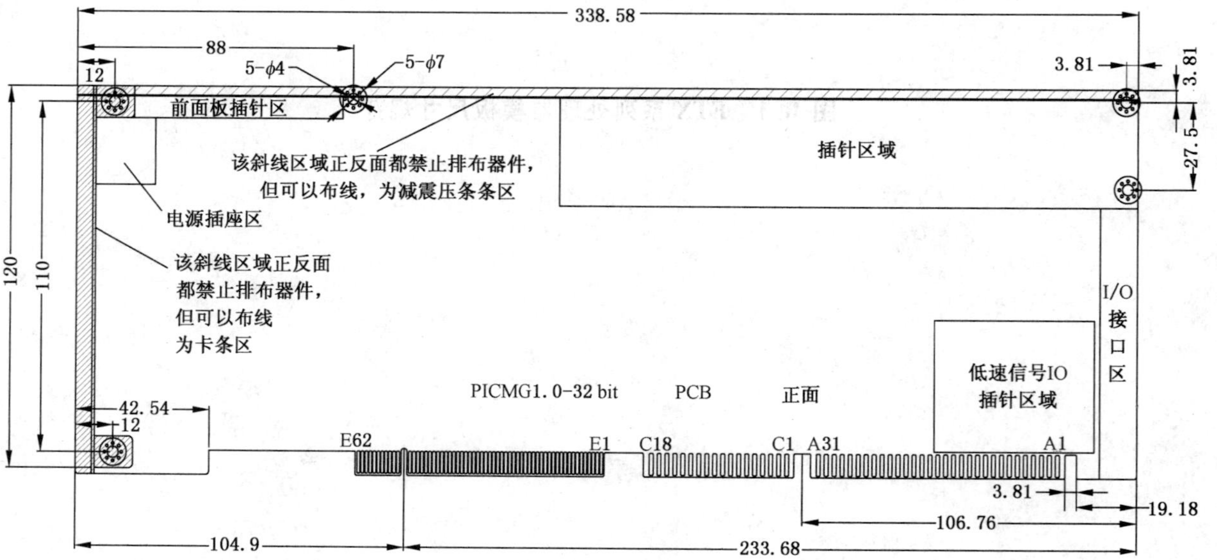

图 B.3 PICMG-1.0 全长系列处理器模板尺寸规范

B.4 PICMG-1.2 全长系列处理器模板尺寸规范如图 B.4。

单位为毫米

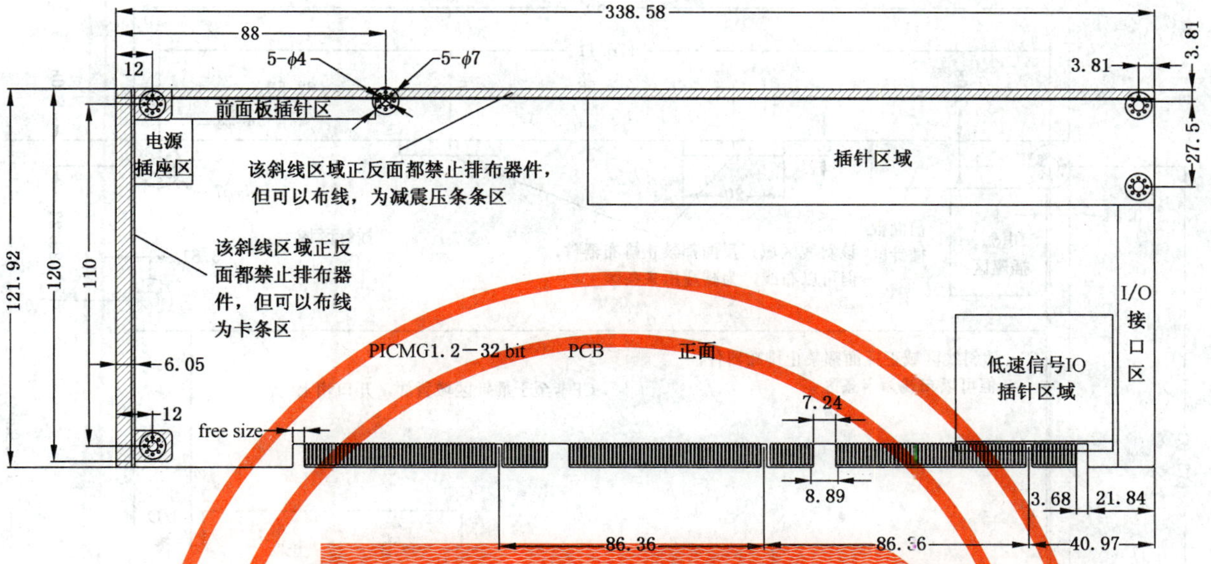

图 B.4 PICMG-1.2 全长系列处理器模板尺寸规范

B.5 PICMG-1.3 全长系列处理器模板尺寸规范如图 B.5。

单位为毫米

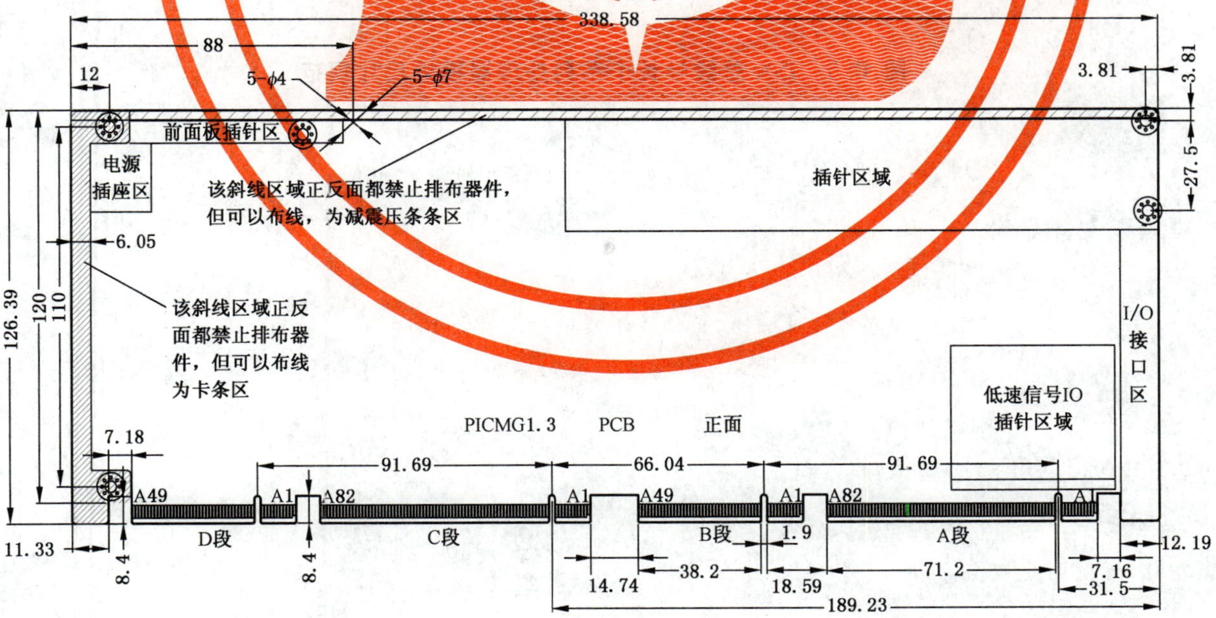

图 B.5 PICMG-1.3 全长系列处理器模板尺寸规范

B.6 ISA 总线半长卡系列处理器模板尺寸规范如图 B.6。

单位为毫米

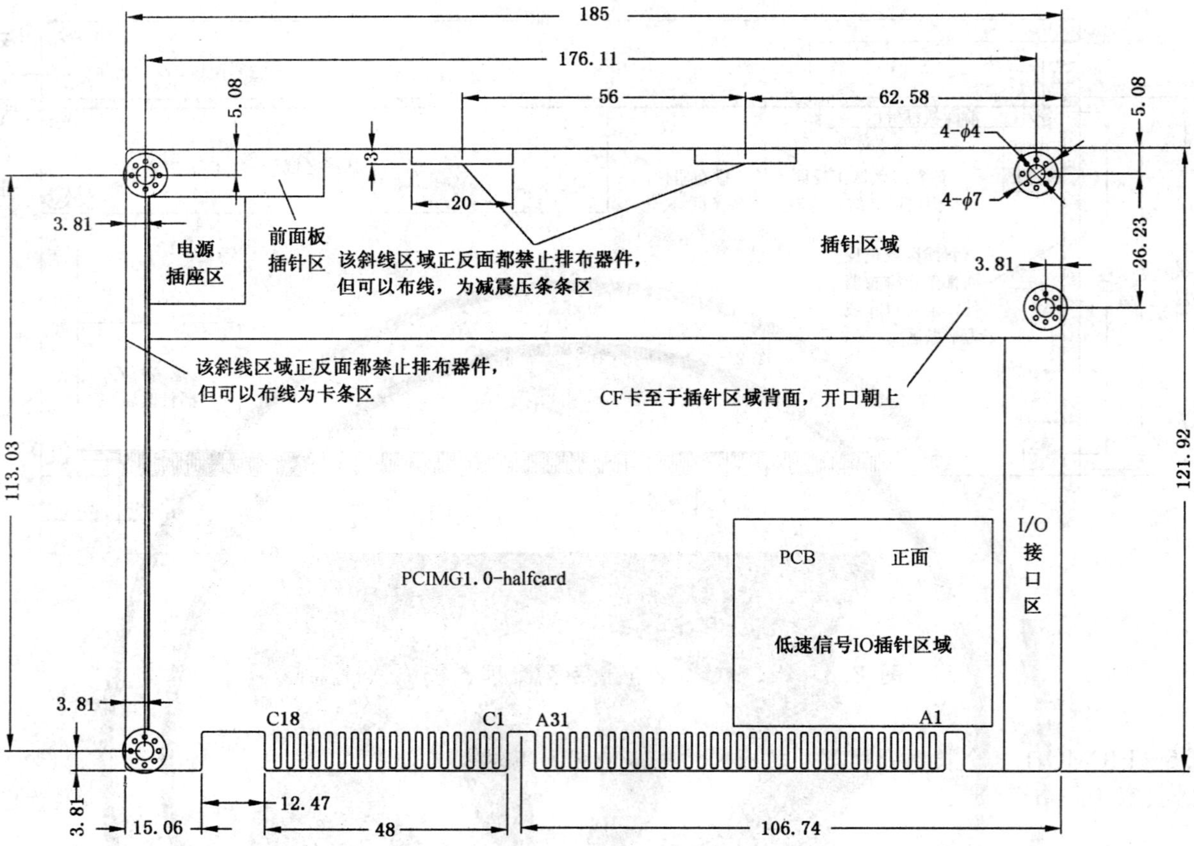

图 B.6　ISA 总线半长卡系列处理器模板尺寸规范

B.7 PCI 总线半长卡系列处理器模板尺寸规范如图 B.7。

单位为毫米

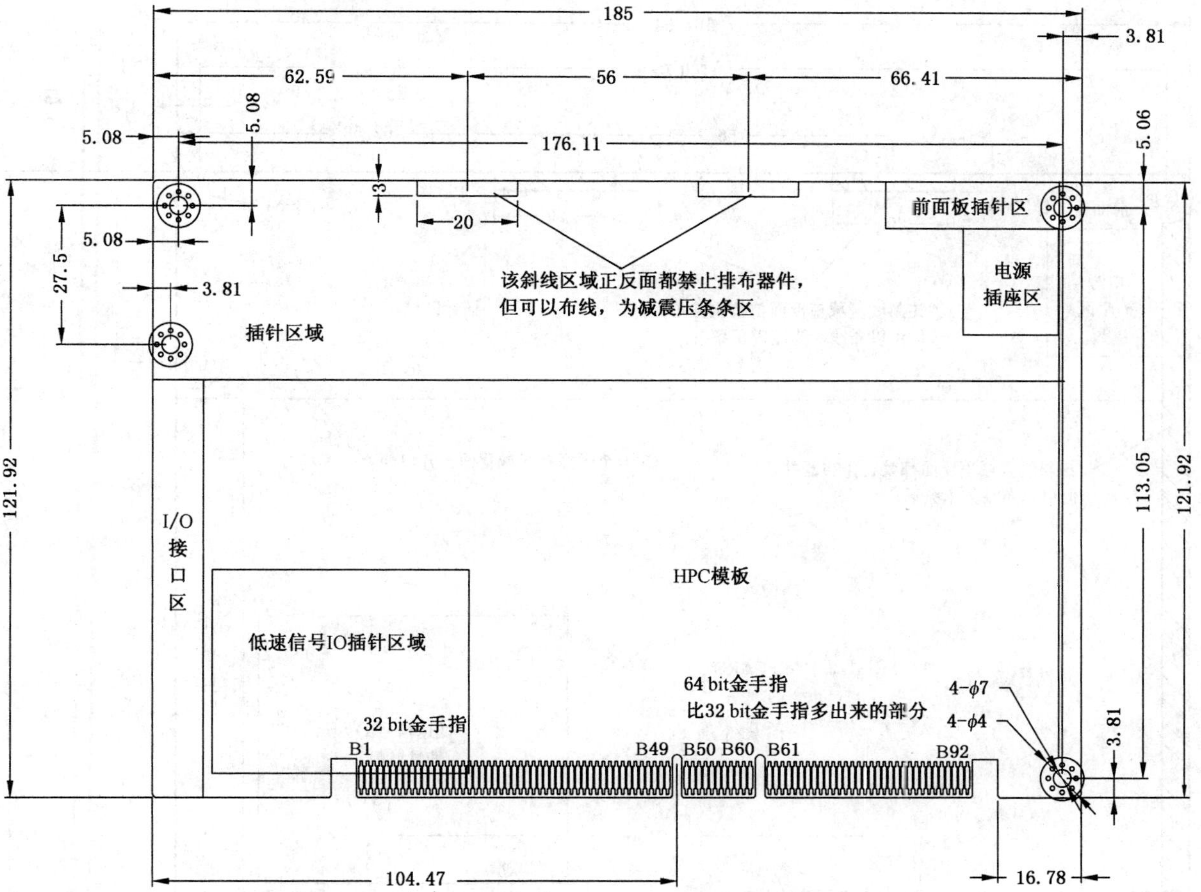

图 B.7 PCI 总线半长卡系列处理器模板尺寸规范

B.8 PICMG1.3 半长卡系列处理器模板尺寸规范如图 B.8。

单位为毫米

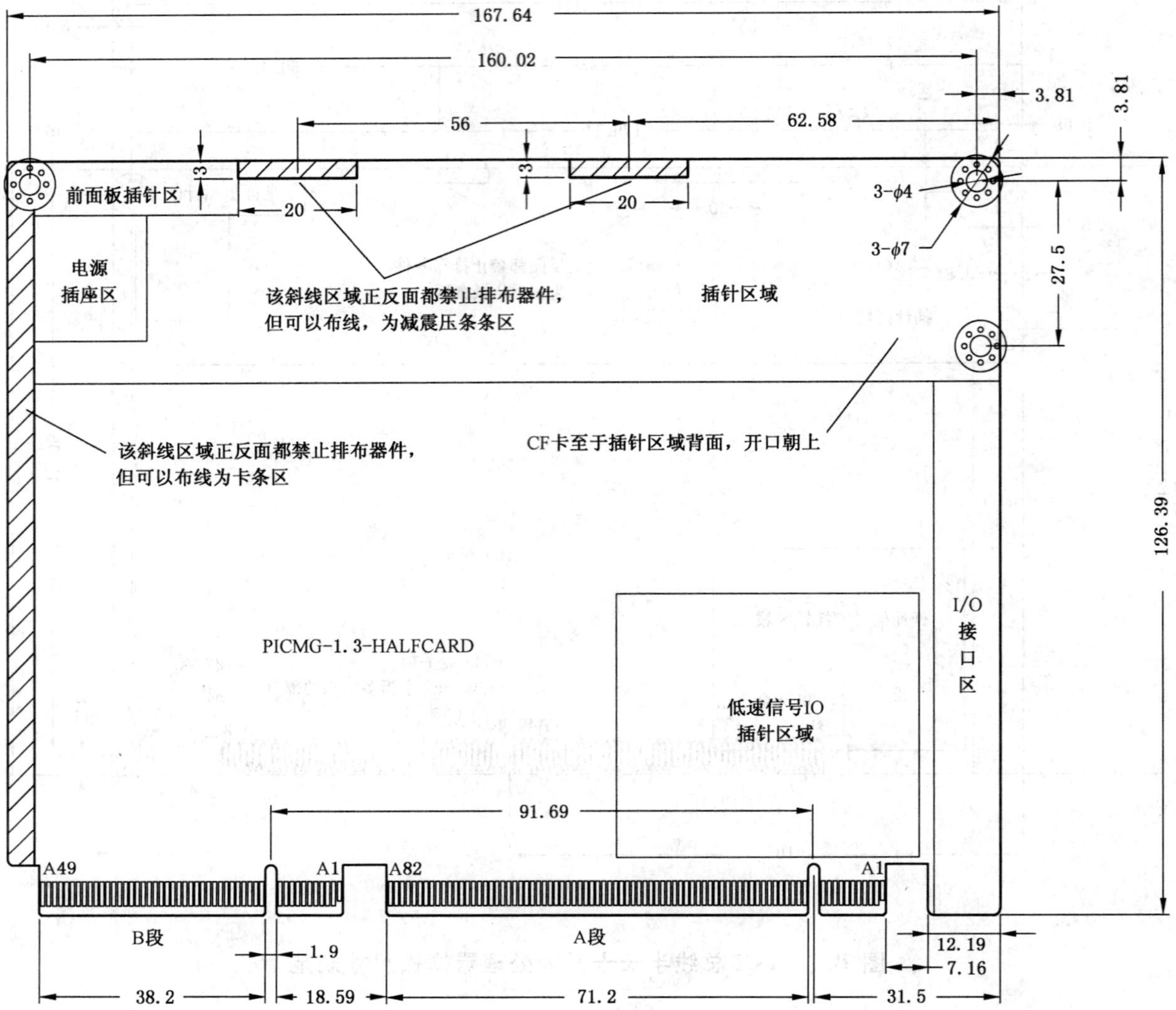

图 B.8 PICMG1.3 半长卡系列处理器模板尺寸规范

B.9 CPCI 系统处理器模板尺寸规范(3U)如图 B.9。

单位为毫米

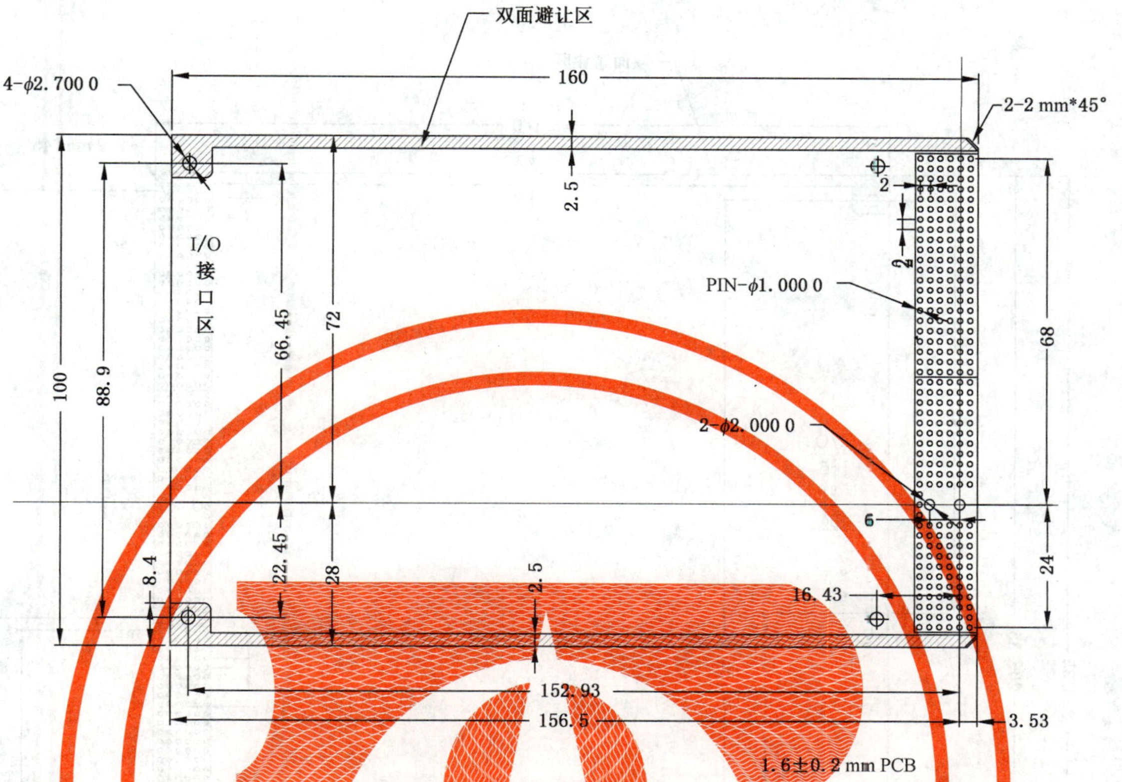

图 B.9 CPCI 系统处理器模板尺寸规范(3U)

B.10 CPCI 系统处理器模板尺寸规范(6U)如图 B.10。

单位为毫米

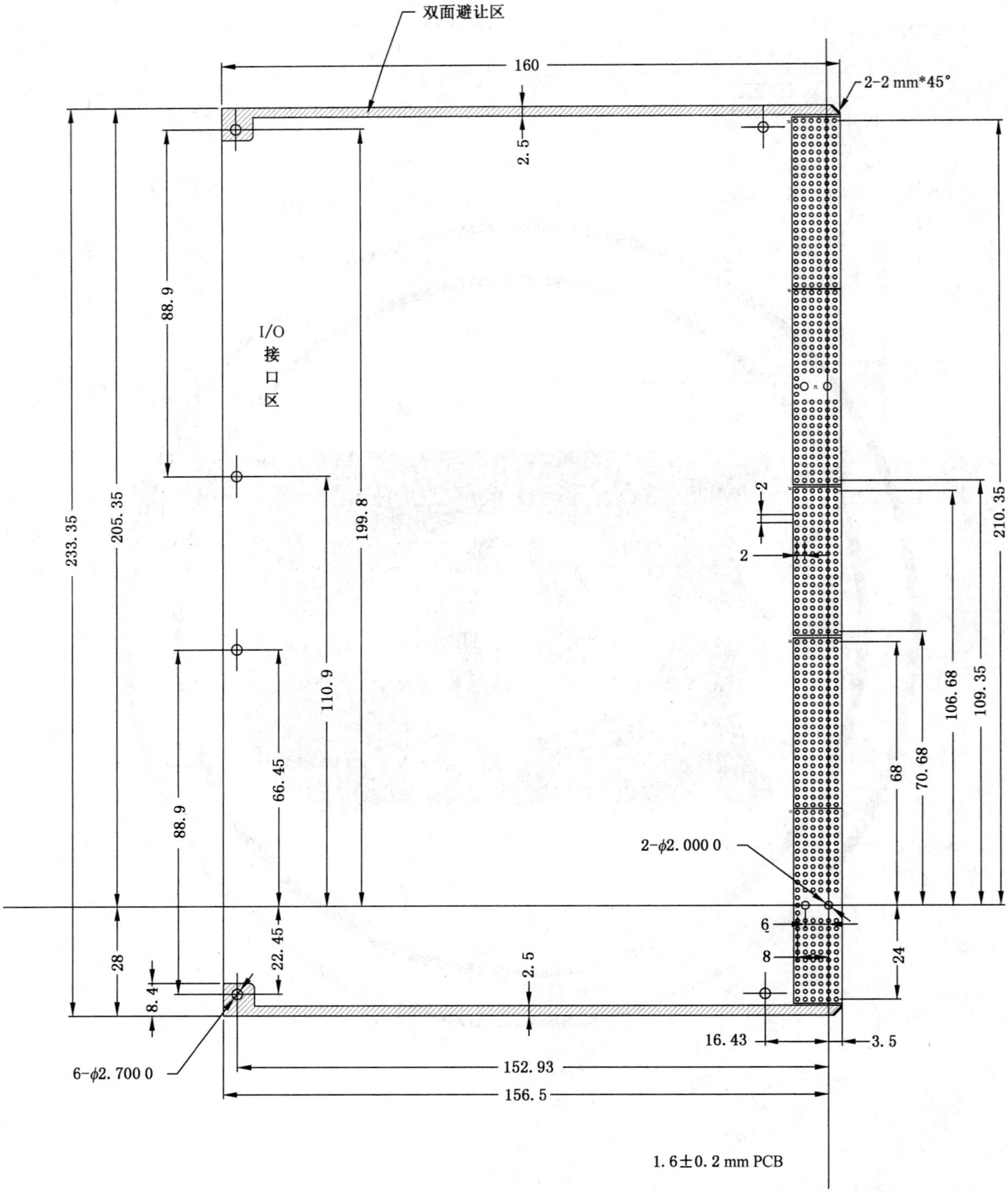

图 B.10 CPCI 系统处理器模板尺寸规范(6U)

B.11 PC/104 或 PC/104-Plus 系列处理器模板尺寸规范如图 B.11。

单位为毫米

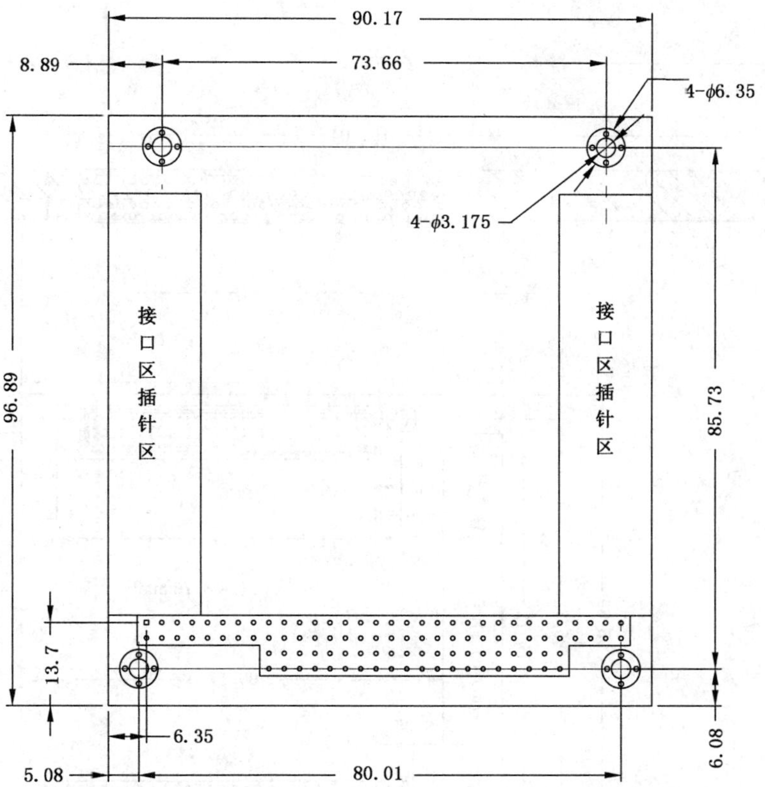

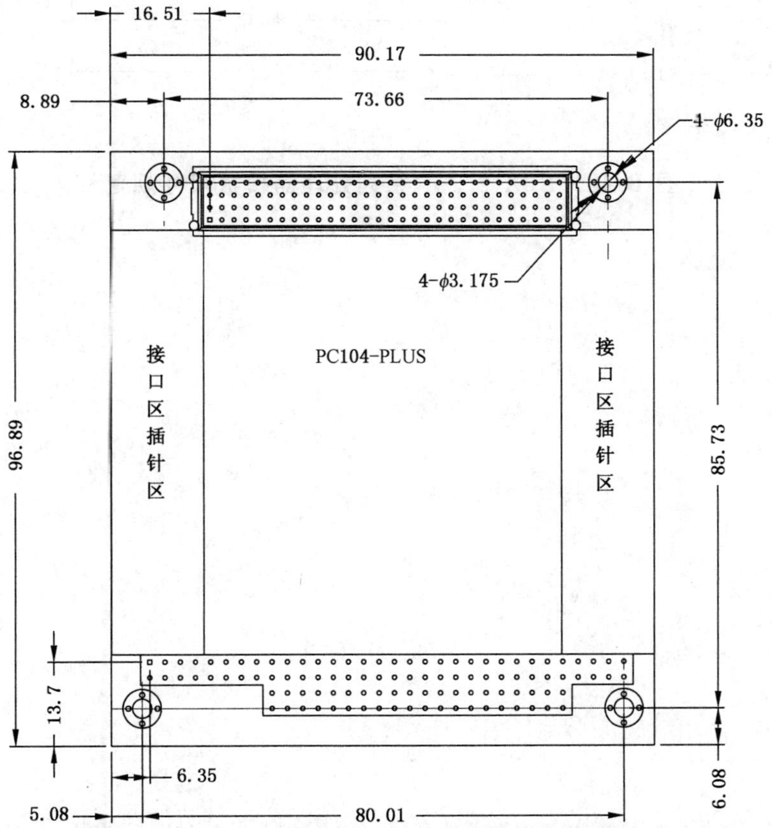

图 B.11 PC/104 或 PC/104-Plus 系列处理器模板尺寸规范

B.12 EBX(5.25″)系列处理器模板尺寸规范如图 B.12。

单位为毫米

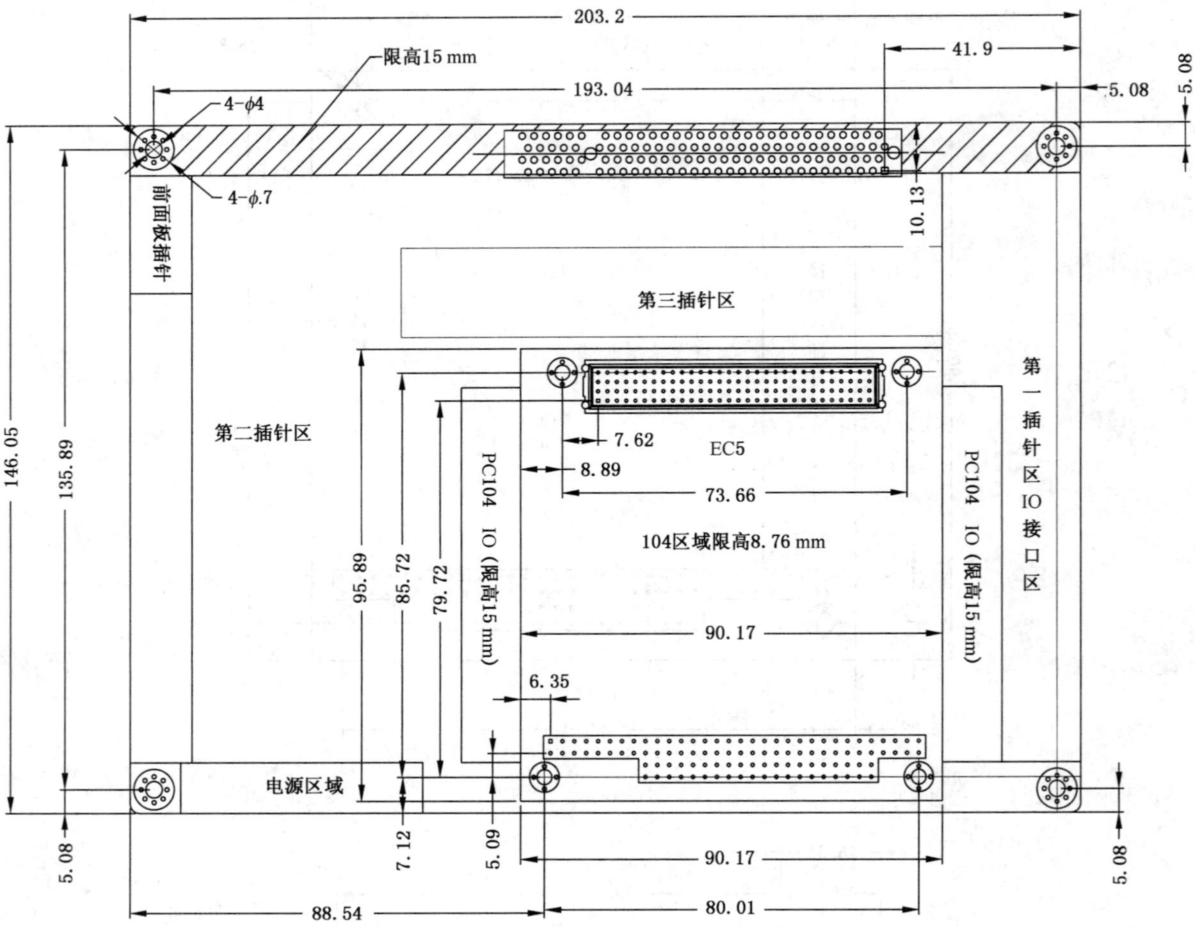

图 B.12 EBX(5.25″)系列处理器模板尺寸规范

B.13 EPIC 系统处理器模板尺寸规范如图 B.13。

单位为毫米

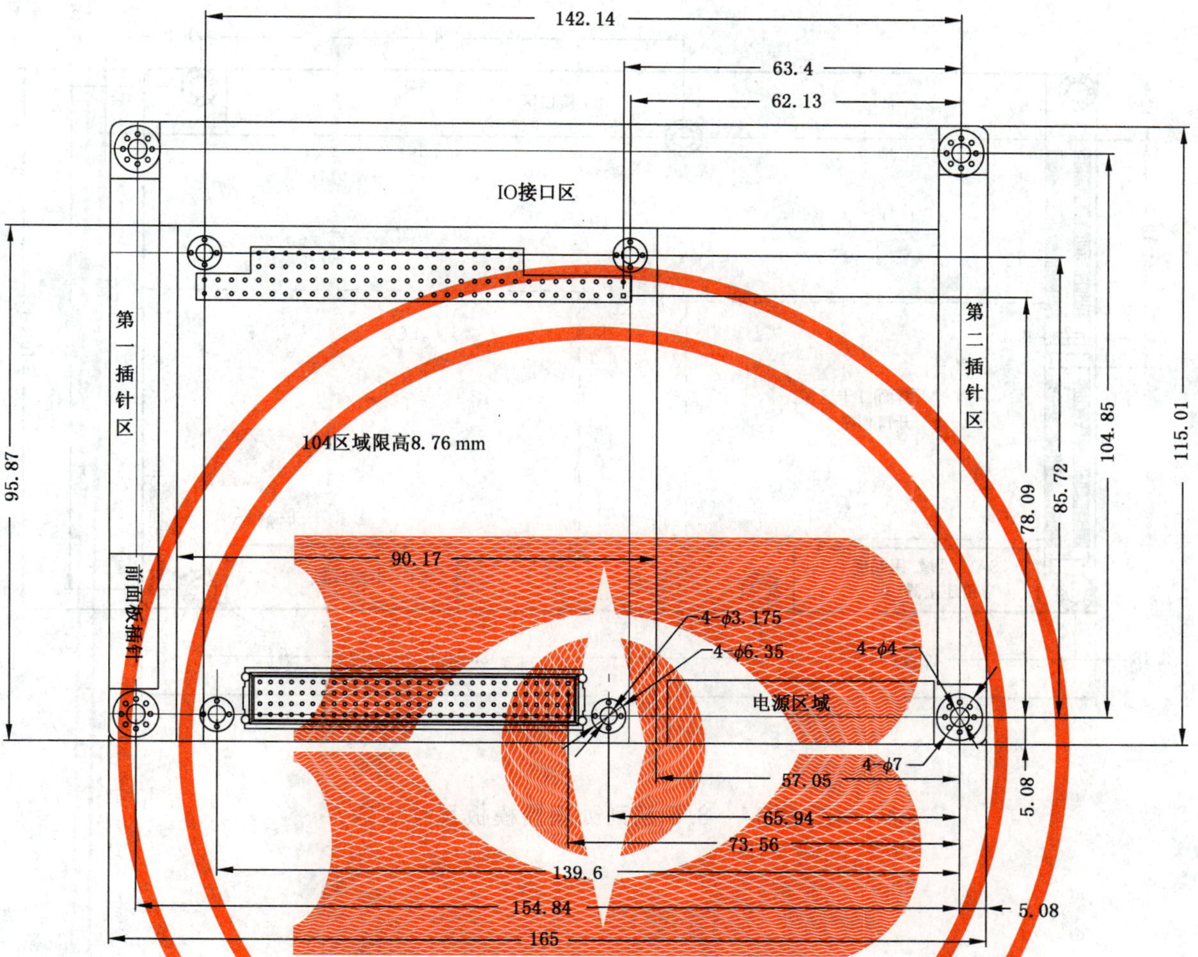

图 B.13 EPIC 系统处理器模板尺寸规范

B.14 3.5″系列处理器模板尺寸规范如图B.14。

单位为毫米

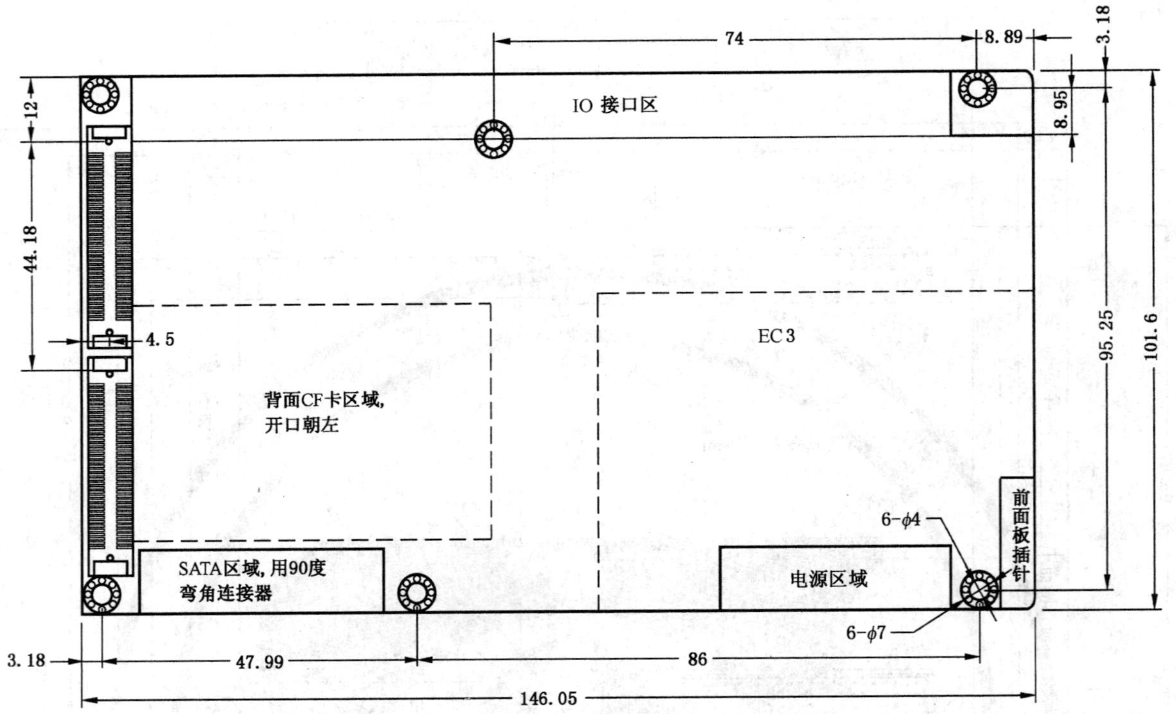

图 B.14 3.5″系列处理器模板尺寸规范

B.15 ATX系列处理器模板尺寸规范如图B.15。

单位为毫米

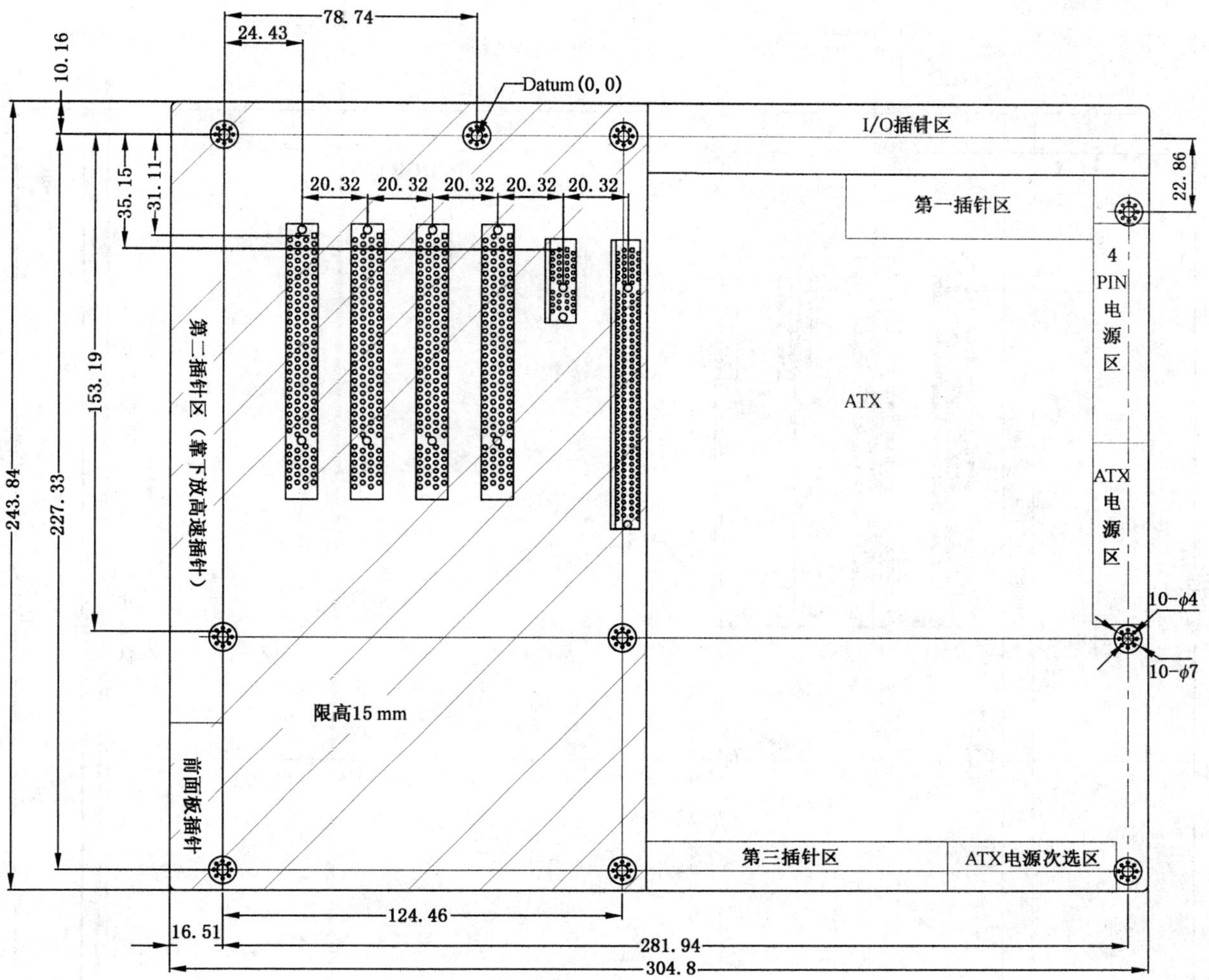

图 B.15 ATX系列处理器模板尺寸规范

B.16 MicroATX 系列处理器模板尺寸规范如图 B.16。

单位为毫米

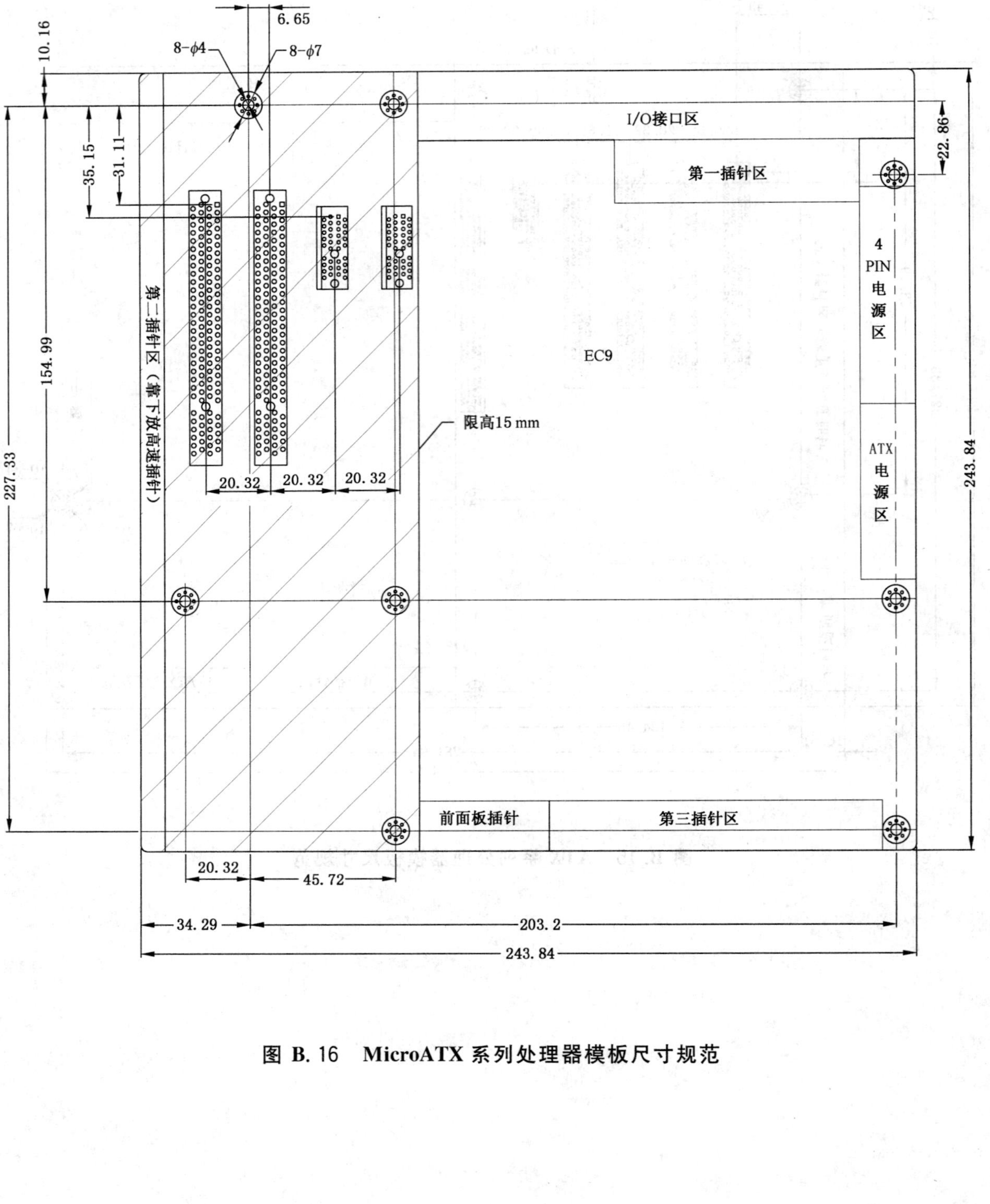

图 B.16 MicroATX 系列处理器模板尺寸规范

B.17 POS系列处理器模板尺寸规范如图B.17。

单位为毫米

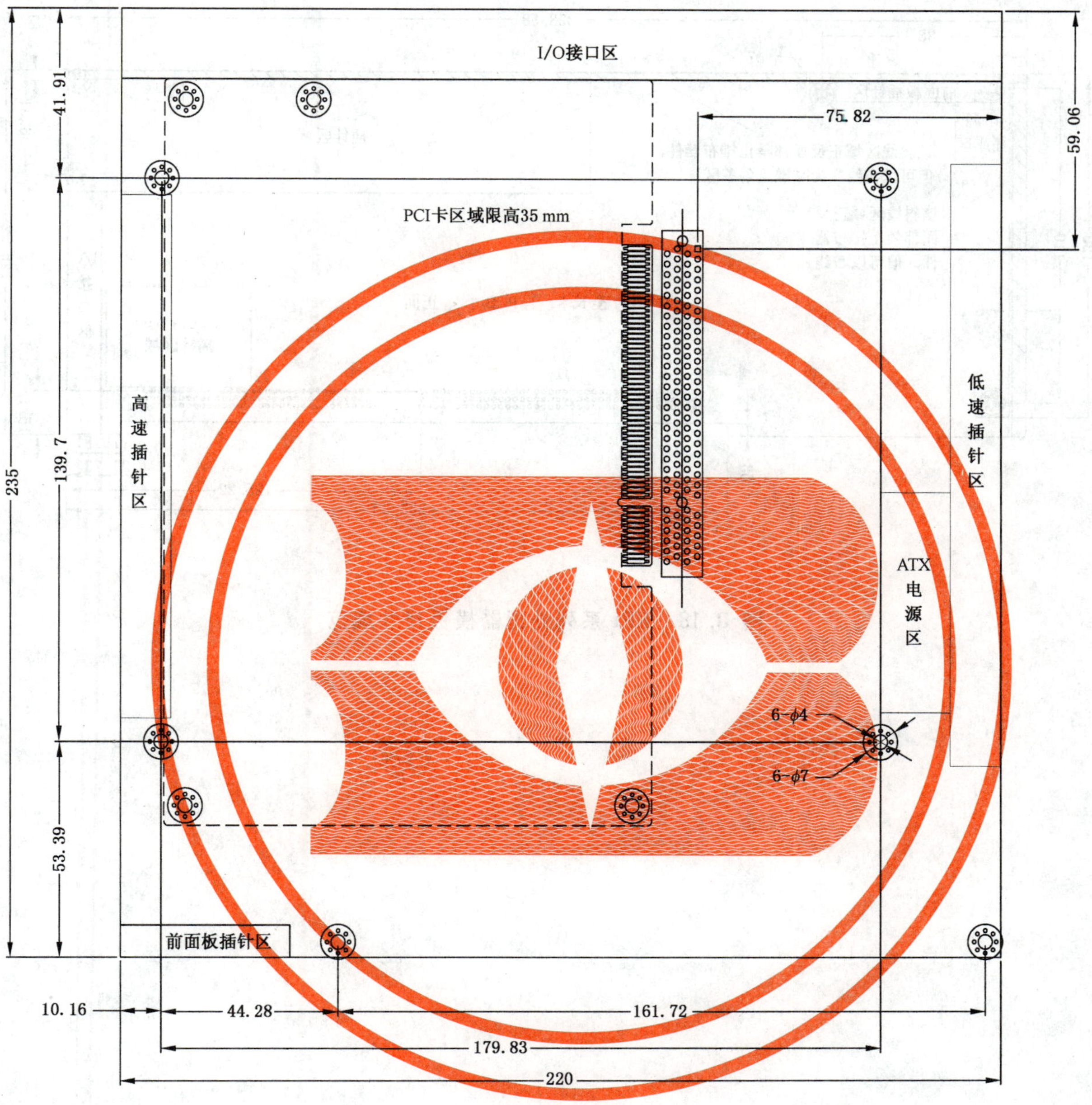

图 B.17 POS系列处理器模板尺寸规范

B.18 EPI 系列处理器模板尺寸规范如图 B.18。

单位为毫米

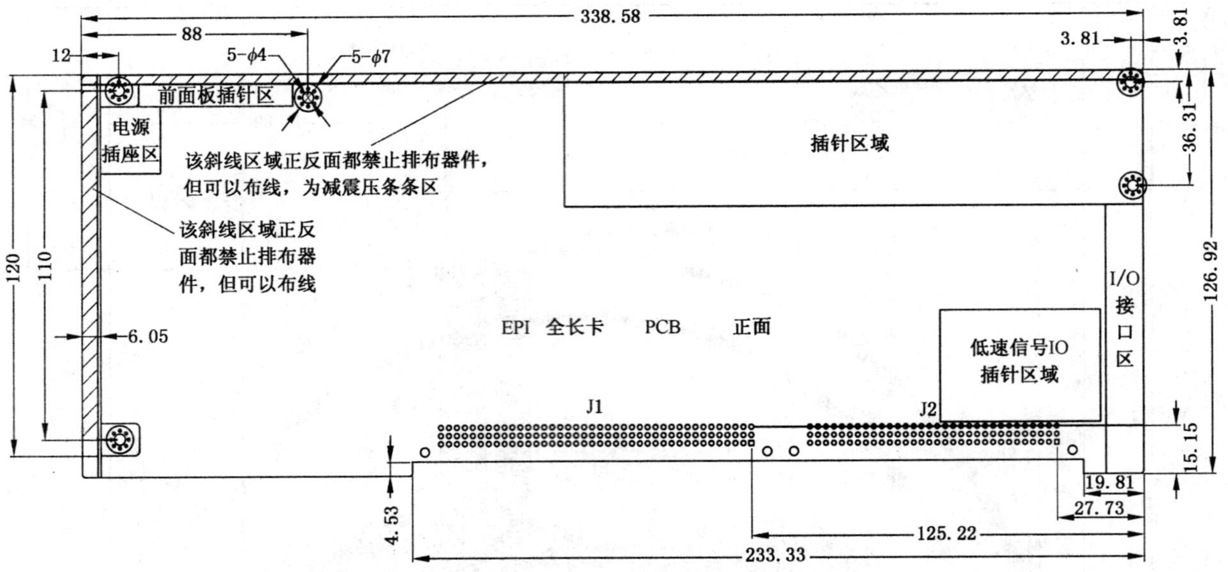

图 B.18 EPI 系列处理器模板尺寸规范

参 考 文 献

[1] ETX Specification Document Revision 3.02
[2] PICMG COM.0 R1.0 Computer On Module Specification
[3] PICMG 1.0 R2.0 Specification
[4] PICMG 1.2 R1.0 Specification
[5] PICMG 1.3 System Host Board PCI Express Specification
[6] IPCMG 2.0 R3.0 Compact PCI Specification
[7] PC/104 Specification Version 2.5
[8] PC/104-Plus Specification Version 2.2
[9] PCI-104 Specification Version 1.0
[10] PCI/104-Express & PCIe/104 Specification Version 1.0
[11] EBX Specification(Embedded Board,eXpandable)Version 2.0
[12] EPIC & EPIC Express Specification Version 3.0
[13] ATK Specification Version 2.2
[14] microATX Motherboard Interface Specification Version 1.2
[15] Front Panel I/O Connectivity Design Guide Version 2.2
[16] PICMG 3.0 Short Form Specification

ICS 25.040.40
N 18

中华人民共和国国家标准

GB/T 26804.3—2011

工业控制计算机系统　功能模块模板 第3部分：模拟量输入输出通道模板 通用技术条件

Industrial control computer system—Function module—
Part 3: General specification for analogue input/output channel module

2011-07-29 发布　　2011-12-01 实施

中华人民共和国国家质量监督检验检疫总局
中国国家标准化管理委员会　发布

前　言

GB/T 26804《工业控制计算机系统　功能模块模板》分为以下几部分：

——第 1 部分：处理器模板通用技术条件；

——第 2 部分：处理器模板性能评定方法；

——第 3 部分：模拟量输入输出通道模板通用技术条件；

——第 4 部分：模拟量输入输出通道模板性能评定方法；

——第 5 部分：数字量输入输出通道模板通用技术条件；

——第 6 部分：数字量输入输出通道模板性能评定方法。

本部分是 GB/T 26804 的第 3 部分。

本部分由中国机械工业联合会提出。

本部分由全国工业过程测量和控制标准化技术委员会(SAC/TC 124)归口。

本部分负责起草单位：研祥智能科技股份有限公司。

本部分参加起草单位：中国四联仪器仪表集团有限公司、北京研华科技股份有限公司、北京康拓科技开发总公司、重庆工业自动化仪表研究所、西南大学、中国计算机学会工业控制计算机专业委员会。

本部分主要起草人：陈志列、孙伟、江隆业。

本部分参加起草人：刘渝新、黄毅普、刘永池、刘学东、刘鑫、张伟艳、张凌、刘小莉、祁虔、杨颂华、何强、祝培军、赵亦欣、杨孟飞。

工业控制计算机系统 功能模块模板 第3部分:模拟量输入输出通道模板 通用技术条件

1 范围

GB/T 26804的本部分规定了工业控制计算机系统中模拟量输入输出通道模板的通用技术条件,主要内容包括规范性引用文件、术语、设计要求、技术要求、标志、包装和贮存等。

本部分适用于工业控制计算机系统中的模拟量输入输出通道模板。

2 规范性引用文件

下列文件中的条款通过GB/T 26804的本部分的引用而成为本部分的条款。凡是注日期的引用文件,其随后所有的修改单(不包括勘误的内容)或修订版均不适用于本部分,然而,鼓励根据本部分达成协议的各方研究是否可使用这些文件的最新版本。凡是不注日期的引用文件,其最新版本适用于本部分。

GB/T 9969 工业产品使用说明书 总则

GB/T 13384 机电产品包装通用技术条件

GB/T 15479—1995 工业自动化仪表绝缘电阻、绝缘强度技术要求和试验方法

GB/T 17214.3—2000 工业过程测量和控制装置的工作条件 第3部分:机械影响(idt IEC 60654-3:1983)

GB/T 17626.2—2006 电磁兼容 试验和测量技术 静电放电抗扰度试验(IEC 61000-4-2:2001,IDT)

GB/T 17626.4—2008 电磁兼容 试验和测量技术 电快速瞬变脉冲群抗扰度试验(IEC 61000-4-4:2004,IDT)

GB/T 17626.5—2008 电磁兼容 试验和测量技术 浪涌(冲击)抗扰度试验(IEC 61000-4-5:2005,IDT)

GB/T 17626.6—2008 电磁兼容 试验和测量技术 射频场感应的传导骚扰抗扰度(IEC 61000-4-6:2006,IDT)

GB/T 17626.8—2006 电磁兼容 试验和测量技术 工频磁场抗扰度试验(IEC 61000-4-8:2001,IDT)

GB/T 26802.1—2011 工业控制计算机系统 通用规范 第1部分:通用要求

3 术语和定义、缩略语

3.1 术语和定义

GB/T 26802.1—2011确立的以及以下术语和定义适用于GB/T 26804的本部分。

3.1.1

模拟量 analogue

随时间连续变化的电信号。

3.1.2

模拟量输入通道 analogue input channel

将模拟量转换成计算机可以接收的信号的通道。

3.1.3

模拟量输出通道 analogue output channel

把计算机输出的信号转换成对应的模拟量的通道。

3.1.4

模拟量输入输出通道模板 analogue input/output channel modules

实现模拟量输入/输出特定功能(包括辅助功能)的设备。

3.2 缩略语

AI(analogue input) 模拟量输入

AO(analogue output) 模拟量输出

AI/AO(analogue input/analogue output) 模拟量输入/模拟量输出

FSR(full scale range) 满量程范围

SPS(sample per second) 每秒采样点数

4 设计要求

4.1 硬件设计要求

AI/AO 通道模板的硬件设计应满足 GB/T 26802.1—2011 中 5.2 的相关要求。

4.2 软件设计要求

AI/AO 通道模板的软件设计应满足 GB/T 26802.1—2011 中 5.3 的相关要求。

4.3 结构设计要求

AI/AO 通道模板的结构设计应满足 GB/T 26802.1—2011 中 5.4 的相关要求。

4.4 安全设计要求

AI/AO 通道模板的安全设计应满足 GB/T 26802.1—2011 中 5.5 的相关要求。

4.5 文档要求

AI/AO 通道模板的文档应满足 GB/T 26802.1—2011 中 5.6 的相关要求。

5 AI/AO 通道模板分类

5.1 按输入输出信号分类

AI 通道模板:单端输入、差分输入、伪差分输入;

AO 通道模板:单端输出、差分输出。

5.2 按输入输出功能分类

AI 通道模板:仅有模拟量输入功能的模板;

AO 通道模板:仅有模拟量输出功能的模板;

混合通道模板:同时具有模拟量输入和输出功能的模板。

6 技术要求

6.1 AI/AO 通道模板功能

6.1.1 基本功能

6.1.1.1 寻址功能

模拟量输入输出通道模板的任一通道都能被正确寻址。

6.1.1.2 输入输出功能

接受规定形式的模拟量输入/实现规定形式的模拟量输出的功能。

6.1.1.3 校准功能

AI/AO 通道模板具有对模拟量输入或输出结果进行校准的功能。

6.1.2 隔离功能

AI/AO 通道模板可采用隔离措施对模板的信号和电源进行处理，实现 AI/AO 通道模板的电气隔离。

6.1.3 自诊断功能

主要包括：

a) 故障诊断和报警；

b) 产品标准规定的其他自诊断功能。

6.1.4 其他功能

产品标准规定的其他功能。

6.2 AI 通道模板基本性能

6.2.1 输入范围

电压输入范围：0 V～2.5 V、0 V～5 V、1 V～5 V、0 V～10 V、－1 V～＋1 V、－2.5 V～＋2.5 V、－5 V～＋5 V、－10 V～＋10 V。

电流输入范围：0 mA～10 mA、0 mA～20 mA、4 mA～20 mA、－20 mA～＋20 mA。

对于特殊的输入范围，应符合有关的产品标准。

6.2.2 精确度

AI 通道模板的精确度分为：±0.01% FSR、±0.02% FSR、±0.05% FSR、±0.1% FSR、±0.2% FSR、±0.5% FSR、±1% FSR。

6.2.3 采样速度

AI 通道模板的采样速度划分为三个等级，如表 1 所示。

表 1 模板转换速度等级表

等级	转换速度
1	<250 SPS
2	250 K SPS～10 M SPS
3	>10 M SPS

6.2.4 输入阻抗

AI 通道模板的输入阻亢应符合相关产品标准的规定。

6.3 AO 通道模板基本性能

6.3.1 输出范围

电压输出范围：0 V～2.5 V、0 V～5 V、0 V～10 V、－2.5 V～＋2.5 V、－5 V～＋5 V、－10 V～＋10 V。

电流输出范围：0 mA～10 mA、0 mA～20 mA、4 mA～20 mA。

对于特殊的输入范围，应符合有关的产品标准。

6.3.2 精确度

AO 通道模板的精确度分为：±0.01% FSR、±0.02% FSR、±0.05% FSR、±0.1% FSR、±0.2% FSR、±0.5% FSR、±1% FSR。

6.3.3 建立时间

AO 通道模板的建立时间是表示模拟量输出转换快慢的指标，划分为三个等级，如表 2 所示。

表 2 模板建立时间等级表

等级	建立时间
1	>4 μs
2	0.1 μs～4 μs
3	<0.1 μs

6.3.4 带载能力

AO 通道模板的带载能力应符合相关产品标准的规定。

6.4 结构尺寸和外观

6.4.1 结构尺寸

AI/AO 通道模板的外形尺寸由产品标准确定。总线连接器的规格和引脚排列应符合所采用的总线规范的规定。

6.4.2 外观

外观应符合下列基本要求：

a) AI/AO 通道模板的外观应光洁、无划痕、无断裂、无机械损伤，元器件和固件不应松动和脱落，插件应可靠接触；

b) AI/AO 通道模板表面的型号、文字、符号应字迹清晰，无损伤、无脱字。

6.5 电源适应能力

AI/AO 通道模板应能适应外界电源变化的影响，包括电源电压暂降影响、电源电压短时中断影响、电源电压变化影响。

6.5.1 电源电压暂降影响

电源电压降至额定工作电压的 70%，连续进行三次低降试验，三次低降的持续时间可分别为 5、25、50 个周期，两次试验的间隔小于 10 s。电源恢复后，AI/AO 通道模板应正常工作。

6.5.2 电源电压短时中断影响

电源电压降至额定工作电压的 0%，连续进行三次中断试验，三次中断的持续时间可分别为 1、10、40 个周期，两次试验的间隔小于 10 s。电源恢复后，AI/AO 通道模板应正常工作。

6.5.3 电源电压变化影响

电源电压以 ±10% 短期变化，其变化的时间定为：电压降低需时间 2 s±0.4 s，降低后电压维持时间 1 s±0.2 s，电压增加所需时间 2 s±0.4 s。进行三次试验，试验之间间隔 10 s。AI/AO 通道模板应正常工作。

6.6 共模、串模抗扰度

6.6.1 共模抗扰度

共模抗扰度仅适用于信号输入或输出对地绝缘的 AI/AO 通道模板：

a) 直流共模抗扰度：共模电压为 50 V 直流干扰电压，以正、反两个方向作用进行试验，AI/AO 通道模板应正常工作；

b) 交流共模抗扰度：共模电压为 250 V 的正弦波交流干扰电压，频率为 50 Hz，相位为 0°～360°，改变相位进行试验，AI/AO 通道模板应正常工作。

6.6.2 串模抗扰度

串模抗扰度要求如下：

a) 直流串模抗扰度：直流串模骚扰电压幅值应取 50 mV、100 mV、500 mV、1 V，如果制造厂未作具体规定时，直流串模骚扰电压幅值应取 1 V，以正、反两个方向作用进行试验，AI/AO 通道模板应正常工作；

b) 交流串模抗扰度：交流串模骚扰电压最大幅值应取 50 mV、100 mV、500 mV、1 V，如果制造厂未作具体规定时，交流串模骚扰电压最大幅值应取 1 V，频率为 50 Hz，相位为 0°～360°，改变相位进行试验，AI/AO 通道模板应正常工作。

6.7 环境影响

6.7.1 环境温度影响

在相对湿度为 65%±5% 的条件下，根据产品安装环境条件选择温度范围，当温度在试验范围内变化时，AI/AO 通道模板应正常工作。

6.7.2 相对湿度影响

在试验温度为 40 ℃±2 ℃，相对湿度在 93%±3%保持 48 h 后进行测试，AI/AO 通道模板应正常工作。

6.7.3 振动影响

当用户与制造商决定进行检验时，根据应用场所，按照 GB/T 17214.3—2000 中的第 4 章选择振动频率、振动严酷度和振动时间等级，经过三个相互垂直的方向（其中一个为铅垂方向）进行振动试验，AI/AO 通道模板应正常工作。

6.8 电磁兼容抗扰度

6.8.1 电磁兼容抗扰度项目选择

电磁兼容抗扰度包括下列条款所列项目，带外壳的功能模板应做全部项目试验，其他功能模板应做 6.8.5、6.8.6、6.8.7 三项试验。制造商还可根据需要，选择其他电磁兼容抗扰度项目，并根据有关标准进行试验。

6.8.2 射频电磁场辐射抗扰度

在 80 MHz～1 000 MHz 射频范围内，根据产品使用的电磁场环境，选用 1 V/m、3 V/m 或 10 V/m 射频电磁场辐射强度进行试验，AI/AO 通道模板应正常工作。

如选择其他射频范围，由制造商和用户共同确定。

6.8.3 工频磁场抗扰度

工频磁场是由导体中的工频电流产生的，或极少量的由附近的其他装置（如变压器的漏磁通）所产生。

根据应用场所，按照 GB/T 17626.8—2006 中的第 5 章选择试验等级和确定磁场强度，进行工频磁场干扰试验，AI/AO 通道模板应正常工作。

一般工业环境试验等级选择 4 级（稳定持续磁场其磁场强度为 30 A/m；1 s～3 s 的短时磁场，其磁场强度为 300 A/m）。严酷工业环境试验等级选择 5 级（稳定持续磁场其磁场强度为 100 A/m；1 s～3 s 的短时磁场，其磁场强度为 1 000 A/m）。

6.8.4 静电放电抗扰度

根据系统安装环境条件（如相对湿度等）和产品材料，在 GB/T 17626.2—2006 的表 1（并参照附录 A 中表 A.1）中选择试验等级进行接触放电或空气放电（不能使用接触放电场合时选用空气放电试验方式）试验。根据系统和应用要求，应达到以下要求之一：

a) 正常工作；

b) 功能或性能暂时降低或丧失，但能自行恢复。

6.8.5 电快速瞬变脉冲群抗扰度

电快速瞬变脉冲群抗扰度是 AI/AO 通道模板对诸如来自切换瞬态过程（切换感性负载、继电器触点弹跳等）的各种类型瞬变骚扰的抗扰度。

根据应用场所环境（见 GB/T 17626.4—2008 附录 A 中 A.2），在 GB/T 17626.4—2008 的表 1 中选择所选等级的开路试验电压和脉冲重复频率，对 AI/AO 通道模板的对外端口进行试验，AI/AO 通道模板应正常工作。

6.8.6 浪涌（冲击）抗扰度

浪涌（冲击）抗扰度是 AI/AO 通道模板对由开关和雷电瞬变过程电压引起的单级性浪涌（冲击）的抗扰度。

根据安装类别（见 GB/T 17626.5—2008 附录 B 中 B.3），在 GB/T 17626.5—2008 的表 1（并参照附录 A 中表 A.1）中选择所选等级的开路试验电压，对 AI/AO 通道模板的对外端口进行试验。根据系统和应用要求，应达到以下要求之一：

a) 正常工作；

b) 功能或性能暂时降低或丧失，但能自行恢复。

6.8.7 射频感应的传导骚扰抗扰度

射频感应的传导骚扰抗扰度是AI/AO通道模板对来自9 kHz～80 MHz频率范围内射频发射机电磁场骚扰的传导抗扰度。射频感应是通过电缆(如电源线、信号线、地连接线等)与射频场相耦合而引起的。

根据应用场所环境(见GB/T 17626.6—2008附录C)，在GB/T 17626.6—2008表1中选择试验等级，进行试验，AI/AO通道模板应正常工作。

6.9 电磁干扰

AI/AO通道模板的电磁干扰，由制造商和用户参考有关标准共同确定。

6.10 抗运输环境影响

6.10.1 抗运输高温影响

产品进行运输包装后，在高温为55 ℃±3 ℃的运输环境下进行温度试验后，AI/AO通道模板外观应满足6.4的要求，并能正常工作。

6.10.2 抗运输低温影响

产品进行运输包装后，在低温为−40 ℃±3 ℃的运输环境下进行温度试验后，AI/AO通道模板外观应满足6.4的要求，并能正常工作。

6.10.3 抗运输湿热影响

产品进行运输包装后，在高温为55 ℃±3 ℃和相对湿度为93%±3%的运输环境下进行交变湿热试验后，AI/AO通道模板外观应满足6.4的要求，并能正常工作。

6.10.4 抗运输自由跌落影响

产品进行运输包装后，从表3中选取跌落高度，水平状态自由落体方式跌落4次后，AI/AO通道模板外观应满足6.4的要求，并能正常工作。

表3 模板跌落环境等级表

包装件质量 kg	跌落高度 mm
$m \leqslant 2$	≥500
$m > 2$	由制造商和用户共同确定

6.11 特殊性能

6.11.1 抗腐蚀和侵蚀性能

应用于具有腐蚀和侵蚀环境的AI/AO通道模板，还应具有防腐蚀和侵蚀性能，应根据环境条件和严酷度采取预防措施。

6.11.2 防爆性能

防爆型模板应符合爆炸性气体环境用电气设备有关国家标准的规定。

6.11.3 安全性能

应用于执行安全功能的AI/AO通道模板应满足功能安全有关国家标准的规定。

6.11.3.1 绝缘电阻

在一般试验大气条件下，根据额定电压和标称电路电压，AI/AO通道模板的绝缘电阻应达到GB/T 15479—1995中4.1所要求的相应值。

6.11.3.2 绝缘强度

在一般试验大气条件下，根据额定电压和标称电路电压，AI/AO通道模板的绝缘强度应达到GB/T 15479—1995中4.2所要求的相应值。

6.12 可靠性

AI/AO通道模板的MTBF从GB/T 26802.1—2011的表3中选择，不得低于A1级。

6.13 长时间运行考核

在参比试验大气条件或正常工作大气条件下，连续运行不少于 72 h，AI/AO 通道模板应正常工作。

7 标志、包装、说明书和贮存

7.1 标志

必须标出产品型号和制造商标识，其他标识由产品标准确定。

7.2 包装

主要有以下方面：

a) AI/AO 通道模板包装应符合 GB/T 13384 的有关规定；

b) 对需要防静电的 AI/AO 通道模板，包装时应考虑防静电措施。

7.3 说明书

产品说明书的编制应符合 GB/T 9969 的要求。

7.4 贮存

产品应贮存在环境温度 5 ℃～40 ℃，相对湿度为 30%～85%的通风室内。室内不允许有各种有害气体、易燃、易爆的产品及有腐蚀性的化学物品，并且应无强烈的机械振动、冲击和强磁场作用及人为、鼠害、虫害等环境因素的影响。若无其他规定时，贮存期一般应不超过六个月。若在生产厂存放超过六个月时，则应重新进行交收检验。

ICS 25.040.40
N 18

中华人民共和国国家标准

GB/T 26804.4—2011

工业控制计算机系统 功能模块模板 第4部分：模拟量输入输出通道模板性能评定方法

Industrial control computer system—Function modules—
Part 4: Methods of evaluating the performance for analogue input/output channel module

2011-07-29 发布 2011-12-01 实施

中华人民共和国国家质量监督检验检疫总局
中国国家标准化管理委员会 发布

前　言

GB/T 26804《工业控制计算机系统　功能模块模板》分为以下几部分：

——第 1 部分：处理器模板通用技术条件；

——第 2 部分：处理器模板性能评定方法；

——第 3 部分：模拟量输入输出通道模板通用技术条件；

——第 4 部分：模拟量输入输出通道模板性能评定方法；

——第 5 部分：数字量输入输出通道模板通用技术条件；

——第 6 部分：数字量输入输出通道模板性能评定方法。

本部分是 GB/T 26804 的第 4 部分。

本部分由中国机械工业联合会提出。

本部分由全国工业过程测量和控制标准化技术委员会(SAC/TC 124)归口。

本部分负责起草单位：北京康拓科技开发总公司。

本部分参加起草单位：北京研华科技股份有限公司、重庆工业自动化仪表研究所、研祥智能科技股份有限公司、西南大学、中国计算机学会工业控制计算机专业委员会。

本部分主要起草人：张伟艳、马飞。

本部分参加起草人：刘永池、刘学东、孙怀义、刘琴、陈志列、庞观士、祁虔、何强、黄仁杰、钟秀蓉、祝培军、杨孟飞。

工业控制计算机系统　功能模块模板　第4部分：模拟量输入输出通道模板　性能评定方法

1　范围

GB/T 26804的本部分规定了工业控制计算机系统中模拟量输入输出通道模板(以下简称AI/AO通道模板)的性能评定方法，主要内容包括试验方法和检验规则等。

本部分适用于工业控制计算机系统中的AI/AO通道模板。

2　规范性引用文件

下列文件中的条款通过GB/T 26804的本部分的引用而成为本部分的条款。凡是注日期的引用文件，其随后所有的修改单(不包括勘误的内容)或修订版均不适用于本部分，然而，鼓励根据本部分达成协议的各方研究是否可使用这些文件的最新版本。凡是不注日期的引用文件，其最新版本适用于本部分。

GB/T 15479　工业自动化仪表绝缘电阻、绝缘强度技术要求和试验方法

GB/T 17212—1998　工业过程测量和控制　术语和定义(idt IEC 902:1987)

GB/T 17626.2　电磁兼容　试验和测量技术　静电放电抗扰度试验(GB/T 17626.2—2006，IEC 61000-4-2:2001，IDT)

GB/T 17626.3—2006　电磁兼容　试验和测量技术　射频电磁场辐射抗扰度试验(IEC 61000-4-3:2002，IDT)

GB/T 17626.4—2008　电磁兼容　试验和测量技术　电快速瞬变脉冲群抗扰度试验(IEC 61000-4-4:2005，IDT)

GB/T 17626.5—2008　电磁兼容　试验和测量技术　浪涌(冲击)抗扰度试验(IEC 61000-4-5:2005，IDT)

GB/T 17626.6—2008　电磁兼容　试验和测量技术　射频场感应的传导骚扰抗扰度(IEC 61000-4-6:2006，IDT)

GB/T 17626.8—2006　电磁兼容　试验和测量技术　工频磁场抗扰度试验(IEC 61000-4-8:2001，IDT)

GB/T 17626.11—2008　电磁兼容　试验和测量技术　电压暂降　短时中断和电压变化的抗扰度试验(IEC 61000-4-11:2004，IDT)

GB/T 18271.3—2000　过程测量和控制装置　通用性能评定方法和程序　第3部分：影响量影响的试验(idt IEC 61298—3:1998)

GB/T 26804.3—2011　工业控制计算机系统　功能模块模板　第3部分：模拟量输入输出通道模板通用技术条件

JB/T 9329—1999　仪器仪表运输、运输贮存基本环境条件及试验方法

3　术语和定义

3.1　定义

GB/T 17212—1998及GB/T 26804.3—2011确立的术语和定义适用于本部分。

3.2 缩略语

AI (analogue input)模拟量输入

AO (analogue output)模拟量输出

CMRR (common-mode rejection ratio)共模抑制比

SMRR (series-mode rejection ratio)串模抑制比

E_{cm} 共模电压

E_{sm} 串模电压

i 表示某一通道

j 表示某一测试点

m 某一通道模板通道的数量

n 某一通道试验点的个数

δ_i 电流稳定度

δ_v 电压稳定度

S 量程

4 试验条件

4.1 环境条件

4.1.1 参比试验大气条件

通道的参比功能应在下述的大气条件下进行试验：

温度：20 ℃±2 ℃；

相对湿度：65%±5%；

大气压力：86 kPa～106 kPa。

用于热带、亚热带或其他特殊环境的 AI/AO 通道模板，其参比大气条件按有关标准规定。

4.1.2 一般试验大气条件

当试验不可能或无必要在参比试验大气条件下进行时，推荐采用下述大气条件：

温度：15 ℃～35 ℃；

相对湿度：45%～75%；

大气压力：86 kPa～106 kPa。

任何试验期间，允许温度最大变化率为 1 ℃/10 min，并在测试报告中注明实际的大气条件。

4.1.3 其他环境条件

外界磁场：除地磁场外，应使其他外界磁场小到可以忽略不计；

机械振动：应使机械振动减少到可以忽略不计；

模板测试地点应无爆炸危险，不含腐蚀性气体及导电尘埃。

4.2 动力条件

电压：±1%；

交流电源谐波含量：＜5%；

直流电源纹波：＜0.1%。

4.3 其他条件

4.3.1 测量系统的精确度要求

供测试用的测量系统的精确度应不低于被测通道模板所规定精确度的 4 倍。

连接测量系统后，测量系统本身不应对被测通道模板的输入、输出信号产生干扰或影响实际的输入、输出值。

4.3.2 通道模板的预热

通道模板在接通电源后，按制造厂规定的时间进行预热。

4.4 试验前准备

在试验开始前允许校准零点和满量程值，记录实际情况。

5 AI通道模板的功能和基本性能检验

5.1 基本功能检查

5.1.1 寻址功能检查

对被测通道模板的某一通道输入90%量程的被测信号，其他通道都输入零信号，然后使用测试检查程序进行测试，并在显示设备上观察，结果只有该通道有信号，其他通道均为零。按上述方法对每一通道都测试一遍，确认寻址功能正常。

5.1.2 校准功能检查

采用制造商规定的方法进行校准。

5.2 自诊断功能检查

人为设置故障，运行自诊断检查程序，检查自诊断功能。

5.3 基本性能检验

5.3.1 精确度检验

AI通道模板的精确度为实测的平均误差与3倍均方根误差之和。

试验电路如图1所示，试验中若采用数字式标准信号源则不必使用信号源监测设备进行监测。

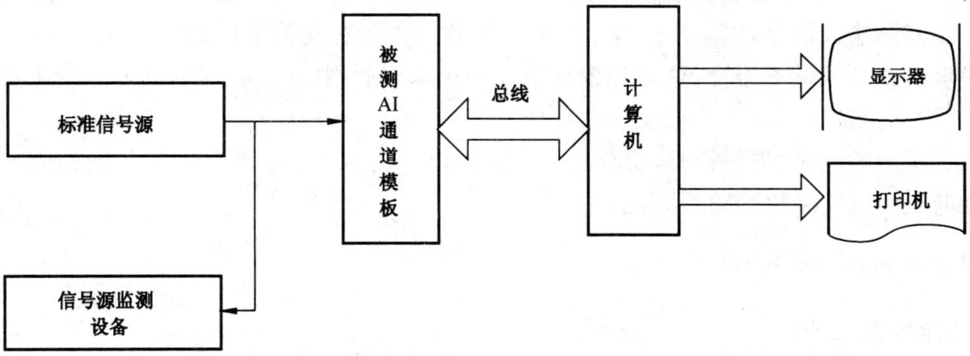

图1 AI通道模板精确度检查试验电路示意图

试验中，采样速度应取被测通道模板产品说明书的规定值。

试验中，应根据被测AI通道模板各通道的量程大小，分别选定若干值为试验点，每一通道试验点数至少5个，要求均匀分布在整个量程范围内，同时各通道的试验点数还应与被测通道模板的精确度要求相称。

例如：某AI通道模板某一通道的测量范围为0 V～5 V，精确度为±0.2%FSR，则其量程为5 V，试验点可选定为量程的0%，5%，20%，40%，50%，60%，80%，95%，100%共计9个点。

精确度检查步骤如下：

a) 任选一通道，先后加入选定的不同输入信号真值；

b) 使用测试检查程序，对每个测试点分别重复L次测试，重复次数L可以从32，64，128，256，512，1 024中任选一种，然后根据测得的数据，按公式(1)～公式(4)计算，分别计算每个测试点的平均误差与均方根误差。

$$\overline{X}_{ij}=\frac{\sum_{k=1}^{L}X_{ijk}}{L} \quad \cdots\cdots(1)$$

$$\gamma_{ij} = \left| \frac{\overline{X_{ij}} - X_{ijo}}{S} \right| \times 100\% \qquad \cdots\cdots(2)$$

$$\alpha_{ij} = \frac{\sqrt{\frac{\sum_{k=1}^{L}(X_{ijk} - \overline{X_{ij}})^2}{L-1}}}{S} \qquad \cdots\cdots(3)$$

$$\lambda_{ij} = \gamma_{ij} + 3\alpha_{ij} \qquad \cdots\cdots(4)$$

式中：

$\overline{X}_{ij}$——第 i 通道第 j 试验点测试共 L 次的平均值；

X_{ijk}——第 i 通道第 j 试验点第 k 次实测值；

L——重复测试次数；

γ_{ij}——第 i 通道第 j 试验点的平均误差；

X_{ijo}——第 i 通道第 j 试验点输入信号真值；

α_{ij}——第 i 通道第 j 试验点的均方根误差；

λ_{ij}——第 i 通道第 j 试验点精确度。

按照上述方法，对各通道进行测试，若有可能也可以多通道同时测试。

根据测试计算结果，选择各通道各测试点中的 λ_{ij} 的最大值表示该模板的精确度。

当以平均误差评定通道模板性能时，应选择测试结果中最大的平均误差来表示。

5.3.2 采样速度检验

任选两个通道（对于单通道模板可选择一个通道进行检查），在测量范围下限值的基础上，分别加入量程的5%和95%输入信号，以制造厂规定的最高采样速度进行交替采样测试，测试结果应符合规定精确度指标要求。用测量设备测定AI通道模板进行一次采样所用的时间，其倒数为采样速度。

5.3.3 输入阻抗检验

按照图1所示的电路，进行检验，由标准信号源给出一适当大小信号，由信号源监测设备监测到的模板输入端电压和电流之比为输入阻抗。

6 AO通道模板的功能和基本性能检验

6.1 基本功能检查

6.1.1 寻址功能检查

对被测AO通道模板某一通道送适当数据，其他各通道都送零数据，用检测设备进行检测，使用测试检查程序进行测试，结果应只有某一通道有相应的输出，其他通道均为零输出。按上述方法对每一通道都测试一遍，确认寻址功能正常。

6.1.2 校准功能检查

采用制造商规定的方法进行校准。

6.2 自诊断功能检查

人为设置故障，运行自诊断检查程序，检查自诊断功能。

6.3 基本性能检验

6.3.1 精确度检验

使用测试检查程序测试检查基本误差。试验电路如图2所示。

对被测AO通道模板的各通道均依次加入使输出信号的真值分别为量程的0%，5%，10%，20%，30%，40%，50%，60%，70%，80%，90%，95%，100%的数值量设定信号。在被测AO通道模板的输出端接上相应位数的检测设备（如果采用带打印机的数字万用表可将输出打印），显示输出并记录实际数据，计算各点误差值，上述方法重复测量3次或4次。取测的最大一个误差值作为被测通道模板的基本误差。

对于电压输出的 AO 通道模板，负载电阻 R_L 取允许范围的最小值。

对于电流输出的 AO 通道模板，负载电阻 R_L 取允许范围的最大值。

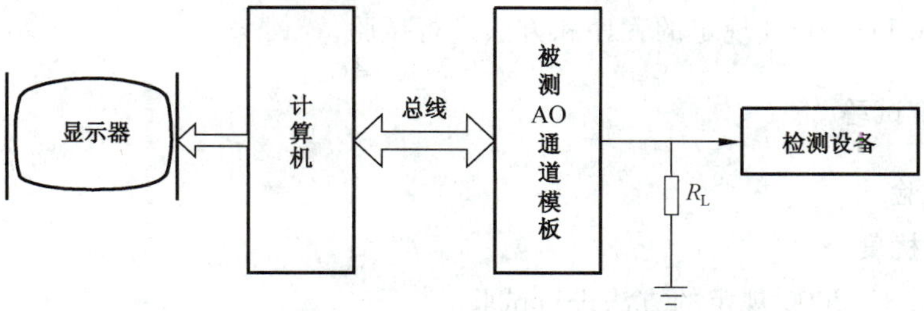

图 2 AO 通道模板精确度检查试验电路示意图

6.3.2 建立时间的检验

输入阶跃变化的数据使输出模拟量按满量程跳变，用检测设备观察建立时间。

6.3.3 带载能力的检验

6.3.3.1 检验说明

对于带载能力的检验，本标准只给出输出负载影响的检验方法，由电压（或电流）稳定度衡量。带载能力的其他指标由制造商规定检验方法。

6.3.3.2 电压输出型

首先，把被测 AO 通道模板的某一通道输出电压调整到量程或范围的 50%（对于单极性 AO 通道模板调整到量程的 50%，对于双极性 AO 通道模板调整到范围上限值的 50%）。

试验时使输出负载电阻 R_L 在允许的范围内变化。取最小负载作为一个测试点，重复测量输出电压 4 次，计算平均值 $\overline{X_1}$，然后取最大负载作为另一个测试点，重复测量输出电压 4 次，计算平均值 $\overline{X_2}$。根据上述测试结果按式(5)计算 AO 通道模板输出电压的稳定度 δ_v。

$$\delta_v = \left|\frac{\overline{X_2} - \overline{X_1}}{S}\right| \times 100\% \quad \cdots\cdots(5)$$

6.3.3.3 电流输出型

首先，把被测 AO 通道模板的某一通道输出电流调整到量程的 50%。

试验时使输出负载 R_L 在允许范围内变化。取最小负载作为一个测试点，重复测量输出电流 4 次，计算平均值 $\overline{X_1}$，然后取最大输出负载作为一个测试点，重复测量输出电流 4 次，计算平均值 $\overline{X_2}$。

根据上述测试结果，按式(6)计算 AO 通道模板输出电流的稳定度 δ_i。

$$\delta_i = \left|\frac{\overline{X_2} - \overline{X_1}}{S}\right| \times 100\% \quad \cdots\cdots(6)$$

AO 通道模板的其余各通道用同样方法检查输出负载影响，确认是否符合产品标准所规定的技术指标。

7 结构尺寸和外观检查

7.1 结构尺寸检查

用测量法进行检查。

7.2 外观检查

用目测法进行检查。

8 电源适应能力试验

8.1 电源电压暂降影响试验

按 GB/T 17626.11—2008 规定的程序和方法进行试验。

8.2 电源电压短时中断影响试验

按 GB/T 17626.11—2008 规定的程序和方法进行试验。

8.3 电源电压变化影响试验

按 GB/T 17626.11—2008 规定的程序和方法进行试验。

9 共模、串模抗扰度试验

9.1 共模抗扰度试验

9.1.1 直流共模抗扰度

按 GB/T 18271.3—2000 规定的方法进行试验。

9.1.2 交流共模抗扰度

按 GB/T 18271.3—2000 规定的方法进行试验。

9.2 串模抗扰度试验

9.2.1 直流串模抗扰度

按 GB/T 18271.3—2000 规定的方法进行试验。

9.2.2 交流串模抗扰度

按 GB/T 18271.3—2000 规定的方法进行试验。

10 环境影响试验

10.1 环境温度影响试验

按 GB/T 18271.3—2000 规定的程序和方法进行试验。

10.2 相对湿度影响试验

按 GB/T 18271.3—2000 规定的程序和方法进行试验。

10.3 振动影响试验

按 GB/T 18271.3—2000 规定的程序和方法进行试验。

11 电磁兼容抗扰度试验

11.1 射频电磁场辐射抗扰度试验

按 GB/T 17626.3 规定的程序和方法进行试验。

11.2 工频磁场抗扰度试验

按 GB/T 17626.8—2006 规定的程序和方法进行试验。

11.3 静电放电影响试验

按 GB/T 17626.2 规定的程序和方法进行试验。

11.4 电快速瞬变脉冲群抗扰度试验

按 GB/T 17626.4—2008 规定的程序和方法进行试验。

11.5 浪涌(冲击)抗扰度试验

按 GB/T 17626.5—2008 规定的程序和方法进行试验。

11.6 射频感应的传导骚扰抗扰度试验

按 GB/T 17626.6—2008 规定的程序和方法进行试验。

12 电磁干扰试验

AI/AO 通道模板的电磁干扰试验方法，由制造商和用户参考有关标准共同确定。

13 抗运输环境影响试验

13.1 抗运输高温影响试验

在包装条件下按 JB/T 9329—1999 规定的程序和方法进行试验。

13.2 抗运输低温影响试验

在满足 GB/T 包装条件下按 JB/T 9329—1999 规定的程序和方法进行试验。

13.3 抗运输湿热影响试验

在包装条件下按 JB/T 9329—1999 规定的程序和方法进行试验。

13.4 抗运输自由跌落影响试验

在包装条件下按 JB/T 9329—1999 规定的程序和方法进行试验。

14 特殊性能的检验

14.1 抗腐蚀和侵蚀性能检验

由具备试验条件的检测机构进行检测。

14.2 防爆性检验

由国家授权的防爆检测机构进行检验认证。

14.3 安全性检验

14.3.1 绝缘电阻检验

按 GB/T 15479 规定的程序和方法进行试验。

14.3.2 绝缘强度检验

按 GB/T 15479 规定的程序和方法进行试验。

15 可靠性检验

由国家或行业授权的可靠性认证机构进行认证。

16 长时间运行考核

在参比试验大气条件或正常工作大气条件下，运行考核程序，连续运行时间不少于 72 h，考核期间模板正常工作。

17 检验规则

17.1 型式检验的条件

有下列情况之一的应进行型式检验：

a) 新试制的产品定型时或老产品转产时；

b) 正常生产的产品，当结构、材料、工艺有较大改变，可能影响产品性能时；

c) 连续生产的产品，4～5 年进行一次型式检验；

d) 国家有关部门提出型式检验要求时。

除非另有规定，型式检验应按本部分规定中除特殊要求项目以外的全部项目进行检验。

型式检验项目见表 1 中的“型式检验”。

可靠性认证在批量生产阶段单独进行。

17.2 出厂检验

每块 AI/AO 通道模板在出厂前应按表 1 中出厂检验项目进行检验。

17.3 随机抽样检验

根据需要可对生产的 AI/AO 通道模板进行随机抽样检验。随机抽样检验项目由制造商或制造商与提出抽样检验方协商确定。

表 1 检验分类及项目

检验项目	出厂检验	型式检验	技术要求条文号 (GB/T 26804.3—2011)	检验方法条文号 (本部分)
寻址功能	○	○	6.1.1.1	5.1.1 6.1.1
校准功能	○	○	6.1.1.3	5.1.2 6.1.2
自诊断功能	△	○	6.1.3	5.2 6.2
精确度	○	○	6.2.2 6.3.2	5.3.1 6.3.1
AI 通道模板采样速度 (AO 通道模板转换速度)	○	○	6.2.3 6.3.3	5.3.2 6.3.2
AI 通道模板输入阻抗 (AO 通道模板带载能力)	○	○	6.2.4 6.3.4	5.3.3 6.3.3
结构尺寸	○	○	6.4.1	7.1
外观	○	○	6.4.2	7.2
电源电压暂降		○	6.5.1	8.1
电源电压短时中断		○	6.5.2	8.2
电源电压变化		○	6.5.3	8.3
共模抗扰度		○	6.6.1	9.1
串模抗扰度		○	6.6.2	9.2
环境温度影响		○	6.7.1	10.1
相对湿度影响		○	6.7.2	10.2
振动		△	6.7.3	10.3
射频电磁场辐射抗扰度		△	6.8.2	11.1
工频磁场抗扰度		△	6.8.3	11.2
静电放电抗扰度		△	6.8.4	11.3
电快速瞬变脉冲群抗扰度		○	6.8.5	11.4
浪涌(冲击)抗扰度		○	6.8.6	11.5
射频感应的传导骚扰抗扰度		○	6.8.7	11.6
电磁干扰		△	6.9	12
抗运输高温影响		○	6.10.1	13.1
抗运输低温影响		○	6.10.2	13.2
抗运输湿热影响		○	6.10.3	13.3
抗运输自由跌落影响		○	6.10.4	13.4
抗腐蚀性和侵蚀性能		△	6.11.1	14.1

表 1（续）

检验项目	出厂检验	型式检验	技术要求条文号（GB/T 26804.3—2011）	检验方法条文号（本部分）
防爆性能		△	6.11.2	14.2
绝缘电阻	△	○	6.11.3.1	14.3.1
绝缘强度	△	○	6.11.3.2	14.3.2
可靠性		○	6.12	15
长时间运行考核		○	6.13	16
注：表中“○”为需要检验的项目；“△”为需要时检验，由制造商和用户商定。				

ICS 25.040.40
N 18

中华人民共和国国家标准

GB/T 26804.5—2011

工业控制计算机系统 功能模块模板 第5部分：数字量输入输出通道模板通用技术条件

Industrial control computer system—Function modules—Part 5: General specification for digital input/output channel modules

2011-07-29 发布 2011-12-01 实施

中华人民共和国国家质量监督检验检疫总局
中国国家标准化管理委员会 发布

前　言

GB/T 26804《工业控制计算机系统　功能模块模板》分为以下几部分：

——第1部分：处理器模板通用技术条件；

——第2部分：处理器模板性能评定方法；

——第3部分：模拟量输入输出通道模板通用技术条件；

——第4部分：模拟量输入输出通道模板性能评定方法；

——第5部分：数字量输入输出通道模板通用技术条件；

——第6部分：数字量输入输出通道模板性能评定方法。

本部分是GB/T 26804的第5部分。

本部分由中国机械工业联合会提出。

本部分由全国工业过程测量和控制标准化技术委员会(SAC/TC 124)归口。

本部分负责起草单位：重庆工业自动化仪表研究所。

本部分参加起草单位：北京研华科技股份有限公司、北京康拓科技开发总公司、研祥智能科技股份有限公司、西南大学、中国计算机学会工业控制计算机专业委员会。

本部分主要起草人：孙怀义、刘琴、余武。

本部分参加起草人：刘永池、刘学东、张伟艳、刘鑫、陈志列、朱军、祁虔、黄仁杰、钟秀荣、张建成、杨孟飞。

工业控制计算机系统 功能模块模板 第5部分:数字量输入输出通道模板 通用技术条件

1 范围

GB/T 26804 的本部分规定了数字量输入输出通道模板的设计要求、技术要求和产品标志、包装、贮存。

本部分适用于工业控制计算机系统的数字量输入输出通道模板。

2 规范性引用文件

下列文件中的条款通过 GB/T 26804 的本部分的引用而成为本部分的条款。凡是注日期的引用文件,其随后所有的修改单(不包括勘误的内容)或修订版均不适用于本部分,然而,鼓励根据本部分达成协议的各方研究是否可使用这些文件的最新版本。凡是不注日期的引用文件,其最新版本适用于本部分。

GB/T 9969 工业产品使用说明书 总则

GB/T 13384 机电产品包装通用技术条件

GB/T 15479—1995 工业自动化仪表绝缘电阻、绝缘强度技术要求和试验方法

GB/T 17214.3—2000 工业过程测量和控制装置的工作条件 第3部分:机械影响(idt IEC 60654-3:1983)

GB/T 17626.4—2008 电磁兼容 试验和测量技术 电快速瞬变脉冲群抗扰度试验(IEC 61000-4-4:2004,IDT)

GB/T 17626.5—2008 电磁兼容 试验和测量技术 浪涌(冲击)抗扰度试验(IEC 61000-4-5:2005,IDT)

GB/T 17626.6—2008 电磁兼容 试验和测量技术 射频场感应的传导骚扰抗扰度(IEC 61000-4-6:2006,IDT)

GB/T 17626.8—2006 电磁兼容 试验和测量技术 工频磁场抗扰度试验(IEC 61000-4-8:2001,IDT)

GB/T 26802.1—2011 工业控制计算机系统 通用规范 第1部分:通用要求

3 术语和定义

3.1 定义

GB/T 26802.1—2011 确立的以及以下术语和定义适用于 GB/T 26804 的本部分。

3.1.1

数字量输入输出通道模板 digital I/O modules

将与被测控参数对应的开关、频率、脉冲等信号转换成工业控制计算机所能接收的数字信号输入,或/和把工业控制计算机输出的数字信号转换成相对应的开关、频率、脉冲信号输出的功能单元的总称(简称 DI/DO 通道模板)。

3.1.2

半隔离型通道模板　half-isolated channel modules

指输入(或输出)路与路之间不隔离,仅对工业控制计算机系统地隔离的通道模板。

3.1.3

全隔离型通道模板　all-isolated channel modules

指输入(或输出)不仅与工业控制计算机系统地隔离,而且各路之间也隔离的通道模板。

3.1.4

数字量　digital

与数字对应的离散(多位状态)量。

3.1.5

脉冲量　impulse

用脉冲的宽度或脉冲的个数所表示的量。

3.1.6

频率量　frequency

用等时间间隔的连续变化量的个数所表示的量。

3.2　缩略语

I/O(input/output)　　输入/输出

DI(digital input)　　数字量输入

DO(digital output)　　数字量输出

4　设计要求

4.1　硬件设计要求

DI/DO 通道模板的硬件设计应满足 GB/T 26802.1—2011 中 5.2 的相关要求。

4.2　软件设计要求

DI/DO 通道模板的软件设计应满足 GB/T 26802.1—2011 中 5.3 的相关要求。

4.3　结构设计要求

DI/DO 通道模板的结构设计应满足 GB/T 26802.1—2011 中 5.4 的相关要求。

4.4　安全设计要求

DI/DO 通道模板的安全设计应满足 GB/T 26802.1—2011 中 5.5 的相关要求。

4.5　文档要求

DI/DO 通道模板的文档应满足 GB/T 26802.1—2011 中 5.6 的相关要求。

5　DI/DO 通道模板分类

5.1　按输入输出信号分类

DI:开关量输入(触点输入、电平输入)、脉冲量输入(脉冲累计、频率测量、脉冲宽度测量);

DO:开关量输出(触点输出、电平输出)、脉冲量输出。

5.2　按功能分类

非智能型:具有 DI 或/和 DO 通道模板基本功能的模板;

智能型:采用微处理器,除具有 DI 或/和 DO 通道模板的基本功能外,同时还具有 6.1 所要求的其他部分或全部功能的模板。

5.3　按输入输出能力分类

单一型:仅有单一种类输入或单一种类输出能力的模板;

复合型:具有两种以上(含两种)种类输入或/和输出能力的模板。

6 技术要求

6.1 DI/DO通道模板功能

6.1.1 基本功能

6.1.1.1 初始化功能

初始化是由制造商在出厂前已完成的参数设定，无需用户重复进行。

6.1.1.2 寻址功能

DI/DO通道模板的任何一个通道都应能正确接受处理器模板寻址。

6.1.1.3 输入输出功能

接受规定形式的数字量输入和/或实现规定形式的数字量输出的功能。

6.1.2 自诊断功能

自诊断功能主要包括：

a) 故障报警；

b) 产品标准规定的其他自诊断功能。

6.1.3 组态功能

组态功能主要包括：

a) 输入、输出方式选择；

b) 工程单位选择；

c) 中断设置；

d) 产品标准规定的其他组态功能。

6.1.4 通信功能

当系统要求时，应能支持所要求的通信功能。

6.2 DI通道模板基本性能

6.2.1 DI信号及输入动作

6.2.1.1 DI信号

在TTL电平、直流电平、触点、脉冲中选择。

6.2.1.2 输入动作

输入动作主要包括：

a) 触点输入信号的“开”、“关”状态应能明确区分，其“接通”状态的接点电阻应小于0.5 Ω，“断开”状态的接点电阻应大于10 MΩ；

b) DI电平信号的“1”与“0”应与对应的电压范围相符；

c) 脉冲量输入的信号频率、脉冲宽度等由产品标准确定；

d) 其他输入信号由产品标准确定。

6.2.2 绝缘电阻

在一般试验大气条件下，根据额定电压或标称电路电压，DI通道模板的绝缘电阻应达到GB/T 15479—1995中4.1所要求的相应值。

6.2.3 绝缘强度

在一般试验大气条件下，根据额定电压或标称电路电压，DI通道模板的绝缘强度应达到GB/T 15479—1995中4.2所要求的相应值。

6.3 DO通道模板基本性能

6.3.1 DO信号及输出动作

6.3.1.1 DO信号

在TTL电平、直流电平、触点、达林顿等信号中选择。

6.3.1.2 输出动作

主要包括：

a) 触点输出信号的"开"、"关"状态应能明确区分，其"接通"状态的接点电阻应小于 0.5 Ω，"断开"状态的接点电阻应大于 10 MΩ；

b) DO 电平信号的"1"与"0"，应与对应的电压范围相符；

c) 脉冲量输出信号频率、脉冲宽度等由产品标准确定；

d) 其他输出信号由产品标准确定。

6.3.2 绝缘电阻

在一般试验大气条件下，根据额定电压或标称电路电压，DO 通道模板的绝缘电阻应达到 GB/T 15479—1995 中 4.1 所要求的相应值。

6.3.3 绝缘强度

在一般试验大气条件下，根据额定电压或标称电路电压，DO 通道模板的绝缘强度应达到 GB/T 15479—1995 中 4.2 所要求的相应值。

6.4 结构尺寸和外观

6.4.1 结构尺寸

DI/DO 通道模板的外形尺寸由产品标准确定。总线连接器的规格和引脚排列应符合所采用的总线规范的规定。

6.4.2 外观

外观应符合下列基本要求：

a) DI/DO 通道模板的外观应光洁、无划痕、无断裂、无机械损伤，元器件和固件不应松动和脱落，插件应可靠接触；

b) DI/DO 通道模板表面的型号、文字、符号应字迹清晰，无损伤、无脱字。

6.5 电源适应能力

DI/DO 通道模板应能适应外界电源变化的影响，包括：

6.5.1 电源电压暂降影响

电源电压降至额定工作电压的 70%，连续进行三次低降试验，三次低降的持续时间可分别为 5、25、50 个周期，两次试验的间隔小于 10 s。电源恢复后，DI/DO 通道模板应正常工作。

6.5.2 电源电压短时中断影响

电源电压降至额定工作电压的 0%，连续进行三次中断试验，三次中断的持续时间可分别为 1、10、40 个周期，两次试验的间隔小于 10 s。电源恢复后，DI/DO 通道模板应正常工作。

6.5.3 电源电压变化影响

电源电压短期变化（交流电压±10%，频率±1 Hz；直流电压±5%），其变化的时间定为：电压降低需时间 2 s±0.4 s，降低后电压维持时间 1 s±0.4 s，电压增加所需时间 2 s±0.4 s。连续以 10 s 的间隔变化三次，DI/DO 通道模板应正常工作。

6.6 共模抗扰度

隔离型（包括半隔离型和全隔离型）电平输入/输出的 DI/DO 通道模板需作共模抗扰度试验，通道模板应正常工作。

a) 直流共模抗扰度：共模电压为 50 V 直流干扰电压，以正、反两个方向作用进行试验；

b) 交流共模抗扰度：共模电压为 250 V 的正弦波交流干扰电压，频率为 50 Hz，相位为 0～360°，改变相位进行试验。

6.7 环境影响

6.7.1 环境温度影响

根据产品安装环境条件选择温度范围，当温度在试验范围内变化时，满足 6.1、6.4 的要求，DI/DO

通道模板应正常工作。

6.7.2 相对湿度影响

在试验温度为 40 ℃±2 ℃，相对湿度在 93%±3%保持 48 h 后进行测试，满足 6.1、6.4 的要求，DI/DO 通道模板应正常工作。

6.7.3 振动影响

当用户与制造商决定进行检验时，根据应用场所，按照 GB/T 17214.3—2000 中的第 4 章选择振动频率、振动严酷度和振动时间等级，经过三个相互垂直的方向(其中一个为铅垂方向)进行振动试验，满足 6.1、6.4 的要求，DI/DO 通道模板应正常工作。

6.8 电磁兼容抗扰度

6.8.1 电磁兼容抗扰度项目选择

电磁兼容抗扰度包括下列条款所列项目，带外壳的功能模块应做全部项目试验，功能模板应做 6.8.5、6.8.6、6.8.7 三项试验。制造商还可以根据需要，选择其他电磁兼容抗扰度项目，并根据有关标准进行试验。

6.8.2 射频电磁场辐射抗扰度

在 80 MHz～1 000 MHz 射频范围内，根据产品使用的电磁场环境，选用 1 V/m、3 V/m 或 10 V/m 射频电磁场辐射强度进行试验，根据系统和应用要求，DI/DO 通道模板应达到以下要求之一：

a) 正常工作；

b) 功能或性能暂时降低或丧失，但能自行恢复。

如选择其他射频范围，由制造商和用户共同确定。

6.8.3 工频磁场抗扰度

工频磁场是由导体中的工频电流产生的，或极少量的由附近的其他装置(如变压器的漏磁通)所产生。

根据应用场所，按照 GB/T 17626.8—2006 中的第 5 章选择试验等级和确定磁场强度，进行工频磁场干扰试验，根据系统和应用要求，DI/DO 通道模板应达到以下要求之一：

a) 正常工作；

b) 功能或性能暂时降低或丧失，但能自行恢复。

一般工业环境试验等级选择 4 级(稳定持续磁场其磁场强度为 30 A/m；1 s～3 s 的短时磁场，其磁场强度为 300 A/m)。严酷工业环境试验等级选择 5 级(稳定持续磁场其磁场强度为 100 A/m；1 s～3 s 的短时磁场，其磁场强度为 1 000 A/m)。

6.8.4 静电放电抗扰度

根据系统安装环境条件(如相对湿度等)和产品材料，在 GB/T 17626.2—2006 的表 1(并参照附录 A 中表 A.1)中选择试验等级进行接触放电或空气放电(不能使用接触放电场合时选用空气放电试验方式)试验。根据系统和应用要求，DI/DO 通道模板应达到以下要求之一：

a) 正常工作；

b) 功能或性能暂时降低或丧失，但能自行恢复。

6.8.5 电快速瞬变脉冲群抗扰度

电快速瞬变脉冲群抗扰度是 DI/DO 通道模板对诸如来自切换瞬态过程(切换感性负载、继电器触点弹跳等)的各种类型瞬变骚扰的抗扰度。

根据应用场所环境(见 GB/T 17626.4—2008 附录 B)，在 GB/T 17626.4—2008 的表 1 中选择所选等级的开路试验电压和脉冲重复频率，对 DI/DO 通道模板的对外端口进行试验，根据系统和应用要求，DI/DO 通道模板应达到以下要求之一：

a) 正常工作；

b) 功能或性能暂时降低或丧失，但能自行恢复。

6.8.6 浪涌(冲击)抗扰度

浪涌(冲击)抗扰度是DI/DO通道模板对由开关和雷电瞬变过程电压引起的单极性浪涌(冲击)的抗扰度。

根据安装类别(见GB/T 17626.5—2008附录B中B.3),在GB/T 17626.5—2008的表1(并参照附录A中的表A.1)中选择所选等级的开路试验电压,对DI/DO通道模板的对外端口进行试验。根据系统和应用要求,DI/DO通道模板应达到以下要求之一:

a) 正常工作;

b) 功能或性能暂时降低或丧失,但能自行恢复。

6.8.7 射频感应的传导骚扰抗扰度

射频感应的传导骚扰抗扰度是DI/DO通道模板对来自9 kHz~80 MHz频率范围内射频发射机电磁场骚扰的传导抗扰度。射频感应是通过电缆(如电源线、信号线、地连接线等)与射频场相耦合而引起的。

根据应用场所环境(见GB/T 17626.6—2008附录C),在GB/T 17626.6—2008的表1中选择试验等级,进行试验,根据系统和应用要求,DI/DO通道模板应达到以下要求之一:

a) 正常工作;

b) 功能或性能暂时降低或丧失,但能自行恢复。

6.9 抗运输环境影响

6.9.1 抗运输高温

产品进行运输包装后,在高温为55 ℃±3 ℃的运输环境下进行温度试验后,满足6.4的要求,DI/DO通道模板应正常工作。

6.9.2 抗运输低温

产品进行运输包装后,在低温为−50 ℃±5 ℃的运输环境下进行温度试验后,满足6.4的要求,DI/DO通道模板应正常工作。

6.9.3 抗运输环境湿热

产品进行运输包装后,在温度为−25 ℃~30 ℃和相对湿度为93%±3%的运输环境下进行交变湿热试验后,满足6.4的要求,DI/DO通道模板应正常工作。

6.9.4 抗运输自由跌落

产品进行运输包装,根据包装件质量选择跌落高度(包装件质量≤2 kg,跌落高度≥500 mm;包装件质量>2 kg,跌落高度由制造商和用户共同确定),水平状态自由落体方式跌落4次后,满足6.4的要求,DI/DO通道模板应正常工作。

6.10 特殊性能

6.10.1 抗腐蚀和侵蚀性能

应用于具有腐蚀和侵蚀环境的DI/DO通道模板,还应具有防腐蚀和侵蚀性能,应根据环境条件和严酷度采取预防措施。

6.10.2 防爆性能

应用于爆炸性环境的DI/DO通道模板应满足国家或行业防爆标准规定。防爆DI/DO通道模板应由国家授权的防爆产品监督检验机构检验认证。

6.10.3 安全性能

应用于执行安全功能的DI/DO通道模板还应满足功能安全有关国家标准的规定。

6.11 可靠性

DI/DO通道模板的MTBF从GB/T 26802.1—2011的表3中选择,不得低于A1级。

6.12 长时间运行考核

在参比试验大气条件或正常工作大气条件下,连续运行不少于72 h,DI/DO通道模板应正常工作。

7 标志、包装、说明书和贮存

7.1 标志

必须标出产品型号和制造商标识,其他标识由产品标准确定。

7.2 包装

DI/DO 通道模板包装应符合 GB/T 13384 的有关规定;对需要防静电的 DI/DO 通道模板,包装时应考虑防静电措施。

7.3 说明书

产品说明书的编制应符合 GB/T 9969 的要求。

7.4 贮存

产品应贮存在环境温度 5 ℃～40 ℃,相对湿度为 30%～85%的通风室内。室内不允许有各种有害气体、易燃、易爆的产品及有腐蚀性的化学物品,并且应无强烈的机械振动、冲击和强磁场作用。若无其他规定时,贮存期一般应不超过六个月。若在生产厂存放超过六个月时,则应重新进行交收检验。

ICS 25.040.40
N 18

中华人民共和国国家标准

GB/T 26804.6—2011

工业控制计算机系统　功能模块模板 第6部分:数字量输入输出通道模板性能评定方法

Industrial control computer system—Function modules—
Part 6: Methods of evaluating the performance for digital input/output channel modules

2011-07-29 发布　　2011-12-01 实施

中华人民共和国国家质量监督检验检疫总局
中国国家标准化管理委员会　发布

前言

GB/T 26804《工业控制计算机系统 功能模块模板》分以下部分：

——第1部分：处理器模板通用技术条件；

——第2部分：处理器模板性能评定方法；

——第3部分：模拟量输入输出通道模板通用技术条件；

——第4部分：模拟量输入输出通道模板性能评定方法；

——第5部分：数字量输入输出通道模板通用技术条件；

——第6部分：数字量输入输出通道模板性能评定方法。

本部分是GB/T 26804的第6部分。

本部分由中国机械工业联合会提出。

本部分由全国工业过程测量和控制标准化技术委员会(SAC/TC 124)归口。

本部分负责起草单位：重庆工业自动化仪表研究所。

本部分参加起草单位：北京研华科技股份有限公司、北京康拓科技开发总公司、研祥智能科技股份有限公司、西南大学、中国计算机学会工业控制计算机专业委员会。

本部分主要起草人：张凌、刘琴、余武。

本部分参加起草人：刘永池、刘学东、张伟艳、刘鑫、陈志列、孙伟、祁虔、钟秀蓉、黄仁杰、何强、杨孟飞。

工业控制计算机系统 功能模块模板 第6部分:数字量输入输出通道模板 性能评定方法

1 范围

GB/T 26804的本部分规定了数字量输入输出通道模板的试验检查方法和检验规则。

本部分适用于工业控制计算机系统数字量输入输出通道模板的性能评定。

2 规范性引用文件

下列文件中的条款通过GB/T 26804的本部分的引用而成为本部分的条款。凡是注日期的引用文件,其随后所有的修改单(不包括勘误的内容)或修订版均不适用于本部分,然而,鼓励根据本部分达成协议的各方研究是否可使用这些文件的最新版本。凡是不注日期的引用文件,其最新版本适用于本部分。

GB/T 2423.4 电工电子产品环境试验 第2部分:试验方法 试验Db 交变湿热(12 h+12 h循环)(GB/T 2423.4—2008,IEC 60068-2-30:2005,IDT)

GB/T 15479—1995 工业自动化仪表绝缘电阻、绝缘强度技术要求和试验方法

GB/T 17626.2 电磁兼容 试验和测量技术 静电放电抗扰度试验(GB/T 17626.2—2006,IEC 61000-4-2:2001,IDT)

GB/T 17626.3 电磁兼容 试验和测量技术 射频电磁场辐射抗扰度试验(GB/T 17626.3—2006,IEC 61000-4-3:2002,IDT)

GB/T 17626.4 电磁兼容 试验和测量技术 电快速瞬变脉冲群抗扰度试验(GB/T 17626.4—2008,IEC 61000-4-4:2004,IDT)

GB/T 17626.5 电磁兼容 试验和测量技术 浪涌(冲击)抗扰度试验(GB/T 17626.5—2008,IEC 61000-4-5:2005,IDT)

GB/T 17626.6 电磁兼容 试验和测量技术 射频场感应的传导骚扰抗扰度试验(GB/T 17626.6—2008,IEC 61000-4-6:2006,IDT)

GB/T 17626.8 电磁兼容 试验和测量技术 工频磁场抗扰度试验(GB/T 17626.8—2006,IEC 61000-4-8:2001,IDT)

GB/T 17626.11 电磁兼容 试验和测量技术 电压暂降、短时中断和电压变化的抗扰度试验(GB/T 17626.11—2008,IEC 61000-4-11:2004,IDT)

GB/T 18271.3—2000 过程测量和控制装置 通用性能评定方法和程序 第3部分:影响量影响的试验(idt IEC 61298-3:1998)

GB/T 26802.1—2011 工业控制计算机系统 通用规范 第1部分:通用要求

GB/T 26804.5—2011 工业控制计算机系统 功能模块模板 第5部分 数字量输入输出通道模板通用技术条件

3 术语和定义

3.1 定义

GB/T 26802.1—2011和GB/T 26804.5—2011确立的以及下列术语和定义适用于本部分。

3.1.1

阈值　threshold value

逻辑电路的开门电平或关门电平。

4　试验条件

4.1　环境条件

4.1.1　参比试验大气条件

温　　度：20 ℃±2 ℃；

相对湿度：65%±5%；

大气压力：86 kPa～106 kPa；

用于热带、亚热带或其他特殊环境的DI/DO通道模板，其参比大气条件按有关标准规定。

4.1.2　一般试验大气条件

当试验不可能或无必要在参比试验条件下进行时，推荐采用下列大气条件。

温　　度：15 ℃～35 ℃；

相对湿度：45%～75%；

大气压力：86 kPa～106 kPa。

4.1.3　其他环境条件

外界磁场：除地磁场外，应使其他外界磁场小到可以忽略不计；

机械振动：应使机械振动减少到可以忽略不计；

周围空气中不含有对铬、镍镀层、有色金属及其合金起腐蚀作用的介质，以及易燃易爆的物质。

4.2　动力条件

4.2.1　公称值

由制造商与用户根据有关标准协商确定。

4.2.2　电源允差

直流供电电源电压：±1%；

直流供电电源纹波：<0.1%；

交流供电电源谐波含量：<5%；

电源频率：±1%。

5　DI通道模板功能及基本性能检验

5.1　功能检查

5.1.1　初始化功能检查

通过对相关功能和技术性能的测试，检查验证初始化功能。

5.1.2　寻址功能检查

运行检查程序，对预先设定好的各路数字量信号输入的地址进行程序寻址，并显示或打印，检查寻址功能是否正常。

5.1.3　自诊断功能检查

人为设置故障，运行自诊断检查程序，检查自诊断功能。

5.1.4　组态功能检查

通过对相关功能和性能的测试，检查验证组态功能。

5.1.5　通信功能检查

把DI通道模板连于测试系统，运行通信检查程序，检查通信功能。

5.2 性能检验

5.2.1 输入动作检验

5.2.1.1 开关量输入动作检验

开关量输入通道模板测试电路见图1。

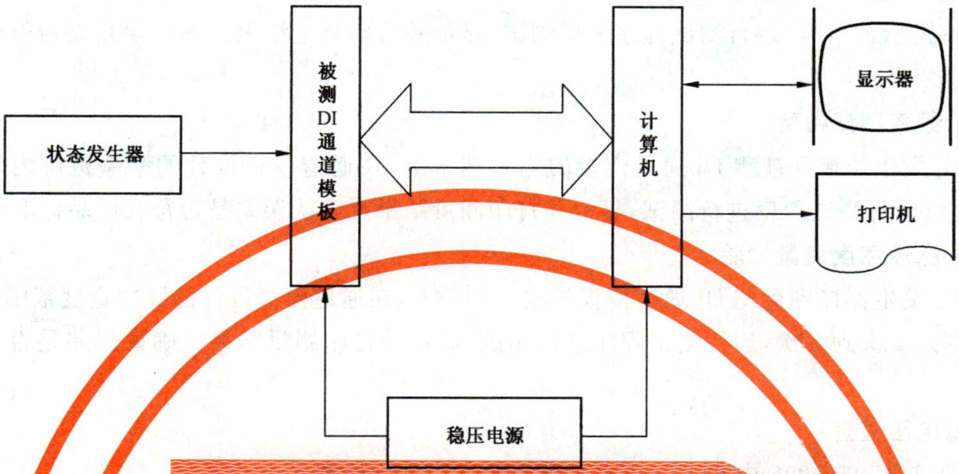

图1 开关量输入通道模板测试电路图

a) 触点输入型

按照图1将被测通道模板与测试设备连接。

通过状态发生器对被测DI通道模板各路反复置予不同的状态，运行测试程序，检查显示的触点信号是否与对应点所置状态相符，并打印测试结果。

b) 电平输入型

按照图1将被测通道模板与测试设备连接。

通过状态发生器对被测DI通道模板各路反复输入“0”电平、“1”电平相对应的阈值信号，运行测试程序，检查显示的信号是否与相对应的电压范围相符，并打印测试结果。

5.2.1.2 脉冲量输入动作检验

5.2.1.2.1 概述

脉冲量输入通道模板测试电路见图2。

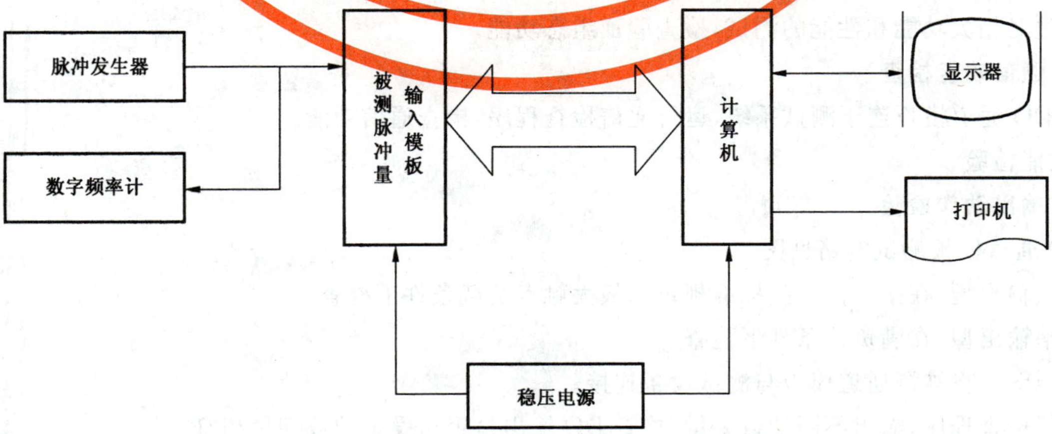

图2 脉冲量输入通道模板测试电路图

将脉冲发生器产生的脉冲信号送入被测模板，同时用数字频率计进行监测，运行测试程序，检查显示的脉冲信号是否与对应点输入的脉冲信号相符,并打印测试结果。

输入脉冲信号的频率、脉冲宽度、信号电平均应符合产品标准规定。输入信号取值应包括标准规定的上下限在内最少3点以上,并均匀分布在规定的范围内。

5.2.1.2.2 脉冲累计检验

脉冲信号发生器接到被测DI通道模板的输入端子上,在通道模板计数容量的范围内,加入4种到8种不同频率的脉冲信号,运行测试程序进行测试,显示并打印测量结果。确认误差是否符合产品标准的规定。

5.2.1.2.3 频率测量检验

脉冲信号发生器接到被测DI通道模板的输入端子上,在通道模板设计的频率范围内加入4种到8种频率信号,运行测试程序进行测试,显示并打印测量结果。确认误差是否符合产品标准的规定。

5.2.1.2.4 脉冲宽度测量检验

脉冲信号发生器接到被测DI通道模板的输入端子上,在通道模板设计的脉冲宽度范围内改变输入信号,重复测试4次到8次,运行测试程序进行测试,显示并打印测量结果。确认误差是否符合产品标准的规定。

5.2.2 绝缘电阻检查

按GB/T 15479—1995中5.1、5.2、5.3规定的方法进行检查。

5.2.3 绝缘强度检查

按GB/T 15479—1995中5.1、5.2、5.4规定的方法进行检查。

6 DO通道模板功能及基本性能检验

6.1 功能检查

6.1.1 寻址功能检查

运行检查程序,对预先设定好的各路数字量信号输出的地址进行程序寻址,并显示或打印,确认寻址功能是否正常。

6.1.2 初始化功能检查

通过对相关功能和技术性能的测试,检查验证初始化功能。

6.1.3 自诊断功能检查

人为设置故障,运行自诊断检查程序,检查自诊断功能。

6.1.4 组态功能检查

通过对相关功能和性能的测试,检查验证组态功能。

6.1.5 通信功能检查

把DO通道模板连于测试系统,运行通信检查程序,检查通信功能。

6.2 性能检验

6.2.1 输出动作检验

DO通道模板测试电路见图3。

触点输出型:在接入由产品标准规定的最大触点负载条件下检查。

电平输出型:在满负载条件下检查。

按照图3将被测通道模板与测试设备连接。

运行检查程序,输出不同的数字量,检查DO输出是否与设定的数字量相符。

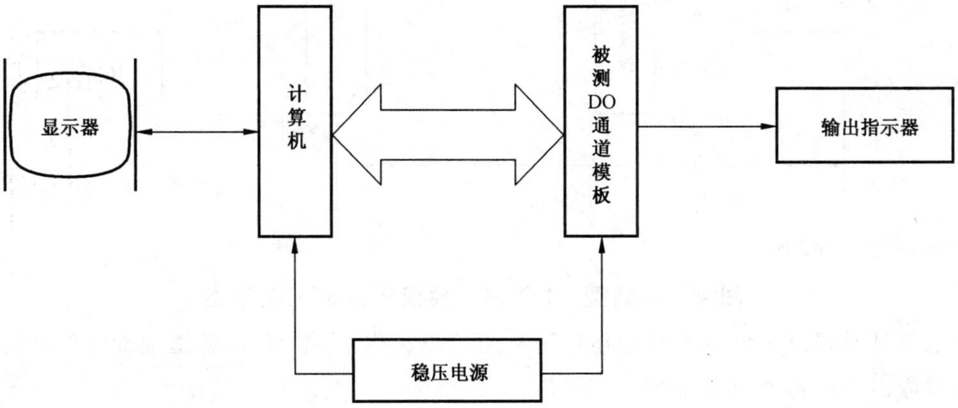

图3 DO通道模板测试电路图

6.2.2 绝缘电阻检查

按GB/T 15479—1995中5.1、5.2、5.3规定的方法进行检查。

6.2.3 绝缘强度检查

按GB/T 15479—1995中5.1、5.2、5.4规定的方法进行检查。

7 结构尺寸和外观检查

7.1 结构尺寸检查

用测量法进行检查。

7.2 外观检查

用目测法进行检查。

8 电源适应能力试验

8.1 电源电压暂降影响试验

按GB/T 17626.11规定的程序和方法进行试验。

8.2 电源电压短时中断影响试验

按GB/T 17626.11规定的程序和方法进行试验。

8.3 电源电压变化影响试验

按GB/T 17626.11规定的程序和方法进行试验。

9 共模抗扰度试验

9.1 DI通道模板共模抗扰度试验

对DI通道模板的隔离型电平输入通道按下述方法进行共模抗扰度试验。试验电路见图4。

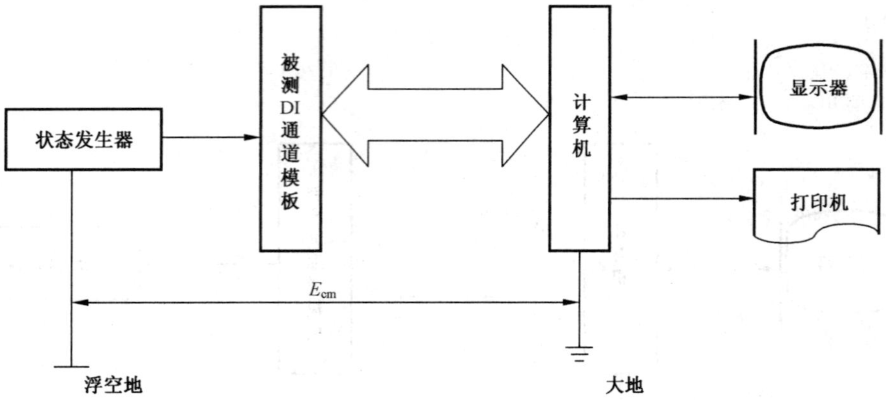

图 4 隔离型 DI 通道抗共模干扰测试电路图

在浮空地与计算机地之间加共模电压(E_{cm}),运行测试程序,检查 DI 通道模板寻址功能和动作功能是否正常。共模电压值按产品标准规定。

9.2 DO 通道模板共模干扰影响试验

对 DO 通道模板的隔离型电平输出通道按下述方法进行共模抗扰度试验。在浮空地与计算机地之间加共模电压(共模电压值按产品标准规定),运行测试程序,检查 DO 通道模板寻址功能和动作功能是否正常。

10 环境影响试验

10.1 环境温度影响试验

按 GB/T 18271.3—2000 中第 5 章规定的方法进行试验。

10.2 环境相对湿度影响试验

按 GB/T 18271.3—2000 中第 6 章规定的方法进行试验。

10.3 振动影响试验

按 GB/T 18271.3—2000 中第 7 章规定的方法进行试验。

11 电磁兼容抗扰度试验

11.1 射频电磁场辐射抗扰度试验

按 GB/T 17626.3 规定的程序和方法进行试验。

11.2 工频磁场抗扰度试验

按 GB/T 17626.8 规定的程序和方法进行试验。

11.3 静电放电抗扰度试验

按 GB/T 17626.2 规定的程序,根据模板的具体情况,可选用空气放电或接触放电的方法进行试验。

11.4 电快速瞬变脉冲群抗扰度试验

按 GB/T 17626.4 规定的程序和方法进行试验。

11.5 浪涌(冲击)抗扰度试验

按 GB/T 17626.5 规定的程序和方法进行试验。

11.6 射频场感应的传导骚扰抗扰度试验

按 GB/T 17626.6 规定的程序和方法进行试验。

12 抗运输环境影响试验

12.1 抗运输高温影响试验

DI/DO 通道模板在包装条件下按 GB/T 18271.3—2000 规定的方法进行试验。

12.2 抗运输低温影响试验

DI/DO 通道模板在包装条件下按 GB/T 18271.3—2000 规定的方法进行试验。

12.3 抗运输湿热影响试验

DI/DO 通道模板在包装条件下按 GB/T 2423.4 规定的方法进行试验。

12.4 抗运输自由跌落影响试验

DI/DO 通道模板在包装条件下按 GB/T 18271.3—2000 规定的方法进行试验。

13 特殊性能试验认证

13.1 抗腐蚀和侵蚀性能试验

当制造商和用户决定进行抗腐蚀和侵蚀性能试验时，选择在具备试验条件的检测机构进行试验。

13.2 防爆性能检验

根据防爆要求，由国家授权的防爆检测机构进行检验并颁发防爆合格证。

13.3 功能安全认证

根据功能安全要求，由安全检测机构进行检验认证。

14 可靠性认证

由国家或行业授权的可靠性认证机构进行认证和评定。

15 长时间运行考核

在参比试验大气条件或正常工作大气条件下，运行考核程序，连续运行时间不少于 72 h，考核期间 DI/DO 通道模板应正常工作。

16 检验规则

16.1 型式检验

有下列情况之一的应进行型式检验：

a) 新试制的产品定型时或老产品转产时；

b) 正常生产的产品，当结构、材料、工艺有较大改变，可能影响产品性能时；

c) 连续生产的产品，4～5 年进行一次型式检验；

d) 国家有关部门提出型式检验要求时。

除非另有规定，型式检验应按本部分规定中除特殊要求项目以外的全部项目进行检验。

型式检验项目见表 1 中的“型式检验”。

可靠性认证在批量生产阶段单独进行。

16.2 出厂检验

DI/DO 通道模板须经制造商质量检验部门检验合格后附产品合格证方能出厂。出厂检验项目见表 1 中的“出厂检验”。

表 1 检查项目

检验项目	出厂检验		型式检验		技术要求条文号（GB/T 26804.5—2011）		检验方法条文号（本部分）	
	非智能型	智能型	非智能型	智能型	DI	DO	DI	DO
寻址功能	○	○	○	○	6.1.1.2		5.1.2	6.1.1
初始化功能	○	○	○	○	6.1.1.1		5.1.1	6.1.2
自诊断功能		○		○	6.1.2		5.1.3	6.1.3
组态功能		○		○	6.1.3		5.1.4	6.1.4
通信功能		△		△	6.1.4		5.1.5	6.1.5
DI(或DO)输入(或输出)动作	○	○	○	○	6.2.1.2	6.3.1.2	5.2.1	6.2.1
绝缘电阻	○	○	○	○	6.2.2	6.3.2	5.2.2	6.2.2
绝缘强度	○	○	○	○	6.2.3	6.3.3	5.2.3	6.2.3
结构尺寸、外观	○	○	○	○	6.4		7	
电源电压暂降			○	○	6.5.1		8.1	
电源短时中断			○	○	6.5.2		8.2	
电源电压变化			○	○	6.5.3		8.3	
共模干扰			○	○	6.6		9.1	9.2
环境温度影响			○	○	6.7.1		10.1	
相对湿度影响			○	○	6.7.2		10.2	
振动影响			○	○	6.7.3		10.3	
射频电磁场			○	○	6.8.2		11.1	
工频磁场			○	○	6.8.3		11.2	
静电放电			○	○	6.8.4		11.3	
抗运输环境								
高温			○	○	6.9.1		12.1	
低温			○	○	6.9.2		12.2	
湿热			○	○	6.9.3		12.3	
自由跌落			○	○	6.9.4		12.4	
抗腐蚀和侵蚀			△	△	6.10.1		13.1	
防爆			△	△	6.10.2		13.2	
功能安全			△	△	6.10.3		13.3	
长时间运行考核			○	○	6.12		15	

注：表中“○”为需要检验的项目；“△”为需要时检验，由制造商和用户商定。

ICS 25.040.40
N 18

中华人民共和国国家标准

GB/T 26805.3—2011

工业控制计算机系统　软件
第3部分:文档管理指南

Industrial control computer system—Software—
Part 3: Guidelines for the document management

2011-07-29 发布　　2011-12-01 实施

中华人民共和国国家质量监督检验检疫总局
中国国家标准化管理委员会　发布

前 言

GB/T 26805《工业控制计算机系统　软件》分为以下部分：

——第1部分：评价体系；

——第2部分：测试方法；

——第3部分：文档管理指南；

——第4部分：工程化文档规范；

——第5部分：用户软件包文档。

本部分是GB/T 26805的第3部分。

本部分的附录A和附录B为规范性附录。

本部分由中国机械工业联合会提出。

本部分由全国工业过程测量和控制标准化技术委员会(SAC/TC 124)归口。

本部分负责起草单位：西南大学。

本部分参加起草单位：深圳市研祥软件技术有限公司、北京研华兴业电子科技有限公司、中国计算机学会工业控制计算机专业委员会。

本部分主要起草人：吕静、杨颂华、张为群、张渝、祁虔。

本部分参加起草人：陈志列、刘志永、刘学东、刘永池、杨孟飞。

工业控制计算机系统 软件 第3部分:文档管理指南

1 范围

GB/T 26805的本部分规定了工业控制软件文档管理的基本任务和管理要点,为项目管理者实施该类文档的管理提供指南。

本部分适用于工业控制计算机系统的软件文档管理。

2 规范性引用文件

下列文件中的条款通过GB/T 26805的本部分的引用而成为本部分的条款。凡是注日期的引用文件,其随后所有的修改单(不包括勘误的内容)或修订版均不适用于本部分,然而,鼓励根据本部分达成协议的各方研究是否可使用这些文件的最新版本。凡是不注日期的引用文件,其最新版本适用于本部分。

GB/T 11457—2006 信息技术 软件工程术语

GB/T 26805.4—2011 工业控制计算机系统 软件 第4部分:工程化文档规范

GB/T 26805.5—2011 工业控制计算机系统 软件 第5部分:用户软件文档

3 术语和定义

GB/T 11457—2006中确立的以及下列术语和定义适用于GB/T 26805的本部分。

3.1

文档 document

一种数据媒体和其上所记录的数据。它具有永久性并可以由人或机器阅读。

3.2

用户 user

a) 使用软件求解某一问题的技术人员;

b) 实际使用软件产品或操作运行软件的组织、单位或个人。

3.3

产品文档 product documentation

软件项目开发过程中,应当编制的各种技术资料或技术管理资料。

3.4

工作文档 work documentation

软件项目开发过程中,所填写的或使用过的各种图表或文字资料。

3.5

用户需求 user requirement

用户所期望的软件产品的全部性能、功能和限制。它主要包括对软件产品的功能要求、性能要求,如实时性、可靠性和可维护性要求以及安全保密要求,还包括在开发费用、时间、进度和可用资源等方面的限制。

3.6

评审 review

软件项目开发中的一个重要环节。它是对某个开发产品或过程进行的全面检查、鉴定和认可。目的在于尽可能早地发现错误，将实现和要求进行统一和协调。

3.7

配置管理　configuration management

标识和确定系统中配置项的过程，在系统整个生存周期内控制这些项的投放和更动，记录并报告配置的状态和更动要求，验证配置项的完整性和正确性。

3.8

软件产品库　software production library

在软件生命周期的集成与系统测试阶段结束后，用于存放作为最终产品而交付给用户运行或现场安装的软件库。

3.9

软件文档　software documentation

以人们可读的形式出现的技术数据和信息，包括计算机列表和打印输出，它们描述或规定软件设计或细节，说明软件具备的能力，或为使用软件以便从软件系统得到所期望的结果而提供的操作指令。

4　软件文档

4.1　概述

有关软件文档概述如下：

a）软件文档是由制造商提供的、软件产品生命周期中的所有文档；

b）软件文档归入工作文档和产品文档两类；

c）软件文档是与软件产品有关的可读文件，用以描述和记载软件产品生命周期各阶段的活动及结果；

d）软件文档的表现形式可以是文字、表格、图形和音像等；

e）软件文档中包含描述硬件访问接口（如寄存器、引脚定义、端口、组态、中断等）的文档，以及工业现场对软件产品的要求（如可靠性、实时性、安全性等）；

f）软件文档可以记载于多种媒体（例如光盘、磁盘、磁带、非易失性存储器和纸等介质）上，具有持久性，便于保存、修改、传输和自动化管理；

g）软件文档可以复制；软件文档可随软件升级而更新（经授权许可）。

4.2　主要功能

4.2.1　概述

软件文档应该具备以下主要功能：

a）实现软件管理的依据；

b）实现任务之间联系的凭证；

c）提供使用须知与说明；

d）提供质量保证支持；

e）作为历史资料；

f）提供产权声明。

4.2.2　实现软件管理的依据

软件文档记录了软件产品在生命周期内各阶段的活动情况，为各阶段的检查、评审和管理提供依据，同时，软件文档记录的技术信息，可以为软件产品开发的技术管理提供依据。

4.2.3　实现任务之间联系的凭证

软件开发项目的任务主要由以下各类人员承担：

a）软件项目管理人员；

b) 提出用户需求及项目要点的专家;

c) 系统分析师;

d) 软件项目的程序设计师;

e) 提供程序代码的程序员;

f) 软件测试员;

g) 质量保证专家和审核人员;

h) 改进操作或开发加强和扩展产品性能的维护程序员。

根据软件工程化的要求,软件文档是以上各类人员之间通信和交流的凭证,从而实现任务间的联系。

4.2.4 提供使用须知与说明

软件文档能够提供使用须知与说明,告知系统管理人员、操作人员、用户及维护人员系统怎样工作、如何正确使用系统去实现他们的目标,同时可实现对用户的技术培训,帮助用户尽快掌握软件产品的使用方法。

4.2.5 提供质量保证支持

软件文档必须保证向质量保证、维护和审核人员提供执行其任务时所需要的各种质量标准以及关于期望系统完成什么功能和系统怎样实现这些功能的清晰说明;必须制订测试计划和测试规程,并报告测试结果;还必须说明和评估相关的控制、计算、检验例行程序及其他技术。

4.2.6 作为历史资料

将软件文档用作将来进行项目开发的一种资源。通常文档记载系统的开发历史,可使有关系统结构的基本思想和开发经验为以后的项目利用。良好的系统文档有助于把程序移植和转移到各种新的系统环境中。

4.2.7 提供产权声明

软件文档包含软件产品的评测报告、版权、著作权、知识产权等相关资料。

4.3 工作文档

4.3.1 工作文档的目的

工作文档的目的包括:

a) 工作文档主要记录需求、设计、程序和测试方面有关决定的细节;

b) 工作文档明确划分全体开发人员的职责范围,规定每一个人应该做什么,使他们能够各司其职;

c) 工作文档明确规定检查要点和进度,便于项目管理者评估项目的进展情况;

d) 工作文档记录项目开发的历史,为开发后续项目提供参考。

4.3.2 工作文档的内容

工作文档可分为开发文档和管理文档。开发文档描述项目开发过程本身,以开发所涉及的工具、方法等技术为主;管理文档描述开发阶段划分,各开发阶段的任务确定,以及如何实现各个阶段的衔接,记录进度、变更和职责定义、评定等管理工作。

工作文档内容包括:

——可行性研究报告;

——软件项目开发计划书;

——软件质量保证计划书;

——软件配置管理计划书;

——安全与控制信息规格说明;

——备忘录或改变控制形式的记录。

实际的工作文档可以包括上述文档中的部分或全部。根据项目开发的特点，还可以产生新的工作文档。

工作文档的内容与格式应符合 GB/T 26805.4—2011 的有关规定。

4.4 产品文档

4.4.1 产品文档的目的

产品文档提供有关软件产品的有效使用、运行、维护、更新方面的信息，包括：

a） 向程序员、操作员和最终用户提供所需的文档资料；

b） 为项目管理者实现科学管理提出的各种资料，以监控产品的开发与应用；

c） 说明产品可用性、为促进产品推广而具体阐述应用范围的宣传资料；

d） 向关心软件产品的人们提供的、用以描述产品特点的信息交流资料。

4.4.2 产品文档的范围

产品文档一般包括：

——软件需求规格说明书；

——数据需求说明书；

——系统(子系统)设计说明书；

——软件概要设计说明书；

——软件详细设计说明书；

——数据库设计说明书；

——软件模块规格说明书；

——技术评审；

——测试计划；

——测试分析报告；

——用户手册；

——操作手册；

——程序维护手册；

——安装实施过程；

——用户培训资料及宣传资料。

实际的产品文档可以包括上述文档中的部分或全部，根据项目开发的特点，还可以产生新的产品文档。

产品文档的内容与格式应符合 GB/T 26805.4—2011 的有关规定。

4.5 用户软件包文档

用户软件包文档见 GB/T 26805.5—2011。

5 软件文档的计划管理

5.1 基本任务

软件文档计划管理的基本任务是：

a） 明确划分软件生存周期的各个阶段；

b） 确定每个阶段应当编制的软件文档；

c） 提出软件文档编制计划，并监督实施。

5.2 管理要点

5.2.1 软件生命周期的阶段划分

附录 A 给出了软件生命周期的定义及阶段划分的常用方法。

对于一个具体的软件开发项目，软件生命周期的各个阶段应当如何划分，项目管理者应着重考虑以下两个因素：

5.2.1.1　标识阶段的名称可以改变

随着所用开发方法的不同，开发项目的不同，阶段名称允许有相当大的差异。但必须坚持阶段的明确划分，以便分段实施、加强管理。

5.2.1.2　阶段划分具有灵活性

阶段划分的详细程度取决于软件项目的重要性、复杂程度、使用频度、软件规模、技术水平和成败风险等诸种因素。项目管理者应根据软件项目的实际情况进行权衡。

5.2.2　文档编制应考虑的因素

5.2.2.1　总则

坚持在软件生存周期的各个阶段必须编制对应的软件文档，是项目管理者实施文档计划管理的另一个管理要点。然而，一个具体的软件开发项目究竟需要编制哪些软件文档，是由多种因素决定的，项目管理者必须充分地予以考虑。

5.2.2.2　必要性

为了保证软件项目开发工作的顺利进行，作为软件生存周期各个阶段工作完成的重要标志，开发人员必须按开发阶段的要求认真编制相应的软件文档。

与软件生存周期各个阶段对应的软件文档见附录B。

5.2.2.3　重复性

在确定软件文档种类时，应保持每种文档的独立性，但允许内容上存在某些重复，以适合不同读者的需要。

5.2.2.4　灵活性

和软件生命周期的阶段划分具有灵活性一样，需要编制的文档种类也具有灵活性。一般说来，当软件项目的复杂程度、软件规模和成败风险增大时，软件文档的种类、详细程度将随之增加。反之，可适当减少，为了避免在软件项目开发中文档编制的不足或过度，项目管理者可主要根据软件规模去确定需要编制哪些软件文档。

软件规模可分为以下三级：

a）　小规模软件——源程序行数少于3 000行的软件；

b）　中规模软件——源程序行数为3 000～30 000行的软件；

c）　大规模软件——源程序行数为30 000行以上的软件。

对软件开发项目文档编制的要求亦相应地分为三级，如图1所示。根据图1，某些文档可以是某种文档的扩展和细分。在最简单的情况下，可合并成软件需求说明与开发计划、软件设计说明、使用说明和项目开发总结四种文档。而在软件规模特别庞大的情况下，可进一步细分为更多的软件文档。

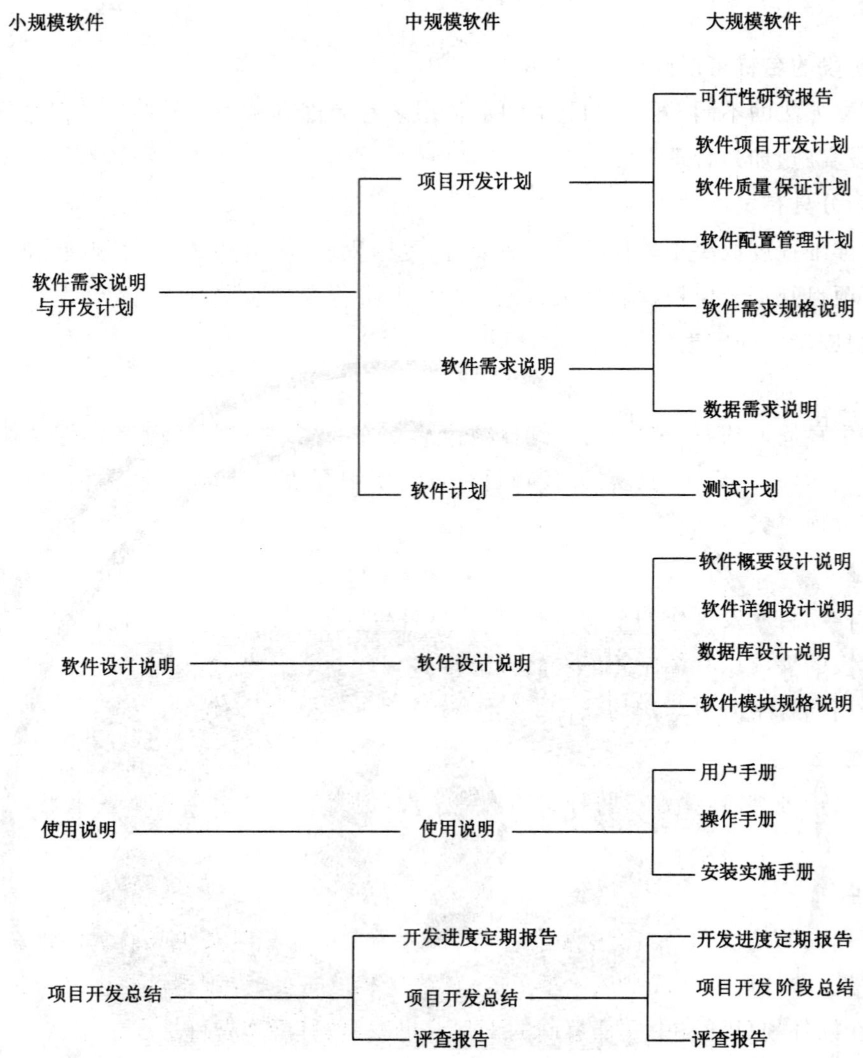

图 1　软件文档分级与对应文档

5.2.3　软件文档编制计划

5.2.3.1　总则

软件文档编制计划可以是整个项目计划的一部分，也可以是一个独立的文档。它作为说明文档重要性的具体资料，也作为项目管理者的备忘录，是型式检查、复审和验收的重要依据。

文档编制计划应包括对以下几个问题的陈述：

——文档内容与型式；

——文档格式与标示；

——文档编制的进度；

——开发人员的职责范围。

5.2.3.2　文档内容与形式

文档内容着重于功能方面的说明，告诉软件开发人员本阶段“做什么”。现就与产品文档有关的几个问题规定如下。

5.2.3.2.1　程序员文档

主要包括以下内容：

a）　总则　必须向程序员提供编码、维护或强化现存软件所需要的全部信息。例如有关程序逻辑、数据存储规格说明与功能描述方面的图解和说明。通过这些信息使程序员明白：假设软件干什么，而当假设成立时软件怎样去干。

b） 程序说明 软件的开发管理必须保证开发程序员能够应用程序设计语言的方便在编码时插入程序说明。开发程序员应将这些说明准备好，以便实现程序的编码以及在修改程序时加以利用。在程序说明中，每个程序模块都应包含模块在逻辑、目的和基本原理方面的叙述，还可能包括有关子程序文档和条件处理方面的叙述。对于不常见的编码而言，还可能需要具体码串的具体说明。例如为求解某一问题的算法，就可以将阐明算法来源、所需数据、计算结果以及结果怎样为程序所用方面的说明放在它的前面。

c） 图示 需要对程序逻辑进行逐条描述，对出现在一个程序或一个系统以及出现在用以说明程序逻辑流程图中的数据流要进行描述，向维护程序员展示需由他们进行维护的程序段逻辑，以及展示这种程序段逻辑与系统中其他程序或模块有怎样的关系。

d） 存储规格说明 必须向维护程序员提供数据存储在何处，以及按何种形式进行存储方面的信息。

e） 形式系统文档 维护程序员有时需要比程序说明、图示和存储规格说明更多的信息。他们还需要详细的文字说明，更为完善的软件产品，常常需要有对系统或程序给予文字说明的形式文档。

5.2.3.2.2 系统事务管理员/操作员文档

为了运行系统的硬件和软件，需要了解支持系统运行的各种因素。系统事务管理员/操作员文档告知与此有关的各种信息，包括：

a） 批量作业的进度和名称、项目的运行时间；

b） 数据存储需求以及程序如何取得所存储的数据；

c） 所用设备；

d） 项目的系统联机应用时数；

e） 调试、检修指南。

5.2.3.2.3 用户培训和参考资料

没有足够用户信息的产品文档是不完备的。用户至少需要两类信息：

a） 培训信息——帮助用户迅速成为系统应用方面的专家；

b） 参考资料——帮助用户找到回答有关系统应用具体问题的答案。

此外，用户可能希望知道他们在使用系统时怎样才能与系统的整个工作相适应，为此，产品文档还应提供与此有关的各种信息。

满足这些信息需求的文档，其格式可以有所不同，可以是形式化、半形式化或非形式化的，由项目管理者最终决定。

5.2.3.2.4 宣传/信息交流文档

包括以下几个方面：

a） 总则 这类文档的重要意义在于：

——增加系统的满意程度，使用户能比较容易地使用产品；

——争取潜在用户，使产品获得推广应用的可能性。

宣传/信息交流文档有以下几种类型。

b） 产品说明 产品说明应以简短的形式去总结系统的特点，指出系统的硬件和软件需求。

c） 情况通报 作为一种专供软件项目开发人员使用的内部文档，情况通报告知项目的进展情况，使全体开发人员作好交付产品（包括阶段产品）的准备。

5.2.3.3 文档格式与标识

文档的编制格式应符合 GB/T 26805.4—2011 的有关规定。

需要提供用以标识文档的信息。这些信息主要是：文档号、修改日期、版本号、作者、主要参加人员等。

5.2.3.4 文档编制的进度

5.2.3.4.1 文档清单

软件文档编制计划应列出所要编制的全部文档的清单，规划每种文档完成的详细进度。坚持在下一阶段可能开始之前上一阶段的文档必须完成并符合规定。

对以下各项工作的进度，项目管理者要进行时间分配：

a) 提出文档计划；
b) 复审文档计划、编制文档概要；
c) 提出文档草案，从技术精确性、完备性和实用性方面对之进行复审；
d) 编辑由复审产生的综合说明；
e) 最后审核与批准；
f) 形成正式文档；
g) 分发。

5.2.3.4.2 重要文档的存储

项目管理者应当为在不同开发阶段实现重要文档的存储分配时间并提供支持。这种文档的存储虽然带来了人员、设备和时间的开销，但在发生人为故障或自然灾害的情况下可以借助所存储的后备文档和系统图等资料去重建系统。

如果文档是联机开发的，采用磁盘、光盘等数据媒体都可实现重要文档的存储，便于需要时迅速转换为实用的形式。

5.2.3.4.3 项目库管理程序

对于较大型的软件开发项目，项目管理者必须考虑编制一个项目库管理程序，以汇总项目开发数据，实现对项目文档的调整以及文档索引的调整。此外，项目库管理程序还应完成以下工作，帮助项目管理者实现对工作进度的有效管理：

a) 编制重要事件的年谱；
b) 机时月预算记录；
c) 人时月预算记录；
d) 预算修改清单；
e) 实际耗时汇总。

根据反映工作进度的年谱和其他一些例行检查结果，项目管理者能获悉实现项目控制所需的信息。

5.2.3.5 开发人员的职责范围

确定软件项目开发组织的人员分工及其职责范围。

6 软件文档的质量管理

6.1 软件文档的质量分级及质量要求

6.1.1 总则

随着项目大小和所承担的风险的不同，以及软件文档使用范围的不同，对文档的质量要求也会有所不同。根据文档内容多少和功能的差异，可将文档质量划分为四级。项目管理者必须在计划期间就确定文档的质量等级。

6.1.2 最小信息文档(第1级)

第1级文档适用于单用户程序。这种文档只包括程序清单、开发说明、测试数据、程序摘要。

6.1.3 **内部文档(第2级)**

第2级文档适用于专用程序,这种程序很少需要与别人共享。或者根本没有潜在用户。除开应包括第1级文档所提供的信息外,还应在程序清单中加入大量说明,以帮助用户读懂和使用程序。

6.1.4 **工作文档(第3级)**

第3级文档适用于供同一批开发中若干人使用的程序,或适用于由其他开发者使用的程序。文档内容或编辑格式以满足工作需要为度。

6.1.5 **形式出版物(第4级)**

第4级文档适用于被正式通告为软件产品的程序。一些重要的程序,例如用于工业控制的标准算法软件包,实现财务管理的打印工资报表等这样的程序,都需要这种文档。

第4级文档的内容与格式应符合GB/T 26805.4的有关规定。

——对于较大型的软件开发项目,项目管理者必须考虑设立质量保证机构,负责软件文档的质量检查;

——文档的质量应从内容、结构、实用性以及是否符合标准、规范等方面去加以检查;

——文档的内容可用正确性、完备性和明确性进行评价;

——文档的结构可从整个文档的安排是否井然有序、方便使用和符合标准三方面进行考察;

——文档实用性是指软件文档是否反映工业控制软件在实时性、在线性、高可靠性和可维护性等方面的要求。

6.2 **软件文档的复审**

6.2.1 **总则**

在较大型软件项目的开发中,必须坚持对软件文档进行形式检查和复审,以保证其准确性、完备性和明确性。描述开发企图和软件产品的全部文档都应当进行形式检查。特别重要的是,一开始就应在需求和设计规格说明阶段进行复审。

6.2.2 **需求复审**

在需求复审期间主要检查:

a) 项目开发者是否了解用户需求;

b) 系统需求规格说明是否反映并满足用户需求。

需求复审可能不止进行一次,用户代表必须参与开发活动和需求复审,并核准系统需求规格说明。

6.2.3 **设计复审**

6.2.3.1 **概述**

设计复审包括概要设计和详细设计这两个主要复审项目。

6.2.3.2 **概要设计**

在概要设计复审期间,系统每一组成部分的基本设计方案和初始测试计划是复审的主要内容。根据复审结果对系统需求规格说明进行修改。

6.2.3.3 **详细设计**

在详细设计复审期间,要对详细设计和程序每一组成部分的测试方案进行分析。

设计复审的结果应在相应的文档中明记,用以确定为了满足业主需求已同意的设计,如设计、开发和测试具体系统和程序。

不管项目大小或项目管理中的工程化程度如何,以上复审都是十分重要的。必须写出复审形式文件作为工作文档,包括所修改的内容及复审结论。

6.2.4 **其他项目的复审**

为了确保产品文档的准确性、完备性以及适用各类读者阅读,还需要对其他文档进行形式检查。形式检查的要点如下:

a) 内容的组织;

b） 技术准确度；

c） 总体的完备性；

d） 对各类读者的适合程度；

e） 图表编制计划和最后用到的图表(也应接受技术准确度、完备性及适合程度等各种分项复审)；

f） 文法、标点符号和其他技术细节的正确性要符合(工业现场)有关规定；

g） 文档格式应符合 GB/T 26805.4—2011 的有关规定。

7 软件文档的配置管理

软件配置是指软件应当提供和完成的程序、文档、数据以及各种文字资料的有序集合。其中每个独立的文本及其集合都称为一个软件配置项，软件配置管理的主要任务是：

a） 建立软件文档标准及软件文档标识体制；

b） 评价及记录软件配置项的变动情况，并控制这些变动；

c） 严格跟踪并控制已确认的软件配置项；

d） 不断检查软件配置。

8 管理要点总结

为了检查在软件项目的开发过程中是否实施软件文档的有效管理，项目管理者必须回答以下问题：

a） 是否明确划分了软件生存周期的各个阶段？是否确定了需要编制的软件文档的种类？

b） 是否指定专人负责工作文档与产品文档的准备工作？是否列出与软件文档的编制有关的国家标准或行业标准的清单？如果尚无相应标准，是否制定出规范对文档内容、格式及标识方式作出明确规定？

c） 是否提出了软件文档编制计划？对要编制的每种文档，承担下述工作的人员责任是否明确？

  1） 文档的准备和起草；

  2） 项目库管理程序；

  3） 文档存储；

  4） 文档复审；

  5） 绘制图表；

  6） 质量保证。

d） 是否规定了文档的编制过程，包括什么时候完成什么文档的编制？对以下各项工作是否已确定交付进度？

  1） 准备草案；

  2） 提出草案第一稿；

  3） 修改草案；

  4） 绘制图表。

e） 是否确立软件文档质量评定准则？是否建立质量保证机构或指定人员负责文档质量？

f） 是否建立文档复审制度？是否考虑让分析员、开发者、程序员、维护人员、审核人员、用户和管理人员参与复审？

g） 是否对软件文档按层次分类标识，注明项目、文档品种、版本号、页号并确定文档密级和分发范围？

h） 是否对软件文档的修改活动进行过管理和控制，规定了修改活动的规程？

i） 是否对软件文档的修改进行过周密的控制，以保持文档和程序的一致性，文档间的一致性和安全性,并保证副本(在开发人员手中)与库存文档的一致性?

j) 是否确立保证软件文档先进性的办法?为保证工业控制软件的实时性、在线性、高可靠性和可维护性,软件文档是否作了相应考虑?

k) 为了得到用户对文档的评价和意见,是否建立了相应的反馈机构?

l) 是否为重要文档的存储提供了便利条件?是否已经具备开发软件文档的资料?

m) 是否列出软件支持工具和考虑采用自动化文档技术?

附　录　A
（规范性附录）
软件生命周期的定义及阶段划分

A.1　软件生命周期的定义

根据 GB/T 11457—2006，软件生命周期指的是“从软件产品的开发设计开始到产品不能再使用时为止的时间周期。它典型地包括需求阶段、设计阶段、实现阶段、验证与测试阶段、安装验收阶段、运行维护阶段，有时还包括引退阶段”。

为使用方便，本标准将软件生命周期分为软件定义、软件开发和运行维护三个阶段。

A.2　软件定义阶段

A.2.1　总则

软件定义阶段即是需求阶段，主要解决软件“做什么”的问题。需求阶段可以细化为系统需求分析、软件规划和软件需求分析三个子阶段。

A.2.2　系统需求分析

系统需求分析是软件生命周期的最初阶段。其主要任务是收集、理解用户需求，对用户需求进行可行性分析，将用户需求转换为系统需求。还要对投资与效益进行评估。

A.2.3　软件规划

以系统需求为依据，根据历史数据和实践经验，将系统需求转换为软件处理需求。

A.2.4　软件需求分析

从软件处理需求变换出“软件需求规格说明”，并进行评审。

A.3　软件开发阶段

A.3.1　总则

由软件设计阶段，实现阶段，验证、测试与质量保证等阶段组成。在这个阶段中主要解决软件“怎样做”的问题，是对软件定义阶段定义的软件“做什么”的求解过程。

A.3.2　软件设计

为满足系统规定的需求，提出实现控制功能和规程以程序和数据存储技术的规格说明；还要提出确保系统完整性而采用的安全与控制技术，把软件需求规格说明变换成详细设计文档并进行评审。

A.3.3　编码

实现程序设计的具体步骤。它采用某种程序设计语言，把详细设计文档人工地或自动地变换为机器能够理解的代码。

A.3.4　验证、测试与质量保证

检验软件产品是否满足用户需求，确保系统按设计意图工作，而且保证系统能满足性能、可靠性、完整性和安全性方面的要求。

A.4　运行维护阶段

A.4.1　总则

软件产品经过测试、验收后交由用户现场运行，软件便进入生命周期的最后一个阶段——运行维护阶段。

运行维护阶段是软件产品发挥其效益的阶段，也是历史最长、花费最多的一个阶段。它一般解决以

下几种维护问题：

A.4.2 纠错性维护

分析和纠正软件在开发时即已产生，在测试时未能检出，在使用后暴露的错误。

A.4.3 完善性维护

满足用户对软件需求进行修改或满足其增强的需求。

A.4.4 适应性维护

由于外部环境的改变（如新的操作系统、新的硬件）而引起的需求修改，使软件适应于新的环境或新的系统。

A.4.5 预防性维护

为改善将来的可靠性或适应将来发生的情况而进行的完善或修改。

附 录 B
（规范性附录）
软件生命周期各个阶段应当产生的主要软件文档

软件生命周期各个阶段应当产生的主要软件文档，见图B.1。

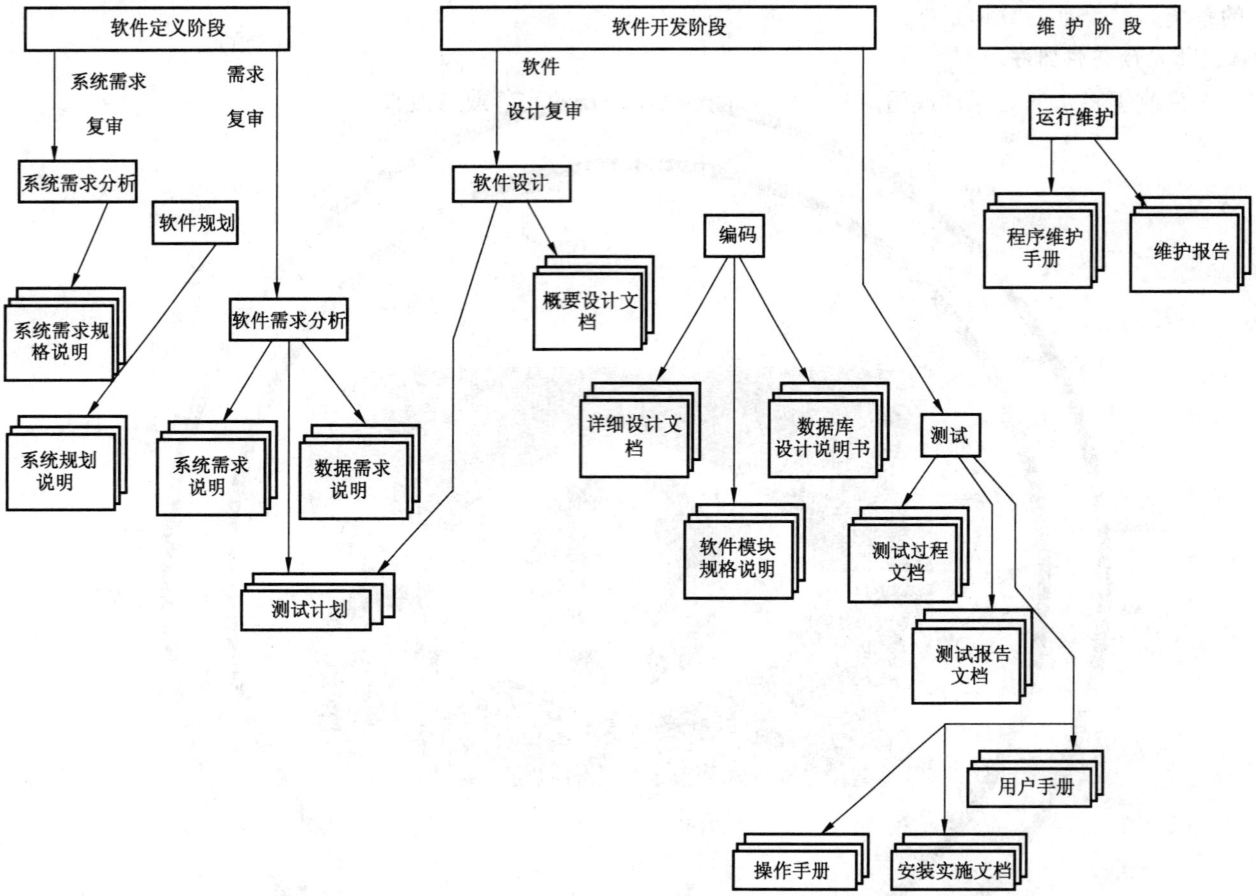

图B.1 软件生命周期各个阶段应当产生的重要软件文档示意

ICS 25.040.40
N 18

中华人民共和国国家标准

GB/T 26805.4—2011

工业控制计算机系统 软件 第4部分:工程化文档规范

Industrial control computer system—Software—Part 4:Engineering document specification

2011-07-29 发布 2011-12-01 实施

中华人民共和国国家质量监督检验检疫总局
中国国家标准化管理委员会 发布

前　言

GB/T 26805《工业控制计算机系统　软件》分为以下几部分：

——第 1 部分：评价体系；

——第 2 部分：测试方法；

——第 3 部分：文档管理指南；

——第 4 部分：工程化文档规范；

——第 5 部分：用户软件文档。

本部分是 GB/T 26805 的第 4 部分。

本部分的附录 A、附录 B、附录 C、附录 D、附录 E、附录 F、附录 G、附录 H、附录 I、附录 J、附录 K、附录 L、附录 M、附录 N、附录 O 和附录 P 均为规范性附录。

本部分由中国机械工业联合会提出。

本部分由全国工业过程测量和控制标准化技术委员会(SAC/TC 124)归口。

本部分负责起草单位：深圳市研祥软件技术有限公司。

本部分参加起草单位：北京研华兴业电子科技有限公司、西南大学、中国计算机学会工业控制计算机专业委员会。

本部分主要起草人：陈志列、刘志永。

本部分参加起草人：刘学东、刘永池、杨颂华、刘枫、张为群、吕静、杨孟飞。

工业控制计算机系统　软件
第4部分:工程化文档规范

1　范围

GB/T 26805的本部分规定了工业控制软件项目,在其生命周期的各个阶段所产生的主要软件文档的内容、格式及编制要求,以便作为软件项目的开发、评审、使用与维护的基准。

本部分适用于工业控制软件及其修订版本的技术文档的编制。

2　规范性引用文件

下列文件中的条款通过GB/T 26805的本部分的引用而成为本部分的条款。凡是注日期的引用文件,其随后所有的修改单(不包括勘误的内容)或修订版均不适用于本部分,然而,鼓励根据本部分达成协议的各方研究是否可使用这些文件的最新版本。凡是不注日期的引用文件,其最新版本适用于本部分。

GB/T 7714—2005　文后参考文献著录规则(ISO 690:1987,NEQ)

GB/T 8567—2006　计算机软件文档编制规范

GB/T 11457—2006　信息技术　软件工程术语

GB/T 26805.3—2011　工业控制计算机系统　软件　第3部分:文档管理指南

3　术语和定义

GB/T 11457—2006确立的以及下列术语和定义适用于GB/T 26805的本部分。

3.1

系统　system

除有特殊说明外,是指软件系统。

3.2

敏感部位　sensitive position

系统或某一部分对某些因素易于感受的性能的部分或部位。

3.3

敏感度　sensitiveness

系统或某一部分对某些因素易于感受的性能。

3.4

敏感条件　sensitive condition

系统或某一部分对某些因素易于感受的性能的条件。

3.5

工程化文档　engineering document

工业控制软件项目的生命周期中产生的文档。

4　文档规范

4.1　可行性研究报告

4.1.1　总则

可行性研究报告要对工业控制对象作概要的描述,根据需求和实现环境把对软件开发项目在一定工业、技术、经济和社会条件下实现的可行性研究结果写成文档，为管理部门决定本开发项目的进行提供依据。可行性研究报告见 GB/T 8567—2006 中的 7.1 部分。

可行性研究报告的编写示例见附录 A。

4.1.2 可行性研究报告的内容

4.1.2.1 概述

4.1.2.1.1 编写目的

对工业控制对象作概要的描述，根据需求和实现环境把对软件开发项目在一定工业、技术、经济和社会条件下实现的可行性研究结果写成文档，为管理部门决定本开发项目的进行提供依据。

4.1.2.1.2 背景

包括：

a) 待开发的软件系统的名称；

b) 提出者和交办单位；

c) 承办单位和承办人员；

d) 用户。

4.1.2.1.3 参考资料

按照 GB/T 7714—2005 格式要求，列出本文档中引用到的参考资料，包括资料的编号、作者、标题、来源、出版单位、日期等。

4.1.2.1.4 术语与缩略语

列出本文档中专用的术语、定义或缩略语。

4.1.2.2 可行性研究的前提

4.1.2.2.1 概述

说明开发项目进行可行性研究的前提，如需求、目标、假定、限制、进行方法和评价准则。

4.1.2.2.2 需求

根据工业控制对象和用户的要求说明对软件开发的基本需求，如：

a) 功能，如数据采集、调节控制、图形显示、组态功能等；

b) 性能，如控制精度、响应时间、实时性要求、可靠性、灵活性等；

c) 输出，如控制量、开关量、报告、文件或数据，对每项输出要说明其特征，如用途、产生频率、类型以及接口；

d) 输入，说明来自工业控制对象和操作者的各种输入，包括数据的来源、类型、数量、数据的组织以及提供的频率；

e) 用图表的方式表示出最基本的数据流程和处理流程，并扼要说明；

f) 在安全与保密方面的要求；

g) 同本系统相连接的其他系统；

h) 完成期限。

4.1.2.2.3 目标

说明建议开发软件的主要开发目标，如：

a) 处理速度的提高；

b) 控制精度的提高；

c) 调节品质的改善；

d) 提高工作效率和减轻劳动强度；

e) 提高经济效益(提高产品质量，降低能源消耗等)；

f) 提高生产自动化程度。

4.1.2.2.4 **条件、假定和限制**

说明开发工作中作出的假定和所受到的限制，如：

a) 整个系统的运行寿命；

b) 经费、投资方面的来源和限制；

c) 硬件、软件、运行环境和开发环境方面的条件和限制；

d) 法律和政策方面的限制。

4.1.2.2.5 **可行性研究的方法**

说明可行性研究的基本方法和评价准则，如调查、加权、确定模型、建立基准点或仿真等。

4.1.2.2.6 **评价尺度**

说明对系统进行评价时的主要尺度，如费用多少、各项功能的优先次序、可靠性的地位、实时性的考虑等。

4.1.2.3 **现有系统的分析**

4.1.2.3.1 **定义**

现有系统是指当前实际使用的系统，这个系统可能是计算机系统，也可能是一个机械系统甚至是一个人工系统。

分析现有系统的目的是为了进一步阐明开发新系统或修改现有系统的必要性。

4.1.2.3.2 **处理流程和数据流程**

说明现有系统的基本的处理流程和数据流程。

4.1.2.3.3 **工作负荷**

列出现有系统所承担的工作及工作量。

4.1.2.3.4 **费用开支**

列出由于运行现有系统所引起的费用支出，如人力、设备、空间、支持性服务、材料等项开支以及开支总额。

4.1.2.3.5 **局限性**

列出现存系统的各种主要局限性，如处理时间不能满足需要、响应时间不及时、数据存储能力不足、处理功能不够等。

4.1.2.4 **建议的系统**

4.1.2.4.1 **概述**

说明建议系统的目标和要求将如何被满足。

4.1.2.4.2 **说明**

概括地说明所建议系统，说明要求将如何得到满足，说明所使用的基本方法及理论根据。

4.1.2.4.3 **处理流程和数据流程**

如用户的操作规程、源数据的处理、系统失效的后果及恢复的处理办法等。

4.1.2.4.4 **改进之处**

根据主要开发目标，逐项说明所建议系统相对于现存系统具有的改进。

4.1.2.4.5 **影响**

说明在建立所建议系统时，预期将带来的影响，包括：

a) 设备的影响。说明新提出的设备要求，对现有设备的修改。

b) 对软件的影响。说明对现有应用软件和支持软件所作的修改和补充。

c) 对系统运行过程的影响。如用户的操作规范、源数据的处理、系统失效的后果及恢复的处理办法等。

4.1.2.4.6 **局限性**

说明建议的系统尚存在的局限性以及这些问题未能消除的原因。

4.1.2.4.7 其他可选择的系统

说明曾研究过的各种可选择的系统，包括需开发的和可从国内外直接购买的，若没有可供选择的系统方案，则要加以说明。

4.1.2.4.8 技术条件方面的可行性

说明技术条件方面的可行性，如：

a) 在当前的限制条件下，该系统的目标能否达到；

b) 利用现有的技术，该系统的功能能否实现；

c) 对开发人员的数量和质量的要求能否满足；

d) 在规定的期限内本系统的开发能否完成。

4.1.2.5 投资及效益分析

4.1.2.5.1 支出

说明建议系统需要的费用。

4.1.2.5.2 基本建设投资

包括采购、开发和安装下列各项所需费用，如：

a) 计算机及外围设备；

b) 数据通讯设备；

c) 支持软件；

d) 其他。

4.1.2.5.3 经常性支出

经常性支出包括：

a) 人员工资；

b) 管理费用；

c) 设备租金折旧费用；

d) 其他。

4.1.2.5.4 效益

说明所建议系统能带来的效益。

4.1.2.5.5 技术效益

技术效益包括：

a) 关键技术或新技术的使用与突破，技术的难度分析；

b) 系统的技术水平与分析。

4.1.2.5.6 经济效益

经济效益包括：

a) 因生产能力的提高，使产量增加；

b) 因系统精度的提高，使产品质量得到提高，消耗降低；

c) 自动化程度的增强和工作效率的提高，使生产周期缩短，消耗减少；

d) 可靠性安全性加强，减少或避免事故及其所带来的损失。

4.1.2.5.7 社会效益

社会效益包括：

a) 系统的灵活性(包括可扩展性和可移植性)分析；

b) 推广价值，应用面及其所产生的效益。

4.1.2.6 结论

根据上述分析，对所提出的软件开发项目必须作出是否可行的结论。结论可以是下列之一：

a) 可以立即开始进行；

b) 需推迟至某些条件(如经费投资、人力技术等)具备之后才能开始进行;

c) 须对开发目标进行某些修改后才能进行;

d) 不能或没有必要进行(如没有实用价值、技术上不成熟、投资不合算)。

4.2 软件项目开发计划书

4.2.1 出处

软件项目开发计划书见 GB/T 8567—2006 中的 7.2。

4.2.2 总则

软件项目开发计划书是把项目开发过程中各项工作任务的负责人员、开发进度、经费预算、硬软件资源条件等问题所作的安排用文档的方式记载下来,以便依本计划开展和检查项目开发工作,保证项目开发正常进行。

软件项目开发计划书的编写示例见附录 B。

4.2.3 软件项目开发计划书的内容

4.2.3.1 概述

4.2.3.1.1 编写目的

编写本计划的目的是把在××××(项目名称)项目开发过程中各项工作任务的负责人员、开发进度、经费预算、硬软件资源条件等问题所作的安排用文档的方式记载下来,以便依本计划开展和检查项目开发工作,保证项目开发正常进行。

4.2.3.1.2 背景

包括:

a) 提出者与交办单位;

b) 提出经过;

c) 承办单位与承办人员;

d) 软件名称;

e) 用户。

4.2.3.1.3 参考资料

按照 GB/T 7714—2005 格式要求,列出本文档中引用到的参考资料,包括资料的编号、作者、标题、来源、出版单位、日期等。

4.2.3.1.4 术语和缩写词

列出本文档所用的专业术语、定义和缩写词。

4.2.3.2 项目任务概要

4.2.3.2.1 前提

说明开发项目进行可行性研究的前提,如需求、目标、假定、限制、进行方法和评价准则。

4.2.3.2.2 工作内容

简要说明在本项目开发过程中须进行的各项主要工作。合理划分阶段,说明各阶段的主要任务和功能。

4.2.3.2.3 主要人员

简要说明参加本项目工作的主要人员(开发人员、管理人员、测试人员、用户等)。包括人数和他们的技术水平。

4.2.3.2.4 产品

包括以下几个方面:

a) 程序。列出向用户移交的程序清单和数据库文件清单及存储介质,并引用有关文档扼要说明其作用和功能。

b) 文档。列出需移交给用户的每种文档的名称及内容要点。

c) 服务。列出需向用户提供的各项服务，如培训、安装、维护和运行支持，应逐项规定开始日期、所提供支持的级别和服务的期限。

d) 非移交的产品。列出开发集体应向本单位交出但不必向用户移交的产品(文件甚至某些程序)。

4.2.3.2.5 **验收标准**

对于上述这些应交出的产品和服务，逐项说明或引用资料说明验收标准。

4.2.3.2.6 **完成项目的最迟期限**

指明项目完成的最迟期限。

4.2.3.2.7 **项目批准**

指项目的批准者和批准日期。

4.2.3.3 **实施总计划**

4.2.3.3.1 **工作任务分解**

对项目开发中需要完成的各项工作，从需求分析、概要设计、详细设计、编码、测试、安装、验收及各种文档编制等要按层次进行分解，并指明每项任务的负责人和主要参加人员。

4.2.3.3.2 **接口人员**

说明负责接口工作的人员及他们的职责，包括：

a) 负责本项目同用户的接口人员；

b) 负责本项目同本单位各管理机构，如合同计划管理部门、财务部门、质量管理部门等的接口人员；

c) 负责本项目同各分合同负责单位的接口人员等。

4.2.3.3.3 **进度**

对于需求分析、设计、编码实现、测试、移交、培训和安装等工作，给出每项工作任务的预定开始日期，完成日期及所需资源，规定各项工作任务完成的先后顺序以及表征每项任务完成的进度表。

4.2.3.3.4 **预算**

逐项列出本开发项目所需要的劳务(包括人员的数量和时间)以及经费的预算(包括工资、差旅费、办公费、机时费、资料费、通讯设备和专用设备的租金等)和来源。

4.2.3.3.5 **关键问题**

逐项列出能够影响整个项目成败的关键问题、技术难点和风险，指出这些问题对项目的影响。如：技术难点、可靠性措施、现场维护等。

4.2.3.4 **支持条件**

4.2.3.4.1 **概述**

说明为支持项目的开发所需要的各种条件和设施。

4.2.3.4.2 **计算机系统支持**

逐项列出所需计算机系统支持，包括计算机、输入输出设备、模拟器、编译、汇编、操作系统、数据管理程序包、数据存储能力及测试支持能力等。逐项给出有关到货日期、使用时间的要求。

4.2.3.4.3 **用户支持**

应该逐项列出由用户承担的工作和完成日期，包括由用户提供的条件及日期。

4.2.3.4.4 **其他单位的支持**

应该逐项列出由其他分合同承包者承担的工作和完成的时间，包括由他们提供的条件和日期。

4.2.3.5 **专题计划要点**

说明本项目开发中需制订的各个专题计划要点，如：

a) 分合同计划；

b) 培训计划；

c） 质量保证计划；

d） 配置管理计划；

e） 系统安装计划。

4.3 软件需求规格说明书

4.3.1 出处

软件需求规格说明书见 GB/T 8567—2006 中的 7.11。

4.3.2 总则

软件需求规格说明书是为项目的开发提供如下基础和依据：

a） 软件总体要求，作为用户和软件开发人员之间相互了解的基础；

b） 功能和性能要求，作为软件人员进行软件总体设计和编码的信息和基础；

c） 软件综合测试的依据。

软件需求规格说明书的编写示例见附录 C。

4.3.3 软件需求规格说明书的内容

4.3.3.1 概述

4.3.3.1.1 编写目的

编写本说明书的目的在于为××××（项目名称）项目的开发提供如下基础和依据：

a） 软件总体要求，作为用户和软件开发人员之间相互了解的基础；

b） 功能和性能要求，作为软件人员进行软件总体设计和编码的信息和基础；

c） 软件综合测试的依据。

4.3.3.1.2 参考资料

按照 GB/T 7714—2005 格式要求，列出本文档中引用到的下述参考资料，包括资料的编号、作者、标题、来源、出版单位、日期：

a） 项目申请书；

b） 本项目的重要文件，如正式协议等；

c） 本文档中引用的技术文档；

d） 要用到的标准和规范，如文档编制规范、程序设计约定、其他标准规范（程序编制语言），必要时可列出硬件手册及支持软件的文档等。

4.3.3.1.3 术语及缩写词

把文档中专用的名词术语、定义、缩写词列成清单。

4.3.3.2 软件概要

4.3.3.2.1 概要说明

简要说明软件开发的目的，范围及其与外界环境的相互联系，定性和定量地简述待开发软件的主要性能要求和应用目标。

4.3.3.2.2 系统组成

可以用方框图来表示软件系统的主要组成，相互联系和外部接口。

4.3.3.2.3 用户特点

简要说明生产过程的工艺流程、控制操作方法、现场条件，还有操作人员的技术水平及本系统的使用频度。

4.3.3.2.4 假设和约束

说明影响软件开发和运行的约束，描述影响系统能力的限制。如操作环境、运行环境、经费限制、开发期限等。

4.3.3.3 功能要求

4.3.3.3.1 概述

分项详细描述软件系统的功能要求，主要包含以下部分。

4.3.3.3.2 数据采集

说明采样信号的类型(模拟量、数字量)、采集对象数量、输入处理要求、上下限极限值、报警要求、存储要求、采样周期、量程范围、单位换算及输入处理方法(平均、滤波、解码等)等。

4.3.3.3.3 调节控制

说明控制类型(连续控制、顺序控制等)、控制回路数、控制方式(PID控制、串级控制等)、参数整定及失控处理等。

4.3.3.3.4 画面显示

说明画面种类(总体画面、回路画面、趋势显示等)、数据项目和数据数量、存储介质、数据保留时间及显示方式要求等。

4.3.3.3.5 组态功能

说明组态的目的和内容、组态工作方法、输入要求及输出画面要求等。

4.3.3.4 性能要求

4.3.3.4.1 概述

详细描述软件系统的性能要求。

4.3.3.4.2 具体性能要求

a) 定量地描述软件的具体性能要求，主要的具体性能要求如下：精度。详细描述系统的精度要求，如：
   1) 数据的精度要求，如数据的输入精度(A/D)12位；
   2) 数字计算的精度要求，如尾数有效位15位，阶码有效位7位。
b) 时间特性。详细说明系统时间特性要求，如：
   1) 实时性要求。执行计算机系统基本负载的时间。如要求“软件系统在1 s之内采集并处理完接入系统的所有信号，至少包括546个参数，每个参数长度为2个字节”。
   2) 数据处理时间。
   3) 输入到输出的响应时间。
   4) 事件的数量和优先级别。
c) 可靠性要求。说明软件系统的可靠性要求及所要求的保证措施。如要求对输入参数的可靠性判别提供出错测点等。
d) 灵活性。说明当需求发生某些变化时系统的适应能力，指出为适应这些变化而要设计的软件成分或过程。可能的变化有：
   1) 操作方式上的变化；
   2) 运行环境的变化；
   3) 同其他软件接口的变化；
   4) 精确和实时性要求的变化。
e) 人机接口。必须描述操作者与软件系统接口的特点。例如，如果系统的用户是由显示终端操作时，就必须指定以下需求：
   1) 需求的各种屏幕格式；
   2) 菜单的格式和内容；
   3) 功能键的使用规定。

4.3.3.4.3 输入-输出

描述输入输出的每个数据元素。对每个数据元素要列出数据类型、格式、度量单位、数值范围和精度要求。对于输入数据，必须说明时间要求，优先顺序和输入来源。对于输出数据，必须说明时间要求，优先级别和输出去向。

4.3.3.4.4 故障处理要求

列出可能出现的故障，并提出为保证系统性能而要求采取的技术措施。

4.3.3.5 环境

4.3.3.5.1 设备环境

列出硬件系统所需的设备种类（处理器、存储介质 I/O 设备，通信网络）、设备数量、型号、特性及连接方法。

4.3.3.5.2 支持软件

列出与开发软件相配合的、运行时的支持软件。对每个支持软件系统和子系统，程序都应提供正确的名称、版本和文档资料，以及该软件使用的语言、操作系统和数据管理系统。

4.3.3.5.3 接口

若软件系统包含若干子系统或与其他系统发生关系，要对其接口进行如下说明：

a) 数据传递方式；
b) 数据传送的通信介质；
c) 数据量格式，度量单位和数据代码；
d) 接口类型，如人工的或自动的；
e) 接口规程，如通信协议。

4.3.3.6 测试纲要

4.3.3.6.1 概述

明确软件系统的测试范围，测试要求及测试环境，为制定软件测试计划和审查软件测试报告提供依据。

4.3.3.6.2 测试环境

说明软件系统进行测试运行环境，包括：

a) 应交付用户的工业控制计算机硬件配置，如机箱、电源、处理器模板、显示器、键盘/鼠标、通信接口、存储器的规格和数量等；
b) 应交付用户的软件配置，包括操作系统或管理程序、应用程序、诊断程序等及使用方法；
c) 满足用户需求的输入/输出配置；
d) 系统仿真手段，包括工程系统仿真、工况仿真和工程环境仿真。

4.3.3.6.3 软件系统的测试范围和要求

在模拟（仿真）环境中用黑盒法、白盒法对软件系统进行测试，测试项目应覆盖软件需求并分类列出：

a) 需测试的软件系统的功能，如数据采集，调节控制等；
b) 需测试的软件系统的性能，如实时性，精度等；
c) 需测试的系统逻辑关系，如调用关系，控制关系，制约关系等；
d) 需测试的敏感度，包括敏感部位、敏感条件和敏感程度，以及对软件系统以至整个工程系统的影响；
e) 需测试的软件系统的可靠性措施，包括自诊断、自恢复、联锁保护等；
f) 需测试的软件系统的健壮性目标，如系统负荷能力的考核、故障承受能力的考核等。

4.4 数据需求说明书

4.4.1 出处

数据需求说明书见 GB/T 8567—2006 中的 7.12。

4.4.2　总则

数据需求说明书是提供并定义软件系统必须处理的各种数据元素，并向用户传达数据采集要求。

数据需求说明书的编写示例见附录D。

4.4.3　数据需求说明书的内容

4.4.3.1　概述

4.4.3.1.1　编写目的

编写数据需求说明书的目的是提供并定义××××(系统名称)系统必须处理的各种数据元素，并向用户传达数据采集要求。

4.4.3.1.2　参考资料

按照GB/T 7714—2005格式要求，列出本文档中引用到的下述参考资料，包括资料的编号、作者、标题、来源、出版单位、日期和保密级别：

a)　项目申请书；

b)　其他技术文档；

c)　软件需求说明。

4.4.3.1.3　术语和缩写词

把本文档专用的名词术语、定义和缩写词列成一份清单或一个附录。

4.4.3.2　数据描述

4.4.3.2.1　概述

数据可分为静态数据和动态数据。静态数据称为参数数据，动态数据称为非参数数据，它们都由若干个数据元素组成。要给出每一数据元素的名称(包括缩写和代码)、定义、度量单位、值域、格式和类型等有关信息。

4.4.3.2.2　静态数据

列出所有作为控制或参考用的静态数据元素。

4.4.3.2.3　动态输入数据

列出动态输入数据元素(包括在常规运行中或联机操作中要改变的数据)。

4.4.3.2.4　动态输出数据

列出动态输出数据元素(包括在常规运行中或联机操作中要改变的数据)。

4.4.3.2.5　内部生成数据

列出用户关心的内部生成的数据，只列出对用户有信息价值的那些数据元素。

4.4.3.2.6　数据约束

说明对数据要求的制约。逐条列出对进一步扩大或使用方面的考虑而提出的数据要求的限制(容量、文卷、记录和数据元的个数的最大值)。必须强调在系统进一步开发中将成为关键性的那些限制。

4.4.3.3　数据的采集

4.4.3.3.1　概述

描述用户必要的数据采集活动，以便采集该系统使用的数据值。

4.4.3.3.2　要求和范围

按数据元的逻辑分组来说明数据采集的要求和范围，指明数据的采集方法，说明数据采集工作的承担者(用户、开发者)。具体内容包括：

a)　数据元素的输入源。说明输入数据元素的来源是操作员，输入站还是某个专门的输入系统；

b)　数据输入所用的媒体和硬设备；

c)　说明输出数据的接受者；

d)　列出输出数据的形式和硬设备。形式如打印输出，显示设备上的字符或图形，均应具体说明；

e)　数据值的范围，要给出一个数据元素的合法值的范围；

f) 数据值的量纲,数据元素所使用的单位,如在工业控制现场流量所使用的单位常使用 t/s 和 m^3/s;

g) 测量单位的零点(如压力测量是相对于绝对零压还是大气压力);

h) 换算因子,对必须经模拟转换和数字转换处理的实测量要规定换算因子;

i) 扩充因子,指出系统进行扩充时,数据元素项能增加到最大数目的扩充因子。

4.4.3.3.3 **预处理**

对数据的采集和预处理过程提出专门的规定,包括适合应用的数据格式、预定的数据通信媒体和对输入的时间要求等。对于需经模拟转换或数字转换处理的数据量,要给出转换方法和转换因子等有关信息。以便软件系统使用这些数据。

4.4.3.3.4 **数据采集方式和数据传递方式**

具体说明数据获取的方式和详细约定,还应包括其时间特性。主要包括:

a) 输入方式。说明所有的输入方式,如数据采集卡、串口、网络、光盘、软件模块等。

b) 输出方式。说明所有的输出方式,如打印机、显示器、网络、串口、软件模块等。

c) 数据库影响。说明数据库的采集和维护对设备、软件、机构、运行和开发环境的影响。还应给出由于数据库的故障而导致对系统的影响。

4.5 **软件概要设计说明书**

4.5.1 **总则**

软件概要设计说明书要详细定义软件项目的总体功能;交换用户和开发人员之间当前分析的细节;定义系统的接口及实现这些接口要使用的设备。

软件概要设计说明书的编写示例见附录 E。

4.5.2 **软件概要设计说明书的内容**

4.5.2.1 **概要**

4.5.2.1.1 **编写目的**

编写本说明书的目的是:详细定义××××(项目名称)软件的总体功能;交换用户和开发人员之间当前分析的细节;定义系统的接口及实现这些接口要使用的设备。

4.5.2.1.2 **参考资料**

按照 GB/T 7714—2005 格式要求,列出本文档中引用到的下述参考资料,包括资料的编号、作者、标题、来源、出版单位、日期:

a) 软件需求规格说明书;

b) 与概要设计有关的文档资料;

c) 其他引用到的文档资料。

4.5.2.1.3 **术语和缩写词**

列出本文档中专用的术语、定义和缩写词。

4.5.2.2 **需求**

4.5.2.2.1 **概述**

本章概述系统的特性和需求,扩充软件需求规格说明书中的信息,给出增加的细节,详尽地指出对软件需求说明中有关特性和需求作出的变更。

4.5.2.2.2 **总体描述**

对软件系统进行总体描述,用图表示出软件系统的组成,相互联系和外部接口。

4.5.2.2.3 **功能**

定性地描述软件的功能需求。如数据采集、调节控制、画面显示及在线组态等。

4.5.2.2.4 **性能**

定量地描述系统的性能需求。如精度、时间特性、可靠性要求、灵活性及人机接口等。

4.5.2.2.5 **环境**

本章对软件需求规格说明书中规定的环境提供补充,反应环境的变化,并对环境作补充分析。如设备环境、支持软件及接口等。

4.5.2.3 **总体设计**

4.5.2.3.1 **系统逻辑流程**

用图的形式描述系统从输入经处理到输出的逻辑流程,并加以必要的解释。各图表将集中反映出系统的动态特性、入口和出口,与其他系统或程序的接口,进程的优先级别等。

4.5.2.3.2 **并发性**

如果被控对象是一个并发活动的有机实体,在若干事件同时驱动系统并要求同时响应时,系统是如何满足并发要求的,必须给予详细描述。

4.5.2.3.3 **在线性**

当系统要求在线组装或在线维护时,系统是如何满足的,必须给予描述。

4.5.2.3.4 **系统结构**

用图表形式说明本系统的结构组成,并说明组成系统的系统元素(子系统、模块、子程序、公用程序等)的划分和名称。扼要说明每个系统元素的标识符和功能,分层次地给出各元素之间的控制关系。

4.5.2.4 **系统设计**

4.5.2.4.1 **数据结构设计**

数据结构设计主要包括:

a) 输入输出数据。描述输入输出的每个数据元素,对每个数据元素要列出名称和标识符、数据类型、格式、量纲、数值范围和精度要求等。对于输入数据,必须说明时间特性、优先顺序和输入方式(数据采集卡、串口、网络、光盘、软件模块、键盘、其他 I/O 设备等)。对于输出数据,必须说明时间特性、优先级别和输出方式(打印机、显示器、网络、串口、软件模块等)。

b) 数据结构。主要包括:

 1) 系统状态数据结构;
 2) 系统生成(组态)数据结构;
 3) 采样数据数据结构;
 4) 回路参数数据结构;
 5) 控制数据数据结构;
 6) 报警数据数据结构;
 7) 显示数据数据结构;
 8) 打印数据数据结构;
 9) 操作台功能键数据数据结构;
 10) 通信数据数据结构;
 11) 诊断维护数据数据结构。

4.5.2.4.2 **流程设计**

使用图、表、文的形式描述软件系统的处理流程。说明为实现功能需求,处理流程的设计方法与过程。主要包括:

a) 实时控制管理程序流程设计;
b) 数据输入处理流程;
c) 控制调节处理流程;
d) 数据输出处理流程;
e) 时钟中断处理流程;
f) 操作台(键盘)输入处理流程;

g) 画面(总貌画面、模拟表头、回路画面、趋势画面等)处理流程方案;

h) 表格生成处理流程;

i) 系统生成(在线组态)处理流程;

j) 系统维护处理流程,包括诊断、出错处理、恢复等。

4.5.2.4.3 算法子程序库(包)

算法子程序库一般包括:模拟量输入、模拟量输出、数据采集、基本 PID、配比 PID、算术运算、函数发生、高低选择、逻辑运算、线性化、补偿等模块。

要说明算法子程序库的功能、种类、数量及数学模型等。

4.5.2.4.4 数据库设计

如果软件需求要求采用数据库技术,必须对数据库作如下的说明:

a) 概要。包括:

  1) 标题和标识符;
  2) 内容摘要;
  3) 数据结构;
  4) 存储介质和容量;
  5) 数据字典及算法;
  6) 数据库管理系统的基本功能;
  7) 敏感程度;
  8) 文件组织,包括文件的名称和标识符,文件性质及备份。

b) 数据库的数据元素。包括:

  1) 名称和标识符,同义名;
  2) 数据库中的位置;
  3) 定义;
  4) 量纲;
  5) 格式和值域;
  6) 数据项名、缩写调整和代码,包括用于数据库的规格说明;
  7) 敏感程度。

4.5.2.5 集成测试纲要

4.5.2.5.1 概述

对本系统中各程序(子系统)逐个明确集成测试纲要,说明集成测试环境、测试范围和要求,为制定集成测试计划和审查测试报告提供依据。

4.5.2.5.2 子系统 1 的集成测试纲要

主要包括:

a) 集成测试环境。包括:

  1) 子系统名称;
  2) 子系统进行集成测试所需的硬件环境;
  3) 子系统进行集成测试所需的系统软件及接口;
  4) 与子系统相关的软件子系统或模块。

b) 测试范围和要求。包括:

  1) 需测试的功能和性能指标;
  2) 需测试的逻辑关系,如调用关系、控制关系、制约关系等;
  3) 需测试的敏感度,包括敏感部位、敏感条件、敏感程度,以及对被测子系统及其他子系统的影响;

4） 可靠性、健壮性有关的成分，如诊断措施和诊断信息、联锁保护及其状态、负荷分析和统计等。

4.5.2.5.3 子系统2的集成测试纲要

按照4.5.2.5.2同样格式，说明子系统2到子系统N的集成测试纲要。

4.6 软件详细设计说明书

4.6.1 总则

软件详细设计说明书要尽可能详细地说明每个程序的设计思想，以利于制作软件模块规格说明书和编码。

软件详细设计说明书的编写示例见附录F。

4.6.2 软件详细设计说明书的内容

4.6.2.1 概述

4.6.2.1.1 编写目的

编写本说明书的目的是尽可能详细地说明程序的设计思想，以利于制作软件模块规格说明书和编码。

4.6.2.1.2 参考资料

按照GB/T 7714—2005格式要求，列出本文档中引用到的下述参考资料，包括资料的编号、作者、标题、来源、出版单位、日期：

a） 软件需求规格说明书；

b） 软件概要设计说明书；

c） 有关软件详细设计说明书；

d） 其他有关文档。

4.6.2.1.3 术语和缩写词

列出本文档中的专业术语和缩写词。

4.6.2.2 需求

4.6.2.2.1 总体描述

对软件系统进行总体描述，用图表示出软件系统的组成、相互联系和外部接口。

4.6.2.2.2 功能

定性地描述软件的功能需求。如数据采集、调节控制、画面显示和在线组态等。

4.6.2.2.3 性能

定量地描述系统的性能需求。如精度、时间特性、可靠性要求、灵活性和人机接口等。

4.6.2.2.4 环境

详细说明系统运行所需的环境。如设备环境、支持软件和接口等。

4.6.2.3 程序系统结构

4.6.2.3.1 系统逻辑流程

用图的形式描述系统从输入经处理到输出的逻辑流程，并加以必要的解释。各图表将集中反映出系统的动态特性、入口和出口、与其他系统或程序的接口、进程的优先级别等。

4.6.2.3.2 组织结构

用图表的形式列出软件系统各层模块和程序单元的名称、标识符和它们之间的层次结构、调用关系、通信方式等。

4.6.2.3.3 程序运行过程

说明该程序的装载、启动、停止、恢复和再启动的过程，并说明该程序和操作人员之间的“交互”。

4.6.2.4 程序1(名称)设计说明

4.6.2.4.1 概述

从本节开始,逐个地描述各个层次中每个程序的设计考虑。

4.6.2.4.2 程序描述

对该程序进行简要描述,说明设计本程序的目的、意义,还要说明本程序的特点,如:

a) 常驻内存;

b) 可重入运行;

c) 并发处理。

4.6.2.4.3 功能

详细说明该程序具有的功能(可采用IPO图形式)。如:实时管理程序包括任务调度,设备管理,内存管理,通讯管理等。

4.6.2.4.4 性能

详细说明该程序的全部性能要求。如:精度包括转换精度12位,内部运算精度浮点4字节,数据计算精度0.05%等。

4.6.2.4.5 输入

详细描述每个输入的特性。包括名称、标识、数据的类型、格式、量程范围、数值的有效范围、输入的方式和媒体等。

4.6.2.4.6 输出

详细描述每个输出的特性。包括名称、标识、数据的类型、格式、量纲变换、数值的有效范围、输出媒体、输出图形及符号的说明等。

4.6.2.4.7 算法

详细说明本程序所选用的算法、具体的计算公式和计算步骤。

4.6.2.4.8 流程

用图表(例如流程图、判定表等)辅以必要的说明来表示本程序的逻辑流程。逻辑流程详细描述程序的一切处理过程,详细解释程序间转移的测试条件,并注明出错条件及出错处理方法。

4.6.2.4.9 接口

说明该程序同其他程序的接口,对每个接口都必须说明:

a) 接口类型;

b) 数据传送说明;

c) 数据的输入、输出要求(包括数据内容、顺序、时间性等);

d) 接口规程,包括远程通信的考虑。

4.6.2.4.10 存储分配

说明该程序的存储要求和所有限制条件,即:

a) 说明并图示内存分配;

b) 说明程序所要求的外存类型及限制条件,并指明是永久性的还是暂时性的存储。

4.6.2.4.11 注释

说明准备在本程序中安排的注释,如:

a) 加在程序首部的注释;

b) 加在程序各分枝点的注释;

c) 对各变量的功能、范围、缺省条件等所加的注释。

4.6.2.4.12 限制

说明本程序运行中所受到的限制条件。

4.6.2.4.13 测试纲要

对程序规定测试纲要，说明测试范围和要求，为制定测试计划和审查测试报告提供依据。主要包括：

a) 测试环境。包括：
   1) 被测程序的名称；
   2) 被测程序在系统或子系统中的逻辑地位；
   3) 与被测程序有关的程序或模块名称及相互关系。
b) 测试范围和要求。包括：
   1) 需测试的功能和性能指标；
   2) 需测试的逻辑关系，如调用关系、控制关系、制约关系等；
   3) 需测试的敏感度，包括敏感程度以及对程序或系统的影响；
   4) 需测试的与可靠性、健壮性有关的成分。

4.6.2.5 程序2(名称)设计说明

按4.6.2.4格式，说明程序2到程序N的设计说明和测试纲要。

4.7 数据库设计说明书

4.7.1 出处

数据库设计说明书见GB/T 8567—2006中的7.14。

4.7.2 总则

数据库设计说明书要描述软件项目中的存储分配和数据库组织，为构造系统文件、表、字典和目录提供基本设计依据。

数据库设计说明书的编写示例见附录G。

4.7.3 数据库设计说明书的内容

4.7.3.1 概述

4.7.3.1.1 编写目的

编写本说明书的目的是描述××××(项目名称)中的存储分配和数据库组织，为构造系统文件、表、字典和目录提供基本设计依据。

4.7.3.1.2 参考资料

按照GB/T 7714—2005格式要求，列出本文档中引用到的参考资料，包括资料的编号、作者、标题、来源、出版单位、日期等。

4.7.3.1.3 术语和缩写词

列出本文档用到的专业术语和缩写词。

4.7.3.2 数据库描述

4.7.3.2.1 标识

给出用来唯一标识数据库的代码、名称或标识符。还要说明附加的描述性信息。

4.7.3.2.2 功能

详细描述数据库的下述功能：

a) 数据库生成，包括建立过程子库、组定义、过程点信息输入；
b) 数据库修改，包括过程子库修改、组定义修改、过程点信息修改；
c) 数据库检索，包括过程子库列表及打印、组定义检索、过程参数信息检索。

4.7.3.2.3 数据流图

给出数据库的数据流图。

4.7.3.2.4 使用系统

列出使用该数据库的系统、子系统和程序。包括名称、代码和版本。

4.7.3.2.5 存储要求

给出数据库的存储要求和限制条件。

4.7.3.2.6 约定

叙述为了能更好地使用数据库而事先确定的有关标号和标记的使用约定。如:用于更新版本的标识约定,用于标识库内各个文件、记录、数据项的命名约定等。

4.7.3.2.7 数据压缩技术

应对数据存储采用的压缩算法给出详细的描述。

4.7.3.2.8 特别说明

为数据库生成、测试和操作提供特别的说明。包括检查进入该数据库的数据准则;数据进入数据库要遵循的准则和过程;数据控制操作的标识;数据说明表的格式;用于生成修改,更新该数据库文件的说明。

4.7.3.2.9 安全保密

叙述与整个系统的数据有关的安全保密措施。如通过对不同的访问者、不同的访问类型和不同的数据对象,进行分别对待的设计考虑即为安全措施之一。

4.7.3.3 数据库组织

为设计数据库管理系统提供信息,促进物理数据库文件组织与操作设计的一致性,对数据库组织要进行如下描述:

a) 一般文件设计;
b) 设计原理;
c) 数据库管理功能流程;
d) 数据字典。

4.7.3.4 数据定义

4.7.3.4.1 概述

详细说明系统使用的全部数据的定义,包括物理数据的信息和表示物理数据的逻辑数据的信息。

4.7.3.4.2 数据项

数据项包括:

a) 标识符或标号;
b) 用途;
c) 格式、值域、量纲;
d) 项所在表的类型;
e) 在表中的位置;
f) 项的使用说明,如表控制项、关键字项、串控制项、数据项等;
g) 项类型说明(如字符、整数、小数、混合数、串、状态码等)及与类型有关的代码;
h) 指出可以加快项存取或修改的机器指令;
i) 项的敏感程度。

4.7.3.4.3 记录

记录是数据文件的基本单位,应像定义表那样来定义记录,除用语言描述文件结构外,还要对每个记录列出下列信息:

a) 全名和用途;
b) 每个项的解释;
c) 最大长度;
d) 在文件中的图形表示。

4.7.3.4.4 表

表包括：

a) 标识符或标号；

b) 表的全名和用途；

c) 包含该表的数据文件；

d) 使用该表的数据文件；

e) 内部表块或分表等逻辑划分及表结构(定长或不定长、固定表项或可变表项)。

4.7.3.4.5 文件

文件包括：

a) 名称、标识符或标号；

b) 文件用途；

c) 文件内容和格式，包括表、记录，项等元素的文件结构；

d) 内容形式(文本或二进制)；

e) 程序使用的文件控制信息，如存储控制项、目录、指针、空白连续特征和文件结束标志；

f) 主要和辅助的存储媒体。

4.7.3.5 数据库运行

4.7.3.5.1 运行环境

列出数据库运行时的环境条件，如：

a) 硬件环境，如：服务器、工作站等；

b) 软件环境，如：分布式操作系统、大型数据库管理系统等。

4.7.3.5.2 运行要求

详细述说数据库运行时的条件要求、操作要求等以供数据库设计时提供信息。

4.8 软件模块规格说明书

4.8.1 总则

软件模块规格说明书是为了按软件项目的设计要求编码和测试，以及为了便于审查、维护和配置管理。

软件模块规格说明书的编写示例见附录 H。

4.8.2 软件模块规格说明书的内容

4.8.2.1 概述

4.8.2.1.1 编写目的

编写模块规格说明书的目的是为了按××××(系统名或组名)的设计要求编码和测试，以及为了便于审查、维护和配置管理。

4.8.2.1.2 参考资料

按照 GB/T 7714—2005 格式要求，列出本文档中引用到的参考资料，包括资料的编号、作者、标题、来源、出版单位、日期等。

4.8.2.1.3 术语和缩写词

列出本文档中专用的术语、定义和缩写词。

4.8.2.2 系统概述

4.8.2.2.1 系统名称

写明系统(或子系统)的名称，标识符或代码。一组相关的模块汇成一本模块卷宗时，可按主要模块的功能命名这一组模块。模块标识符和代码要符合配置标识的要求，避免重复。

4.8.2.2.2 系统模块表

用表格或目录形式列出本文档所描述的全部模块名称，包括标识符、代码及页码。

4.8.2.3 模块设计说明

4.8.2.3.1 概述

逐个模块详细说明模块设计要求和测试、使该说明足以指导编码和制定测试计划。

4.8.2.3.2 模块1(标识符或代码)设计说明

包括以下几个方面：

a) 模块流程与数据结构。说明程序模块的流程与数据结构。

b) 设计要求。应根据软件概要设计说明书、详细设计说明书及软件需求规格说明书的有关要求说明模块设计的下述各项要求：

1) 作用:说明本模块在系统(或子系统、模块组)中的作用；

2) 功能:包括输入/输出描述及处理过程的简单描述；

3) 性能:如实时性、精度、运算或处理速度等；

4) 算法和处理步骤:应给出具体公式或步骤,并作说明；

5) 接口和调用:描述本模块与其他模块或外界的数据传递(通信)的要求和具体规定,说明本模块及有关模块的接口关系和调用关系；

6) 数据要求:说明本模块涉及的局部数据和全局数据的数目、容量、格式、存储分配的约定及数据结构的约定；

7) 编码要求:说明如可再定位性、可重入性等特性要求、目标代码长度、数制要求和规定语言及版本等约束条件,以及其他的要求,如出错处理的措施等。

c) 存储分配。说明存储分配的情况。

d) 开发环境。说明模块开发时所用到的硬件配置和软件支持等。

e) 测试要术。在编码前提出能覆盖设计要求的测试要求,说明测试方法、测试例和预期测试结果,便于最终制定测试计划。包括：

1) 功能、性能的测试；

2) 算法和处理步骤测试；

3) 接口和调用测试；

4) 数据格式和数据结构测试；

5) 编码性能测试。适当的测试例可以使上述各款合并或部分合并。

f) 源代码清单。必须给出按设计要求编制的源代码清单,该清单已经汇编或编译排除语法错误,并已经过静态检查和动态调试,已经按测试计划进入测试阶段。源代码清单包括：

1) 编码者:姓名、所在单位、完成日期；

2) 静态检查:责任人员姓名、检查记录及完成日期；

3) 动态调试:责任人员姓名、检查记录及完成日期；

4) 进入测试前的源代码清单:验收人员姓名。

4.8.2.3.3 模块2(标示符或代码)设计说明

按照4.8.2.3.2格式,描述模块2到模块N的设计说明。

4.8.2.4 模块测试

4.8.2.4.1 概述

按模块逐个说明该模块的测试目的、测试方法、测试步骤及测试结论以指导模块进行具体测试。

4.8.2.4.2 模块1(标识符或代码)测试

应包含以下内容：

a) 测试目的。包括功能性能测试、算法测试、接口测试、数据测试及编码性能测试等。

b) 测试环境。硬件配置及支持软件等。

c) 测试方法。黑盒法、白盒法及灰盒法等。

d) 测试结果。包括测试结果描述、描述测试结果者姓名和测试日期。

e) 测试结论。包括测试结论描述、描述测试结论者姓名和测试日期。

4.8.2.4.3 模块2(标识符或代码)测试

按照4.8.2.4.2格式,描述模块2到模块N的测试。

4.8.2.5 模块配置说明

4.8.2.5.1 概述

配置人员将确认的源代码清单,对应的过程分析图、测试记录及测试结论等资料附在模块规格说明书中一起纳入配置。

4.8.2.5.2 单元测试总结

说明本卷宗模块是否通过单元测试和审查,给出是否进入集成测试的结论,署明验收人的姓名,日期。

4.8.2.5.3 源代码清单及使用说明

以下包括:

a) 模块1(标识符或代码)。包括:
   1) 修正后的源代码清单;
   2) 使用说明。

b) 模块2(标识符或代码)。按a)的格式,描述模块2到模块N的源代码清单和使用说明。

4.9 软件质量保证计划

4.9.1 出处

软件质量保证计划见GB/T 8567—2006中的7.18。

4.9.2 总则

软件质量保证计划指出特定的软件质量保证计划的具体目的、任务,还指出该计划所针对的软件项目(及其所属的各个子项目)的名称和用途。

软件质量保证计划的编写示例见附录J。

4.9.3 软件质量保证计划的内容

4.9.3.1 概述

4.9.3.1.1 编写目的

编写本计划的目的是指出特定的软件质量保证计划的具体目的,还指出该计划所针对的软件项目(及其所属的各个子项目)的名称和用途。

4.9.3.1.2 参考资料

按照GB/T 7714—2005格式要求,列出本文档中引用到的下述参考资料,包括资料的编号、作者、标题、来源、出版单位、日期。

4.9.3.1.3 术语及缩写词

把文档中专用的名词术语、定义、缩写词列成清单。

4.9.3.2 管理

4.9.3.2.1 概述

必须描述负责软件质量保证的机构、任务及其有关的职责。

4.9.3.2.2 机构

必须描述与软件质量保证有关的机构的组成,还必须清楚地描述来自项目委托单位、项目承办单位、软件开发单位或用户中负责软件质量保证的各个成员在机构中的相互关系。

4.9.3.2.3 任务

必须描述计划所涉及的软件生存周期中有关阶段的任务,特别是要把重点放在描述这些阶段所应进行的软件质量保证活动上。

4.9.3.2.4 职责

必须指明软件质量保证计划中规定的每一个任务的负责单位或成员的责任。

4.9.3.3 文档

4.9.3.3.1 概述

必须列出在该软件的开发、验证与确认以及使用与维护等阶段中需要编制的文档，并描述对文档进行评审与检查的准则。

4.9.3.3.2 基本文档

为了确保软件的实现满足需求，至少需要下列基本文档：

a) 软件需求规格说明书。

b) 软件设计(概要设计、详细设计)说明。

c) 测试计划与测试分析报告。

4.9.3.3.3 用户文档

例如，用户手册、操作手册等。

4.9.3.3.4 其他文档

除上述文档外，还应包括以下文档：

a) 项目开发计划(其中可包括软件配置管理计划，必要时该计划也可单列)。

b) 项目开发各阶段的评审报表。

c) 项目总结报告。

4.9.3.4 标准、规程和约定

必须列出软件开发过程中要用到的标准、规程和约定，并列出监督和保证执行的措施。

4.9.3.5 评审和检查

4.9.3.5.1 概述

必须规定所要进行的技术和管理两方面的评审和检查工作，并编制或引用有关的评审和检查规程以及通过与否的技术准则。至少要进行下列各项评审和检查工作：

4.9.3.5.2 软件需求(规格)评审

在软件需求分析阶段结束后必须进行软件需求评审，以确保在软件需求(规格)说明中所规定的各项需求的合适性。

4.9.3.5.3 系统/子系统设计评审

在系统/子系统设计结束后必须进行系统/子系统设计的评审，以评价软件(结构)设计说明中所描述的软件设计在总体结构、外部接口、主要部件功能分配、全局数据结构以及各主要部件之间的接口等方面的合适性。

4.9.3.5.4 软件设计评审

在软件设计结束后必须进行软件设计的评审，以评价软件(结构)设计说明中所描述的软件设计，在功能、算法和过程描述等方面的合适性。

4.9.3.5.5 软件验证与确认计划评审

在制订软件验证与确认计划之后要对它进行评审，以评价软件验证与确认计划中所规定的验证与确认方法的合适性与完整性。

4.9.3.5.6 功能检查

在软件发行前，要对软件进行功能检查，以确认已经满足在软件需求规格说明中规定的所有需求。

4.9.3.5.7 物理检查

在验收软件前，要对软件进行物理检查，以验证程序和文档已经一致并已做好了交付的准备。

4.9.3.5.8 综合检查

在软件验收时，要允许用户或用户委托的专家对所要验收的软件进行设计抽样的综合检查，以验证代码和设计文档的一致性、接口规格说明之间的一致性(硬件和软件)、设计实现和功能需求之间的一致性、功能需求和测试描述的一致性。

4.9.3.5.9 管理评审

要对计划的执行情况定期(或按阶段)进行管理评审;这些评审必须由独立于被评审单位的机构或授权的第三方主持进行。

4.9.3.6 项目策划阶段的软件质量保证活动

描述软件质量保证负责人参与制定项目的软件开发计划和配置管理计划的活动,以及他们三者之间的关系。

4.9.3.7 评审和审核

4.9.3.7.1 过程的评审

描述对项目进行过程评审的方法和依据,并在表1中列出项目定义的过程以及相应的过程评审。

4.9.3.7.2 过程产品的审核

描述进行产品审核的方法和依据,并在表1中列出项目过程应产生的工作产品和质量记录,以及需要由软件质量保证负责人审核的工作产品和相应的产品审核活动。

4.9.3.7.3 不符合问题的解决

描述过程评审和产品审核的结果怎样形成记录,应形成哪些记录,记录如表1所示。

描述处理在评审中出现的不符合问题的解决方法。

表1 各阶段的质量记录

阶段	项目定义的过程	工作产品	质量记录	评审/审核活动

4.9.3.8 软件配置管理

必须编制有关软件配置管理的条款,或单独制订文档。在这些条款或文档中,必须规定用于标识软件产品、控制和实现软件的修改、记录和报告修改实现的状态以及评审和检查配置管理工作等四方面的活动。还必须规定用以维护和存储软件受控版本的方法和设施;必须规定对所发现的软件问题进行报告、追踪和解决的步骤,并指出实现报告、追踪和解决软件问题的机构及其职责。

4.9.3.9 工具、技术和方法

必须指明用以支持特定软件项目管理保证工作的工具、技术和方法,描述它们的用途。

4.9.3.10 媒体控制

必须指出保护计算机程序物理媒体的方法和设施,以免非法存取、意外损坏或自然老化。

4.9.3.11 对供货单位的控制

供货单位包括项目承办单位、软件开发单位或软件子开发单位。必须规定对这些供货单位进行控制的规程,从而保证项目承办单位从软件销售单位购买的、其他开发单位(或子开发单位)开发的或从开发(或自开发)单位现存软件库中选用的软件能满足规定的需求。

4.9.3.12 记录的收集、维护和保存

必须指明需要保存的软件质量保证活动的记录,并指出用于汇总、保护和维护这些记录的方法和设施,并指明要保存的期限。

4.9.3.13 日程表

列出项目质量保证活动的日程表,并确保质量保证的日程表与项目开发计划以及配置管理计划保持一致。日程表如表2所示。

表2 项目质量保证活动日程表

阶段	活动	日期

4.10 软件配置管理计划

4.10.1 出处

软件配置管理计划见 GB/T 8567—2006 中的 7.17。

4.10.2 总则

软件配置管理计划指出特定的软件配置管理计划的具体目的，还必须描述该计划所针对的软件项目(及其所属的各个子项目)的名称和用途。

软件配置管理计划的编写示例见附录 K。

4.10.3 软件配置管理计划的内容

4.10.3.1 概述

4.10.3.1.1 编写目的

编写该管理计划的目的是指出特定的软件配置管理计划的具体目的，还必须描述该计划所针对的软件项目(及其所属的各个子项目)的名称和用途。

4.10.3.1.2 参考资料

按照 GB/T 7714—2005 格式要求，列出本文档中引用到的下述参考资料，包括资料的编号、作者、标题、来源、出版单位、日期。

4.10.3.1.3 术语及缩写词

把文档中专用的名词术语、定义、缩写词列成清单。

4.10.3.2 管理

4.10.3.2.1 概述

描述负责软件配置管理的机构、任务、职责及其有关的接口控制。

4.10.3.2.2 机构

描述在各阶段中负责软件配置管理的机构。描述的内容如下：

a) 描述在软件生存周期各阶段中软件配置管理的功能和负责软件配置管理的机构；

b) 说明项目和子项目与其他有关项目之间的关系；

c) 指出在软件生存周期各阶段中的软件开发或维护机构与配置控制委员会的相互关系。

4.10.3.2.3 任务

描述在软件生存周期各阶段中的配置管理任务以及要进行的评审和检查工作，并指出各个阶段的阶段产品应存放在哪一类软件库中(软件开发库、软件受控库或软件产品库)。

4.10.3.2.4 职责

描述与软件配置管理有关的各类机构或成员的职责，并指出这些机构或成员相互之间的关系。

a) 指出负责各项软件配置管理任务(如配置标识、配置控制、配置状态记录以及配置的评审与检查)的机构的职责；

b) 指出上述机构与软件质量保证机构、软件开发单位、项目承办单位、项目委托单位以及用户等机构的关系；

c) 4.9.3.2.3 中指明的生存周期各阶段的评审、检查和审批过程中的用户职责以及相关的开发和维护活动；

d) 指出与项目有关的各个机构的代表的软件配置管理职责；

e) 指出其他特殊职责，例如为满足软件配置管理要求所必要的批准要求。

4.10.3.2.5 接口控制

描述：

a) 接口规格说明标识和文档控制的方法；

b) 对已交付的接口规格说明和文档进行修改的方法；

c) 对要完成的软件配置管理活动进行跟踪的方法；

d） 记录和报告接口规格说明和文档控制状态的方法；

e） 控制软件和支持它运行的硬件之间的接口的方法。

4.10.3.2.6 实现

规定实现软件配置管理计划的主要里程碑，例如：

a） 建立配置控制委员会；

b） 确定各个配置基线；

c） 建立控制接口协议；

d） 制定评审与检查软件配置管理计划和规程；

e） 制定相关的软件开发、测试和支持工具的配置管理计划和规程。

4.10.3.2.7 适用的标准、条例和约定

应包括以下内容：

a） 指明所适用的软件配置管理标准、条例和约定。必须说明这些标准、条例和约定要实现的程度。

b） 描述要在本项目中编写和实现的软件配置管理标准、条例和约定。这些标准、条例和约定可以包括以下内容：

1） 软件结构层次树中软件位置的标识方法；

2） 程序和模块的命名约定；

3） 版本级别的命名约定；

4） 软件产品的标识方法；

5） 规格说明、测试计划与测试规程、程序设计手册及其他文档的标识方法；

6） 媒体和文档管理的标识方法；

7） 文档交付过程；

8） 软件产品库中软件产品入库、移交或交付的过程；

9） 问题报告、修改请求和修改次序的处理过程；

10） 配置控制委员会的结构和作用；

11） 软件产品交付给用户的验收规程；

12） 软件库的操作，包括准备、存储和更新模块的方法；

13） 软件配置管理活动的检查；

14） 问题报告、修改请求或修改次序的文档要求，指出配置修改的目的和影响；

15） 软件进入配置管理之前的测试级别；

16） 质量保证级别，例如，在进入配置管理之前，验证软件满足有关基线的程度。

4.10.3.3 软件配置管理活动

4.10.3.3.1 概述

描述配置标识、配置控制、配置状态记录与报告以及配置检查与评审等四方面的软件配置管理活动的需求。

4.10.3.3.2 配置标识

应包括以下内容：

a） 必须详细说明软件项目的基线（即最初批准的配置标识）。把它们与4.9.3.2.3中描述的生存周期的特定阶段相联系。在软件生存周期中，主要有三种基线，它们是功能基线、分配基线和产品基线。对于每个基线，必须描述下列内容：

1） 每个基线的项（包括应交付的文档和程序）；

2） 与每个基线有关的评审与批准事项以及验收标准；

3） 在建立基线的过程中用户和开发者参与情况。

例如,在产品基线中,要定义的元素可以包括:

——产品的名字和命名规则;

——产品标识编号;

——对每一个新交付的版本,要给出版本交付号、新修改的描述、修改交付的方法、对支持软件的修改要求以及对有关文档的修改要求;

——安装说明;

——已知的缺陷和故障;

——软件媒体和媒体标识。

b) 必须描述本项目所有软件代码和文档的标题、代号、编号以及分类规程。例如,对代码来说:

1) 编译日期可以作为每个交付模块标识的一部分;

2) 在构造模块源代码的顺序行号时,应使它适合于模块作进一步的修改。

4.10.3.3.3 **配置控制**

应包括以下内容:

a) 必须描述在4.9.3.2.3中描述的软件生存周期中各个阶段使用的修改批准权限的级别。

b) 定义对已有配置的修改申请进行处理的方法,其中包括:

1) 详细说明在本计划4.9.3.2.3描述的软件生存周期各个阶段中提出修改申请的程序(可以用注上自然语言的流程图来表达);

2) 描述实现已批准的修改申请(包括源代码、目标代码和文档的修改)的方法;

3) 描述软件库控制的规程,其中包括库存软件控制、对于适用基线的读写保护、成员保护、成员标识、档案维护、修改历史以及故障恢复等七项规程;

4) 如果有必要修补目标代码,则要描述其标识和控制的方法。

c) 对于各个不同层次的配置控制组和其他修改管理机构,必须:

1) 定义其作用,并规定其权限和职责;

2) 如果已组成机构,则指明该机构的领导人及其成员;

3) 如果还没有组成机构,则说明怎样任命该机构的领导人、成员及代理人;

4) 说明开发者和用户与配置控制组的关系。

d) 当要与不属于本软件配置管理计划适用范围的程序和项目进行接口时,必须说明对其进行配置控制的方法。如果这些软件的修改需要其他机构在配置控制组评审之前或之后进行评审,则必须描述这些机构的组成、它们与配置控制组的关系以及它们相互之间的关系,且必须说明与特殊产品(如非交付的软件、现存软件、用户提供的软件和内部支持软件)有关的配置控制规程。

4.10.3.3.4 **配置状态的记录和报告**

必须:

a) 指明怎样收集、验证、存储、处理和报告配置项的状态信息;

b) 详细说明要定期提供的报告及其分发办法;

c) 如果有动态查询,要指出所提供的动态查询的能力;

d) 如果要求记录用户说明的特殊状态时,要描述其实现手段。

例如,在配置状态记录和报告中,通常要描述的信息有:

a) 规格说明的状态;

b) 修改申请的状态;

c) 修改批准的报告;

d) 产品版本或其修改版的状态;

e) 安装、更新或交付的实现报告;

f） 用户提供的产品（如操作系统）的状态；

g） 有关开发项目历史的报告。

4.10.3.3.5 配置的检查和评审

必须：

a） 定义在4.9.3.2.3中所定义的软件生存周期的特定点上执行的检查和评审中软件配置管理计划的作用；

b） 规定每次检查的评审所包含的配置项；

c） 指出用于标识和解决在检查和评审期间发现的问题的工作流程。

4.10.3.4 工具、技术和方法

必须指明为支持特定项目的软件配置管理所使用的软件工具、技术和方法，指明它们的目的，并在开发者所有权的范围内描述其用法。例如，可以包括用于下列任务的工具，技术和方法：

a） 软件媒体和媒体文档的标识。

b） 把文档和媒体置于软件配置管理的控制之下，并把它正式地交付给用户。例如，要给出对软件库内的源代码和目标代码进行控制的工具、技术和方法的描述；如果用到数据库管理系统，则还要对该系统进行描述。又如，要指明怎样使用软件库工具、技术和方法来处理软件产品的交付。

c） 编制关于程序及其有关文档的修改状态的文档。因此必须进一步定义用于准备多种级别（如项目负责人、配置控制小组、软件配置管理人员和用户）的管理报告的工具、技术和方法。

4.10.3.5 对供货单位的控制

供货单位是指软件销售单位、软件开发单位或软件子开发单位。必须规定对这些供货单位进行控制的管理规程，从而使从软件销售单位购买的、其他开发单位开发的或从软件开发单位现存软件库中选用的软件能满足规定的软件配置管理需求。管理规程应该规定在本软件配置管理计划的执行范围内控制供货单位的方法；还应解释用于确定供货单位的软件配置管理能力的方法以及监督它们遵循本软件配置管理计划需求的方法。

4.10.3.6 记录的收集、维护和保存

必须指明要保存的软件配置管理文档，指明用于汇总、保护和维护工程文档的方法和设施（其中包括要使用的后备设施），并指明要保存的期限。

4.10.3.7 配置项和基线

4.10.3.7.1 配置项命名规则

配置项命名规则表如表3所示。

表3 配置项命名规则表

配置项类型	命名规则的说明

4.10.3.7.2 配置项的识别和基线的划分

列出识别到的所有配置项和所属的配置基线，并明确配置项的标识、作者（或负责人）和配置时间。配置项和配置基线列表如表4所示。

表4 配置项和配置基线列表

配置基线	配置名称	配置项标示	作者/负责人	配置时间

4.10.3.7.3 **变更和发布**

描述配置项和基线变更、发布的流程以及相应的批准权限。

为了能够清晰地表达,应选用图标的方式进行说明。

4.10.3.8 **备份**

说明配置库和配置管理库的备份方式、频度、责任人。

4.10.3.9 **日程表**

列出项目配置管理活动的日程表,并确保配置管理活动的日程表与项目开发计划以及质量保证计划保持一致。项目配置管理活动的日程表如表5所示。

表5 项目配置管理活动的日程表

阶段	活动	日期

4.11 **用户手册**

4.11.1 **出处**

用户手册引用见GB/T 8567—2006中的7.23。

4.11.2 **总则**

用户手册要充分叙述软件能实现的功能,以便用户了解软件的使用范围、要求及如何使用。

用户手册的编写示例见附录M。

4.11.3 **用户手册的内容**

4.11.3.1 **概述**

4.11.3.1.1 **编写目的**

编写用户手册的目的是充分叙述××××(软件系统名)软件能实现的功能,以便用户了解软件的使用范围、要求及如何使用。

4.11.3.1.2 **参考资料**

按照GB/T 7714—2005格式要求,列出本文档中引用到的下述参考资料,包括资料的编号、作者、标题、来源、出版单位、日期等:

a) 可行性研究报告;

b) 与本项目有关的文档;

c) 软件开发标准。

4.11.3.1.3 **术语和缩写词**

列出本文档中专用的术语、定义和缩写词。

4.11.3.2 **系统介绍**

4.11.3.2.1 **系统用途**

说明系统的用途和适用范围。

4.11.3.2.2 **系统功能**

详细说明软件系统的下述功能:

a) 数据采集。说明采样信号的类型(模拟量、数字量)、采集对象数量、输入处理要求、上下限极限及报警。还要说明采样周期、量程范围。

b) 调节控制。说明控制类型(连续、顺序)、控制回路数、控制方式(PID、串级)、控制周期等。

c) 画面显示。说明画面种类(总体、回路、趋势)、画面数量、数据保留时间、显示周期等。

d) 组态功能。说明组态工作方法、组态内容和种类等。

e) 实时管理。说明管理内容、管理方法、人机接口方式等。

4.11.3.2.3 **系统配置**

列出为运行本软件所需要的下述配置:

a) 处理器型号、主存容量;

b) 外存贮器型号、设备型号及台数;

c) 输入输出通道设备型号及数量;

d) 操作系统的名称及版本号;

e) 支持软件。

4.11.3.2.4 **系统结构**

概括说明系统的总体结构,表明系统的逻辑组成(如子系统和程序),并简要说明它们在系统运行中的作用。

4.11.3.2.5 **系统性能**

系统性能是定量地描述软件的具体性能指标。应包括以下内容:

a) 精度。主要包括:
   1) 数据的精度。如数据的输入精度(A/D)12 位。
   2) 数值计算的精度。如尾数有效位 15 位,阶码有效位 7 位。

b) 时间特性。主要包括:
   1) 实时性。说明执行计算机系统基本负载的时间,系统周期运行时间等。
   2) 数据处理时间。
   3) 输入到输出的响应时间。
   4) 事件的数量和优先级别。

c) 可靠性。说明系统的可靠性指标及所采取的保证措施。如对输入参数的可靠性判别、提供了测试点等。

d) 灵活性。说明当发生某些变化(操作方式、运行环境、接口、精度及实时性要求等)时,系统的适应能力和所采取的有效措施。

e) 人机接口。描述操作者与系统接口的特点。如画面的风格、菜单的格式等。

4.11.3.2.6 **功能键介绍**

详细介绍操作台上功能键的功能。主要包括:

a) 键盘类型:如工程师键盘、操作员键盘等。

b) 功能:如开机、关机、系统启动、冷启动、热启动、记录显示、确认、系统生成、画面显示、、自动/手动切换等。

4.11.3.3 **系统使用**

4.11.3.3.1 **安装初始化**

说明使用本软件而需进行的安装与初始化过程,包括安装与初始化过程中的全部操作命令及系统对这些命令的反应与答复,表示安装工作完成的测试实例等。

4.11.3.3.2 **系统运行**

用图表的形式说明系统功能同系统的输入源机构、输出接收机构的关系。对系统运行过程(如装载、启动、运行、停机,恢复、再启动等)作一般性说明。

4.11.3.3.3 **故障处理**

列表说明常见的故障出现的类型、现象、原因和处理方法。

4.11.3.4 **系统使用限制条件**

主要包括:

a) 系统使用的极限范围;

b) 使用环境的限制;

c) 对操作人员的要求;

d) 使用的注意事项。

4.12 **操作手册**

4.12.1 **出处**

用户手册引用见 GB/T 8567—2006 中的 7.23。

4.12.2 总则

操作手册是向计算机操作人员介绍软件系统的操作方法及步骤。

操作手册的编写示例见附录 N。

4.12.3 操作手册的内容

4.12.3.1 概述

4.12.3.1.1 编写目的

编写操作手册的目的是向计算机操作人员介绍××××(系统名称)软件系统的操作方法及步骤。

4.12.3.1.2 参考资料

按照 GB/T 7714—2005 格式要求,列出本文档中引用到的下述参考资料,包括资料的编号、作者、标题、来源、出版单位、日期等:

a) 用户手册;

b) 程序维护手册;

c) 本项目有关的其他文档。

4.12.3.1.3 术语和缩写词

列出本文档中专用术语、定义和缩写词。

4.12.3.2 系统概要

4.12.3.2.1 系统用途

说明系统的用途。如:轨钢连续式加热炉计算机控制系统、能源管理控制系统等。

4.12.3.2.2 系统功能

说明系统的功能。如数据采集、调节控制、画面显示、系统生成等。

4.12.3.2.3 系统结构

概要地对软件系统进行总体描述,用图表的形式表示出软件系统的组成、相互联系和外部接口。

4.12.3.2.4 程序表

列出本软件系统内每个程序的标识符、基本功能,以及当该软件系统出现意外时,继续或重新运行的程序。

4.12.3.3 安装与初始化

按步骤说明为使用本软件而需要进行的安装与初始化过程,包括程序的存储形式、安装与初始化过程的全部操作命令、系统对这些命令的反应和表征安装工作完成的测试例子等。

4.12.3.4 运行说明

4.12.3.4.1 运行表

列出每种可能的运行,说明每个运行的目的。指出每个运行各自执行的程序。

4.12.3.4.2 运行步骤

说明从一个作业转到另一个作业,以及完成整个运行周期的步骤。

4.12.3.4.3 操作说明

包括以下几个方面:

a) 键盘类型:说明所使用的键盘的类型。如操作员键盘、工程师键盘等。

b) 盘功能:说明键盘的功能。如调画面进行表头操作、参数修改、报警处理等。

c) 键的分类:按功能来说明键的分类和数量。例如:

1) 类选键:13 个;

2) 回路操作键:9 个;

3) 字母键:26 个;

4) 数字键:10 个;

5) 参数修改键:5 个;

6) 软功能键:8 个;

7) 特殊功能键:28 个;

8） 带灯电锁键：1个。

d） 键的操作：结合功能和按键的分类，分项描述为实现某一功能的键盘操作的方法和步骤、终端显示、答复以及主要事项。例如参数修改：

1） 参数修改键。包括参改、HOME、↑、↓、←、→共6个键。

2） 能修改的参数。包括P、I、D、报警上限、下限等。

3） 操作过程。调出要修改参数画面、选择单/组为组合方式、按键进行修改的操作。

4） 注意事项。参数修改时，键盘上的其余键均不能进入，工程师键盘输入命令也无效。

4.13 程序维护手册

4.13.1 总则

程序维护手册是为程序维护人员有效地维护软件系统提供必要的信息。

程序维护手册的编写示例见附录O。

4.13.2 程序维护手册的内容

4.13.2.1 概述

4.13.2.1.1 编写目的

本程序维护手册的编写目的是为程序维护人员有效地维护××××（软件名称）系统提供必要的信息。

4.13.2.1.2 参考资料

按照GB/T 7714—2005格式要求，列出本文档中引用到的下述参考资料，包括资料的编号、作者、标题、来源、出版单位、日期等：

a） 用户手册；

b） 操作手册；

c） 与本项目有关的其他文档。

4.13.2.1.3 术语和缩写词

列出本文档中专用的术语、定义和缩写词。

4.13.2.2 系统说明

4.13.2.2.1 系统用途

说明系统具备的功能，可参考4.3中关于系统功能及具体性能的描述。

4.13.2.2.2 总体说明

根据系统的全部功能，对系统、子系统和模块做出综合性的介绍。用图表的形式表示出软件系统的组成、相互联系和外部接口。

4.13.2.2.3 程序1（标识符）说明

说明系统中程序和分程序的细节和特性，以帮助维护人员理解各个程序及它们之间的关系。包括以下几个方面：

a） 功能。定性地描述程序的功能。如数据采集、线性化处理、画面显示、制表打印、报警处理等。

b） 方法。说明实现该程序的功能所使用的方法、具体的计算公式和计算步骤。

c） 输入。说明程序输入的特性。包括名称、标识、数据的类型、格式、量程范围、数值的有效范围和输入方式等。

d） 处理。说明处理的特点和目的，如：

1） 主要的作业。用图表说明该作业的一系列运行的逻辑流程。

2） 程序的主要转移条件。

3） 对程序的约束条件。

4） 程序运行结束的出口要求。

5） 与下个程序的通信和联接（运行、控制）。

6） 由该程序产生并供处理程序段使用的输出数据类型及存放单元。

7） 程序运行需要的存储器容量、类型及存储位置等主要参数。

e) 输出。详细描述程序输出的特性。包括名称、标识、数据的类型、格式、量纲变换、数值的有效范围、输出图形和符号的说明等。

f) 接口。说明该程序与其他程序的接口,对每个接口必须说明:

  1) 接口类型;

  2) 数据传送的操作说明;

  3) 数据的输入、输出要求(包括数据内容、顺序、时间性等);

  4) 接口规程,包括远程通信的考虑。

g) 存储分配。说明并图示该程序的内存分配。

h) 表格。说明程序内部的各种表、项的细节和特征,如:

  1) 表的标识符;

  2) 使用目的;

  3) 基本结构,包括固定长或可变长、固定表项或可变表项;

  4) 设计安排,包括表的控制信息、每类表项的结构细节、使用中的特有性质及表内各项的标示符、位置信息、用途、类型及编码表示。

i) 特有的运行性质。说明在操作手册中没有提到的运行性质。

4.13.2.2.4 程序2(标识符)说明

按4.13.2.2.3的格式对程序2到程序N进行说明。

4.13.2.3 操作环境

4.13.2.3.1 概述

说明系统的操作环境。

4.13.2.3.2 设备

说明系统的设备配置和特性。

4.13.2.3.3 支持软件

列出本系统使用的全部支持软件,包括它们的名称和版本号。

4.13.2.3.4 数据库

全面说明数据库的性质和内容。如:

a) 标识符;

b) 数据、静态数据和动态数据;

c) 数据库的内部结构。

4.13.2.4 维护过程

4.13.2.4.1 概述

详细说明系统的维护过程。

4.13.2.4.2 约定

列出设计该软件系统中使用的全部规则和约定,包括:

a) 程序、子程序、记录、数据域和存储区的标识或标号的使用及助记符的规则;

b) 图表的标准和处理;

c) 使用的软件技术标准;

d) 标准数据元素及其特征。

4.13.2.4.3 检验过程

说明一个程序段修改后,对其性能进行检验的要求和过程(包括测试程序和数据)及程序周期性检验的过程。

4.13.2.4.4 出错及纠正方法

说明程序、系统出错状况及其纠正方法。

4.13.2.4.5 其他维护过程

说明本文档其他地方没有提到的维护过程,主要包括:

a) 维护该软件系统的输入输出部分(如数据库)的要求、过程和方法;

b) 使用程序库维护系统的运行要求、过程和检验方法;

c) 数据库数据的周期性处理。

4.13.2.4.6 专用维护程序

列出软件系统使用的专用维护程序(如文件恢复程序、淘汰过时文件的程序等)的目录,并加以说明,内容包括:

a) 维护作业的输入输出要求;

b) 输入的详细过程及建立、运行并完成维护作业的操作步骤。

4.13.2.4.7 程序清单和流程图

引用资料或提供附录给出程序清单和流程图。

4.14 测试计划

4.14.1 出处

测试计划见 GB/T 8567—2006 中的 7.3。

4.14.2 总则

测试计划要提供贯穿整个测试阶段所必需的管理工作和技术工作的指南;要确定测试的内容和范围,描述测试活动的详细的设计规定和计划安排;要指出测试结果的整理方法和评价准则,为进行系统评价提供依据。

测试计划的编写示例见附录 P。

4.14.3 测试计划的内容

4.14.3.1 概述

4.14.3.1.1 编写目的

从下述几个方面编写本测试计划的目的:

a) 提供贯穿整个测试阶段所必需的管理工作和技术工作的指南;

b) 确定测试的内容和范围,描述测试活动的详细的设计规定和计划安排;

c) 指出测试结果的整理方法和评价准则,为进行系统评价提供依据。

4.14.3.1.2 背景

包括:

a) 列出本项目的委托单位,承办单位和协作单位及主管部门;

b) 列出本测试计划所从属的软件系统的名称、版本等情况。

4.14.3.1.3 参考资料

按照 GB/T 7714—2005 格式要求,列出本文档中引用到的下述文件、资料,其中应该包括软件开发规范,并列出资料的编号、作者、标题、来源、出版单位、日期等:

a) 项目的任务委托书、合同或上级机关的批文;

b) 项目开发计划;

c) 需求规格说明书;

d) 概要设计说明书;

e) 详细设计说明书;

f) 用户手册。

4.14.3.1.4 术语和缩写词

列出本文档中专用的术语、定义及缩写词。

4.14.3.2 测试计划

4.14.3.2.1 系统描述

简述被测软件系统,可用图表加简要解释,说明被测系统的输入,基本处理功能和输出,为测试进度提供一个提纲。

4.14.3.2.2 测试进度安排

给出对这项测试的进度安排,包括进行测试的时间以及参加单位。

4.14.3.2.3 重要工作表

列出现场测试(或模拟、仿真测试)过程中需完成的重要工作以及各项工作的内容和事件安排,并加以解释。重大事件可能是:

a) 系统在现场(或模拟、仿真环境)的安装、调整;
b) 测试操作人员熟悉现场环境;
c) 测试人员熟悉本系统及有关文档;
d) 为进行系统测试收集输入数据和其他操作数据;
e) 在现场(或模拟、仿真环境)需进行的各项测试活动;
f) 根据测试工作的需要为各类人员进行的培训活动;
g) 测试分析报告的编写、审查和批准。

4.14.3.2.4 条件

陈述本项测试工作对资源的要求,包括:

a) 设备,所用到的设备类型、数量和预定使用时间。
b) 软件,列出将被用来支持本项测试过程而本身又并不是被测软件的组成部分的软件,如测试驱动程序、测试监控程序、仿真程序、桩模块等。
c) 人员,列出在测试工作期间预期可由用户和开发任务组提供的工作人员的人数、技术水平及有关的预备知识。包括一些特殊要求,如倒班操作和数据键入人员。

4.14.3.2.5 测试培训

说明或引用资料说明为被测软件的使用提供培训的计划。规定培训的内容、受训的人员和从事培训的工作人员。

4.14.3.2.6 测试资料

测试资料主要包括:

a) 用户手册、操作手册和程序维护手册;
b) 被测试程序及其媒体;
c) 测试的输入、输出实例;
d) 有关控制此项测试的方法、过程的图表。

4.14.3.3 测试设计

4.14.3.3.1 需求

列出要由测试论证的各项需求。这些需求应不低于4.3中给出的需求。

4.14.3.3.2 测试与程序功能

列出系统中各程序名及其功能。并说明它们与系统需求的联系。列出每一项测试的内容,并给出它们同各程序的联系。

4.14.3.3.3 测试种类

说明测试的种类(单元测试、软件综合测试、系统综合测试)。

4.14.3.3.4 测试结果的记录

说明数据、测试结果及测试过程中其他信息的记录要求和记录方法,尤其是一些特殊要求。

4.14.3.3.5 测试约束

说明由于系统或测试条件所造成的对测试的限制。

4.14.3.3.6 测试进程

叙述测试的顺序和方法,以完成整个测试工作。

4.14.3.3.7 测试数据的整理

说明如何把测试结果加工成便于评价的适当形式,并说明将测试结果同已知结果进行比较所用到的转换处理技术,如手工方式或自动方式。

4.14.3.3.8 测试结果评价准则

说明用来评价测试结果的准则。主要包括:

a) 容限，即系统输出数据值的容许的类型和范围，只要输出结果落在这个类型和范围内，即被认为是可以接受的；

b) 测试用例组合，组合或选择最小数目的输入输出条件，以构成包括各种参数在内的测试；

c) 最大间断次数，在测试过程中允许出现的中断，暂停和系统其他间断的最大次数。

4.14.3.4 测试1(标识符)说明

4.14.3.4.1 测试概述

对测试1进行一个总体描述，主要说明这组测试的基本内容。

4.14.3.4.2 控制

说明本测试的控制方式，如输入是人工、半自动或自动引入，控制操作的顺序以及结果的记录方法。

4.14.3.4.3 输入

说明本项测试中所使用的输入数据及选择这些输入数据的策略。

4.14.3.4.4 输出

说明预期的输出数据，如测试结果及可能产生的中间结果或运行信息。

4.14.3.4.5 过程

说明完成此测试的一个个步骤和控制命令，包括测试的准备，初始化、中间步骤和运行结束方式。

4.14.3.5 测试2(标识符)说明

按照4.14.3.4的格式，描述测试2到测试N。

4.15 测试分析报告

4.15.1 出处

测试分析报告见GB/T 8567—2006中的7.16。

4.15.2 总则

测试分析报告要对软件项目的测试结果进行分析。说明该软件的性能和功能的实现程度，是否达到了预定的开发目标，能否交付使用，为项目结束报告的编写提供依据。

测试分析报告的编写示例见附录Q。

4.15.3 测试分析报告的内容

4.15.3.1 概述

4.15.3.1.1 编写目的

编写测试分析报告的目的是对××××(软件项目)的测试结果进行分析，说明该软件的性能和功能的实现程度。是否达到了预定的开发目标，能否交付使用，为项目结束报告的编写提供依据。

4.15.3.1.2 参考资料

按照GB/T 7714—2005格式要求，列出本文档中引用到的下述参考资料，包括资料的编号、作者、标题、来源、出版单位、日期等：

a) 软件需求规格说明书；

b) 用户手册；

c) 操作手册；

d) 程序维护手册；

e) 测试计划。

4.15.3.1.3 术语和缩写词

列出本文档专用术语，定义和缩写词。

4.15.3.2 测试分析

4.15.3.2.1 概述

用表格的形式列出每一项测试的标识符及其测试内客，并指明实际测试工作内容与计划的差别，说明作出这种改变的原因。

4.15.3.2.2 测试1(标识符)

联系测试计划分别对每一组测试按以下内容说明测试结果。包括以下几个方面：

a） 系统功能。逐项列出对应于 4.11 中所说明的功能，分别说明本系统的每一项功能。

b） 功能特性。描述在一项或多项系统测试中已证实了的能力。一般来说，测试环境会同运行环境之间有差异。要说明这种差异，并估计它对系统能力的影响。

c） 参数特性。把从实际测试中得到的参数特性及输入输出能力同所要求的参数特性及输入输出能力进行比较。陈述其中的各项发现。

4.15.3.2.3 测试 2(标识符)

按照 4.15.3.2.2 的格式，描述测试 2 到测试 N。

4.15.3.3 测试分析结论

4.15.3.3.1 系统能力

同软件需求说明中的性能要求相对照，概括说明由测试所证实的系统能力。

4.15.3.3.2 系统的缺陷

对照测试计划，说明通过测试发现的系统中的每一个缺陷。对每一个缺陷所产生的影响应讨论：

a） 如果不纠正该缺陷，对系统性能的影响；

b） 如果纠正该缺陷，对系统设计的影响。

4.15.3.3.3 系统的改进建议

主要包括：

a） 逐项说明在测试期间发现而且能够在系统设计和运行期间实现的每一项改进；

b） 各项修改的紧迫程度；

c） 各项修改可采用的方法和预计的工作量等；

d） 各项修改的负责人和单位。

4.15.3.3.4 评价

说明该软件的开发是否达到预期的目标，能否交付使用。

4.16 安装实施过程

4.16.1 总则

安装实施过程是为了软件系统的安装提供必要的信息。

安装实施过程编写示例见附录 R。

4.16.2 安装实施过程的内容

4.16.2.1 概述

4.16.2.1.1 编写目的

安装实施过程的编写目的是为××××(项目名称)软件系统的安装提供必要的信息。

4.16.2.1.2 参考资料

按照 GB/T 7714—2005 格式要求，列出本文档中引用到的下述参考资料，包括资料的编号、作者、标题、来源、出版单位、日期等：

a） 用户手册；

b） 操作手册；

c） 与本项目有关的文件。

4.16.2.1.3 术语和缩写词

列出本文档中专用术语、定义和缩写词。

4.16.2.2 安装实施概要

4.16.2.2.1 安装实施过程的一般说明

说明安装实施过程，包括该软件系统的各安装现场、日期安排及实施基本方法。

4.16.2.2.2 联络点

说明与安装实施有关的联络点。包括机构名称、办公室代号和联络信号。

4.16.2.2.3 支持材料

列出安装实施过程中需要的支持物资的类型、来源和数量。

4.16.2.2.4 培训

说明安装实施中需要培训的人员、内容、次数和时间。

4.16.2.2.5 任务

用表格形式说明在完成安装实施工作中所要完成的每一项任务和完成单位。任务主要包括：

a) 计划协调安装实施工作及其准备工作；
b) 保证全部手册资料的可用性；
c) 提供技术援助；
d) 确定安装工作质量标准；
e) 安排需要的数据处理工作；
f) 提供实施工作需要的人员；
g) 安排实施工作人员的住宿，交通及办公设施；
h) 提供设备支持。

4.16.2.2.6 人员要求

说明安装实施期间对人员的技术水平要求以及需要的工作时间和人数。

4.16.2.3 现场信息

4.16.2.3.1 现场条件

现场条件主要包括：

a) 生产工艺流程，对现有系统的生产工艺流程作工艺流程图并辅以说明；
b) 说明现场生产的条件，如腐蚀气体、电磁干扰、爆炸危险等；
c) 现场大气条件，如温度、湿度等；
d) 现场负责人和工作人员；
e) 现场操作人员的技术水平。

4.16.2.3.2 安排

给出安装实施工作期间各项活动的安排。根据需要说明每项任务的起始日期和结束日期。

4.16.2.3.3 软件目录

列出实施工作需要的软件目录，说明每个软件的名称、标识或缩写词以及保密等级。对专门用于安装实施工作的软件要加以特殊说明。

4.16.2.3.4 设施

详细说明安装实施工作需要的设施和供应。主要包括：

a) 试验室、工作间、机房及其设备使用的天数及班次；
b) 必须使用的硬件和设备；
c) 安装实施工作人员的住宿和交通条件。

4.16.2.3.5 安装实施工作队

当需要安装实施工作队时，要说明其组成情况，规定每个成员的具体任务。

4.16.2.3.6 详细过程

可引用用户手册和操作手册等文档说明安装实施工作的详细步骤。包括：

a) 实施工作人员须完成的工作步骤；
b) 用户须完成的工作步骤。

4.16.2.3.7 数据更新过程

若现场有数据更新要求时，必须加以说明。如果此要求与常规处理过程中要求相同，则可直接引用操作手册和用户手册的有关内容。包括：

a) 给出实施人员须完成的数据更新工作；
b) 给出用户须完成的数据更新工作。

附 录 A
（规范性附录）
可行性研究报告的编写格式

A.1 概述

A.1.1 编写目的

××
×××××××××××××××××××××××××××××××××××。

A.1.2 背景

××
×××××××××××××××××××××××××××××××××××。

A.1.3 参考资料

××
×××××××××××××××××××××××××××××××××××。

A.1.4 术语与缩写词

××
×××××××××××××××××××××××××××××××××××。

A.2 可行性研究的前提

A.2.1 需求

××
×××××××××××××××××××××××××××××××××××。

A.2.2 目标

××
×××××××××××××××××××××××××××××××××××。

A.2.3 条件、假定和限制

××
×××××××××××××××××××××××××××××××××××。

A.2.4 可行性研究的方法

××
×××××××××××××××××××××××××××××××××××。

A.2.5 评价尺度

××
×××××××××××××××××××××××××××××××××××。

A.3 现有系统的分析

A.3.1 处理流程和数据流程

××
×××××××××××××××××××××××××××××××××××。

A.3.2 工作负荷

××

××××××××××××××××××××××××××××××××××。

A.3.3 费用开支

×××
××××××××××××××××××××××××××××××××××。

A.3.4 局限性

×××
××××××××××××××××××××××××××××××××××。

A.4 建议的系统

A.4.1 说明

×××
××××××××××××××××××××××××××××××××××。

A.4.2 处理流程和数据流程

×××
××××××××××××××××××××××××××××××××××。

A.4.3 改进之处

×××
××××××××××××××××××××××××××××××××××。

A.4.4 影响

×××
××××××××××××××××××××××××××××××××××。

A.4.5 局限性

×××
××××××××××××××××××××××××××××××××××。

A.4.6 其他可选择的系统

×××
××××××××××××××××××××××××××××××××××。

A.4.7 技术条件方面的可行性

×××
××××××××××××××××××××××××××××××××××。

A.5 投资及效益分析

A.5.1 支出

A.5.1.1 基本建设投资

×××
××××××××××××××××××××××××××××××××××。

A.5.1.2 经常性支出

×××
××××××××××××××××××××××××××××××××××。

A.5.2 效益

A.5.2.1 技术效益

×××
××××××××××××××××××××××××××××××××××。

A.5.2.2 经济效益

××
××××××××××××××××××××××××××××××××××××。

A.5.2.3 社会效益

××
××××××××××××××××××××××××××××××××××××。

A.6 结论

××
××××××××××××××××××××××××××××××××××××。

附 录 B
（规范性附录）
软件项目开发计划书的编写提示

B.1 概述

B.1.1 编写目的

××。

B.1.2 背景

××。

B.1.3 参考资料

××。

B.1.4 术语和缩写词

××。

B.2 项目任务概要

B.2.1 工作内容

××。

B.2.2 主要人员

××。

B.2.3 产品

B.2.3.1 程序

××。

B.2.3.2 文档

××。

B.2.3.3 服务

××。

B.2.3.4 非移交的产品

××。

B.2.4 验收标准

××。

B.2.5 完成项目的最迟期限

××。

B.2.6 项目批准

××。

B.3 实施总计划

B.3.1 工作任务分解

××。

B.3.2 接口人员

××。

B.3.3 进度

××。

B.3.4 预算

××。

B.3.5 关键问题

××。

B.4 支持条件

B.4.1 计算机系统支持

××。

B.4.2 用户支持

××。

B.4.3 其他单位的支持

××。

B.5 专题计划要点

××。

附　录　C
（规范性附录）
软件需求规格说明书的编写提示

C.1　概述

C.1.1　编写目的

××。

C.1.2　参考资料

××。

C.1.3　术语及缩写词

××。

C.2　软件概要

C.2.1　概要说明

××。

C.2.2　系统组成

××。

C.2.3　用户特点

××。

C.2.4　假设和约束

××。

C.3　功能要求

C.3.1　数据采集

××。

C.3.2　调节控制

××。

C.3.3　画面显示

××。

C.3.4　组态功能

××。

C.4 性能要求

C.4.1 具体性能要求

C.4.1.1 精度

××。

C.4.1.2 时间特性

××。

C.4.1.3 可靠性要求

××。

C.4.1.4 灵活性

××。

C.4.1.5 人机接口

××。

C.4.2 输入-输出

××。

C.4.3 故障处理要求

××。

C.5 环境

C.5.1 设备环境

××。

C.5.2 支持软件

××。

C.5.3 接口

××。

C.6 测试纲要

C.6.1 测试环境

××。

C.6.2 软件系统的测试范围和要求

××。

附 录 D
（规范性附录）
数据需求说明书的编写提示

D.1 概述

D.1.1 编写目的

××。

D.1.2 参考资料

××。

D.1.3 术语和缩写词

××。

D.2 数据描述

D.2.1 静态数据

××。

D.2.2 动态输入数据

××。

D.2.3 动态输出数据

××。

D.2.4 内部生成数据

××。

D.2.5 数据约束

××。

D.3 数据的采集

D.3.1 要求和范围

××。

D.3.2 预处理

××。

D.3.3 数据采集方式和数据传递方式

D.3.3.1 输入方式

××。

D.3.3.2 输出方式

××。

D.3.4 数据库影响

××。

附　录　E
（规范性附录）
软件概要设计说明书的编写提示

E.1　概要

E.1.1　编写目的

××
×××××××××××××××××××××××××××××××××××。

E.1.2　参考资料

××
×××××××××××××××××××××××××××××××××××。

E.1.3　术语和缩写词

××
×××××××××××××××××××××××××××××××××××。

E.2　需求

E.2.1　总体描述

××
×××××××××××××××××××××××××××××××××××。

E.2.2　功能

××
×××××××××××××××××××××××××××××××××××。

E.2.3　性能

××
×××××××××××××××××××××××××××××××××××。

E.2.4　环境

××
×××××××××××××××××××××××××××××××××××。

E.3　总体设计

E.3.1　系统逻辑流程

××
×××××××××××××××××××××××××××××××××××。

E.3.2　并发性

××
×××××××××××××××××××××××××××××××××××。

E.3.3　在线性

××
×××××××××××××××××××××××××××××××××××。

E.3.4　系统结构

××

×××××××××××××××××××××××××××××××××××。

E.4 系统设计

E.4.1 数据结构设计

E.4.1.1 输入输出数据

××
×××××××××××××××××××××××××××××××××××。

E.4.1.2 数据结构

××
×××××××××××××××××××××××××××××××××××。

E.4.2 流程设计

××
×××××××××××××××××××××××××××××××××××。

E.4.3 算法子程序库(包)

××
×××××××××××××××××××××××××××××××××××。

E.4.4 数据库设计

E.4.4.1 概要

××
×××××××××××××××××××××××××××××××××××。

E.4.4.2 数据库的数据元素

××
×××××××××××××××××××××××××××××××××××。

E.5 集成测试纲要

E.5.1 子系统1的集成测试纲要

E.5.1.1 集成测试环境

××
×××××××××××××××××××××××××××××××××××。

E.5.1.2 测试范围和要求

××
×××××××××××××××××××××××××××××××××××。

E.5.2 子系统2的集成测试纲要

××
×××××××××××××××××××××××××××××××××××。

附 录 F
（规范性附录）
软件详细设计说明书的编写提示

F.1 概述

F.1.1 编写目的

××
×××××××××××××××××××××××××××××××××××。

F.1.2 参考资料

××
×××××××××××××××××××××××××××××××××××。

F.1.3 术语和缩写词

××
×××××××××××××××××××××××××××××××××××。

F.2 需求

F.2.1 总体描述

××
×××××××××××××××××××××××××××××××××××。

F.2.2 功能

××
×××××××××××××××××××××××××××××××××××。

F.2.3 性能

××
×××××××××××××××××××××××××××××××××××。

F.2.4 环境

××
×××××××××××××××××××××××××××××××××××。

F.3 程序系统结构

F.3.1 系统逻辑流程

××
×××××××××××××××××××××××××××××××××××。

F.3.2 组织结构

××
×××××××××××××××××××××××××××××××××××。

F.3.3 程序运行过程

××
×××××××××××××××××××××××××××××××××××。

F.4 程序1(名称)设计说明

F.4.1 程序描述

××
×××××××××××××××××××××××××××××××××××。

F.4.2 功能

××
×××××××××××××××××××××××××××××××××××。

F.4.3 性能

××
×××××××××××××××××××××××××××××××××××。

F.4.4 输入

××
×××××××××××××××××××××××××××××××××××。

F.4.5 输出

××
×××××××××××××××××××××××××××××××××××。

F.4.6 算法

××
×××××××××××××××××××××××××××××××××××。

F.4.7 流程

××
×××××××××××××××××××××××××××××××××××。

F.4.8 接口

××
×××××××××××××××××××××××××××××××××××。

F.4.9 存储分配

××
×××××××××××××××××××××××××××××××××××。

F.4.10 注释

××
×××××××××××××××××××××××××××××××××××。

F.4.11 限制

××
×××××××××××××××××××××××××××××××××××。

F.4.12 测试纲要

F.4.12.1 测试环境

××
×××××××××××××××××××××××××××××××××××。

F.4.12.2 测试范围和要求

××
×××××××××××××××××××××××××××××××××××。

F.5 程序2(名称)设计说明

××
××××××××××××××××××××××××××××××××××。

附　录　G
（规范性附录）
数据库设计说明书的编写提示

G.1　概述

G.1.1　编写目的

××。

G.1.2　参考资料

××。

G.1.3　术语和缩写词

××。

G.2　数据库描述

G.2.1　标识

××。

G.2.2　功能

××。

G.2.3　数据流图

××。

G.2.4　使用系统

××。

G.2.5　存储要求

××。

G.2.6　约定

××。

G.2.7　数据压缩技术

××。

G.2.8　特别说明

××。

G.2.9 安全保密

××。

G.3 数据库组织

××。

G.4 数据定义

G.4.1 数据项

××。

G.4.2 记录

××。

G.4.3 表

××。

G.4.4 文件

××。

G.5 数据库运行

G.5.1 运行环境

××。

G.5.2 运行要求

××。

附　录　H
（规范性附录）
软件模块规格说明书的编写提示

H.1　概述

H.1.1　编写目的

××
××××××××××××××××××××××××××××××××××××××。

H.1.2　参考资料

××
××××××××××××××××××××××××××××××××××××××。

H.1.3　术语和缩写词

××
××××××××××××××××××××××××××××××××××××××。

H.2　系统概述

H.2.1　系统名称

××
××××××××××××××××××××××××××××××××××××××。

H.2.2　系统模块表

××
××××××××××××××××××××××××××××××××××××××。

H.3　模块设计说明

H.3.1　模块1(标识符或代码)设计说明

H.3.1.1　模块流程与数据结构

××
××××××××××××××××××××××××××××××××××××××。

H.3.1.2　设计要求

××
××××××××××××××××××××××××××××××××××××××。

H.3.1.3　存储分配

××
××××××××××××××××××××××××××××××××××××××。

H.3.1.4　开发环境

××
××××××××××××××××××××××××××××××××××××××。

H.3.1.5　测试要术

××
××××××××××××××××××××××××××××××××××××××。

H.3.1.6 源代码清单

××。

H.3.2 模块2(标示符或代码)设计说明

××。

H.4 模块测试

H.4.1 模块1(标识符或代码)测试

H.4.1.1 测试目的

××。

H.4.1.2 测试环境

××。

H.4.1.3 测试方法

××。

H.4.1.4 测试结果

××。

H.4.1.5 测试结论

××。

H.4.2 模块2(标识符或代码)测试

××。

H.5 模块配置说明

H.5.1 单元测试总结

××。

H.5.2 源代码清单及使用说明

H.5.2.1 模块1(标识符或代码)

××。

H.5.2.2 模块2(标识符或代码)

××。

附 录 I
（规范性附录）
软件质量保证计划的编写提示

I.1 概述

I.1.1 编写目的

××。

I.1.2 参考资料

××。

I.1.3 术语及缩写词

××。

I.2 管理

I.2.1 机构

××。

I.2.2 任务

××。

I.2.3 职责

××。

I.3 文档

I.3.1 基本文档

××。

I.3.2 用户文档

××。

I.3.3 其他文档

××。

I.4 标准、规程和约定

××。

I.5 评审和检查

I.5.1 软件需求(规格)评审

××
×××××××××××××××××××××××××××××××××××。

I.5.2 系统/子系统设计评审

××
×××××××××××××××××××××××××××××××××××。

I.5.3 软件设计评审

××
×××××××××××××××××××××××××××××××××××。

I.5.4 软件验证与确认计划评审

××
×××××××××××××××××××××××××××××××××××。

I.5.5 功能检查

××
×××××××××××××××××××××××××××××××××××。

I.5.6 物理检查

××
×××××××××××××××××××××××××××××××××××。

I.5.7 综合检查

××
×××××××××××××××××××××××××××××××××××。

I.5.8 管理评审

××
×××××××××××××××××××××××××××××××××××。

I.6 项目策划阶段的软件质量保证活动

××
×××××××××××××××××××××××××××××××××××。

I.7 评审和审核

I.7.1 过程的评审

××
×××××××××××××××××××××××××××××××××××。

I.7.2 过程产品的审核

××
×××××××××××××××××××××××××××××××××××。

I.7.3 不符合问题的解决

××
×××××××××××××××××××××××××××××××××××。

I.8 软件配置管理

××

×××××××××××××××××××××××××××××××××××。

I.9　工具、技术和方法

××
×××××××××××××××××××××××××××××××××××。

I.10　媒体控制

××
×××××××××××××××××××××××××××××××××××。

I.11　对供货单位的控制

××
×××××××××××××××××××××××××××××××××××。

I.12　记录的收集、维护和保存

××
×××××××××××××××××××××××××××××××××××。

I.13　日程表

××
×××××××××××××××××××××××××××××××××××。

附 录 J
（规范性附录）
软件配置管理计划的编写提示

J.1 概述

J.1.1 编写目的

××
×××××××××××××××××××××××××××××××××××。

J.1.2 参考资料

××
×××××××××××××××××××××××××××××××××××。

J.1.3 术语及缩写词

××
×××××××××××××××××××××××××××××××××××。

J.2 管理

J.2.1 机构

××
×××××××××××××××××××××××××××××××××××。

J.2.2 任务

××
×××××××××××××××××××××××××××××××××××。

J.2.3 职责

××
×××××××××××××××××××××××××××××××××××。

J.2.4 接口控制

××
×××××××××××××××××××××××××××××××××××。

J.2.5 实现

××
×××××××××××××××××××××××××××××××××××。

J.2.6 适用的标准、条例和约定

J.2.6.1 指明所适用的软件配置管理标准、条例和约定

××
×××××××××××××××××××××××××××××××××××。

J.2.6.2 描述要在本项目中编写和实现的软件配置管理标准、条例和约定

××
×××××××××××××××××××××××××××××××××××。

J.3 软件配置管理活动

J.3.1 配置标识

J.3.1.1 必须详细说明软件项目的基线（即最初批准的配置标识）

××

×××××××××××××××××××××××××××××××××××。

J.3.1.2　必须描述本项目所有软件代码和文档的标题、代号、编号以及分类规程

××
×××××××××××××××××××××××××××××××××××。

J.3.2　配置控制

J.3.2.1　必须描述在本计划批准权限的级别

××
×××××××××××××××××××××××××××××××××××。

J.3.2.2　必须定义对已有配置的修改申请进行处理的方法

××
×××××××××××××××××××××××××××××××××××。

J.3.2.3　对于各个不同层次的配置控制组和其他修改管理机构

××
×××××××××××××××××××××××××××××××××××。

J.3.2.4　当要与不属于本软件配置管理计划适用范围的程序和项目进行接口时，必须说明对其进行配置控制的方法

××
×××××××××××××××××××××××××××××××××××。

J.3.2.5　必须说明与特殊产品（如非交付的软件、现存软件、用户提供的软件和内部支持软件）有关的配置控制规程

××
×××××××××××××××××××××××××××××××××××。

J.3.3　配置状态的记录和报告

××
×××××××××××××××××××××××××××××××××××。

J.3.4　配置的检查和评审

××
×××××××××××××××××××××××××××××××××××。

J.4　对供货单位的控制

××
×××××××××××××××××××××××××××××××××××。

J.5　记录的收集、维护和保存

××
×××××××××××××××××××××××××××××××××××。

J.6　配置项和基线

J.6.1　配置项命名规则

××
×××××××××××××××××××××××××××××××××××。

J.6.2　配置项的识别和基线的划分

××

××××××××××××××××××××××××××××××××××。

J.6.3 变更和发布

××。

J.7 备份

××。

J.8 日程表

××。

附　录　K
（规范性附录）
用户手册的编写提示

K.1　概述

K.1.1　编写目的

××
×××××××××××××××××××××××××××××××××××。

K.1.2　参考资料

××
×××××××××××××××××××××××××××××××××××。

K.1.3　术语和缩写词

××
×××××××××××××××××××××××××××××××××××。

K.2　系统介绍

K.2.1　系统用途

××
×××××××××××××××××××××××××××××××××××。

K.2.2　系统功能

××
×××××××××××××××××××××××××××××××××××。

K.2.3　系统配置

××
×××××××××××××××××××××××××××××××××××。

K.2.4　系统结构

××
×××××××××××××××××××××××××××××××××××。

K.2.5　系统性能

K.2.5.1　精度

××
×××××××××××××××××××××××××××××××××××。

K.2.5.2　时间特性

××
×××××××××××××××××××××××××××××××××××。

K.2.5.3　可靠性

××
×××××××××××××××××××××××××××××××××××。

K.2.5.4　灵活性

××
×××××××××××××××××××××××××××××××××××。

K.2.5.5 人机接口

×××。

K.2.6 功能键介绍

×××。

K.3 系统使用

K.3.1 安装初始化

×××。

K.3.2 系统运行

×××。

K.3.3 故障处理

×××。

K.4 系统使用限制条件

×××。

附　录　L
（规范性附录）
操作手册的编写提示

L.1　概述

L.1.1　编写目的

××
×××××××××××××××××××××××××××××××××××。

L.1.2　参考资料

××
×××××××××××××××××××××××××××××××××××。

L.1.3　术语和缩写词

××
×××××××××××××××

L.2　系统概要

L.2.1　系统用途

××
×××××××××××××××××××××××××××××××××××。

L.2.2　系统功能

××
×××××××××××××××××××××××××××××××××××。

L.2.3　系统结构

××
×××××××××××××××××××××××××××××××××××。

L.2.4　程序表

××
×××××××××××××××××××××××××××××××××××。

L.3　安装与初始化

××
×××××××××××××××××××××××××××××××××××。

L.4　运行说明

L.4.1　运行表

××
×××××××××××××××××××××××××××××××××××。

L.4.2　运行步骤

××
×××××××××××××××××××××××××××××××××××。

L.4.3 操作说明

L.4.3.1 键盘类型

××。

L.4.3.2 键盘功能

××。

L.4.3.3 键的分类

××。

L.4.3.4 键的操作

××。

附 录 M
（规范性附录）
程序维护手册的编写提示

M.1 概述

M.1.1 编写目的

××
×××××××××××××××××××××××××××××××××××。

M.1.2 参考资料

××
×××××××××××××××××××××××××××××××××××。

M.1.3 术语和缩写词

××
×××××××××××××××××××××××××××××××××××。

M.2 系统说明

M.2.1 系统用途

××
×××××××××××××××××××××××××××××××××××。

M.2.2 总体说明

××
×××××××××××××××××××××××××××××××××××。

M.2.3 程序1(标识符)说明

M.2.3.1 功能

××
×××××××××××××××××××××××××××××××××××。

M.2.3.2 方法

××
×××××××××××××××××××××××××××××××××××。

M.2.3.3 输入

××
×××××××××××××××××××××××××××××××××××。

M.2.3.4 处理

××
×××××××××××××××××××××××××××××××××××。

M.2.3.5 输出

××
×××××××××××××××××××××××××××××××××××。

M.2.3.6 接口

××
×××××××××××××××××××××××××××××××××××。

M.2.3.7 存储分配

××
×××××××××××××××××××××××××××××××××××。

M.2.3.8 表格

××
×××××××××××××××××××××××××××××××××××。

M.2.3.9 特有的运行性质

××
×××××××××××××××××××××××××××××××××××。

M.2.4 程序2(标识符)说明

××
×××××××××××××××××××××××××××××××××××。

M.3 操作环境

M.3.1 设备

××
×××××××××××××××××××××××××××××××××××。

M.3.2 支持软件

××
×××××××××××××××××××××××××××××××××××。

M.3.3 数据库

××
×××××××××××××××××××××××××××××××××××。

M.4 维护过程

M.4.1 约定

××
×××××××××××××××××××××××××××××××××××。

M.4.2 检验过程

××
×××××××××××××××××××××××××××××××××××。

M.4.3 出错及纠正方法

××
×××××××××××××××××××××××××××××××××××。

M.4.4 专门维护过程

××
×××××××××××××××××××××××××××××××××××。

M.4.5 专用维护程序

××
×××××××××××××××××××××××××××××××××××。

M.4.6 程序清单和流程图

××
×××××××××××××××××××××××××××××××××××。

附　录　N
（规范性附录）
测试计划的编写提示

N.1　概述

N.1.1　编写目的

××
×××××××××××××××××××××××××××××××××××。

N.1.2　背景

××
×××××××××××××××××××××××××××××××××××。

N.1.3　参考资料

××
×××××××××××××××××××××××××××××××××××。

N.1.4　术语和缩写词

××
×××××××××××××××××××××××××××××××××××。

N.2　测试计划

N.2.1　系统描述

××
×××××××××××××××××××××××××××××××××××。

N.2.2　测试进度安排

××
×××××××××××××××××××××××××××××××××××。

N.2.3　重要工作表

××
×××××××××××××××××××××××××××××××××××。

N.2.4　条件

××
×××××××××××××××××××××××××××××××××××。

N.2.5　测试培训

××
×××××××××××××××××××××××××××××××××××。

N.2.6　测试资料

××
×××××××××××××××××××××××××××××××××××。

N.3　测试设计

N.3.1　需求

××

×××××××××××××××××××××××××××××××××××。

N.3.2 测试与程序功能

××
×××××××××××××××××××××××××××××××××××。

N.3.3 测试种类

××
×××××××××××××××××××××××××××××××××××。

N.3.4 测试结果的记录

××
×××××××××××××××××××××××××××××××××××。

N.3.5 测试约束

××
×××××××××××××××××××××××××××××××××××。

N.3.6 测试进程

××
×××××××××××××××××××××××××××××××××××。

N.3.7 测试数据的整理

××
×××××××××××××××××××××××××××××××××××。

N.3.8 测试结果评价准则

××
×××××××××××××××××××××××××××××××××××。

N.4 测试1(标识符)说明

N.4.1 测试概述

××
×××××××××××××××××××××××××××××××××××。

N.4.2 控制

××
×××××××××××××××××××××××××××××××××××。

N.4.3 输入

××
×××××××××××××××××××××××××××××××××××。

N.4.4 输出

××
×××××××××××××××××××××××××××××××××××。

N.4.5 过程

××
×××××××××××××××××××××××××××××××××××。

N.5 测试2(标识符)说明

××
×××××××××××××××××××××××××××××××××××。

附 录 O
（规范性附录）
测试分析报告的编写提示

O.1 概述

O.1.1 编写目的

××
×××××××××××××××××××××××××××××××××××。

O.1.2 参考资料

××
×××××××××××××××××××××××××××××××××××。

O.1.3 术语和缩写词

××
×××××××××××××××××××××××××××××××××××。

O.2 测试分析

O.2.1 测试1(标识符)

O.2.1.1 系统功能

××
×××××××××××××××××××××××××××××××××××。

O.2.1.2 功能特性

××
×××××××××××××××××××××××××××××××××××。

O.2.1.3 参数特性

××
×××××××××××××××××××××××××××××××××××。

O.2.2 测试2(标识符)

××
×××××××××××××××××××××××××××××××××××。

O.3 测试分析结论

O.3.1 系统能力

××
×××××××××××××××××××××××××××××××××××。

O.3.2 系统的缺陷

××
×××××××××××××××××××××××××××××××××××。

O.3.3 系统的改进建议

××
×××××××××××××××××××××××××××××××××××。

O.4 评价

××。

附 录 P
（规范性附录）
安装实施过程的编写提示

P.1 概述

P.1.1 编写目的

××
×××××××××××××××××××××××××××××××××××。

P.1.2 参考资料

××
×××××××××××××××××××××××××××××××××××。

P.1.3 术语和缩写词

××
×××××××××××××××××××××××××××××××××××。

P.2 实施概要

P.2.1 实施过程的一般说明

××
×××××××××××××××××××××××××××××××××××。

P.2.2 联络点

××
×××××××××××××××××××××××××××××××××××。

P.2.3 支持材料

××
×××××××××××××××××××××××××××××××××××。

P.2.4 培训

××
×××××××××××××××××××××××××××××××××××。

P.2.5 任务

××
×××××××××××××××××××××××××××××××××××。

P.2.6 人员要求

××
×××××××××××××××××××××××××××××××××××。

P.3 现场信息

P.3.1 现场条件

××
×××××××××××××××××××××××××××××××××××。

P.3.2 安排

××

×××××××××××××××××××××××××××××××××××。

P.3.3 软件目录

××
×××××××××××××××××××××××××××××××××××。

P.3.4 设施

××
×××××××××××××××××××××××××××××××××××。

P.3.5 安装实施工作队

××
×××××××××××××××××××××××××××××××××××。

P.3.6 详细过程

××
×××××××××××××××××××××××××××××××××××。

P.3.7 数据更新过程

××
×××××××××××××××××××××××××××××××××××。

ICS 25.040.40
N 18

中华人民共和国国家标准

GB/T 26805.5—2011

工业控制计算机系统 软件 第5部分：用户软件文档

Industrial control computer system—Software—
Part 5: User software document

2011-07-29 发布 2011-12-01 实施

中华人民共和国国家质量监督检验检疫总局
中国国家标准化管理委员会 发布

前　言

GB/T 26805《工业控制计算机系统　软件》分为以下几部分：

——第1部分：评价体系；

——第2部分：测试方法；

——第3部分：文档管理指南；

——第4部分：工程化文档规范；

——第5部分：用户软件文档。

本部分是GB/T 26805的第5部分。

本部分由中国机械工业联合会提出。

本部分由全国工业过程测量和控制标准化技术委员会(SAC/TC 124)归口。

本部分负责起草单位：西南大学。

本部分参加起草单位：北京研华兴业电子科技有限公司、深圳市研祥软件技术有限公司、中国计算机学会工业控制计算机专业委员会。

本部分主要起草人：黄巧莉、杨颂华、张为群、刘枫、吕静、张渝。

本部分参加起草人：刘学东、刘永池、陈志列、程剑锋、杨孟飞。

工业控制计算机系统　软件
第5部分:用户软件文档

1　范围

GB/T 26805的本部分规定了工业控制软件的用户软件文档应提供的各类信息,以便指导该类文档的编制。

本部分适应于工业控制软件的用户软件文档编制。

2　规范性引用文件

下列文件中的条款通过GB/T 26805的本部分的引用而成为本部分的条款。凡是注日期的引用文件,其随后所有的修改单(不包括勘误的内容)或修订版均不适用于本部分,然而,鼓励根据本部分达成协议的各方研究是否可使用这些文件的最新版本。凡是不注日期的引用文件,其最新版本适用于本部分。

GB/T 8567—2006　计算机软件文档编制规范

3　术语和定义

GB/T 8567—2006确立的以及下列术语和定义适用于GB/T 26805的本部分。

3.1

工业控制软件　industrial control software

适用于工业过程测量和控制的专用软件。除具备数据处理软件的一般特点外,应具有更高的实时性、并发性、高可靠性和可维护性等特点。

3.2

工业过程　industrial process

基本完成一个或一系列物理变化或化学变化的一组运行。

[GB/T 17212—1998的P1.0.0.06]

注:其他过程和物质或能量的输送和/或暂时贮存、信息的传输可看作是工业过程的一部分。

3.3

过程测量　process measurement

确定各过程变量值的信息获取。

[GB/T 17212—1998的P1.0.0.09]

3.4

过程控制　process control

为达到规定的目标而对影响过程状况的变量的操纵。

[GB/T 17212—1998的P1.0.0.10]

3.5

文档　document

一种数据媒体和其上所记录的数据。它具有永久性并可以由人或机器阅读。

[GB/T 11457—2006的2.495]

3.6

软件文档　software documentation

以人们可读的形式出现的技术数据和信息。包括计算机列表和打印输出,它们描述或规定软件设计或细节，说明软件具备的能力，或为使用软件以便从软件系统得到所期望的结果而提供的操作指令。

[GB/T 11457—2006 的 2.1493]

3.7

用户文档集 user documentation

一套文档，它为使用系统或部件以期获得所希望结果的最终用户提供系统指令方面的信息。

[GB/T 11457—2006 的 2.1089]

3.8

用户软件文档 user software documentation

用以提供软件的标识、用途和适用范围、功能规格说明、数据规格说明、操作环境等综合信息的一类用户文档。

3.9

委托单位 entrustment company

亦称交办单位。指为用户软件的开发提供资金，并且通常(但并非绝对)提出软件需求的单位。

3.10

承办单位 undertaker

从事用户软件的开发、研制的单位。

4 背景信息

在编制用户软件文档时，应提供以下背景信息：

a) 开发软件的委托单位，承办单位和协作单位(如果有的话)；

b) 描述软件的设计层次和设计方法，指出软件所具有的显著特点，以及是否计划进行修改等；

c) 说明软件能够提供的产品形式，例如提供光盘和文档手册等；

d) 列出与用户软件文档有关的辅助文档的清单(例如程序员指南，安装指南)，列出这些文档资料的作者、标题、序号、发表日期和出版单位，并说明如何取得这些文档；

e) 给出用户软件文档中用到的、可能引起混淆的专门术语的定义，对略语和缩写词要注明原文。

5 用户软件文档的主要内容

5.1 软件的标识

5.1.1 概述

软件的标识包括提供软件名、版本和日期、派生软件和关键字等内容。对软件名、版本和日期以及派生软件，建议进行显示。

5.1.2 软件名

提供用以标识软件的标号和名称，还要提供描述软件主要功能的子标号。

5.1.3 版本和日期

5.1.3.1 版本

提供软件的版本标识(版本、修订本、版本号和发行号)，还要提供版本数字序号的简要说明。它应包括适用于这些项的保密性和私密性要求，处理它们的安全措施和关于复制和许可证条款的说明和制约。软件版本的标识应符合 GB/T 8567—2006 中 7.22 的规范性要求。

5.1.3.2 日期

提供原版本和现行版本的出版日期。

5.1.4 派生软件

对同时流行但又有不少差别的同类软件需提供辅助标识，例如说明是否运行于不同的设备或操作系统。

5.1.5 关键字

可以用来描述软件的特征以及进行查询和实现检索的描述符或关键字。

5.2 用途和适用范围

5.2.1 用途

简述软件的用途。

5.2.2 适用范围

简述软件的各种功能以及在应用方面的限制,以便使委托单位或用户能够决定是否满足其软件需求,因而决定是否采用。

5.3 程序规格说明

5.3.1 问题描述

综合描述软件中每一程序所要解决的问题。

5.3.2 问题求解

5.3.2.1 约定和术语

给出用户软件文档所用到的各项规则的细节,例如:

a) 约定在求解问题时所用字符或符号的含义;

b) 约定字符和符号组合后的特定含义;

c) 指明所使用的前缀、后缀、符号、精度、舍入、坐标系统、值域和缩写表的含义;

d) 约定各种技术规则的含义等。

5.3.2.2 求解问题的原理和算法

描述与指定功能有关以及与程序的结构组织有关的解题方法和算法以及参考文献。

5.3.3 程序结构

按所指定的解题方法,描述程序单元的组织,例如:

a) 程序;

b) 子程序;

c) 模块;

d) 程序段;

e) 公共存储区。

可以按图解方式表示,例如:

a) 采用树形结构图;

b) 采用适当的文字结构描述;

c) 必须包括单元名描述,描述它们的入口、出口,以及它们之间的相互关系。

5.3.4 程序规模

按常用单位,例如字节数或源代码行数,指出程序的总规模。

5.3.5 功能规格说明

5.3.5.1 功能

逐项说明软件中每一程序所具备的各项功能及其极限范围。

5.3.5.2 出错和恢复

a) 指出软件可能产生的出错信息的种类和采用的出错处理方法;

b) 指出为确保再启动和恢复,用户必须遵循的处理规则和详细步骤。

5.3.6 性能

5.3.6.1 概述

逐项说明软件的全部性能。

5.3.6.2 时间特性

定量说明软件的时间特性，例如：实时响应时间、采样时间、调节控制周期、处理时间（更新处理时间、编译速度、通信速率、检索时间等）、数据传输与转换时间以及运行时间等。

5.3.6.3 精度

说明软件输出数据所能达到的精度，或者说明软件所能达到的控制精度。

5.3.6.4 可再入性

说明软件中的子程序能被中断并由中断它的程序再行进入，以及对中断它的程序和被中断的程序能给出正确结果的能力。

5.3.6.5 灵活性

说明用户需求（如操作方式、运行环境、结果精度和时间特性等）有某些变化时，软件的适应能力。

5.3.6.6 可靠性

说明软件在确保其可靠性时所采取的技术措施。

5.3.7 安全

说明软件在安全方面的设计考虑，即说明如何对程序和数据进行保护以拒绝对它们的未经许可的访问，还要说明在安全方面实际能达到的程度。

5.3.8 保密

描述为保证软件中数据记录的安全，能提供的保护机制和保密措施。

5.4 数据规格说明

5.4.1 输入数据规格说明

规定对输入数据的要求：

a） 描述包含在每一结构单元中的输入数据的内容及逻辑结构或数据格式；

b） 描述数据对特定数据媒体的依赖性。

5.4.2 输出数据规格说明

5.4.2.1 数据描述

按描述输入数据时所用的同一方法，对每项输出数据的内容及格式进行描述。

5.4.2.2 输出媒体

描述记录输出数据的数据媒体（打印机、显示器、数码显示、网络终端等）的输出显示格式（例如采用棒图显示）。最好给出若干打印或显示格式的实例。

注：输入与输出数据描述可以合并编写，例如对交互作用的软件。

5.4.3 中间数据

如果用户需要了解软件的工作情况，应描述中间数据的内容和格式。

5.4.4 文卷和记录格式

如果用户需要了解软件的工作情况，应描述文卷和记录的格式。

5.4.5 字符集或通信码

列出所采用的字符集或通信码，例如 ASC II，BCD 等。

5.4.6 对数据或文卷的约束

描述对数据或文卷的各种限制，例如规定文卷能包含的最多记录数，对数值大小进行限制等。

5.4.7 数据加工

如果需用其他设备或软件去加工适用于软件的输入数据，则需列出这些需求，例如列出文卷生成方式。

5.4.8 数据备份

描述创建和保留备份数据的过程，这些备份数据在发生错误、缺陷、故障或事故时可以用来代替主要的数据拷贝。

5.5 操作环境

5.5.1 语言

如果用户希望能与其他软件联用或对软件所提供的源代码稍加修改，则需指出所用的程序设计语言，最好列出所参考的标准文本，提供文本的名称、派生文本、版本以及如何取得编译程序或解释程序。还要指出与标准文本不相符合的内容。

5.5.2 其他软件需求

说明为运行软件所需要的支持软件。例如操作系统及子例程的名称、版本、日期、数据库管理系统的名称和版本等。

列出相应的参考文档。

5.5.3 硬件需求

指出运行软件所需的最小硬件配置和布署，最好给出配置和布署的文档以及其他相应的参考文档，例如配置图、布署图等。

5.5.4 运行

5.5.4.1 访问控制

提供用户可见的软件访问与保密性特点的概述。访问控制应包括以下内容：

a) 怎样获得和从谁哪里获得口令；

b) 如何在用户的控制下添加、删除或变更口令；

c) 与用户生成的输出报告及其他媒体的存储和标记有关的保密性和私密性要求。

5.5.4.2 控制命令

提供一份运行软件所需的所有控制命令的清单，对命令的格式及功能进行说明。

5.5.4.3 运行方法

对所有可能的工作方式，提供实现每一程序的起动、停止、暂停、中断和再起动的命令，包括提供对数据文卷的操作规则。

5.5.4.4 操作员信息

如果所显示的信息本身是未予解释的，对所有这些信息，包括所需的操作员工作命令，需要提供一份清单并进行解释。

5.5.4.5 运行准备

提供在使用软件以前所需的工作命令，例如主文卷数据输入方法，打印机安装规格说明。

5.5.4.6 备用拷贝的生成

如果允许生成备用拷贝，描述如何生成程序备用拷贝的方法。

5.5.5 通信

5.5.5.1 与其他系统的通信

描述通信接口，例如描述主计算机端的有关信息或网络的有关信息，如波特率。

5.5.5.2 通信协议

提供与所采用的通信协议有关的信息，例如采用二进制同步通信协议，高级数据链路通信协议等。

5.6 终端操作

5.6.1 操作前提

说明终端的配置构成，连接步骤、数据和参数输入步骤以及控制规定等。

5.6.2 操作

说明在终端上进行查询、检索、参数设定和修改数据文卷的能力与过程。

5.7 应用举例

提供有助于用户了解软件工作的典型示例。在这些示例中，应包括对数据的列表与显示，以及对结果进行检查等有关内容。

5.8 合同款项

提供有关合同款项的足够信息，常用的包括：

a) 有关版权、保密、安全的法定条件和条款，例如是否允许软件或文档拷贝；

b) 软件能提供的产品形式；

c) 安装；

d) 培训；

e) 维护；

f) 质量保证。

5.9 安装与支持

5.9.1 安装

提供软件安装所需的全部技术信息。

5.9.2 修改

向用户提供修改软件所需的足够信息，例如使软件用于其他环境或改作其他用途时所需的信息。

5.9.3 测试

描述用以测试程序的方法，例如通过对输入进行取样测试是否能得到预期的输出。

5.9.4 支持

提供有关支持的可用性和实现软件开发的辅助信息。

5.10 置信度

提供从事软件的支持、维护和进一步开发的组织、单位或个人的名称、姓名及通讯地址。

5.11 标准

列出所遵循的标准名称、标准号及年代号。

5.12 产品编号

提供软件的产品编号。

参 考 文 献

［1］ GB/T 11457—2006 信息技术 软件工程术语
［2］ GB/T 17212—1998 工业过程测量和控制 术语和定义[idt IEC 60902:1987]

ICS 25.040.40
N 18

中华人民共和国国家标准

GB/T 26806.1—2011

工业控制计算机系统 工业控制计算机基本平台 第1部分:通用技术条件

**Industrial control computer system—
Industrial control computer system basic platform—
Part 1:General specification**

2011-07-29 发布　　2011-12-01 实施

中华人民共和国国家质量监督检验检疫总局
中国国家标准化管理委员会　发布

前　言

GB/T 26806《工业控制计算机系统　工业控制计算机基本平台》分为以下几部分：

——第1部分：通用技术条件；

——第2部分：性能评定方法；

本部分是GB/T 26806的第1部分。

本部分由中国机械工业联合会提出。

本部分由全国工业过程测量和控制标准化技术委员会(SAC/TC 124)归口。

本部分负责起草单位：研祥智能科技股份有限公司、西门子(中国)有限公司。

本部分参加起草单位：北京研华兴业电子科技有限公司、菲尼克斯电气有限公司、北京康拓科技开发总公司、西南大学、中国计算机学会工业控制计算机专业委员会。

本部分主要起草人：陈志列、朱军、顾京明、窦连旺。

本部分参加起草人：刘学东、刘永池、刘朝晖、杜品圣、刘鑫、张伟艳、黄巧莉、李涛、张渝、吕静、杨孟飞。

工业控制计算机系统 工业控制计算机基本平台 第1部分:通用技术条件

1 范围

GB/T 26806 的本部分规定了工业控制计算机基本平台的定义、通用技术条件及标志、使用说明书要求、包装和贮存条件等。

本部分适用于工业控制计算机基本平台产品,可作为制定工业控制计算机基本平台产品评定的依据。

2 规范性引用文件

下列文件中的条款通过 GB/T 26806 的本部分的引用而成为本部分的条款。凡是注日期的引用文件,其随后所有的修改单(不包括勘误的内容)或修订版均不适用于本部分,然而,鼓励根据本部分达成协议的各方研究是否可使用这些文件的最新版本。凡是不注日期的引用文件,其最新版本适用于本部分。

GB 4208 外壳防护等级(IP 代码)(GB 4208—2008,IEC 60529:2001,IDT)

GB 9254 信息技术设备的无线电骚扰限值和测量方法(GB 9254—2008,IEC/CISPR 22:2006,IDT)

GB/T 9969 工业产品使用说明书 总则

GB/T 13384 机电产品包装通用技术条件

GB/T 15479—1995 工业自动化仪表绝缘电阻、绝缘强度技术要求和试验方法

GB 15934 电器附件 电线组件和互连电线组件(GB 15934—2008,IEC 60799:1998,IDT)

GB/T 17214.1—1998 工业过程测量和控制装置 工作条件 第1部分:气候条件(idt IEC 60654-1:1993)

GB/T 17214.3—2000 工业过程测量和控制装置的工作条件 第3部分:机械影响(idt IEC 60654-3:1983)

GB/T 17626.2—2006 电磁兼容 试验和测量技术 静电放电抗扰度试验(IEC 61000-4-2:2001,IDT)

GB/T 17626.3—2006 电磁兼容 试验和测量技术 射频电磁场辐射抗扰度试验(IEC 61000-4-3:2002,IDT)

GB/T 17626.4—2008 电磁兼容 试验和测量技术 电快速瞬变脉冲群抗扰度试验(IEC 61000-4-4:2004,IDT)

GB/T 17626.5—2008 电磁兼容 试验和测量技术 浪涌(冲击)抗扰度试(IEC 61000-4-5:2005,IDT)

GB/T 17626.6—2008 电磁兼容 试验和测量技术 射频场感应的传导骚扰抗扰度(IEC 61000-4-6:2006,IDT)

GB/T 17626.8—2006 电磁兼容 试验和测量技术 工频磁场抗扰度试验(IEC 61000-4-8:2001,IDT)

GB/T 26802.1—2011 工业控制计算机系统 通用规范 第1部分:通用要求

GB/T 26803.1—2011　工业控制计算机系统　总线　第1部分:总论

GB/T 26803.2—2011　工业控制计算机系统　总线　第2部分:系统外部总线　串行接口通用技术条件

GB/T 26803.3—2011　工业控制计算机系统　总线　第3部分:系统外部总线　并行接口通用技术条件

GB/T 26804.1—2011　工业控制计算机系统　功能模块模板　第1部分:处理器模板通用技术条件

3　术语和定义

GB/T 26802.1—2011 确立的以及下列术语和定义适用于 GB/T 26806 的本部分。

3.1

工业控制计算机基本平台　industrial control computer system basic platform

由机箱、电源、处理器模板和显示器、键盘/鼠标、通信接口、存储器等组成的集成环境。

3.2

安全特低电压　safety extra-low voltage

用安全隔离变压器或具有独立绕组的变流器与供电干线隔离开的电路中,含有电子器件的仪表为导体之间或任何一个导体与地之间有效值不超过 50 V 的交流电压,不含有电子器件的电测量指示和记录仪表为导体之间有效值不超过 42 V 的,或三相线路中导体和中线间不超过 24 V 的交流电压。

4　要求

4.1　基本功能要求

4.1.1　处理器模板要求

工业控制计算机基本平台处理器模板的技术要求由 GB/T 26804.1—2011 进行规定。

4.1.2　总线功能要求

工业控制计算机基本平台总线应符合 GB/T 26803.1—2011 规定的参数,外部总线接口应符合 GB/T 26803.2—2011 和 GB/T 26803.3—2011 规定的参数。

4.2　电源

4.2.1　电源条件

电源条件应满足:

a)　对于交流供电的产品,交流电压允差±10%;频率公称值 50 Hz,允差±1 Hz,谐波含量≤5.0%;

b)　对于直流供电的产品,直流电压允差±5%,电压标称值在产品标准中规定;

c)　对于电源有特殊要求的单元应在产品标准中加以说明;

d)　电源适应能力要求符合 4.5 中的规定。

4.2.2　电源线组件

电源线组件的参数要求应该符合 GB 15934 的规定。

4.3　外观要求

产品表面不应有明显的凹痕、划伤、裂痕、变形和污渍等。表面涂镀层应均匀,不应起泡、龟裂、脱落和磨损。金属零部件不应有锈蚀及其他机械损伤。

4.4　电气安全要求

4.4.1　基本要求

产品应具有良好的接地系统,逻辑地和保护地端子必须与交流地分开(依靠安全特低电压供电的工业控制计算机基本平台产品除外)。

4.4.2 绝缘电阻

在不同的试验条件下(一般大气试验条件),工业控制计算机基本平台在其与地绝缘的端子同外壳(或与地)之间,施加直流电压进行绝缘电阻试验。其施加的直流试验电压值和应达到的绝缘电阻值由GB/T 15479—1995中表1规定。

4.4.3 绝缘强度

在不同的试验条件下(一般大气试验条件),工业控制计算机基本平台,在其与地绝缘的端子同外壳(或与地)之间,应能承受GB/T 15479—1995中表3规定的、与主电源频率相同的正弦交流试验电压。

4.4.4 外壳防护

工业控制计算机基本平台产品外壳的防护性能应满足GB 4208的有关规定。

外壳防护等级和防护方式由产品标准确定。

4.5 电源适应能力要求

4.5.1 电源电压暂降影响

电源电压降至额定工作电压的70%,连续低降三次,三次低降的持续时间可分别为5、25、50个周期,两次低降的间隔不小于10 s,电源恢复后,工业控制计算机基本平台应能正常工作。

4.5.2 电源电压短时中断影响

电源电压降至额定工作电压的0%,连续中断三次,三次中断的持续时间可分别为1、10、40个周期,两次中断的间隔不小于10 s,电源恢复后,工业控制计算机基本平台应能正常工作。

4.5.3 电源电压变化影响

电源电压以±10%短期变化,其变化的时间定为:电压降低需时间(2±0.4)s,降低后电压维持时间(1±0.2)s,电压增加所需时间(2±0.4)s。连续以10 s的间隔变化三次,工业控制计算机基本平台应能正常工作。

4.6 电磁兼容性要求

4.6.1 无线电骚扰

该要求适用的频率范围为30 MHz～1 000 MHz。对于尚未规定限值的频段,不作要求。

产品的无线电骚扰限值符合GB 9254的规定,在产品标准中明确规定选用A级或B级所规定的无线电骚扰限值。

4.6.2 电磁兼容抗扰度

4.6.2.1 射频电磁场辐射抗扰度

在80 MHz～1 000 MHz射频范围内,根据工业控制计算机基本平台使用的电磁场环境:

a) 1级:低电平电磁辐射环境;

b) 2级:中等的电磁辐射环境;

c) 3级:严重电磁辐射环境;

d) X级:是一个开放的等级,可在产品规范中规定。

在GB/T 17626.3—2006的表1中选择试验等级进行试验。

保护(设备)抵抗数字无线电话射频辐射干扰的试验等级,在GB/T 17626.3—2006的表2中选择。

制造商的产品标准中可以规定对工业控制计算机基本平台的影响哪些可以忽略哪些可以接受。

4.6.2.2 工频磁场抗扰度

根据工业控制计算机基本平台应用环境,在GB/T 17626.8—2006中选择试验等级:

a) 1级:有电子束的敏感装置能使用的环境;

b) 2级:保护良好的环境;

c) 3级:保护的环境;

d) 4级:典型的工业环境;

e) 5级:严酷的工业环境;

f) X 级:是一个开放的等级,可在产品规范中规定。

制造商的产品标准中可以规定对工业控制计算机基本平台的影响哪些可以忽略,哪些可以接受。

4.6.2.3 静电放电抗扰度

根据工业控制计算机基本平台安装环境条件(如相对湿度等)和产品材料,在 GB/T 17626.2—2006 的表 1 中选择试验等级进行接触放电或空气放电试验。

制造商的产品标准中可以规定对工业控制计算机基本平台的影响哪些可以忽略,哪些可以接受。

4.6.2.4 电快速瞬变脉冲群抗扰度

根据工业控制计算机基本平台应用场所环境:

a) 1 级:具有保护良好的环境;

b) 2 级:受保护的环境;

c) 3 级:典型的工业环境;

d) 4 级:严酷的工业环境;

e) X 级:是一个开放的等级,可在产品规范中规定。

在 GB/T 17626.4—2008 的表 1 中选择试验等级,确定开路试验电压和脉冲重复频率进行试验。

制造商的产品标准中可以规定对工业控制计算机基本平台的影响哪些可以忽略,哪些可以接受。

4.6.2.5 浪涌(冲击)抗扰度

根据工业控制计算机基本平台安装类别:

a) 0 类:保护良好的电气环境,常常在一间专用房间内;

b) 1 类:有部分保护的电气环境;

c) 2 类:电缆隔离良好,甚至短走线也隔离良好的电气环境;

d) 3 类:电源电缆和信号电缆平行敷设的电气环境;

e) 4 类:互连线按户外电缆沿电源电缆敷设并且这些电缆被作为电子和电气线路的电气环境;

f) 5 类:在非人口稠密区电子设备与通信电缆和架空电力线路连接的电气环境;

g) X 类:在产品技术要求中规定的特殊环境)。

在 GB/T 17626.5—2008 的表 1 中选择试验等级,确定开路试验电压进行试验。

制造商的产品标准中可以规定对工业控制计算机基本平台的影响哪些可以忽略,哪些可以接受。

4.6.2.6 射频感应的传导骚扰抗扰度

根据工业控制计算机基本平台应用场所环境:

a) 1 级:低电平电磁辐射环境;

b) 2 级:中等的电磁辐射环境;

c) 3 级:严重电磁辐射环境;

d) X 级:是一个开放的等级,可在产品规范中规定。

在 GB/T 17626.6—2008 表 1 中选择试验等级,进行试验。

制造商的产品标准中可以规定对工业控制计算机基本平台的影响哪些可以忽略,哪些可以接受。

4.7 环境适应性要求

4.7.1 环境温度影响

根据工业控制计算机基本平台安装环境条件,应能承受在 GB/T 17214.1—1998 中表 1 的温度要求,当温度在其范围内变化时,工业控制计算机基本平台应能正常工作。

4.7.2 相对湿度影响

根据工业控制计算机基本平台安装环境条件,应能承受在 GB/T 17214.1—1998 中表 1 的湿度要求,当湿度在规定的严酷等级下进行测试,工业控制计算机基本平台应正常。

4.7.3 倾跌影响

工业控制计算机基本平台在承受距台面 25 mm、50 mm、100 mm,或使受试设备底面与台面成 30°

夹角的倾跌试验后，工业控制计算机基本平台应能正常工作。

4.7.4 振动影响

根据工业控制计算机基本平台应用场所，按照 GB/T 17214.3—2000 的第 4 章中选择振动频率、振动严酷度和振动时间等级，经过三个互相垂直的方向进行振动试验，工业控制计算机基本平台应能正常工作。

4.7.5 冲击影响

根据工业控制计算机基本平台应用场所，按照 GB/T 17214.3—2000 的第 5 章中选择加速度、持续时间、自由跌落高度、冲击重复率等级的冲击试验后，工业控制计算机基本平台应能正常工作。

4.7.6 长时间运行考核

对工业控制计算机基本平台进行连续 72 h 通电运行，工业控制计算机基本平台正常工作。

4.7.7 抗运输环境影响

4.7.7.1 抗运输高温影响

产品在运输包装条件下，高温为 40 ℃±3 ℃或 55 ℃±3 ℃的运输环境下进行温度试验后，工业控制计算机基本平台正常工作。

4.7.7.2 抗运输低温影响

产品在运输包装条件下，低温为 5 ℃±3 ℃、—25 ℃±3 ℃或—40 ℃±3 ℃的运输环境下进行温度试验后，工业控制计算机基本平台正常工作。

4.7.7.3 抗运输湿热影响

产品在运输包装条件下，高温为 40 ℃±3 ℃或 55 ℃±3 ℃和相对湿度为 93%±3%的运输环境下进行交变湿热试验后，工业控制计算机基本平台正常工作。

4.7.7.4 抗运输碰撞影响

产品在运输包装条件下，选择加速度：100 m/s^2±10 m/s^2；相应脉冲持续时间：11 ms±2 ms；脉冲重复频率：60 次/min～100 次/min；采用近似半正弦波的脉冲波形，进行 1 000 次±10 次的运输冲击试验。试验后，工业控制计算机基本平台性能仍应符合产品标准要求。

4.8 抗腐蚀性气体影响检查

应用于腐蚀性气体环境的工业控制计算机基本平台，应具有在腐蚀性气体环境条件下工作、贮存、运输的能力。其硬件应具有防腐蚀性能，应根据防腐蚀要求进行处理。

4.9 运行可靠性要求

工业控制计算机基本平台运行可靠性满足 GB/T 26802.1—2011 中 6.2.16.2 的要求，具体数值见表 1。

表 1 可靠性 MTBF 指标

可靠性特征量	指标			
	可靠性等级			
	A2	B2	C2	D2
MTBF/h	1.5×10^4	4.5×10^4	7.5×10^4	>7.5×10^4

根据实际情况，也可采用统计方法进行可靠性验证。

本部分规定工业控制计算机基本平台硬件系统的平均修复时间(MTTR)不应大于 30 min。

4.10 噪声

工业控制计算机基本平台的噪声要求分为四级，见表 2。但对于部分用于特殊场合的产品，其噪声要求在产品标准中另行规定。

表 2 工业控制计算机基本平台噪声值

等　　级	1	2	3	4
噪声值/dB	≤45	46～50	51～55	56～60

5 标志、使用说明书、包装和贮存

5.1 标志

产品的适当位置上应固定有铭牌，铭牌上应标明：

a) 标记、产品型号、名称；

b) 制造商名称、商标；

c) 制造编号；

d) 制造年月；

e) 由产品标准确定的其他项目。

5.2 使用说明书

工业控制计算机基本平台的使用说明书编写应符合 GB/T 9969 的规定。

5.3 包装

产品包装应符合 GB/T 13384 的规定。

5.4 贮存

产品应贮存在环境温度为 0 ℃～40 ℃，相对湿度为 30%～85%的通风室内，室内不允许有各种有害气体、易燃、易爆的产品及有腐蚀性的化学物品，并且应无强烈的机械振动、冲击和磁场作用。若无其他规定时，贮存期一般不应超过六个月。若在生产厂存放超过六个月时，则应重新进行交收检验。

ICS 25.040.40
N 18

中华人民共和国国家标准

GB/T 26806.2—2011

工业控制计算机系统　工业控制计算机基本平台　第2部分:性能评定方法

**Industrial control computer system—
Industry control computer system basic platform—
Part 2:Methods of evaluating the performance**

2011-07-29 发布　　　　2011-12-01 实施

中华人民共和国国家质量监督检验检疫总局
中国国家标准化管理委员会　发布

前　言

GB/T 26806《工业控制计算机系统　工业控制计算机基本平台》分为以下几部分：

——第1部分：通用技术条件；

——第2部分：性能评定方法。

本部分是GB/T 26806的第2部分。

本部分由中国机械工业联合会提出。

本部分由全国工业过程测量和控制标准化技术委员会（SAC/TC 124）归口。

本部分负责起草单位：研祥智能科技股份有限公司。

本部分参加起草单位：北京研华兴业电子科技有限公司、菲尼克斯电气有限公司、西门子（中国）有限公司、北京康拓科技开发总公司、西南大学、中国计算机学会工业控制计算机专业委员会。

本部分主要起草人：陈志列、廖宇晖。

本部分参加起草人：刘学东、刘永池、刘朝晖、杜品圣、顾京明、窦连旺、刘鑫、张伟艳、黄巧莉、李涛、祁虔、钟秀蓉、杨孟飞。

工业控制计算机系统　工业控制计算机基本平台　第2部分:性能评定方法

1　范围

GB/T 26806的本部分规定了工业控制计算机基本平台产品的性能评定方法和检验规则等。

本部分适用于工业控制计算机基本平台产品,可作为制定工业控制计算机基本平台产品评定的依据。

2　规范性引用文件

下列文件中的条款通过GB/T 26806的本部分的引用而成为本部分的条款。凡是注日期的引用文件,其随后所有的修改单(不包括勘误的内容)或修订版均不适用于本部分,然而,鼓励根据本部分达成协议的各方研究是否可使用这些文件的最新版本。凡是不注日期的引用文件,其最新版本适用于本部分。

GB 4208　外壳防护等级(IP代码)(GB 4208—2008,IEC 60529:2001,IDT)

GB/T 6882　声学　声压法测定噪声源声功率级　消声室和半消声室精密法(GB/T 6882—2008,ISO 3745:2003,IDT)

GB 9254　信息技术设备的无线电骚扰限值和测量方法(GB 9254—2008,IEC/CISPR 22:2006,IDT)

GB/T 15479—1995　工业自动化仪表绝缘电阻、绝缘强度技术要求和试验方法

GB/T 17214.1—1998　工业过程测量和控制装置工作条件　第1部分:气候条件(idt IEC 60654-1:1993)

GB/T 17214.4—2005　工业过程测量和控制装置的工作条件　第4部分:腐蚀和侵蚀影响(IEC 60654-4:1987,IDT)

GB/T 17626.2—2006　电磁兼容　试验和测量技术　静电放电抗扰度试验(IEC 61000-4-2:2001,IDT)

GB/T 17626.3—2006　电磁兼容　试验和测量技术　射频电磁场辐射抗扰度试验(IEC 61000-4-3:2002,IDT)

GB/T 17626.4—2008　电磁兼容　试验和测量技术　电快速瞬变脉冲群抗扰度试验(IEC 61000-4-4:2004,IDT)

GB/T 17626.5—2008　电磁兼容　试验和测量技术　浪涌(冲击)抗扰度试(IEC 61000-4-5:2005,IDT)

GB/T 17626.6—2008　电磁兼容　试验和测量技术　射频场感应的传导骚扰抗扰度(IEC 61000-4-6:2006,IDT)

GB/T 17626.8—2006　电磁兼容　试验和测量技术　工频磁场抗扰度试验(IEC 61000-4-8:2001,IDT)

GB/T 17626.11—2008　电磁兼容　试验和测量技术　电压暂降、短时中断和电压变化的抗扰度试验(IEC 61000-11-4:2004,IDT)

GB/T 18271.1—2000　过程测量和控制装置　通用性能评定方法和程序　第1部分:总则(idt IEC 61298-1:1995)

GB/T 18271.3—2000 过程测量和控制装置 通用性能评定方法和程序 第3部分 影响量影响的试验(idt IEC 61298-3:1998)

GB/T 26806.1—2011 工业控制计算机系统 工业控制计算机基本平台 第1部分:通用技术条件

JB/T 9329 仪器仪表运输、运输贮存基本环境条件及试验方法

3 试验条件与试验方法

3.1 试验条件

3.1.1 试验环境条件

试验环境条件按 GB/T 18271.1—2000 的规定。

3.1.2 供电电源条件

供电电源条件按 GB/T 18271.1—2000 的规定。

3.2 试验方法

3.2.1 基本功能检查

基本功能检查应参考具体系统功能设计要求,按产品标准中规定的各项功能、性能、软件配置和文档逐项进行检查,应符合产品标准的要求。

3.2.2 外观检查

用目测法和有关检测工具进行外观和结构检查,应符合 GB/T 26806.1—2011 中4.3的要求。

3.2.3 电气安全检查

3.2.3.1 绝缘电阻

按 GB/T 15479—1995 规定的方法和 GB/T 26806.1—2011 中4.4.2的要求进行检验。

3.2.3.2 绝缘强度

按 GB/T 15479—1995 规定的方法和 GB/T 26806.1—2011 中4.4.3的要求进行检验。

3.2.3.3 外壳防护检查

按 GB/T 4208 的要求进行检验。

3.2.4 电源适应能力试验

3.2.4.1 电源电压暂降影响试验

按 GB/T 17626.11—2008 规定的方法和 GB/T 26806.1—2011 中4.5.1的要求进行试验。

3.2.4.2 电源电压短时中断影响试验

按 GB/T 17626.11—2008 规定的方法和 GB/T 26806.1—2011 中4.5.2的要求进行试验。

3.2.4.3 电源电压变化影响试验

按 GB/T 17626.11—2008 规定的方法和 GB/T 26806.1—2011 中4.5.3的要求进行试验。

3.2.5 电磁兼容性检查

3.2.5.1 无线电骚扰限值和测量方法

按 GB 9254 的规定和 GB/T 26806.1—2011 中4.6.1的要求进行。

3.2.5.2 电磁抗扰度试验

3.2.5.2.1 射频电磁场辐射抗扰度影响试验

按 GB/T 17626.3—2006 规定的方法和 GB/T 26806.1—2011 中4.6.2.1的要求进行试验。

3.2.5.2.2 工频磁场抗扰度试验

按 GB/T 17626.8—2006 规定的方法和 GB/T 26806.1—2011 中4.6.2.2的要求进行试验。

3.2.5.2.3 静电放电抗扰度试验

按 GB/T 17626.2—2006 规定的方法和 GB/T 26806.1—2011 中4.6.2.3的要求进行试验。

3.2.5.2.4 电快速瞬变脉冲群抗扰度试验

按 GB/T 17626.4—2008 规定的方法和 GB/T 26806.1—2011 中 4.6.2.4 的要求进行试验。

3.2.5.2.5 浪涌(冲击)抗扰度试验

按 GB/T 17626.5—2008 规定的方法和 GB/T 26806.1—2011 中 4.6.2.5 的要求进行试验。

3.2.5.2.6 射频场感应的传导骚扰抗扰度试验

按 GB/T 17626.6—2008 规定的方法和 GB/T 26806.1—2011 中 4.6.2.6 的要求进行试验。

3.2.6 环境适应性检查

3.2.6.1 环境温度影响试验

按 GB/T 18271.3—2000 规定的方法和 GB/T 26806.1—2011 中 4.7.1 的要求进行试验。严酷程度取 GB/T 17214.1—1998 中表 1 规定的温度限值,试验后,受试样品应正常工作。

3.2.6.2 相对湿度影响试验

按 GB/T 18271.3—2000 规定的方法和 GB/T 26806.1—2011 中 4.7.2 的要求进行试验。严酷程度取 GB/T 17214.1—1998 中表 1 规定的湿度限值,试验后,受试样品应正常。

3.2.6.3 倾跌影响试验

按 GB/T 18271.3—2000 规定的方法和 GB/T 26806.1—2011 中 4.7.3 的要求进行试验。试验后,受试样品应正常。

3.2.6.4 振动影响试验

按 GB/T 18271.3—2000 规定的方法和 GB/T 26806.1—2011 中 4.7.4 的要求进行试验。试验后,受试样品应正常。

3.2.6.5 冲击影响试验

按 GB/T 18271.3—2000 规定的方法和 GB/T 26806.1—2011 中 4.7.5 的要求进行试验。试验后,受试样品应正常。

3.2.6.6 长时间运行考核试验

按 GB/T 26806.1—2011 中 4.7.6 的要求,运行考核程序,试验后,受试样品应正常。

3.2.6.7 抗运输环境性能试验

3.2.6.7.1 抗运输高温性能试验

按 JB/T 9329 规定的方法和 GB/T 26806.1—2011 中 4.7.7.1 的要求进行试验。试验后,受试样品应正常。

3.2.6.7.2 抗运输低温性能试验

按 JB/T 9329 规定的方法,根据产品应用环境,在 GB/T 26806.1—2011 的 4.7.7.2 中选取相应严酷等级进行试验。试验后,受试样品应正常。

3.2.6.7.3 抗运输湿热性能试验

按 JB/T 9329 规定的方法和 GB/T 26806.1—2011 中 4.7.7.3 的要求进行试验。试验后,受试样品应正常。

3.2.6.7.4 抗运输碰撞性能试验

按 JB/T 9329 规定的方法和 GB/T 26806.1—2011 中 4.7.7.4 的要求进行试验。试验后,受试样品应正常。

3.2.6.8 抗腐蚀性气体影响检查

按 GB/T 26806.1—2011 中 4.8 的要求,由制造商和用户根据应用环境按照 GB/T 17214.4—2005 选择腐蚀环境的分类和环境条件严酷等级,制定检验方法,进行检验。

3.2.7 运行可靠性试验

按 GB/T 26806.1—2011 中 4.9 的要求,由国家或行业授权的可靠性试验机构进行试验与评定。

3.2.8 噪声试验

按 GB 6882 的方法和 GB/T 26806.1—2011 中 4.10 的要求进行试验。

4 检验规则

4.1 检验分类

检验分为:型式检验、出厂检验、随机抽样检验。

4.2 型式检验

4.2.1 总则

有下列情况之一的应进行型式检验:

a) 新试制的产品定型时;

b) 正常生产的产品,当结构、材料、工艺有较大改变,可能影响产品性能时;

c) 连续生产的产品,定期型式检验;

d) 国家有关部门提出型式检验要求时。

4.2.2 检验样品数

同一型号同一批次任意抽取 2 台~3 台。

4.2.3 型式检验项目

型式检验项目规定如下:

a) 除非另有规定,产品的型式检验应按本部分规定中,除特殊要求情况下进行检验的项目以外的项目进行检验。

b) 产品型式检验项目见表 1 中的"型式检验"。

c) 可靠性试验,在批量生产阶段另行单独进行。

4.3 出厂检验

每台工业控制计算机基本平台须经过制造商质量检验部门检验合格后,附产品合格证方能出厂。出厂检验项目见表 1 中的"出厂检验"。

4.4 随机抽样检验

根据需要可对生产的产品进行随机抽样检验,除非另有规定,随机抽样检验项目按"型式检验"项目进行。抽样台数由制造商与提出抽样检验方协商确定,但不应少于型式检验台数。

表 1 试验项目

检验项目	出厂检验	型式检验	技术要求条文号	检验方法条文号
基本功能	○	○	GB/T 26806.1—2011 中 4.1	3.2.1
外观	○	○	GB/T 26806.1—2011 中 4.3	3.2.2
绝缘电阻	○	○	GB/T 26806.1—2011 中 4.4.2	3.2.3.1
绝缘强度	○	○	GB/T 26806.1—2011 中 4.4.3	3.2.3.2
电源电压暂降影响试验		○	GB/T 26806.1—2011 中 4.5.1	3.2.4.1
电源短时中断影响试验		○	GB/T 26806.1—2011 中 4.5.2	3.2.4.2
电源电压变化影响试验	△	○	GB/T 26806.1—2011 中 4.5.3	3.2.4.3
射频电磁场辐射抗扰度影响试验		○	GB/T 26806.1—2011 中 4.6.2.1	3.2.5.2.1
工频磁场抗扰度试验		○	GB/T 26806.1—2011 中 4.6.2.2	3.2.5.2.2
静电放电抗扰度试验		○	GB/T 26806.1—2011 中 4.6.2.3	3.2.5.2.3
电快速瞬变脉冲群抗扰度试验		○	GB/T 26806.1—2011 中 4.6.2.4	3.2.5.2.4

表 1（续）

检 验 项 目	出厂检验	型式检验	技术要求条文号	检验方法条文号
浪涌(冲击)抗扰度试验		○	GB/T 26806.1—2011 中 4.6.2.5	3.2.5.2.5
射频感应的传导骚扰抗扰度试验		○	GB/T 26806.1—2011 中 4.6.2.6	3.2.5.2.6
环境温度影响试验		○	GB/T 26806.1—2011 中 4.7.1	3.2.6.1
相对湿度影响试验		○	GB/T 26806.1—2011 中 4.7.2	3.2.6.2
振动影响试验		○	GB/T 26806.1—2011 中 4.7.4	3.2.6.4
冲击影响试验		○	GB/T26806.1—2011 中 4.7.5	3.2.6.5
倾跌影响试验		○	GB/T 26806.1—2011 中 4.7.3	3.2.6.3
抗运输环境性能试验		○	GB/T 26806.1—2011 中 4.7.7	3.2.6.7
抗腐蚀性气体影响检查		△	GB/T 26806.1—2011 中 4.8	3.2.6.8
噪声试验		△	GB/T 26806.1—2011 中 4.10	3.2.8
长时间运行考核试验		○	GB/T 26806.1—2011 中 4.7.6	3.2.6.6
可靠性试验		△	GB/T 26806.1—2011 中 4.9	3.2.7
注：表中“○”为需要检验的项目；“△”为特殊要求情况下进行检验的项目。				

4.5　缺陷及其处理

在检验中出现缺陷时应停止检验，经制造商查明原因（如果是型式检验，提出分析报告），并修复后重新进行该项目检验。

4.6　判定准则

按照表 1 规定的检验项目，采用表 1 中“检验项目”对应的“检验方法条文号”规定的方法，对表 1 中“检验项目”对应的“技术要求条文号”的要求进行的各项检验，检验结果全部符合要求后，判定产品为合格。

ICS 17.100
N 11

中华人民共和国国家标准

GB/T 26807—2011

硅压阻式动态压力传感器

Silicon piezoresistive dynamic pressure sensors

2011-07-29 发布 2011-12-01 实施

中华人民共和国国家质量监督检验检疫总局
中国国家标准化管理委员会 发布

前　言

本标准附录A为规范性附录。

本标准由中国机械工业联合会提出并归口。

本标准起草单位：昆山双桥传感器测控技术有限公司、沈阳仪表科学研究院、传感器国家工程研究中心、国家仪器仪表元器件质量监督检验中心。

本标准主要起草人：尤彩红、刘沁、王冰、王文襄、刘波、徐秋玲、徐长伍、唐慧、李延夫。

硅压阻式动态压力传感器

1 范围

本标准规定了硅压阻式动态压力传感器的分类与命名、基本参数、要求、检验方法、检验规则及标志、包装、运输和贮存。

本标准适用于硅压阻式动态压力传感器(以下简称传感器)的生产、使用、验收等。

2 规范性引用文件

下列文件中的条款通过本标准的引用而成为本标准的条款。凡是注日期的引用文件,其随后所有的修改单(不包括勘误的内容)或修订版均不适用于本标准,然而,鼓励根据本标准达成协议的各方研究是否可使用这些文件的最新版本。凡是不注日期的引用文件,其最新版本适用于本标准。

GB/T 2423.1—2008 电工电子产品环境试验 第2部分:试验方法 试验A:低温(IEC 60068-2-1:2007,IDT)

GB/T 2423.2—2008 电工电子产品环境试验 第2部分:试验方法 试验B:高温(IEC 60068-2-2:2007,IDT)

GB/T 2423.3—2006 电工电子产品环境试验 第2部分:试验方法 试验Cab:恒定湿热试验(IEC 60068-2-78:2001,IDT)

GB/T 2423.5—1995 电工电子产品环境试验 第2部分:试验方法 试验Ea和导则:冲击(idt IEC 60068-2-27:1987)

GB/T 2423.10—2008 电工电子产品环境试验 第2部分:试验方法 试验Fc:振动(正弦)(IEC 60068-2-6:1995,IDT)

GB/T 2423.15—2008 电工电子产品环境试验 第2部分:试验方法 试验Ga和导则:稳态加速度(IEC 60068-2-7:1986,IDT)

GB/T 2423.22—2002 电工电子产品环境试验 第2部分:试验方法 试验N:温度变化(IEC 60068-2-14:1984 IDT)

GB/T 2829—2002 周期检查计数抽样程序及表(适用于对过程稳定性的检验)

GB/T 7666—2005 传感器命名法及代号

GB/T 14479 传感器图用图形符号

GB/T 15478 压力传感器性能试验方法

JJG 624—2005 动态压力传感器

3 分类与命名

3.1 分类

按感受压力类型分为:表压、绝压、差压。

3.2 型号命名与图形符号

传感器型号命名,按GB/T 7666—2005的规定命名。

传感器的图形符号,按GB/T 14479的规定。

4 基本参数

4.1 测量范围

传感器测量范围的上限值推荐从下列数值中选取：

$\pm1.0\times10^n$、$\pm1.6\times10^n$、$\pm2.0\times10^n$、$\pm2.5\times10^n$、$\pm3.0\times10^n$、$\pm4.0\times10^n$、$\pm5.0\times10^n$、$\pm6.0\times10^n$、$\pm8.0\times10^n$。其中 $n=0$、1、2、3……。也可以按用户特定要求设定。下限值若无特殊要求则为零。测量范围的单位为帕(Pa)、千帕(kPa)、兆帕(MPa)、吉帕(GPa)。

4.2 被测压力介质及兼容性

介质类型：气体、液体。

介质性质：导电性、腐蚀性、放射性。

必要时给出与被测介质接触的传感器结构材料的名称、牌号和兼容性。

4.3 激励

4.3.1 恒压激励

传感器采用恒压激励时，直流激励电压的数值从下列数值中选取：3 V、5 V、6 V、9 V、10 V、12 V、15 V、18 V、24 V、36 V。激励可采用单电源，也可采用双电源方式。

传感器用于高频动态压力测量时，激励电源宜采用线性电源。

4.3.2 恒流激励

传感器采用恒流激励时，直流激励电流的数值从下列数值中选取：0.5 mA、0.8 mA、1 mA、1.2 mA、1.5 mA、2 mA、3 mA、5 mA、10 mA。

4.4 标称桥阻

传感器桥阻的标称阻值从下列数值中选取：350 Ω、600 Ω、1 kΩ、2 kΩ、3 kΩ、4 kΩ、5 kΩ、8 kΩ、10 kΩ，标称桥阻的允差用其阻值的百分数表示，宜采用下列数值：±10%、±25%、±40%。

4.5 工作介质温度范围

传感器工作介质温度的下限值优先从下列数值中选取：−60 ℃、−55 ℃、−45 ℃、−40 ℃、−30 ℃、−25 ℃、−20 ℃、−10 ℃、0 ℃。

传感器工作介质温度的上限值优先从下列数值中选取：50 ℃、60 ℃、70 ℃、85 ℃、100 ℃、125 ℃、150 ℃、180 ℃、200 ℃、250 ℃、300 ℃、350 ℃、400 ℃、450 ℃。

4.6 工作环境温度范围

传感器工作环境温度的下限值从下列数值中选取：−55 ℃、−25 ℃、−10 ℃、0 ℃。

传感器工作环境温度的上限值从下列数值中选取：50 ℃、60 ℃、70 ℃、85 ℃、100 ℃、125 ℃。

4.7 补偿温度范围

传感器补偿温度的下限值优先从下列数值中选取：−55 ℃、−40 ℃、−25 ℃、−20 ℃、−10 ℃、0 ℃。

传感器补偿温度的上限值优先从下列数值中选取：50 ℃、60 ℃、70 ℃、85 ℃、100 ℃、125 ℃、150 ℃、200 ℃、250 ℃。

4.8 贮存温度范围

贮存温度范围的下限温度通常等于或低于下限工作环境温度 10 ℃，贮存温度范围的上限温度通常等于或高于上限工作环境温度 10 ℃～20 ℃。

5 要求

5.1 总则

传感器应符合本标准与详细规范的规定。

5.2 外观

传感器的外观应无明显的瑕疵、划痕、锈蚀和损伤；螺纹部分应无毛刺；标志应清晰完整、准确无误。超高频响的壁面反射型及自由场型产品敏感受力膜片应与外端面齐平，无明显凹凸及腔室结构，自由场型产品流线型应光滑平整。

5.3 外形及安装尺寸

传感器的安装密封方式对动态特性有很大的影响，传感器的外形及安装尺寸应符合详细规范的规定，按类型及产品结构由制造商在产品使用说明书中给出适用的安装密封方式。

5.4 输入阻抗

传感器的输入阻抗应符合详细规范的规定。无内置信号调理电路时，从下列数值中选取：350 Ω、600 Ω、1 kΩ、2 kΩ、3 kΩ、5 kΩ、10 kΩ、20 kΩ。

5.5 输出阻抗

传感器的输出阻抗应符合详细规范的规定。无内置信号调理电路时，从下列数值中选取：250 Ω、350 Ω、500 Ω、600 Ω、1 kΩ、2 kΩ、3 kΩ、5 kΩ。

5.6 负载阻抗

传感器的负载阻抗应符合详细规范的规定。

5.7 绝缘电阻

传感器的绝缘电阻值从下列数值中选取：50 MΩ、100 MΩ、200 MΩ、500 MΩ。

测量绝缘电阻所用直流电压从下列数值中选取：50 V、100 V、125 V、250 V、500 V。

5.8 绝缘强度

测量绝缘强度，用频率为 50 Hz 正弦交流电压测试，传感器应无击穿及飞弧现象。测试电压从下列值中选取：50 V、110 V、220 V、380 V、500 V。

5.9 静态性能

5.9.1 零点输出

无内置信号调理电路时，零点输出从下列数值中选取：在±1 mV、±2 mV、±5 mV、±10 mV、±25 mV 范围内；有内置信号调理电路时，零点输出从下列数值中选取：应小于 1%F.S、2%F.S、5%F.S。

5.9.2 满量程输出

传感器的满量程输出应符合详细规范的规定。无内置信号调理电路时，从下列数值中选取：30 mV、50 mV、75 mV、100 mV、150 mV。

5.9.3 非线性

传感器的非线性应符合详细规范及表 1 的规定。

5.9.4 迟滞

传感器的迟滞应符合详细规范及表 1 的规定。

5.9.5 重复性

传感器的重复性应符合详细规范及表 1 的规定。

5.9.6 准确度

传感器的准确度应符合详细规范及表 1 的规定。

表 1 传感器准确度等级、非线性、迟滞、重复性

准确度等级	非线性 %F.S	迟滞 %F.S	重复性 %F.S	准确度 %F.S
0.05	≤0.025	≤0.025	≤0.025	±0.05
0.1	≤0.05	≤0.05	≤0.05	±0.1
0.25	≤0.10	≤0.10	≤0.10	±0.25

表 1（续）

准确度等级	非线性 %F.S	迟滞 %F.S	重复性 %F.S	准确度 %F.S
0.5	≤0.25	≤0.25	≤0.25	±0.5
1.0	≤0.5	≤0.5	≤0.5	±1.0
2.5	≤1.0	≤1.0	≤1.0	±2.5
5.0	≤2.5	≤2.5	≤2.5	±5.0

5.10 过载

传感器的过载应符合详细规范的规定。过载恢复后的具体要求，应符合相应准确度等级的要求。

5.11 零点漂移

传感器在规定时间内的零点漂移应符合详细规范的规定。

规定时间从下列时间中选取：4、8、24、72、120，单位：小时(h)。

无内置信号调理电路时，漂移量从下列值中选取：小于 0.05 mV、0.1 mV、0.2 mV、0.3 mV、0.5 mV。

有内置信号调理电路时，漂移量从下列值中选取：小于 0.05%F.S、0.1%F.S、0.25%F.S。

5.12 热零点漂移

传感器的热零点漂移应符合详细规范及表 2 的规定。

5.13 热满量程输出漂移

传感器的热满量程输出漂移应符合详细规范及表 2 的规定。

表 2 热零点漂移和热满量程输出漂移

准确度等级	热零点漂移 %F.S/℃	热满量程输出漂移 %F.S/℃
0.05	±0.01	±0.01
0.1	±0.03	±0.03
0.25	±0.04	±0.04
0.5	±0.05	±0.05
1.0	±0.08	±0.08
2.5	±0.10	±0.10
5.0	±0.20	±0.20

5.14 零点长期稳定性(必要时)

在规定的时间(一般为半年或一年)内，传感器零点长期稳定性应符合详细规范的规定。

5.15 动态性能

5.15.1 频率响应

传感器的频率响应应符合详细规范的规定。

5.15.2 谐振频率

传感器的谐振频率应符合详细规范的规定。

5.15.3 自振(振铃)频率

传感器的自振(振铃)频率应符合详细规范的规定。

5.15.4 上升时间

传感器输出响应的上升时间应符合详细规范的规定。

5.15.5 过冲量(必要时)

传感器输出的过冲量应符合详细规范的规定。

5.15.6 幅频误差

在用正弦压力激励校准时,传感器的输出幅值灵敏度相对误差应符合详细规范的规定。

5.15.7 相移误差

在用正弦压力激励校准时,传感器的输出相移误差应符合详细规范的规定。

5.16 环境影响特性

5.16.1 高温试验

试验后传感器外观应符合5.2的规定,静态性能应符合5.9的规定。

5.16.2 低温试验

试验后传感器外观应符合5.2的规定,静态性能应符合5.9的规定。

5.16.3 温度变化

试验后传感器外观应符合5.2的规定,静态性能应符合5.9的规定。

5.16.4 振动

试验后传感器外观应符合5.2的规定,静态性能应符合5.9的规定。

5.16.5 冲击

试验后传感器外观应符合5.2的规定,静态性能应符合5.9的规定。

5.16.6 加速度

试验后传感器外观应符合5.2的规定,静态性能应符合5.9的规定。

5.16.7 外磁场(必要时)

试验后传感器外观应符合5.2的规定,静态性能应符合5.9的规定。

5.16.8 湿热(必要时)

试验后传感器外观应符合5.2的规定,静态性能应符合5.9的规定。

5.17 疲劳寿命(必要时)

试验后传感器外观应符合5.2的规定,静态性能应符合5.9的规定。

6 试验方法

6.1 环境条件

6.1.1 参比大气条件

传感器的参比性能应在下述大气条件下进行试验:

——温度:20 ℃±2 ℃;

——相对湿度:65%±10%;

——大气压力:86 kPa~106 kPa。

6.1.2 一般试验的大气条件

当传感器不可能或无必要在参比大气条件下进行试验时,推荐使用下述大气条件:

——温度:15 ℃~35 ℃;

——相对湿度:30%~85%;

——大气压力:86 kPa~106 kPa。

注:试验期间允许的温度变化,每1 h不大于1 ℃。相对湿度范围也可由供需方商定。

6.2 校准条件

6.2.1 校准系统

校准系统应符合GB/T 15478的规定。

6.2.2 校准前准备

检查被校传感器的外观和标志是否完好,电气连接部分是否符合要求,传感器应无影响试验的缺陷。

将被校传感器的电源,读数装置和压力源按规定的方法连接好。对压力系统进行检漏,以防由于泄漏引起校准误差。

被校传感器及仪器要在试验环境下存放1 h以上,达到温度平衡。按规定的时间预热后,开始校准。

6.3 外观

用目测方法,或用5倍的放大镜检查传感器的外观,结果应符合5.2的规定。

6.4 外形及安装尺寸

用几何量具或仪器检查,结果应符合5.3的规定。

6.5 输入阻抗

如传感器电路为无源电路时,传感器输出端开路,直接测量其输入端的阻抗。

如传感器电路为有源电路时,可采用以下方法:

在传感器输入端加激励电压,测量输入回路电流,按公式(1)计算。

$$R_i = (U_i / I_i) \times 10^{-3} \qquad \cdots\cdots(1)$$

式中:

R_i——输入阻抗,千欧(kΩ);

U_i——输入端电压,伏(V);

I_i——输入回路电流,安培(A)。

结果应符合5.4的规定。

6.6 输出阻抗

如传感器电路为无源电路时,电路输入端短路,直接测量其输出端的阻抗。

如传感器为有源电路时,可采用以下方法:

保持输入的压力值不变,分别测量压力传感器在输出端开路和接有10 kΩ负载电阻情况下的输出电压,按公式(2)计算。

$$R_0 = 10(U_{KL} - U_{FL}) / U_{FL} \qquad \cdots\cdots(2)$$

式中:

R_0——输出阻抗值,千欧(kΩ);

U_{KL}——输出端开路时的电压,伏(V);

U_{FL}——带10 kΩ负载时的电压,伏(V)。

结果应符合5.5的规定。

6.7 负载阻抗

传感器输入端施加激励电源,输出端接上可变电阻器作为输出负载阻抗。测试时,由输出端开路状态,接上可变电阻器,再由最大阻值状态逐步调小可变电阻器的阻值,直至压力传感器的输出值随可变电阻器的阻值减小而变化,在规定的负载电阻变化范围内传感器输出的最大变化量不超过允许误差绝对值的50%,这时可变电阻器的阻值就是传感器的负载阻抗,结果应符合5.6的规定。

6.8 绝缘电阻

在被测传感器不施加激励电源的条件下,用绝缘电阻测试仪或相应仪表,按照详细规范规定的直流测试电压,测量传感器引出线(当与外壳无连接端时)与壳体之间的绝缘电阻,结果应符合5.7的规定。

6.9 绝缘强度

用绝缘强度测试仪在传感器引出线(当与外壳无连接端时)与壳体之间,施加详细规范规定的交流电压,历时1 min,结果应符合5.8的规定。

6.10 静态性能

6.10.1 测试方法

传感器在符合6.2的规定条件下,对传感器施加不少于3次满量程压力的预压,使被测传感器压力升到测量上限值,待压力稳定后降压,返回零点。然后在传感器测量上、下限的全量程范围内选择均匀分布的5个～11个试验点进行检测,并且重复3次或3次以上的升、降压检测循环。

按附录A计算传感器的性能指标。

6.10.2　零点输出

在不加压力载荷的情况下测量传感器的输出,结果应符合5.9.1的规定。

对绝压传感器,应在输入绝对真空压力时测量传感器的输出值。也可输入不大于10 Pa的压力代替真空,但实际输入的压力应不大于传感器测量范围的0.01%。否则,应对输出值应进行修正,按公式(3)计算零点输出。

$$Y_0 = Y'_0 - bx \qquad \cdots\cdots(3)$$

式中:

Y_0——零点输出,V;

Y'_0——输入绝对压力不大于10 Pa时的输出值,V;

b——校准特性曲线的端点连线的斜率,V/Pa;

x——输入的绝对压力值,Pa。

对差压传感器,在高压端和低压端同时通大气时,测量传感器的输出值。结果应符合5.9.1的规定。

6.10.3　满量程输出

传感器测量上限与测量下限输出之差的绝对值(以参比直线的计算值为依据),按附录A公式(A.13)、公式(A.14)、公式(A.15)计算,结果应符合5.9.2的规定。

6.10.4　非线性

按附录A公式(A.16)、公式(A.17)计算传感器非线性,结果应符合5.9.3的规定。

6.10.5　迟滞

按附录A公式(A.18)计算传感器的迟滞,结果应符合5.9.4的规定。

6.10.6　重复性

按附录A公式(A.22)计算传感器的重复性,结果应符合5.9.5的规定。

6.10.7　准确度

按附录A公式(A.30)计算传感器的准确度,结果应符合5.9.6的规定。

6.11　过载

按详细规范规定施加过载负荷,保持时间不少于1 min,然后卸载至零负荷,重复3次,恢复3 min,按6.10规定的方法进行静态性能试验,结果应符合5.10的规定。

6.12　零点漂移

按详细规范规定的条件,在不加载荷的条件下,按规定的间隔和时间记录传感器的零点输出,按附录A公式(A.31)计算零点漂移,结果应符合5.11的规定。

6.13　热零点漂移

将传感器放入高低温试验箱,分别在室温20 ℃±2 ℃、补偿温度范围上限温度、下限温度各恒温详细规范规定的时间,检测记录各温度点的零点输出值,按附录A公式(A.33)计算热零点漂移,结果应符合5.12的规定。

6.14　热满量程输出漂移

将传感器放入高低温试验箱,分别在室温20 ℃±2 ℃、补偿温度范围上限温度、下限温度各恒温详细规范规定的时间,检测记录各温度点的满量程输出值,按附录A公式(A.34)计算热满量程输出漂移,结果应符合5.13的规定。

6.15　零点长期稳定性

对传感器施加规定电压激励,每天通电不少于2 h;30 d进行一次8 h的试验,试验前应恒温通电

1 h,记录间隔为 1 h,工作温度应保持在 20 ℃±2 ℃,考核时间为半年或一年。按附录 A 公式(A.32)计算传感器零点长期稳定性,结果应符合 5.14 的规定。

6.16 动态性能

6.16.1 试验方法

瞬态激励法:

将传感器与激波管或快速开启阀相连接,对于负压传感器用爆破膜片发生器产生一个负的阶跃压力信号,阶跃压力的上升时间至少应是被测传感器上升时间的三分之一或更短。当激励装置产生一个阶跃压力信号时,用瞬态记录仪器记录传感器的响应波形。

正弦激励法:

对于 5 kHz 以下的频率,10 MPa 以下的峰值动态压力,可用正弦压力发生器直接测得传感器的频率响应,如果传感器本身的谐振频率在正弦压力发生器的频率范围之内,还可得到传感器的谐振频率、响应时间等。采用正弦激励法时,一般采用相对比较法进行测试,即在正弦压力发生器上安装标准传感器,其动态性能指标要优于被测传感器动态性能指标 3 倍以上。

激波管动态压力试验方法,正弦压力校准检定方法的详细操作按 JJG 624—2005 的规定。

对于设计谐振频率≤25 kHz,频率响应≤5 kHz 的中低频动态压力传感器,宜采用正弦压力校准方法,按 JJG 624—2005 计算方法计算出幅值灵敏度相对误差,结果应符合 5.1 的要求,对于标准的动态压力传感器还应计算给出相移误差,结果应符合 5.1 的要求。

对于设计谐振频率>25 kHz 的中高频动态压力传感器,宜采用激波管动态试验方法。

6.16.2 频率响应

按 GB/T 15478 规定的方法进行试验,在规定的被测量频率范围内,对传感器施加正弦变化的压力,测量输出量与被测量之比及输出量和被测量之间相位差随频率的变化值。结果应符合 5.15.1 的规定。

6.16.3 谐振频率

按 GB/T 15478 规定的方法进行试验,测量传感器具有最大输出幅值时的被测压力量的频率值。按 JJG 624—2005 计算方法,计算出谐振频率,结果应符合 5.15.2 的规定。

6.16.4 自振(振铃)频率

按 GB/T 15478 规定的方法进行试验,给传感器施加阶跃变化的测量压力,测量在传感器输出中瞬时出现的自由振荡频率值。结果应符合 5.15.3 的规定。

6.16.5 上升时间

按 GB/T 15478 规定的方法进行试验,给传感器施加阶跃变化的测量压力,传感器输出从稳定值的 10%上升到稳定值 90%的持续时间。按 JJG 624—2005 计算方法,计算出输出响应上升时间,结果应符合 5.15.4 的规定。

6.16.6 过冲量

对传感器施加阶跃压力信号后,测量其输出超过稳定值的最大值。结果应符合 5.15.5 的规定。

6.17 环境影响试验

6.17.1 高温试验

将传感器放置在试验箱中,将电源,读数装置按规定的电路连接方式连接好,通电,然后按 GB/T 2423.2—2008 中 5.2 规定的试验方法试验,试验过程中保持全程通电状态,具体试验条件由详细规范规定,结果应符合 5.16.1 的规定。

6.17.2 低温试验

将传感器放置在试验箱中,将电源,读数装置按规定的电路连接方式连接好,通电,然后按 GB/T 2423.1—2008 中 5.2 规定的试验方法试验,试验过程中保持全程通电状态,具体试验条件由详细规范规定,结果应符合 5.16.2 的规定。

6.17.3 温度变化

按 GB/T 2423.22—2002 中规定的试验方法试验，具体试验条件由详细规范规定，结果应符合 5.16.3 的规定。

6.17.4 振动

按 GB/T 2423.10—2008 中规定的试验方法试验，具体试验条件由详细规范规定，记录压力传感器振动前和振动过程中的零点输出信号，按附录 A 公式(A.35)计算振动对传感器零点影响，振动后按 6.10 的方法进行静态性能试验，结果应符合 5.16.4 的规定。

6.17.5 冲击

按 GB/T 2423.5—1995 中规定的试验方法试验，具体试验条件由详细规范规定。结果应符合 5.16.5 的规定。

6.17.6 加速度

按 GB/T 2423.15—2008 中规定的试验方法试验，具体试验条件由详细规范规定，结果应符合 5.16.6 的规定。

6.17.7 外磁场

将传感器放置在电磁场干扰试验台中，磁场方向对准传感器第一座标轴向(为 Y 轴向)，对传感器施加量程 50%～70%的压力信号，记录传感器输出值，然后施加 400 A/m(均方根)的磁场信号，调整移相器(0～360°)，观察传感器的输出变化，并按附录 A 公式(A.36)计算外磁场对传感器输出的影响，结束后，按 6.10 的方法进行静态性能试验，结果应符合 5.16.7 的规定。

6.17.8 湿热

按 GB/T 2423.3—2006 中规定的试验方法试验，具体试验条件由详细规范规定，试验完成后，结果应符合 5.16.8 的规定。

6.18 疲劳寿命

传感器安装到试验装置上，具体试验条件由详细规范规定，结果应符合 5.17 的规定。

7 检验规则

7.1 检验分类

检验分为出厂检验和型式检验。

7.2 出厂检验

每只传感器应经制造厂检验部门按照规定的检验项目进行检验，检验合格后方可出厂。出厂检验的项目，检验顺序按表 3 规定进行。

表 3 检验项目

序号	检验项目	要求章条号	试验方法章条号	出厂检验项目	型式检验项目	检验项目不合格类型
1	外观	5.2	6.3	√	√	C
2	外形及安装尺寸	5.3	6.4	√	√	C
3	输入阻抗	5.4	6.5	√	√	C
4	输出阻抗	5.5	6.6	√	√	C
5	负载阻抗	5.6	6.7	√	√	C
6	绝缘电阻	5.7	6.8	√	√	B
7	绝缘强度	5.8	6.9	√	√	B
8	零点输出	5.9.1	6.10.2	√	√	C

表 3（续）

序号	检验项目	要求章条号	试验方法章条号	出厂检验项目	型式检验项目	检验项目不合格类型
9	满量程输出	5.9.2	6.10.3	√	√	C
10	非线性	5.9.3	6.10.4	√	√	B
11	迟滞	5.9.4	6.10.5	√	√	B
12	重复性	5.9.5	6.10.6	√	√	B
13	准确度	5.9.6	6.10.7	√	√	B
14	过载	5.10	6.11	√	√	B
15	零点漂移	5.11	6.12	√	√	B
16	热零点漂移	5.12	6.13	√	√	B
17	热满量程输出漂移	5.13	6.14	√	√	B
18	零点长期稳定性	5.14	6.15	—	√	B
19	频率响应	5.15.1	6.16.2	—	√	B
20	谐振频率	5.15.2	6.16.3	—	√	B
21	自振频率	5.15.3	6.16.4	—	√	B
22	上升时间	5.15.4	6.16.5	—	√	B
23	过冲量	5.15.5	6.16.6	—	√	B
24	幅频误差	5.15.6	6.16.2	—	√	B
25	相移误差	5.15.7	6.16.2	—	√	B
26	高温试验	5.16.1	6.17.1	—	√	B
27	低温试验	5.16.2	6.17.2	—	√	B
28	温度变化	5.16.3	6.17.3	—	√	B
29	振动	5.16.4	6.17.4	—	√	B
30	冲击	5.16.5	6.17.5	—	√	B
31	加速度	5.16.6	6.17.6	—	√	B
32	外磁场	5.16.7	6.17.7	—	√	B
33	湿热	5.16.8	6.17.8	—	√	B
34	疲劳寿命	5.17	6.18	—	√	B
示例 注：“√”为检验项目；“—”为不检验项目。						

7.3 型式检验

7.3.1 检验原则

传感器具备下列情况之一时，应进行型式试验：

——新产品或老产品转厂生产的试验定型鉴定；

——正式生产后，如结构、材料、工艺等有重大改变；

——正常生产时，定期或积累一定产量后，应周期性的进行检验，检验周期一般应为 2 年；

——产品停产一年以上，恢复生产时；

——同类型产品进行比对时；

——国家质量监督机构提出进行型式试验的要求时。

7.3.2 型式检验项目

型式检验项目及检验顺序按表3的规定进行，根据传感器的不同类型、原理、使用环境可适当增减检验项目。

7.3.3 抽样、判定规定

型式检验的抽样按GB/T 2829—2002相应条款执行，抽检样本共10只，提供的样品基数应大于2倍抽样样品数量。以不合格品数为判断依据。样本量$n=10$，采用判别水平Ⅰ的一次性抽样方案。

对于B类不合格项，采用不合格质量水平RQL=20，Ac=1、Re=2。

对于C类不合格项，采用不合格质量水平RQL=40，判定数组Ac=3、Re =4。

出现下列情况之一时，判本次型式检验不合格：

无C类项目不合格，有三个B类项目不合格时；

有二个B类项目不合格，同时有一个C类项目不合格时；

有一个B类项目不合格，同时有三个C类项目不合格时；

B类项目不合格，有5个C类项目不合格时。

7.3.4 对不合格判定的处理

检验结果被判定为型式检验不合格时，按GB/T 2829—2002中5.12.3规定的原则进行处理。

8 标志、包装、运输及贮存

8.1 产品标志

传感器应有以下标志：

a) 电源输入线和输出线及极性的标志；

b) 差压传感器的高压端和低压端接口应有永久性标志；

c) 型号标记应包含下列内容：

  1) 型号；

  2) 出厂编号；

  3) 量程；

  4) 生产日期；

  5) 生产单位名称或商标。

当传感器的尺寸小到无法全部标注以上内容时，至少应包含a)、b)两项内容。

8.2 包装

8.2.1 随机文件

a) 产品合格证书；

b) 产品使用说明书；

c) 装箱单；

d) 随机备用附件清单；

e) 安装图；

f) 其他相关文件资料。

8.2.2 传感器包装

a) 传感器的包装应符合设计图纸规定；

b) 产品应采用防雨、防潮气聚集的塑料薄膜包裹，顶部、底部及产品四角应按需衬垫泡沫层；

c) 技术文件如使用说明书、合格证明书和保修单等应进行密封防潮包装，固定在包装箱内部明显的位置。

8.3 运输

传感器的运输必须严格遵照包装箱上注明的条件，严禁日晒、雨淋、倾斜或强烈振动。运输方式按订货合同上载明的要求执行。

8.4 贮存

包装后的传感器应贮存在－10 ℃～＋55 ℃、相对湿度不超过85％，无凝露，无腐蚀性气体和腐蚀性化学药品，通风良好的室内，贮存期不应超过一年。

附　录　A
（规范性附录）
传感器性能指标的计算方法

A.1　实际工作特性

在传感器的整个测量范围内取 m 个校准点，校准点通常应包括零点和测量上限点，一般取 $m=(5\sim11)$ 点，进行 n 次压力循环校准试验，校准循环一般取 $n=(3\sim5)$ 次，则在任一校准点上分别有 n 个正、反行程试验数据，计算每个校准点上正、反行程试验数据的平均值和总的平均值：

正行程平均值：

$$\overline{Y}_{Ui}=\frac{1}{n}\sum_{j=1}^{n}Y_{Uij} \qquad \cdots\cdots(A.1)$$

反行程平均值：

$$\overline{Y}_{Di}=\frac{1}{n}\sum_{j=1}^{n}Y_{Dij} \qquad \cdots\cdots(A.2)$$

总平均值：

$$\overline{Y}_{i}=\frac{1}{2}(\overline{Y}_{Ui}+\overline{Y}_{Di}) \qquad \cdots\cdots(A.3)$$

式中：

Y_{Uij}——正行程第 i 个校准点第 j 次的示值($i=1,2,3,\cdots m,j=1,2,3,\cdots n$)；

Y_{Dij}——反行程第 i 个校准点第 j 次的示值($i=1,2,3,\cdots m,j=1,2,3,\cdots n$)；

$\overline{Y}_{i}$——第 i 个校准点正反行程总平均值；

n——重复试验次数；

m——校准点个数。

A.2　参比工作直线

A.2.1　端基直线平移法

首先，计算端基直线方程 Y_{EP}：

$$Y_{EP}=\frac{\overline{Y}_{L}\cdot X_{H}-\overline{Y}_{H}\cdot X_{L}}{X_{H}-X_{L}}+\frac{\overline{Y}_{H}-\overline{Y}_{L}}{X_{H}-X_{L}}\cdot X \qquad \cdots\cdots(A.4)$$

式中：

X_{H}、X_{L}——表示测量上、下限压力值；

$\overline{Y}_{H}$、$\overline{Y}_{L}$——表示测量上、下限输出值的平均值；

则端基平移直线作为参比工作直线方程为：

$$Y=a+bX \qquad \cdots\cdots(A.5)$$

计算各校准点正、反行程总平均值与端基直线方程差值中的最大值（最大正值）和最小值（最大负值或零）：

$$(\Delta y_{LH})_{max}=(\overline{Y}_{i}-Y_{EPi})_{max} \qquad \cdots\cdots(A.6)$$

$$(\Delta y_{LH})_{min}=(\overline{Y}_{i}-Y_{EPi})_{min} \qquad \cdots\cdots(A.7)$$

则端基平移直线的截距 a 按公式(A.8)计算：

$$a=\frac{\overline{Y}_{L}\cdot X_{H}-\overline{Y}_{H}\cdot X_{L}}{X_{H}-X_{L}}+\frac{1}{2}[(\Delta y_{LH})_{max}+(\Delta y_{LH})_{min}] \qquad \cdots\cdots(A.8)$$

斜率 b 按公式(A.9)计算：

$$b=\frac{\overline{Y}_H-\overline{Y}_L}{X_H-X_L} \qquad \text{(A.9)}$$

A.2.2 最小二乘法

最小二乘法作为参比工作直线方程为：

$$Y_{LS}=a+bX \qquad \text{(A.10)}$$

截距 a 按公式(A.11)计算：

$$a=\frac{\sum_{i=1}^{m}X_i^2\sum_{i=1}^{m}\overline{Y}_i-\sum_{i=1}^{m}X_i\sum_{i=1}^{m}X_i\overline{Y}_i}{m\sum_{i=1}^{m}X_i^{\ 2}-(\sum_{i=1}^{m}X_i)^2} \qquad \text{(A.11)}$$

式中：

m——校准点个数。

斜率 b 按公式(A.12)计算：

$$b=\frac{m\sum_{i=1}^{m}X_i\overline{Y}_i-\sum_{i=1}^{m}X_i\sum_{i=1}^{m}\overline{Y}_i}{m\sum_{i=1}^{m}X_i^2-(\sum_{i=1}^{m}X_i)^2} \qquad \text{(A.12)}$$

A.2.3 对于定点使用的非线性传感器，可采用正、反行程的总平均值为传感器的工作特性。

A.2.4 对于非定点使用的非线性传感器及带刻度方程的线性传感器，可采用刻度方程为其工作特性。

A.3 满量程输出值($Y_{F.S}$)

A.3.1 传感器测量上限输出值与测量下限输出值之差的绝对值(以理论特性直线的计算值为依据)为满量程输出，即：

$$Y_{F.S}=|b\cdot(X_H-X_L)| \qquad \text{(A.13)}$$

式中：

b——理论工作直线的斜率；

X_H、X_L——为测量上、下限的压力值。

A.3.2 对于定点使用的非线性传感器，满量程输出：

$$Y_{F.S}=|\overline{Y}_H-\overline{Y}_L| \qquad \text{(A.14)}$$

式中：

$\overline{Y}_H$、$\overline{Y}_L$——为测量上、下限输出值的平均值。

A.3.3 对于非定点使用的非线性传感器及带刻度方程的线性传感器，满量程输出为：

$$Y_{F.S}=|\overline{Y}_H-\overline{Y}_L| \qquad \text{(A.15)}$$

式中：

$\overline{Y}_H$、$\overline{Y}_L$——为刻度方程上的上、下限点的计算输出值。

A.4 非线性(ξ_L)

A.4.1 线性压力传感器的非线性指标：

$$\xi_L=\frac{|\overline{Y}_i-Y_i|_{max}}{Y_{F.S}}\times 100\% \qquad \text{(A.16)}$$

式中：

$\overline{Y}_i$——根据公式(A.3)计算出的输出总平均值；

Y_i——根据公式(A.5)或公式(A.10)式计算出的理论值，对于带刻度方程的线性压力传感器为其刻度方程对应的输出值。

A.4.2 非线性传感器不计算非线性度指标，对于非定点使用的非线性传感器，计算刻度误差(ξ_K)(指标要求与非线性度相同)：

$$\xi_K = \frac{|\overline{Y}_i - Y_i|_{max}}{Y_{F.S}} \times 100\% \quad \cdots\cdots(A.17)$$

式中：

$\overline{Y}_i$——根据公式(A.3)计算出的输出总平均值；

Y_i——非定点使用的非线性压力传感器刻度方程对应的输出值。

A.5 迟滞(ξ_H)

$$\xi_H = \frac{|\overline{Y}_{Ui} - \overline{Y}_{Di}|_{max}}{Y_{F.S}} \times 100\% \quad \cdots\cdots(A.18)$$

A.6 重复性(ξ_R)

采用贝赛尔公式分别计算每个校验点上正、反行程输出值的子样标准偏差：

正行程子样标准偏差 S_{Ui}：

$$S_{Ui} = \sqrt{\frac{1}{n-1}\sum_{j=1}^{n}(Y_{Uij} - \overline{Y}_{Ui})^2} \quad \cdots\cdots(A.19)$$

式中：

n——重复试验的次数。

反行程子样标准偏差 S_{Di}：

$$S_{Di} = \sqrt{\frac{1}{n-1}\sum_{j=1}^{n}(Y_{Dij} - \overline{Y}_{Di})^2} \quad \cdots\cdots(A.20)$$

传感器在整个测量范围内的子样标准偏差 S：

$$S = \sqrt{\frac{1}{2m}\left(\sum_{i=1}^{m}S_{Ui}^2 + \sum_{i=1}^{m}S_{Di}^2\right)} \quad \cdots\cdots(A.21)$$

式中：

m——校准点个数。

则重复性为：

$$\xi_R = \frac{\lambda S}{Y_{F.S}} \times 100\% \quad \cdots\cdots(A.22)$$

式中：

λ——包含因子，一般取 $\lambda=3$。

也可以按 t 分布取值，但不推荐使用，取包含因子 $\lambda=t_{0.95}$(保证95%的置信度)，其与校准循环次数 n 和校准点个数有关，具体见表 A.1。

表 A.1 按 t 分布的包含因子取值

$m(n-1)$	10	12	14	15	16	18	20	25	30	35	40	45
$t_{0.95}$	2.23	2.18	2.14	2.13	2.12	2.10	2.09	2.06	2.04	2.03	2.02	2.01

A.7 准确度(ξ)

A.7.1 传感器的准确度是系统误差与随机误差的综合反映，即取决于系统误差与随机误差带的大小。

A.7.2　线性传感器的系统误差带

a）采用端基平移直线时：

$$U_1 = \pm \frac{1}{2}(|\overline{Y}_{Ui} - Y_i|_{max} + |\overline{Y}_{Di} - Y_i|_{max}) \quad \cdots\cdots\cdots\cdots\cdots (A.23)$$

式中：

$\overline{Y}_{Ui}$、$\overline{Y}_{Di}$——分别为根据公式(A.1)、公式(A.2)计算出的正、反行程输出平均值。

Y_i——为根据公式(A.5)计算出的端基平移直线方程计算输出值。

b）采用最小二乘法时：

正行程的系统误差为：

$$(\Delta Y)_{Ui} = |\overline{Y}_{Ui} - Y_{LSi}|_{max} \quad \cdots\cdots\cdots\cdots\cdots (A.24)$$

反行程的系统误差为：

$$(\Delta Y)_{Di} = |\overline{Y}_{Di} - Y_{LSi}|_{max} \quad \cdots\cdots\cdots\cdots\cdots (A.25)$$

式中：

Y_{LSi}——为根据公式(A.10)计算出的最小二乘直线方程计算输出值。

则 U_1 为 $(\Delta Y)_{Ui}$ 与 $(\Delta Y)_{Di}$ 中较大者。

A.7.3　对于定点使用的非线性传感器，系统误差带为：

$$U_1 = \pm \frac{1}{2}|\overline{Y}_{Ui} - \overline{Y}_{Di}|_{max} \quad \cdots\cdots\cdots\cdots\cdots (A.26)$$

A.7.4　对于非定点使用的非线性传感器及带刻度方程的线性传感器的系统误差带为：

正行程的系统误差为：

$$(\Delta Y)_{Ui} = |\overline{Y}_{Ui} - Y|_{max} \quad \cdots\cdots\cdots\cdots\cdots (A.27)$$

式中：

Y——刻度方程对应值。

反行程的系统误差为：

$$(\Delta Y)_{Di} = |\overline{Y}_{Di} - Y|_{max} \quad \cdots\cdots\cdots\cdots\cdots (A.28)$$

则 U_1 为 $(\Delta Y)_{Ui}$ 与 $(\Delta Y)_{Di}$ 中较大者。

A.7.5　传感器的随机误差 U_2 为：

$$U_2 = \pm 3S \quad \cdots\cdots\cdots\cdots\cdots (A.29)$$

A.7.6　传感器的准确度(ξ)：

$$\xi = \pm \frac{|U_1| + |U_2|}{Y_{F.S}} \times 100\% \quad \cdots\cdots\cdots\cdots\cdots (A.30)$$

A.8　零点漂移(d_z)

$$d_z = \frac{|Y_{max} - Y_{min}|}{Y_{F.S}} \times 100\% \quad \cdots\cdots\cdots\cdots\cdots (A.31)$$

式中：

Y_{max}、Y_{min}——零点漂移的考核期间内零点示值的最大值、最小值。

A.9　零点长期稳定性(r_z)

$$r_z = \frac{|Y_{max} - Y_{min}|}{Y_{F.S}} \times 100\% \quad \cdots\cdots\cdots\cdots\cdots (A.32)$$

式中：

Y_{max}、Y_{min}——考核期间内零点输出的最大值、最小值。

A.10　热零点漂移(α)

$$\alpha=\frac{Y(t_2)-Y(t_1)}{Y_{F.S}\cdot(t_2-t_1)}\times 100\% \quad \cdots\cdots(A.33)$$

式中：

t_1——室温；

t_2——为上限补偿温度或下限补偿温度；

$Y(t_1)$——室温时，传感器的零点输出；

$Y(t_2)$——为上限补偿温度或下限补偿温度下，传感器零点输出。

A.11　热满量程输出漂移(β)

$$\beta=\frac{[Y_H(t_2)-Y_L(t_2)]-[Y_H(t_1)-Y_L(t_1)]}{Y_{F.S}\cdot(t_2-t_1)}\times 100\% \quad \cdots\cdots(A.34)$$

式中：

t_1——室温；

t_2——为上限补偿温度或下限补偿温度；

$Y_H(t_1)$——室温时，传感器的测量上限输出；

$Y_H(t_2)$——t_2 温度下，传感器的测量上限输出；

$Y_L(t_1)$——室温时，传感器的测量下限输出；

$Y_L(t_2)$——t_2 温度下，传感器的测量下限输出。

A.12　振动对传感器零点影响(Z_0)

$$Z_0=\frac{|Y_L-Y_{L0}|_{max}}{Y_{F.S}}\times 100\% \quad \cdots\cdots(A.35)$$

式中：

Y_L——振动过程中，传感器的零点输出值；

Y_{L0}——振动前，传感器的零点输出值。

A.13　外磁场对传感器输出的影响(C_c)

$$C_c=\frac{|Y_m-Y_{m0}|}{Y_{F.S}}\times 100\% \quad \cdots\cdots(A.36)$$

式中：

Y_m——施加外磁场过程中，传感器的输出值；

Y_{m0}——施加外磁场之前，传感器的输出值。

试验过程中保持传感器的输入压力不变，输入压力为传感器量程的 50%～70%。

ICS 19.040
N 61

中华人民共和国国家标准

GB/T 26808—2011

恒温槽与恒温循环装置
低温恒温槽

Thermostatic baths and circulators—Refrigerated baths

2011-07-29 发布　　2011-12-01 实施

中华人民共和国国家质量监督检验检疫总局
中国国家标准化管理委员会　发布

前　言

本标准按照 GB/T 1.1—2009 给出的规则起草。

请注意本文件的某些内容可能涉及专利。本文件的发布机构不承担识别这些专利的责任。

本标准由中国机械工业联合会提出并归口。

本标准主要起草单位：杭州雪中炭恒温技术有限公司、重庆四达试验设备有限公司、浙江省计量科学研究院、机械工业仪器仪表综合技术经济研究所、上海爱斯佩克环境设备有限公司、无锡苏南试验设备有限公司、湖南省计量检测研究院、工业和信息化部电子第五研究所。

本标准参加起草单位：沈阳仪表科学研究院、安徽省计量科学研究院、衡阳衡仪电气有限公司、中国电器科学研究院、宁波东方加热设备有限公司、上海精宏实验设备有限公司、重庆银河试验仪器有限公司。

本标准主要起草人：徐月明、陈云生、沈才忠、金丽辉、冯华、倪一明、熊知明、邹苏阳、徐秋玲、何纲健、刘湘衡、周修源、王晓峰、励雅琴、周连琴、王家龙、廉振荣、金美峰、王华斌。

恒温槽与恒温循环装置
低温恒温槽

1 范围

本标准规定了低温恒温槽的分类、使用条件、要求、试验方法、检验规则、标志、包装、运输、贮存及随行文件。

本标准适用于装备了有源制冷装置，以液体传热介质形式提供恒温环境的低温恒温槽（以下简称低温槽）。

2 规范性引用文件

下列文件对于本文件的应用是必不可少的。凡是注日期的引用文件，仅注日期的版本适用于本文件。凡是不注日期的引用文件，其最新版本（包括所有的修改单）适用于本文件。

GB/T 191—2008 包装储运图示标志

GB/T 2829—2002 周期检验计数抽样程序及表（适用于对过程稳定性的检验）

GB 4793.1—2007 测量、控制和实验室用电气设备的安全要求 第1部分：通用要求

GB 4793.6—2008 测量、控制和实验室用电气设备的安全要求 第6部分：实验室用材料加热设备的特殊要求

GB/T 9969—2008 工业产品使用说明书 总则

GB 16895.12—2001 建筑物电气装置 第4部分：安全防护 第44章：过电压保护 第443节：大气过电压或操作过电压保护

GB/T 17248.3—1999 声学 机器和设备发射的噪声 工作位置和其他指定位置发射声压级的测量 现场简易法

JB/T 9512—1999 气候环境试验设备与试验箱 噪声声功率级的测定

3 分类

不燃液体或可燃液体均可作为低温槽的液体传热介质，低温槽的分类名称、要求及标志见表1。

表 1

分类名称	液体传热介质	要求	标志[e]
Ⅰ	不燃液体[a]	过温保护[c]	NFL
Ⅱ	可燃液体[b]	可调温度过温保护[d]	FL
Ⅲ		可调温度过温保护和附加液位保护[d]	

[a] 通常是水以及其他在单一故障条件和规定温度范围内不燃烧的液体。

[b] 液体传热介质的闪点不应小于65 ℃，Ⅱ类要求适用，比如硅油。否则Ⅲ类要求适用，比如乙醇。

[c] 独立的、非自复位的、能同时切断加热器所有极的过温或液位保护装置。

[d] 可以调节的过温和液位保护装置，应只有借助于工具才能进行。

[e] 制造商可选择采用或不采用。

4 使用条件

4.1 环境条件

低温槽应在下列条件下使用：

a) 室内使用；

b) 温度为5 ℃～35 ℃，无剧烈的环境温度变化；

c) 环境温度低于31 ℃时最大相对湿度为80%，环境温度为35 ℃时最大相对湿度线性降到67%；

d) 海拔高度不超过2 000 m；

e) 周围应无影响低温槽使用的振动、磁场(地磁场除外)以及其他冷热辐射的存在；

f) 污染等级2级，周围无高浓度粉尘或腐蚀性气体；

g) 周围无强烈气流，当周围空气需强流动时，气流不应直接吹到低温槽制冷系统进风口和低温槽开口表面。

4.2 供电条件

为低温槽供电的电源应符合以下条件：

a) 额定电压：交流220 V、380 V或其他额定电压，允许偏离额定值的范围为－15%～＋10%；

b) 额定频率：50 Hz或其他额定频率，允许偏离额定值的范围为±2%；

c) 允许电网电源上出现典型的瞬态过电压。瞬态过电压的标称等级为GB 16895.12—2001规定的脉冲承受电压(过电压)类别Ⅱ。

4.3 供水条件

采用水冷却的低温槽，冷却水应满足下列条件：

a) 进水温度：不应大于35 ℃，无明显的水温剧烈变化；

b) 进水压力：0.1 MPa～0.3 MPa，无明显的水压剧烈变化；

c) 总硬度：不应大于4 mmol/L，应满足工业锅炉用水水质标准。

4.4 液体传热介质

使用与工作温度范围和产品分类相适应的液体传热介质，如水、乙醇水溶液或无水乙醇、硅油、矿物油等，其中水介质的总硬度不应大于4 mmol/L，满足工业锅炉用水水质标准。液体传热介质在4.1环境条件下的沸点，应比制造商规定的最高工作温度高5 ℃以上，且无明显油烟形成。

在较低工作温度试验时，液体传热介质在工作温度范围内的运动黏度不应大于30 mm^2/s。在150 ℃以上工作温度条件试验时，液体传热介质的比热容不应大于2.5 kJ/(kg·K)，运动黏度不应小于1 mm^2/s。

5 要求

5.1 外观及结构

5.1.1 表面涂镀层应色泽均匀、平整光洁，不应有露底、起皱、起泡、斑痕、裂纹及显见的划痕。

5.1.2 低温槽壳体焊接、棱角部位应按要求磨光、倒钝以后喷涂、抛光或镀层。整体结构应牢固。

5.1.3 拼接安装部位缝隙应均匀一致。

5.1.4 固定机脚应放置平稳，移动脚轮应转动灵活且无异常噪声产生，万向脚轮应在正常操作条件和其最不利的位置确保低温槽无倾覆危险。

5.1.5 内胆焊缝应均匀、无渗漏，电热器、蒸发器的安装应整齐、无泄漏，无锈斑。

5.1.6 低温槽盖板与槽体应结合良好，方便操作。

5.2 技术性能

低温槽技术性能要求见表2。

表2

序号	项目	单位	技术指标
1	工作温度范围[a]	℃	应符合制造商技术文件的规定
2	ACC工作温度[b]	℃	应符合制造商技术文件的规定
3	温度波动度	℃	在以下规格中选取：±(1，2，5)×10^n，$-3\leqslant n\leqslant 0$ 且为整数
4	温度均匀度	℃	在以下规格中选取：≤(1，2，5)×10^n，$-3\leqslant n\leqslant 0$ 且为整数
5	降温时间[a]	min	应符合制造商技术文件的规定
6	制冷量[a]	W	应符合制造商技术文件的规定

[a] 应注明20 ℃环境温度条件下的规定。

[b] ACC(Active Cooling Control)表示有源冷却控制，允许有源冷却制冷装置稳定工作的最高工作温度。

5.3 安全和环境保护

5.3.1 保护连接

保护连接的完整性、保护导体端子以及保护连接的阻抗应满足GB 4793.1—2007的6.5.1的规定。

5.3.2 介电强度

将受试低温槽的保护导体端子(或电源插头的保护导体端子)作为一端，所有电源输入端短接作为另一端，在两端之间施加按表3确定的50 Hz交流正弦波试验电压，在5 s内将试验电压升高到规定值，使试验电压不出现明显跳变，然后至少保持5 s，应无闪络、电流突然增加或重复飞弧现象。

表3

受试设备相线-中线电压(U) V	项目			
	电气间隙[a] mm	基准试验电压 V(50 Hz)	试验地海拔高度(1～500)m时试验电压修正系数[b]	海拔校正后试验电压 V(50 Hz)
$100<U\leqslant150$	0.5	840	1.12	950
$150<U\leqslant300$	1.5	1 390	1.12	1 560

[a] 其他电网电源的电气间隙，按GB 4793.1—2007表4确定。

[b] 试验地海拔高度不是2 000 m时，按GB 4793.1—2007表10确定修正系数。

5.3.3 接触电流

低温槽在断开保护接地的供电条件下，在4.2a)规定的1.1倍额定电压和10.1制造商技术文件中规定的最不利使用组合试验条件下，接触电流不应大于3.5 mA。

5.3.4 过温保护

如果低温槽装备加热装置，应按照低温槽的分类和表1的要求实施过温保护。其过温保护措施应符合GB 4793.6—2008中10.101的规定，过温保护装置应满足GB 4793.6—2008中14.3的要求。

5.3.5 保温及表面温度限值

5.3.5.1 应确保保温层结构与厚度设计的合理性，除开口、排水阀等部位以外，低温槽工作在常温以下的工作温度和4.1规定的温湿度环境条件下，2 h内壳体表面应无明显凝露或结霜。

5.3.5.2 低温槽工作在制造商规定的最高工作温度和4.1规定的温湿度环境条件下，壳体易触及发热表面的温度限值应符合GB 4793.1—2007中10.1和GB 4793.6—2008中10.1的规定。

5.3.6 制冷剂

应使用不含CFC(氯氟烃)的环保制冷剂。

5.3.7 噪声

低温槽噪声的A计权声压级不应大于70 dB。如果超过，制造商应在其技术文件中规定使用设备的责任部门应采取的防护措施。

6 试验方法

6.1 主要试验仪器与设备

6.1.1 温度测量系统

采用铂电阻、热电偶等温度传感器及温度显示仪表组成温度测量系统，应满足以下要求：

a) 温度测量范围满足被测低温槽的测量要求；
b) 时间常数(63.2%)为(8±2)s；
c) 由测量系统所引入的不确定度换算成温度值不应大于被测温度波动度和均匀度绝对值的1/3；
d) 温度测量通道数量(2～9)个。

6.1.2 功率计

功率计的等级指数不应大于1.5。

6.1.3 接地电阻测试仪

能提供满足试验要求的试验电流。

6.1.4 介电强度测试仪

能提供满足试验要求的试验电压。

6.1.5　**接触电流测试仪**

应包含满足GB 4793.1—2007的A.1规定的模拟人体网络和额定功率满足低温槽正常工作要求的可调输出电压隔离变压器。

6.2　**试验条件**

6.2.1　低温槽的试验条件应符合4.1～4.4的有关规定。

6.2.2　除特别规定，低温槽的温度测量应按照图1的示意，在制造商规定的低温槽工作空间内的几何中心位置进行。如果制造商没有规定工作空间，应根据表4的规定确定工作空间(见图2、图3)。如果加热装置、冷却装置位于低温槽的底部或侧面，工作空间的计算应从相关装置接近工作空间中心的表面开始。如果制造商已经为这些部件采取隔离措施，比如隔板、挡板等，则从隔板或挡板开始计算工作空间。除非制造商明确规定，低温槽的开口大小不影响工作空间的计算。任何情况下，测试用温度传感器离开加热器和冷却器表面的距离不应少于20 mm/kW，距离液面不应少于30 mm。特殊规格或用途的低温槽，测试用温度传感器的数量及位置布置宜与用户协商确定。

试验时，应将低温槽按最大充装量装满适用的液体传热介质，并允许在低温槽到达试验温度点时按要求调整一次液位。如果低温槽盖板为标准附件，应将盖板按正常使用方式盖上。

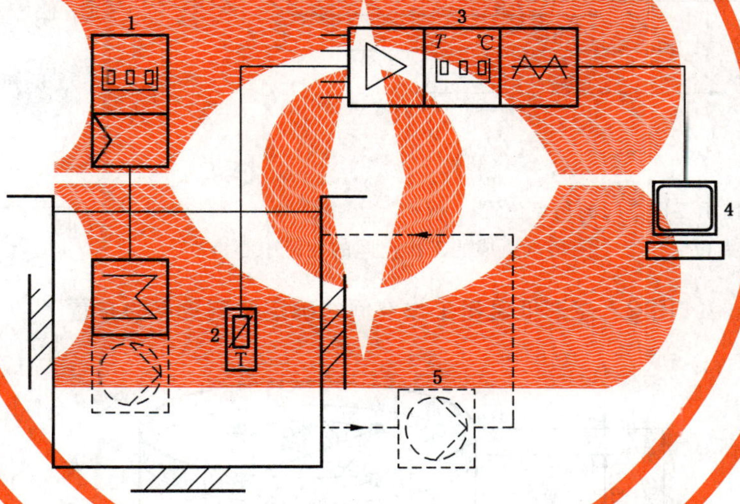

说明：
1——低温槽；
2——温度传感器；
3——温度测量系统；
4——计算机；
5——管道式循环泵。

注：搅拌方式可能为循环泵射流式或机械搅拌式，循环泵可能为浸入式或管道式。

图1　低温槽温度测量示意图

表 4

单位为毫米

槽尺寸	距底面、液面(或隔板)	距槽壁(或挡板、加热器、冷却器)
$W\times D\times H$(矩形低温槽)[a]	$\geqslant 0.15H$	$\geqslant 0.15W$ 或 D
$Dia\times H$(圆形低温槽)[b]		$\geqslant 0.15Dia$

[a] 以操作者正常操作为基准点,W 表示低温槽左右方向尺寸,D 表示低温槽前后方向尺寸,H 表示液体传热介质的液位高度。

[b] Dia 表示低温槽直径。

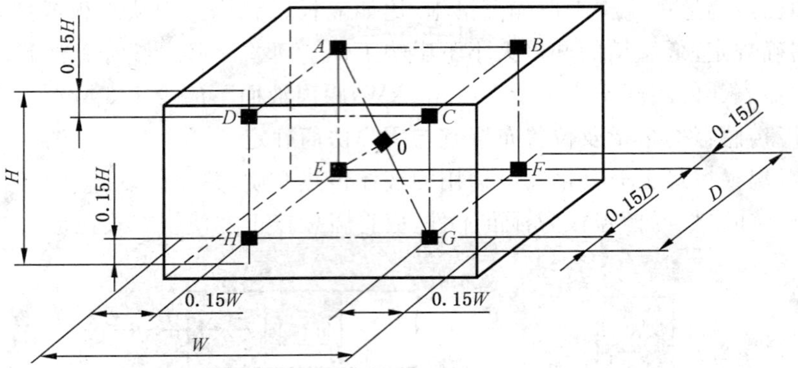

说明:

■ ——8 个测量点位于工作空间的角点位置;

◆ ——第 9 个测量点位于由 8 个测量点组成的工作空间的几何中心。

图 2 矩形低温槽工作空间的确定及测量点的布置

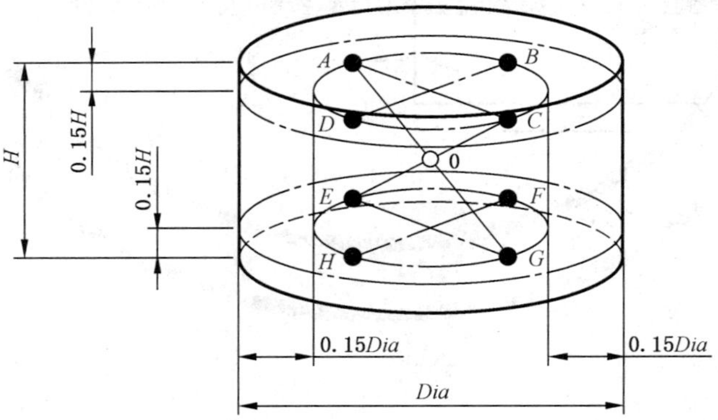

说明:

● ——8 个测量点位于上、下两个假想平面的四个象限点上;

○ ——第 9 个测量点位于由 8 个测量点组成的工作空间的几何中心。

图 3 圆形低温槽工作空间的确定及测量点的布置

6.2.3 除特别规定,温度测量系统应每分钟采样两次,取图 2 或图 3 的第 9 个测量点作为温度测试点。

6.3 外观及结构试验

采用目测、手摸,结合样品、照片、涂层测试仪等方法进行检查。在 6.4～6.10 规定的试验前和试验后各检查一次，结果应符合5.1的规定。

6.4 工作温度范围试验

6.4.1 最低工作温度试验

最低工作温度试验应采用适用的工作介质，在(20±2)℃的环境温度和6.2规定的其他试验条件下进行。将低温槽温度设置到最低工作温度，开启制冷装置和循环泵或者搅拌装置。启动温度测量系统记录降温过程，并在达到最低工作温度时继续维持30 min以上，低温槽能够达到的最低温度应符合5.2的规定。

6.4.2 不同环境温度条件下的最低工作温度对比试验

允许制造商通过试验，测定相同低温槽在不同环境温度条件下的最低温度，然后按图4绘制最低温度—环境温度曲线。该曲线可以用于对设计完全相同的低温槽，在相应环境温度条件下批量测量最低温度并推算出20 ℃环境条件下的最低温度。试验方法如下：

a) 按6.4.1测试低温槽的最低温度，试验应在相同条件下进行一次重复；
b) 改变环境温度为(24±2)℃、(28±2)℃和(32±2)℃，保持其他操作条件不变，按6.4.1的方法分别测试不同环境温度条件下的最低温度；
c) 取两次重复测试的平均值，采用最小二乘法绘制最低温度—环境温度曲线(图4)，允许将曲线按测量范围内的变化规律外推到15 ℃～35 ℃环境温度范围；
d) 在实际环境温度条件下，测试低温槽的最低温度。将图4曲线在T_b方向上下平移到实际环境温度和最低温度的交叉点，查阅20 ℃ T_a时与曲线交叉点对应的T_b，即为该低温槽在20 ℃环境条件下的最低温度。

最低温度试验结果应符合5.2的规定。如果对通过对比试验方法测定的结果存在争议，执行定型检验或周期检验，应以6.4.1规定方法测试的结果为准。

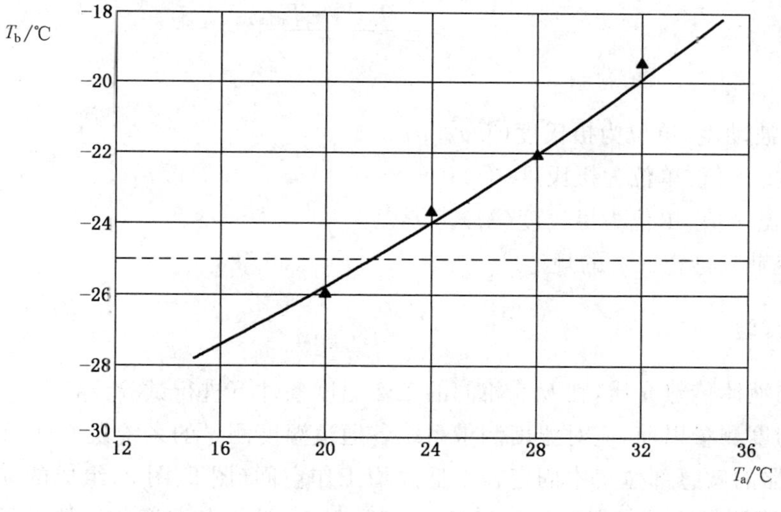

说明：

T_a——表示环境温度(℃)；

T_b——表示低温槽温度(℃)；

▲——最低温度测量数据。

注：实例中制造商规定的低温槽最低温度为－25 ℃。

图4 最低温度—环境温度曲线

6.4.3 最高工作温度试验

最高工作温度试验应采用适用的工作介质，在(20±5)℃的环境温度和6.2规定的其他试验条件下进行。将低温槽温度设置到由制造商规定的最高工作温度，按制造商的规定，开启或关闭制冷装置，启动温度测量系统记录升温过程，并在达到最高工作温度时继续维持30 min以上。低温槽能够达到的最高温度应符合5.2的规定。

6.5 ACC工作温度试验

ACC工作温度试验应采用适用的工作介质，在4.1规定的最高环境温度和6.2规定的其他试验条件下进行。将低温槽温度设置到由制造商规定的ACC工作温度，开启制冷系统，在低温槽达到设定工作温度稳定工作并保持2 h以上为合格。

6.6 温度波动度试验

低温槽温度波动度的测量应采用适当的或制造商指定的液体传热介质，并在工作温度范围的最高工作温度、最低工作温度和−10 ℃温度条件下进行试验。如果最高工作温度为环境温度，或者最低温度不能达到−10 ℃，则仅在+15 ℃工作温度条件下进行试验。

最低工作温度和−10 ℃工作温度的波动度试验按6.4.1的方法进行，如果试验在非20 ℃环境温度条件下进行，应按6.4.2的方法校正最低工作温度，然后在该工作温度下进行温度波动度试验。最高工作温度和+15 ℃工作温度的波动度试验按6.4.3的方法进行。

试验时应使低温槽达到规定的试验温度并保持30 min以上开始。出厂检验只进行中间工作温度或+15 ℃温度试验，定型检验和周期检验应进行全部的3个或+15 ℃温度点试验。启动温度测量系统记录恒温过程，保持连续记录30 min以上，然后取30 min内的最高温度读数和最低温度读数之差值的二分之一，前面冠以“±”符号，作为温度波动度，其计算见公式(1)。如果测得的温度波动度在+15 ℃工作温度或其他温度下进行，则应当进行说明。

$$\Delta T_S = \pm \frac{T_{max} - T_{min}}{2} \qquad \cdots\cdots(1)$$

式中：

ΔT_S——温度波动度，单位为摄氏度(℃)；

T_{max}——最高温度值，单位为摄氏度(℃)；

T_{min}——最低温度值，单位为摄氏度(℃)。

温度波动度结果应符合5.2的规定。

6.7 温度均匀度试验

应采用适当的液体传热介质，在6.6相同的工作温度条件下进行试验。

实施温度均匀度测量以前，应对温度测量系统各通道温度测量的系统误差进行校正。将9支(至少为2支)温度传感器的敏感部位集中固定在由低温槽工作空间(图2、图3)组成的立方体的几何中心位置(0点)。启动温度测量系统并保持连续记录15 min以上，计算各温度传感器的平均值，以及8支(或第2支)温度传感器与固定在几何中心位置(0点)的温度传感器平均值的偏差ΔT_i，并将其作为起始偏差。

将8支温度传感器分配到工作空间的8个测试点上。对于矩形低温槽，8个测试点应位于工作空间的各个角点(图2)；对于圆形低温槽，8个测试点应位于工作空间上、下两个假想圆平面的象限点上(图3)，第9个测试点应当位于由其他8个温度测试点组成的立方体的几何中心(0点)。

启动温度测量系统，测量所有9个测量点的温度，保持连续记录15 min以上，然后将15 min时间范围内的所有数据按测量点进行算术平均，将其中8支温度传感器进行ΔT_i修正，按公式(2)计算温度均匀度。

$$\Delta T_U = \overline{T'}_{max} - \overline{T'}_{min} \qquad \cdots\cdots(2)$$

式中：

ΔT_U——温度均匀度，单位为摄氏度(℃)；

$\overline{T'}_{max}$——数据修正后值最大的测量点的温度平均值，单位为摄氏度(℃)；

$\overline{T'}_{min}$——数据修正后值最小的测量点的温度平均值，单位为摄氏度(℃)。

用几个测试点的测试结果和公式(2)，可以计算水平温度均匀度和垂直温度均匀度。计算水平温度均匀度时，取工作空间任一水平平面上的最大对角线两点的最大平均值和最小平均值之差；计算垂直温度均匀度时，取工作空间最大的垂直平面的对角线顶点的最大平均值和最小平均值之差。

如果温度传感器的数量少于9支，应保持中心位置(0点)的温度传感器固定不变，其他温度点(比如A点)的测量需要通过移动温度传感器实施测量(见图2、图3)。按0点温度传感器→A点温度传感器→A点温度传感器→0点温度传感器→0点温度传感器→A点温度传感器→A点温度传感器→0点温度传感器的测量顺序，依次得到示值R^0_{A1}、R_{A1}、R_{A2}、R^0_{A2}、R^0_{A3}、R_{A3}、R_{A4}、R^0_{A4}。

计算0点温度传感器示值平均值：$\overline{R^0_A} = (R^0_{A1} + R^0_{A2} + R^0_{A3} + R^0_{A4})/4$

计算A点温度传感器示值平均值：$\overline{R_A} = (R_{A1} + R_{A2} + R_{A3} + R_{A4})/4$

则此时A点相对于0点的温度示值差为：$R_{A-0} = \overline{R_A} - \overline{R^0_A}$

保持0点温度传感器的原有位置，移动A点温度传感器到图2、图3的其他温度点，同样方法可以测量工作区域内B、C、D、E、F、G和H点相对于0点的示值差R_{B-0}、R_{C-0}、R_{D-0}、R_{E-0}、R_{F-0}、R_{G-0}、R_{H-0}。

在R_{A-0}、R_{B-0}、R_{C-0}、R_{D-0}或R_{E-0}、R_{F-0}、R_{G-0}、R_{H-0}中找出最大值和最小值，最大值减去最小值的差换算为温度即为工作区域上水平面的最大温差，即水平温度均匀度。

在R_{A-0}、R_{B-0}、R_{C-0}、R_{D-0}、R_{E-0}、R_{F-0}、R_{G-0}、R_{H-0}中找出最大值和最小值，最大值减去最小值的差换算为温度即为工作区域的最大温差，即垂直温度均匀度。

温度均匀度结果应符合5.2的规定。

注：温度均匀度受低温槽内浸入物品大小与多少、液体传热介质的循环或搅拌速度以及介质在试验温度条件下运动粘度的影响。

6.8 降温时间试验

低温槽降温时间的测定，应采用适当的或制造商指定的液体传热介质，按6.4.1的试验方法，计算从(20±2)℃操作温度开始，制冷降温到低温槽温度第一次达到相当于起点温度与制造商规定的最低工作温度之差的80%温度点时所需要的时间，结果应符合5.2的规定。

6.9 制冷量试验

6.9.1 电热功率法

低温槽制冷量P_k的测量，应当在(20±2)℃的环境温度、制造商规定的工作温度和6.2规定的其他试验条件下进行。低温槽的循环泵或机械搅拌装置应当在最大流量或最大搅拌速度下工作。对于由水提供冷却或辅助冷却的低温槽，冷却水的温度应当为(20±2)℃。测量应当从开启制冷装置，并在制冷装置达到稳定状态以后进行。如果制造商没有对制冷装置达到稳定状态的时间进行规定，或者无法通过试验判断，试验应从开启制冷装置30 min以后开始。

设置低温槽的工作温度，使低温槽内部加热装置在测试过程中停止加热工作。将电加热器通过一个功率匹配的可调电源插入到液体传热介质中进行加热，并确保加热器的发热部位与液体传热介质的全面接触，调节加热器的输入电压使低温槽的温度恒定在规定的试验温度 $T_b \pm 0.2$ ℃下 5 min 以上。采用功率计测得的加热器输入功率即为低温槽在规定工作温度下的制冷量。

制造商应以表格或曲线图的形式对不同温度 T_b 条件下的制冷量 P_k 进行规定。如果只对一个温度点 T_b 的制冷量进行规定，T_b 应为－10 ℃；如果由于低温槽的范围不能达到－10 ℃的工作温度，应规定为＋20 ℃的制冷量。

6.9.2 不同环境温度条件下的制冷量对比试验-电热功率法

允许制造商通过试验，测定相同低温槽在不同环境温度条件和特定工作温度下的制冷量，然后按图 5 绘制制冷量—环境温度曲线。该曲线可以用于对设计完全相同的低温槽，在非 20 ℃的环境温度条件下批量测试制冷量，推算出 20 ℃环境条件下的制冷量。

注：图 5 的曲线只是一个实例，制冷量与环境温度之间的关系受制冷系统结构影响严重，曲线呈多样化的变化规律。

试验方法如下：

a） 按 6.9.1 测试低温槽在规定工作温度下的制冷量，试验应在相同条件下进行一次重复；

b） 改变环境温度分别为(24±2)℃、(28±2)℃和(32±2)℃，保持其他操作条件不变，按照 6.9.1 规定分别测试制冷量；

c） 取两次重复测试的平均值，采用最小二乘法绘制制冷量—环境温度曲线(图 5)，允许将曲线外推到 15 ℃～35 ℃环境温度范围；

d） 在实际环境温度条件下，测试低温槽在规定工作温度下的制冷量。将图 5 曲线在 P_k 方向上下平移到实际环境温度和规定工作温度下制冷量的交叉点，查阅 T_a 为 20 ℃时与曲线交叉点对应的 P_k，即为该低温槽在 20 ℃环境条件下的制冷量。

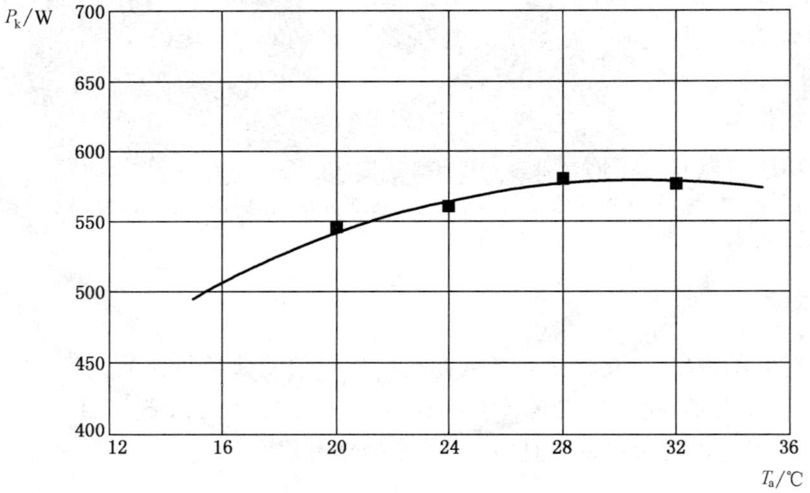

说明：

T_a——表示环境温度(℃)；

P_k——表示制冷量(W)；

■ ——制冷量测量数据。

注：实例中制造商规定的低温槽制冷量指标为 500 W＋20 ℃。

图 5 制冷量—环境温度曲线

制冷量试验结果应符合制造商在技术文件中的规定。如果对通过对比试验方法测定的制冷量结果存在争议，执行定型检验或周期检验，应以 6.9.1 规定方法测试的结果为准。

6.9.3 降温速率法

本方法适用于以水为液体传热介质的低温槽，快速、批量测定 5 ℃以上工作温度值 T_w 的制冷量。将低温槽的温度恒定在(T_w+5)℃，按 6.9.1 开启制冷装置使其达到稳定状态。启动温度测量系统，按(不低于)每分钟 6 次的采样频率连续记录温度直到试验结束。

重新设置低温槽的工作温度为(T_w-5)℃，测量并记录低温槽从($T_w+2.5$)℃达到($T_w-2.5$)℃需要的时间 t_1。

低温槽达到设定温度以后，重新改变设置温度为(T_w+5)℃进行重复试验，确认这种工作温度改变未使制冷装置自动停止工作，否则应重新等待制冷装置启动工作并维持 15 min 以上。

低温槽的工作温度达到新的设置温度并保持 15 min 以上，再次改变低温槽的工作温度为(T_w-5)℃，继续测量并记录低温槽从($T_w+2.5$)℃达到($T_w-2.5$)℃需要的时间 t_2。低温槽温度达到($T_w-2.5$)℃以后，结束试验。

将两次重复测量的时间 t 进行平均，按公式(3)计算制冷量 P_k：

$$P_k = C_w \times M_w \times \Delta T / \bar{t} \quad \cdots\cdots (3)$$

式中：

P_k ——制冷量，单位为瓦(W)；

C_w ——水的比热，常数，4 186.8 J/(kg·K)；

M_w ——水的质量，单位为千克(kg)；

ΔT ——温差，单位为开(K)，本标准规定 ΔT 为 5 K；

$\bar{t}$ ——实现 ΔT 温差需要时间的平均值，单位为秒(s)。

试验结果应符合 5.2 的规定。如果对按 6.9.4 方法测定的制冷量结果存在争议，执行定型检验或周期检验，应以 6.9.1 规定的方法测试的结果为准。

6.10 安全和环境保护试验

6.10.1 保护连接试验

按 GB 4793.1—2007 中 6.5.1 的规定检查保护连接的完整性、保护导体端子以及保护连接的阻抗，并判别其是否合格。

6.10.2 介电强度试验

本试验应在 6.10.1 的试验之后，在测试和检查合格的产品上进行。

按 5.3.2 表 3 确定试验电压，按 GB 4793.1—2007 中 6.8.4 的规定进行试验。试验时应将有关的外部开关处于开启状态，如果电加热装置、制冷装置、循环和搅拌装置等部件是通过自动控制电路才能接入测量电路的，则应对这些部件单独进行试验，其结果应符合 5.3.2 的规定。

6.10.3 接触电流试验

试验时应将电源输入的保护接地断开，采用 1.1 倍的额定电源电压和制造商技术文件规定的最不利组合操作条件，按 GB 4793.1—2007 图 A.1 的模拟人体网络电路及相应的规定进行试验，其结果应符合 5.3.3 的规定。

6.10.4 过温保护试验

通过检查低温槽的分类标识、制造商技术文件中关于低温槽分类的声明，以及检查低温槽的电气原理图和过温保护元器件的技术文件，确认制造商采取的过温保护措施及元器件是否符合 5.3.4 的规定。

如果经过目视检查不能确认，则通过试验施加过温保护或液位保护的故障条件，一次施加一个，检查单一故障条件下的过温保护是否合格。

6.10.5 保温及表面温度限值试验

凝露或结霜试验，应在执行 6.4.1 的最低工作温度试验时进行，保持低温槽在最低工作温度工作不少于 2 h，目视检查 2 h 内低温槽的壳体表面没有凝露或结霜为合格。

壳体发热表面的温度试验，应在执行 6.4.3 的最高工作温度试验时进行，保持低温槽在最高工作温度工作不少于 2 h，通过结构检查与表面温度计测量低温槽的易触及壳体表面温度没有超过 GB 4793.1—2007 表 15 的限值规定。如果试验在 4.1 环境条件下进行，应通过测量并计算低温槽在环境温度条件下的温升与 35 ℃之和为表面温度。

如果测量结果超过限值规定，通过目视检查低温槽壳体明显部位是否具有 GB 4793.1—2007 表 1 规定的防止烫伤的符号 13，检查制造商的技术文件是否具有针对防止烫伤符号的警告说明。

6.10.6 制冷剂试验

通过检查低温槽的铭牌标识、制造商技术文件中关于低温槽制冷剂的说明，以及检查低温槽的制冷原理图和产品实际使用的压缩机型号，确认制造商采用的制冷剂是否为不含 CFC（氯氟烃）的环保制冷剂。

6.10.7 噪声试验

低温槽整机的噪声声功率级应按 JB/T 9512—1999 规定的方法测量，发射噪声级应按 GB/T 17248.3—1999 规定的方法测量，结果应符合 5.3.7 的规定。

7 检验规则

7.1 检验分类

低温槽的检验分为：

a） 出厂检验；

b） 定型检验；

c） 周期检验。

7.2 检验项目

出厂检验、定型检验和周期检验的项目、要求及试验方法的条款号见表 5。

7.3 出厂检验

7.3.1 出厂检验由制造商质量检验部门负责，检验合格后签发产品合格证，方能出厂。

7.3.2 出厂检验项目分逐台检验和抽样检验，逐台检验项目为表 5 中序号 1、2、4、8、9、10 和 11 项，抽样检验项目为表 5 中序号 3、5 和 7 项。

7.3.3 抽样检验项目采用随机抽样检验，成批生产的低温槽，20 台以上的抽 3 台，不足 20 台的抽 2 台。

7.3.4 检验项目应全部合格。抽检时，如有一台不合格，应对不合格项目加倍抽检；第二次检验合格时，仅将第一次抽样不合格的产品返修，检验合格后允许出厂。如第二次抽检仍有一台不合格，则应对该批产品逐台检验，检验合格后允许出厂。

表 5

序号	检验项目	要求的条款号	试验方法的条款号	出厂检验	定型检验	周期检验
1	外观及结构	5.1	6.3	●	●	●
2	工作温度范围	5.2 表 2	6.4	●	●	●
3	ACC 工作温度	5.2 表 2	6.5	●	●	●
4	温度波动度	5.2 表 2	6.6	●	●	●
5	温度均匀度	5.2 表 2	6.7	●	●	●
6	降温时间	5.2 表 2	6.8	—	●	●
7	制冷量	5.2 表 2	6.9	●	●	●
8	保护连接	5.3.1	6.10.1	●	●	●
9	介电强度	5.3.2	6.10.2	●	●	●
10	接触电流	5.3.3	6.10.3	●	●	●
11	过温保护	5.3.4	6.10.4	●	●	●
12	保温及表面温度限值	5.3.5	6.10.5	—	●	●
13	制冷剂	5.3.6	6.10.6	—	●	●
14	噪声	5.3.7	6.10.7	—	●	●
注：符号"●"表示应检验的项目，符号"—"表示不必检验的项目。						

7.4 定型检验

7.4.1 具有以下情形之一，应进行定型检验：

a) 新产品设计定型或生产定型时；

b) 老产品转厂生产时；

c) 产品的设计、结构、工艺、材料有较大变动且有可能影响产品性能时；

d) 质量监督机构要求时。

7.4.2 低温槽定型检验的样本为 3 台，检验项目见表 5，所有项目应符合规定的要求。

7.4.3 定型检验由制造厂质量检验部门执行，也可委托质量检验技术机构执行，应出具定型检验报告。

7.4.4 经定型检验合格的低温槽应整修，更换寿命终了或接近终了的零部件，并重新进行出厂检验。检验合格后签发产品合格证，方能出厂。

7.5 周期检验

7.5.1 检验情况

产品有下列情况之一时，应进行周期检验：

a) 正常生产时，每 2 年进行至少一次的检验；

b) 产品停产一年后，恢复生产时；

c) 出厂检验结果与上次周期检验有重大差异时；

d) 国家质量监督机构要求时。

注：特殊订货或非批量生产的产品除外。

7.5.2 抽样方案及合格或不合格判断

7.5.2.1 周期检验采用 GB/T 2829—2002 中判别水平Ⅰ的一次抽样方案。

7.5.2.2 周期检验项目的不合格分类、不合格质量水平(RQL)、判别水平(DL)及判定数组(Ac ,Re)见表 6。

表 6

序号	不合格分类	检验项目及条款		不合格质量水平(RQL)	判别水平(DL)	抽样方案	
		项目	条款			样本量 n	判定数组(Ac, Re)
1	A	工作温度范围	5.2 表 2	30	Ⅰ	3	(0,1)
2		ACC 工作温度	5.2 表 2				
3		温度波动度	5.2 表 2				
4		温度均匀度	5.2 表 2				
5		制冷量	5.2 表 2				
6		保护连接	5.3.1				
7		介电强度	5.3.2				
8		接触电流	5.3.3				
9		过温保护	5.3.4				
10	B	外观及结构	5.1	65			(1,2)
11		降温时间	5.2 表 2				
12		保温材料及表面温度限值	5.3.5				
13		制冷剂	5.3.6				
14		噪声	5.3.7				

7.5.2.3 周期检验按 GB/T 2829—2002 的规定进行合格或不合格判断,其中批质量以每百单位产品不合格数表示。

7.5.3 样本抽取

周期检验的样本应在出厂检验合格品中随机抽取。

7.5.4 周期检验后的处置

7.5.4.1 周期检验不合格,应分析原因,找出问题并落实措施,重新进行周期检验。若再次周期检验不合格,则应停产整顿,产品停止出厂检验,待解决问题,周期检验合格后,方可恢复出厂检验。

7.5.4.2 若周期检验合格,经出厂检验合格的批可以作为合格品出厂或入库。

8 标志

8.1 一般要求

8.1.1 低温槽应有醒目的耐久性标志,定位准确,指向无任何歧义。

8.1.2 当标志的内容过多,不利于在低温槽外表完整和清晰地表达时,应采用 GB 4793.1—2007 表 1 的符号 14,并在随机技术文件中附加说明。

8.2 分类标志

8.2.1 应按照表 1 的要求对低温槽适用的液体传热介质进行分类标识。"NFL"和"FL"可以由制造商自由选择附加使用或不使用。

8.2.2 分类标识可以单独标注,也可以在操作面板或产品铭牌上等明显位置进行标注。

8.3 产品铭牌标志

产品铭牌应包含下列内容:

a) 制造商的名称或商标;

b) 产品名称、型号或能识别、追踪设备的其他方法,系列号;

c) 电源的性质、电压、频率及输入电流或功率;

d) 主要的制冷剂种类及充装量。

8.4 与操作有关的标志

产品宜包含下列与操作有关的标志:

a) 输入输出插头、插座、连接端子的标识,包括电源性质及额定值;

b) 熔断器的标识、规格及容量;

c) 操作按键、旋钮、开关、调节装置;

d) 指示装置;

e) 其他可能影响正常操作的内容。

8.5 安全标志

有可能出现电击、机械损伤,过高温和火焰蔓延,声、光和超声辐射,以及气体、液体过高压和爆炸危险的部位或部件应进行标识。安全标志应符合 GB 4793.1—2007 中 5.1 关于标志的规定。

8.6 包装标志

产品包装上应标明下列内容:

a) 产品名称、型号及商标;

b) 执行产品标准号;

c) 包装储运图示标志应符合 GB/T 191—2008 中的规定。制造商应对低温槽的包装、储存和运输是否允许倾斜,最大倾斜角度等进行附加说明;

d) 生产单位名称、地址、邮政编码;

e) 包装箱外型尺寸及包装件重量。

9 包装、运输、贮存

9.1 包装

9.1.1 低温槽的包装应符合设计图纸规定和产品包装要求。按产品大小和重量不同宜使用多层纸板箱、多层夹板或 OSB 板(定向结构刨花板)等合成板包装箱,不宜使用原木包装箱。

9.1.2 产品应采用防雨、防潮气聚集的塑料薄膜包裹,顶部、底部及产品四角应按需衬垫泡沫层。

9.1.3 技术文件如使用说明书、合格证明书和保修单等应进行密封防潮包装,固定在包装箱内部明显的位置。

9.1.4 可能影响运输安全的专用工具，部分附件，突出的部件，包括活动盖板等应拆卸以后单独包装，然后再牢固地固定和整体装箱，以避免运输过程中的碰伤、变形或划伤。

9.1.5 安装移动滑轮的低温槽，应采用撑高垫块，将产品的滑轮与包装箱的底板脱开，并采用合适的螺杆将设备与包装箱底板固定。采用特殊方式包装时，应对包装箱进行合理的标识，并将技术文件中说明拆卸的过程和需要再次包装时的要求拷贝两份，分别张贴在包装箱外部明显位置和开箱以后即可显见的部位。

9.2 运输

低温槽的运输必须严格遵照包装箱上注明的要求，严禁日晒、雨淋、倾斜或强烈振动。运输方式按订货合同上载明的要求执行。

9.3 贮存

包装后的低温槽应贮存在相对湿度不超过85%，无凝露，无腐蚀性气体和腐蚀性化学药品，通风良好的室内，贮存期不宜超过一年。

10 随行文件

10.1 技术文件

10.1.1 为了操作和安全目的，应当随同设备提供含有下述内容的技术文件：

a) 低温槽的预定用途；
b) 与安全有关的指引；
c) 包括工作温度范围、ACC工作温度、温度波动度、温度均匀度、降温时间、制冷量、电源额定值、加热器功率值、最大启动电流等在内的技术指标；
d) 详细的设备安装、操作与维护说明，必要的故障排除说明；
e) 可获得技术支持的制造商的名称和联系方式；
f) 对标在设备上的警告符号做出明确解释。

特别是应当给出一段叙述，说明在标有GB 4793.1—2007表1符号14的所有的情况下均需要查阅文件，以便弄清潜在危险的性质以及必须采取的应对措施。

10.1.2 技术文件使用说明书，应符合GB/T 9969—2008的规定。

10.2 其他文件

应随同设备提供下述文件：

a) 合格证；
b) 保修单；
c) 装箱单。

ICS 19.040
N 61

中华人民共和国国家标准

GB/T 26809—2011

恒温槽与恒温循环装置 低温恒温循环装置

Thermostatic baths and circulators—Refrigerated circulators

2011-07-29 发布 2011-12-01 实施

中华人民共和国国家质量监督检验检疫总局
中国国家标准化管理委员会 发布

前　言

本标准按照 GB/T 1.1—2009 给出的规则起草。

请注意本文件的某些内容可能涉及专利。本文件的发布机构不承担识别这些专利的责任。

本标准由中国机械工业联合会提出并归口。

本标准主要起草单位:杭州雪中炭恒温技术有限公司、重庆四达试验设备有限公司、机械工业仪器仪表综合技术经济研究所、浙江省计量科学研究院、上海爱斯佩克环境设备有限公司、无锡苏南试验设备有限公司、工业和信息化部电子第五研究所、衡阳衡仪电气有限公司。

本标准参加起草单位:湖南省计量检测研究院、沈阳仪表科学研究院、安徽省计量科学研究院、中国电器科学研究院、宁波东方加热设备有限公司、上海精宏实验设备有限公司、重庆银河试验仪器有限公司。

本标准主要起草人:徐月明、陈云生、金丽辉、沈才忠、冯华、倪一明、邹苏阳、刘湘衡、熊知明、徐秋玲、金美峰、周修源、王晓峰、励雅琴、廉振荣、周连琴、王家龙、何纲健、王华斌。

恒温槽与恒温循环装置
低温恒温循环装置

1 范围

本标准规定了低温恒温循环装置的分类、使用条件、要求、试验方法、检验规则、标志、包装、运输、贮存及随行文件。

本标准适用于装备了有源制冷装置，以液体传热介质形式提供恒温环境的低温恒温循环装置(以下简称低温循环装置)。

2 规范性引用文件

下列文件对于本文件的应用是必不可少的。凡是注日期的引用文件，仅注日期的版本适用于本文件。凡是不注日期的引用文件，其最新版本(包括所有的修改单)适用于本文件。

GB/T 191—2008 包装储运图示标志

GB/T 2829—2002 周期检验计数抽样程序及表(适用于对过程稳定性的检验)

GB 4793.1—2007 测量、控制和实验室用电气设备的安全要求 第1部分:通用要求

GB 4793.6—2008 测量、控制和实验室用电气设备的安全要求 第6部分:实验室用材料加热设备的特殊要求

GB/T 9969—2008 工业产品使用说明书 总则

GB 16895.12—2001 建筑物电气装置 第4部分:安全防护 第44章:过电压保护 第443节:大气过电压或操作过电压保护

GB/T 17248.3—1999 声学 机器和设备发射的噪声 工作位置和其他指定位置发射声压级的测量 现场简易法

JB/T 9512—1999 气候环境试验设备与试验箱 噪声声功率级的测定

3 分类

不燃液体或可燃液体均可作为低温循环装置的液体传热介质，低温循环装置的分类名称、要求及标志见表1。

表 1

分类名称	液体传热介质	要求	标志[e]
Ⅰ	不燃液体[a]	过温保护[c]	NFL
Ⅱ	可燃液体[b]	可调温度过温保护[d]	FL
Ⅲ		可调温度过温保护和附加液位保护[d]	

[a] 通常是水以及其他在单一软障条件和规定温度范围内不燃烧的液体。

[b] 液体传热介质的闪点不应小于65 ℃，Ⅱ类要求适用，比如硅油。否则Ⅲ类要求适用，比如乙醇。

[c] 独立的、非自复位的、能同时切断加热器所有极的过温或液位保护装置。

[d] 可以调节的过温和液位保护装置，应只有借助于工具才能进行。

[e] 制造商可选择采用或不采用。

4 使用条件

4.1 环境条件

低温循环装置应在下列条件下使用：

a） 室内使用；

b） 温度为 5 ℃～35 ℃，无剧烈的环境温度变化；

c） 环境温度低于 31 ℃时最大相对湿度为 80%，环境温度为 35 ℃时最大相对湿度线性降到 67%；

d） 海拔高度不超过 2 000 m；

e） 周围应无影响低温循环装置使用的振动、磁场（地磁场除外）以及其他冷热辐射的存在；

f） 污染等级 2 级，周围无高浓度粉尘或腐蚀性气体；

g） 周围无强烈气流，当周围空气需强流动时，气流不应直接吹到低温循环装置制冷系统进风口和低温循环装置开口表面。

4.2 供电条件

为低温循环装置供电的电源应符合以下条件：

a） 额定电压：交流 220 V、380 V 或其他额定电压，允许偏离额定值的范围：－15%～＋10%；

b） 额定频率：50 Hz 或其他额定频率，允许偏离额定值的范围：±2%；

c） 允许电网电源上出现典型的瞬态过电压。瞬态过电压的标称等级为 GB 16895.12—2001 规定的脉冲承受电压（过电压）类别Ⅱ。

4.3 供水条件

采用水冷却的低温循环装置，冷却水应满足下列条件：

a） 进水温度：不应大于 35 ℃，无明显的水温剧烈变化；

b） 进水压力：0.1 MPa～0.3 MPa，无明显的水压剧烈变化；

c） 总硬度：不应大于 4 mmol/L，应满足工业锅炉用水水质标准。

4.4 液体传热介质

使用与工作温度范围和产品分类相适应的液体传热介质，如水、乙醇水溶液或无水乙醇、硅油、矿物油等，其中水介质的总硬度应不应大于 4 mmol/L，满足工业锅炉用水水质标准。液体传热介质在 4.1 环境条件下的沸点，应比制造商规定的最高工作温度高 5 ℃以上，且无明显油烟形成。

在较低工作温度试验时，液体传热介质在工作温度范围内的运动黏度不应大于 30 mm^2/s。在 150 ℃以上工作温度条件试验时，液体传热介质的比热容不应大于 2.5 kJ/(kg・K)，运动黏度不应小于1 mm^2/s。

5 要求

5.1 外观及结构

5.1.1 表面涂镀层应色泽均匀、平整光洁，不应有露底、起皱、起泡、斑痕、裂纹及显见的划痕。

5.1.2 低温循环装置壳体焊接、棱角部位应按要求磨光、倒钝以后喷涂、抛光或镀层。整体结构应牢固。

5.1.3 拼接安装部位缝隙应均匀一致。

5.1.4 固定机脚应放置平稳，移动脚轮应转动灵活且无异常噪声产生，万向脚轮应在正常操作条件和其最不利的位置确保低温循环装置无倾覆危险。

5.1.5 内胆焊缝应均匀、无渗漏，电热器、蒸发器的安装应整齐、无泄漏，无锈斑。

5.1.6 如果适用，低温循环装置盖板与槽体应结合良好，方便操作。

5.2 技术性能

低温循环装置技术性能要求见表2。

表2

序号	项　目	单位	技术指标
1	工作温度范围[a]	℃	应符合制造商技术文件的规定
2	ACC工作温度[b]	℃	应符合制造商技术文件的规定
3	温度波动度	℃	在以下规格中选取：$\pm(1,2,5)\times10^{n}$，$-3\leqslant n\leqslant0$ 且为整数
4	制冷量[a]	W	应符合制造商技术文件的规定
5	循环泵最大流量	L/min	应符合制造商技术文件的规定
6	循环泵最大压力	MPa	应符合制造商技术文件的规定

[a] 应注明20 ℃环境温度条件下的规定。

[b] ACC(Active Cooling Control)表示有源冷却控制，允许有源冷却制冷装置稳定工作的最高工作温度。

5.3 安全和环境保护

5.3.1 保护连接

保护连接的完整性、保护导体端子以及保护连接的阻抗应满足GB 4793.1—2007中6.5.1的规定。

5.3.2 介电强度

将受试低温循环装置的保护导体端子(或电源插头的保护导体端子)作为一端，所有电源输入端短接作为另一端，在两端之间施加按表3确定的50 Hz交流正弦波试验电压，在5 s内将试验电压升高到规定值，使试验电压不出现明显跳变，然后至少保持5 s，应无闪络、电流突然增加或重复飞弧现象。

表3

受试设备相线—中线电压(U) V	项　目			
	电气间隙[a] mm	基准试验电压 V(50 Hz)	试验地海拔高度(1～500)m时试验电压修正系数[b]	海拔校正后试验电压 V(50 Hz)
$100<U\leqslant150$	0.5	840	1.12	950
$150<U\leqslant300$	1.5	1 390	1.12	1 560

[a] 其他电网电源的电气间隙，按GB 4793.1—2007表4确定。

[b] 试验地海拔高度不是2 000 m时，按GB 4793.1—2007表10确定修正系数。

5.3.3 接触电流

低温循环装置在断开保护接地的供电条件下，在4.2 a)规定的1.1倍额定电压和10.1制造商技术文件中规定的最不利使用组合试验条件下，接触电流不应大于3.5 mA。

5.3.4 过温保护

如果低温循环装置装备加热装置，应按照低温循环装置的分类和表1的要求实施过温保护。其过温保护措施应符合GB 4793.6—2008中10.101的规定，过温保护装置应满足GB 4793.6—2008中14.3的要求。

5.3.5 保温及表面温度限值

5.3.5.1 应确保保温层结构与厚度设计的合理性，除开口、排水阀、循环接口等部位以外，低温循环装置工作在环境温度以下的工作温度和4.1规定的温湿度环境条件下，2 h内壳体表面应无明显凝露或结霜。

5.3.5.2 低温循环装置工作在制造商规定的最高工作温度和4.1规定的温湿度环境条件下，壳体易触及发热表面的温度限值应符合GB 4793.1—2007中10.1和GB 4793.6—2008中10.1的规定。

5.3.6 制冷剂

应使用不含CFC(氯氟烃)的环保制冷剂。

5.3.7 噪声

低温循环装置噪声的A计权声压级不应大于75 dB。如果超过，制造商应在其技术文件中规定使用设备的责任部门应采取的防护措施。

6 试验方法

6.1 主要测试仪器与装置

6.1.1 温度测量系统

采用铂电阻、热电偶等温度传感器组成温度测量系统，应满足以下要求：

a) 温度测量范围满足被测产品的测量要求；

b) 时间常数(63.2%)为(8±2)s；

c) 由测量系统所引入的不确定度换算成温度值不应大于被测温度波动度绝对值的1/3。

6.1.2 功率计

准确度等级不低于1.5级。

6.1.3 接地电阻测试仪

能提供满足试验要求的试验电流。

6.1.4 介电强度测试仪

能提供满足试验要求的试验电压。

6.1.5 接触电流测试仪

应包含满足 GB 4793.1—2007 的 A.1 规定的模拟人体网络和额定功率满足低温循环装置正常工作要求的可调输出电压隔离变压器。

6.1.6 压力表

用于测量循环泵压力的压力表，其准确度等级应达到 0.4 级(含)以上。

6.1.7 真空表

用于测量循环泵吸力的真空表，其准确度等级应达到 0.4 级(含)以上。

6.1.8 流量计

用于测量循环泵流量的流量计，流量测量误差限值为±1.5%。通过流量计的压力下降不应超过原始压力的 10%。

6.2 试验条件

6.2.1 低温循环装置的试验条件应符合 4.1～4.4 的有关规定。

6.2.2 除特别规定，低温循环装置的温度测定应按照图 1 的示意，在制造商规定的低温循环装置工作空间内的几何中心位置进行。如果制造商没有规定工作空间，应根据表 4 的规定确定工作空间。如果加热装置、制冷装置位于低温循环装置的底部或侧面，工作空间的计算应从相关装置接近工作空间中心的表面开始。如果制造商已经为这些部件采取隔离措施，比如隔板、挡板等，则从隔板或挡板开始计算工作空间。除非制造商明确规定，低温循环装置的开口大小不影响工作空间的计算。任何情况下，测试用温度传感器离开加热器和冷却器表面的距离应不少于 20 mm/kW，距离液面应不少于 30 mm。

试验时，应将低温循环装置按最大充装量装满适用的液体传热介质，并允许在低温循环装置到达试验温度点时按要求调整一次液位。如果低温循环装置盖板为标准附件，应将盖板按正常使用方式盖上。

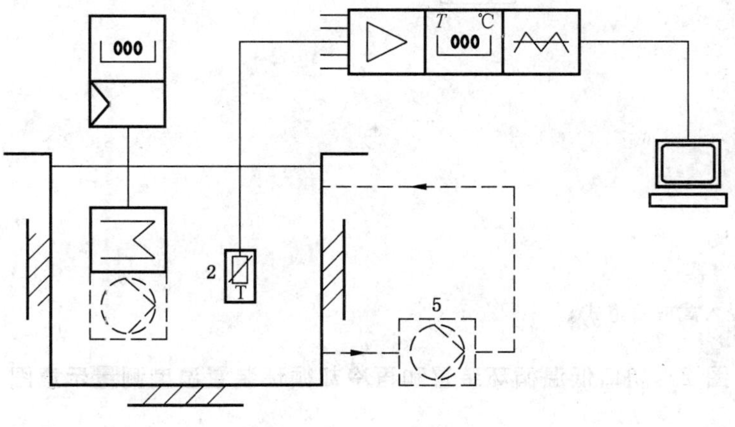

说明：

1——低温循环装置；

2——温度传感器；

3——温度测量系统；

4——计算机；

5——管道式循环泵。

注：循环泵可能为浸入式或管道式。

图 1 低温循环装置温度测量示意图

表 4

单位为毫米

槽 尺 寸	距底面、液面(或隔板)	距槽壁(或挡板、加热器、冷却器)
$W\times D\times H$(矩形槽低温循环装置)[a]	$\geqslant 0.15H$	$\geqslant 0.15W$ 或 D
$Dia\times H$(圆形槽低温循环装置)[b]		$\geqslant 0.15\ Dia$

[a] 以操作者正常操作为基准点,W 表示浴槽左右方向尺寸,D 表示浴槽前后方向尺寸,H 表示液体传热介质的液位高度。

[b] Dia 表示低温循环装置直径。

6.2.3 闭口浴槽低温循环装置和再冷却循环装置(见注)各项技术参数的测定应按照图 2 的示意,根据加热或制冷功率的大小,按表 5 的规定确定密闭容器的容量大小。应对密闭容器进行保温,确保整个试验过程容器与外界环境的热量交换降低到最低程度。隔热保温循环管的长度应为 1 m,直径的确定按制造商的规定。如果制造商未对循环管直径进行规定,则按低温循环装置外循环管接口直径的大小进行合理的配置。试验时应确保循环管路的密封与畅通。

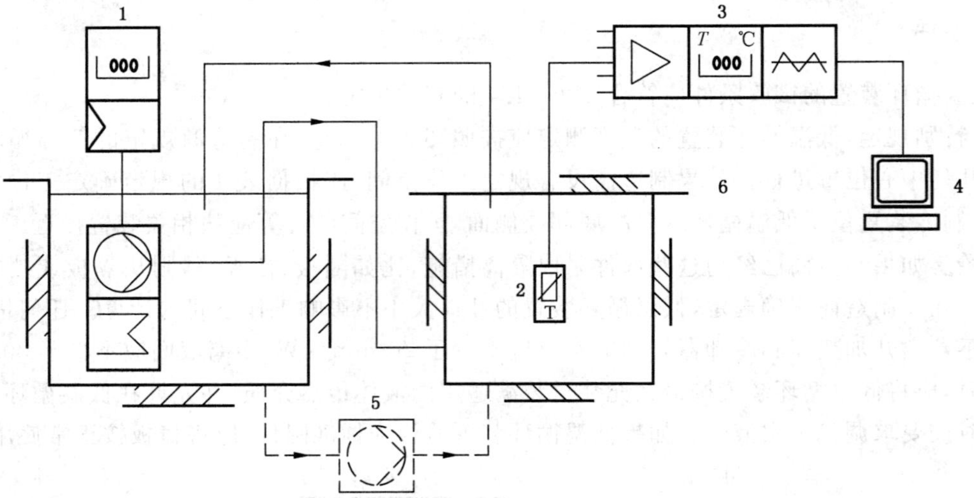

说明:

1——低温循环装置;

2——温度传感器;

3——温度测量系统;

4——计算机;

5——管道式循环泵;

6——保温密闭试验容器。

注:循环泵可能为浸入式或管道式。

图 2 闭口低温循环装置和再冷却循环装置温度测量示意图

表 5

加热或制冷量 kW	密闭容器的容积 L
<2	2
2~10	5
>10	10

试验时，应将低温循环装置按制造商规定的最大充装量装满适用的液体传热介质，并允许在低温循环装置到达试验温度点时按要求调整一次液位。

注：再循环冷却装置(recirculating cooler)：不装备加热装置，用于代替自来水或循环水冷却的低温循环装置。

6.2.4 除特别规定，温度测量系统的采样频率为每分钟两次，取按表4确定的工作范围的几何中心为温度测试点。

6.3 外观及结构试验

采用目测、手摸、结合样品、照片、涂层测试仪等方法进行检查。在6.4～6.10规定的试验前和试验后各检查一次，结果应符合5.1的规定。

6.4 工作温度范围试验

6.4.1 最低工作温度试验

最低工作温度试验应采用适用的工作介质，在(20±2)℃的环境条件和6.2规定的其他试验条件下进行。将低温循环装置温度设置到最低工作温度，开启制冷装置和循环泵。启动温度测量系统记录降温过程，并在达到最低工作温度时继续维持30 min以上，低温循环装置能够达到的最低温度应符合5.2的规定。

6.4.2 不同环境温度条件下的最低工作温度对比试验

允许制造商通过试验，测定相同低温循环装置在不同环境温度条件下的最低温度，然后按图3绘制最低温度—环境温度曲线。该曲线可以用于对设计完全相同的低温循环装置，在相应环境温度条件下批量测量最低温度，并推算出20℃环境条件下的最低温度。试验方法如下：

a) 按6.4.1测试低温循环装置的最低温度，试验应在相同条件下进行一次重复；

b) 改变环境温度为(24±2)℃、(28±2)℃和(32±2)℃，保持其他操作条件不变，按6.4.1的方法分别测试不同环境温度条件下的最低温度；

c) 取两次重复测试的平均值，采用最小二乘法绘制最低温度—环境温度曲线(图3)，允许将曲线按测量范围内的变化规律外推到15℃～35℃环境温度范围；

d) 在实际环境温度条件下，测试低温循环装置的最低温度。将图3曲线在T_b方向上下平移到实际环境温度和最低温度的交叉点，查阅20℃T_a时与曲线交叉点对应的T_b，即为该低温循环装置在20℃环境条件下的最低温度。

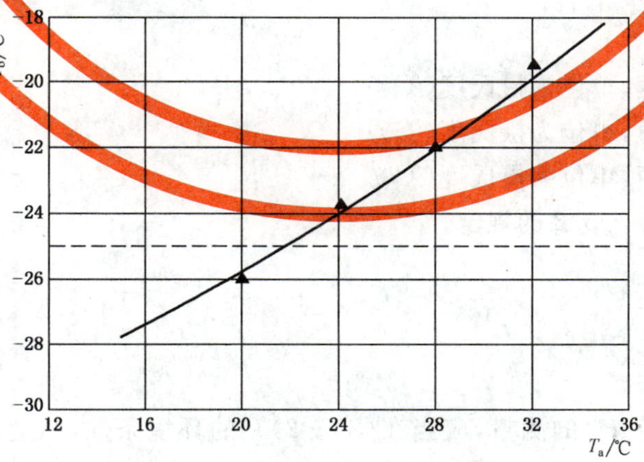

说明：

T_a——表示环境温度(℃)；

T_b——表示低温循环装置温度(℃)；

▲——最低温度测量数据。

注：实例中制造商规定的低温循环装置最低温度为-25℃。

图3 最低温度—环境温度曲线

最低温度试验结果应符合5.2的规定。如果对通过对比试验方法测定的结果存在争议,执行定型检验或周期检验,应以6.4.1规定方法测试的结果为准。

6.4.3 最高工作温度试验

最高工作温度试验应采用适用的工作介质,在(20±5)℃的环境温度和6.2规定的其他试验条件下进行。将低温循环装置温度设置到由制造商规定的最高工作温度,按制造商的规定,开启或关闭制冷装置,启动温度测量系统记录升温过程,并在达到最高工作温度时继续维持30 min以上。低温循环装置能够达到的最高温度应符合5.2的规定。

6.5 ACC工作温度试验

ACC工作温度试验应采用适用的工作介质,在4.1规定的最高环境温度和6.2规定的其他试验条件下进行。将低温循环装置温度设置到由制造商规定的ACC工作温度,开启制冷系统,在低温循环装置达到设定工作温度稳定工作并保持2 h以上为合格。

6.6 温度波动度试验

低温循环装置温度波动度的测量应采用适当的或制造商指定的液体传热介质,并在工作温度范围的最高工作温度、最低工作温度和－10 ℃温度条件下进行试验。如果最高工作温度为环境温度,或者最低温度不能达到－10 ℃,则仅在＋15 ℃工作温度条件下进行试验。

最低工作温度和－10 ℃工作温度的波动度试验按6.4.1的方法进行,如果试验在非20 ℃环境温度条件下进行,应按6.4.2的方法校正最低工作温度,然后在该工作温度下进行温度波动度试验。最高工作温度和＋15 ℃工作温度的波动度试验按6.4.3的方法进行。

试验时应使低温循环装置达到规定的试验温度并保持30 min以上开始。出厂检验只进行中间工作温度或＋15 ℃温度试验,定型检验和周期检验应进行全部的3个或＋15 ℃温度点试验。启动温度测量系统记录恒温过程,保持连续记录30 min以上,然后取30 min内的最高温度读数和最低温度读数之差值的二分之一,前面冠以“±”符号,作为温度波动度,其计算见公式(1)。如果测得的温度波动度在＋15 ℃ 工作温度或其他温度下进行,则应当进行说明。

$$\Delta T_S = \pm \frac{T_{max} - T_{min}}{2} \qquad \cdots\cdots (1)$$

式中:

ΔT_S ——温度波动度,单位为摄氏度(℃);

T_{max} ——最高温度值,单位为摄氏度(℃);

T_{min} ——最低温度值,单位为摄氏度(℃)。

温度波动度结果应符合5.2的规定。

6.7 制冷量试验

6.7.1 电热功率法

低温循环装置制冷量 P_k 的测量,应当在(20±2)℃的环境条件,制造商规定的工作温度和在6.2规定的其他试验条件下进行。低温循环装置的循环泵应当在最大流量下工作。对于由水提供冷却或辅助冷却的低温循环装置,冷却水的温度应当为(20±2)℃。测量应当从开启制冷装置,并在制冷装置达到稳定状态以后进行。如果制造商没有对制冷装置达到稳定状态的时间进行规定,或者无法通过试验判断,试验应从开启制冷装置30 min以后开始。

设置低温循环装置的工作温度,使低温循环装置内部加热装置在测试过程中停止加热工作。将电加热器通过一个功率匹配的可调电源插入到液体传热介质中进行加热,并确保加热器的发热部位与液体传热介质的全面接触，调节加热器的输入电压使低温循环装置的温度恒定在规定的试验温度 T_b±0.2 ℃ 下 5 min 以上。采用功率计测得的加热器输入功率即为低温循环装置在规定工作温度下的制冷量。

制造商应当以表格或曲线图的形式对不同温度 T_b 条件下的制冷量 P_k 进行规定。如果只对一个温度点 T_b 的制冷量进行规定，T_b 应该为－10 ℃。如果由于低温循环装置的规范不能达到－10 ℃的工作温度，制冷量应当规定为＋20 ℃。

6.7.2 不同环境温度条件下的制冷量对比试验—电热功率法

允许制造商通过试验，测定相同低温循环装置在不同环境温度条件和特定工作温度下的制冷量，然后按图 4 绘制制冷量—环境温度曲线。该曲线可以用于对设计完全相同的低温循环装置，在环境温度条件下批量测试制冷量，推算出 20 ℃环境条件下的制冷量。试验方法如下：

a) 按 6.7.1 测试低温循环装置在规定工作温度下的制冷量，试验应在相同条件下进行一次重复；
b) 改变环境温度分别为(24±2)℃，(28±2)℃和(32±2)℃，保持其他操作条件不变，按照 6.7.1 规定分别测试制冷量；
c) 取两次重复测试的平均值，采用最小二乘法绘制制冷量—环境温度曲线(图 4)，允许将曲线外推到 15 ℃～35 ℃环境温度范围；
d) 在环境温度条件下，测试低温循环装置在规定工作温度下的制冷量。将图 4 曲线在 P_k 方向上下平移到实际环境温度和规定工作温度下制冷量的交叉点，查阅 T_a 为 20 ℃时与曲线交叉点对应的 P_k，即为该低温循环装置在 20 ℃环境条件下的制冷量。

制冷量试验结果应符合制造商在技术文件中的规定。如果对通过对比试验方法测定的制冷量结果存在争议，执行定型检验或周期检验，应以 6.7.1 规定的方法测试的结果为准。

注：图 4 的曲线只是一个实例，制冷量与环境温度之间的关系受制冷系统结构影响严重，曲线呈多样化的变化规律。

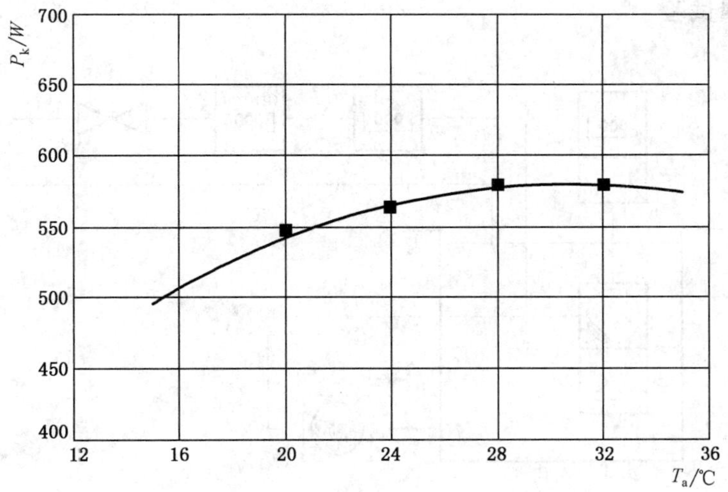

说明：

T_a——表示环境温度(℃)；

P_k——表示制冷量(W)；

■——制冷量测量数据。

注：实例中制造商规定的低温循环装置制冷量指标为 500 W＋20 ℃。

图 4 制冷量—环境温度曲线

6.7.3 降温速率法

本方法适用于以水为液体传热介质的低温循环装置，以快速、批量测定5 ℃以上工作温度值 T_w 的制冷量。

将低温循环装置的温度恒定在(T_w+5)℃，按6.7.1开启制冷装置使其达到稳定状态。启动温度测量系统，按(不低于)每分钟6次的采样频率连续记录温度直到试验结束。

重新设置低温循环装置的工作温度为(T_w-5)℃，测量并记录低温循环装置从($T_w+2.5$)℃达到($T_w-2.5$)℃需要的时间 t_1。

低温循环装置达到设定温度以后，重新改变设置温度为(T_w+5)℃进行重复试验，确认这种工作温度改变未使制冷装置自动停止工作，否则应重新等待制冷装置启动工作并维持15 min以上。

低温循环装置的工作温度达到新的设置温度并保持15 min以上，再次改变低温循环装置的工作温度为(T_w-5)℃，继续测量并记录低温循环装置从($T_w+2.5$)℃达到($T_w-2.5$)℃需要的时间 t_2。低温循环装置温度达到($T_w-2.5$)℃以后，结束试验。

将两次重复测量的时间 t 进行平均，按公式(2)计算制冷量 P_k：

$$P_k = C_w \times M_w \times \Delta T / \bar{t} \qquad \cdots\cdots (2)$$

式中：

P_k ——制冷量，单位为瓦(W)；

C_w ——水的比热，常数，4 186.8 J/(kg·K)；

M_w——水的质量，单位为千克(kg)；

ΔT——温差，单位为开(K)，本标准规定 ΔT 为5 K；

$\bar{t}$ ——实现 ΔT 温差需要时间的平均值，单位为秒(s)。

试验结果应符合5.2的规定。如果对按6.7.3方法测定的制冷量结果存在争议，执行定型检验或周期检验，应以6.7.1规定的方法测试的结果为准。

6.8 循环泵最大流量试验

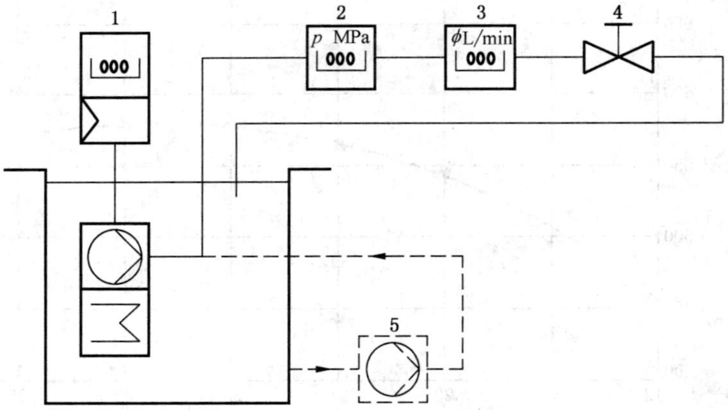

说明：

1——低温循环装置(压力泵)；

2——压力表；

3——流量计；

4——流量调节截止阀；

5——管道式循环泵。

注：循环泵可能为浸入式或管道式。

图5 压力泵最大流量 ϕ_{max} 的测定装置

压力泵低温循环装置按照图5，压力/吸力泵低温循环装置按照图6的试验装置，使用6.1.6的压力表、6.1.7的真空表和6.1.8的流量计，采用水作为液体传热介质，按照制造商规定的最大充装容量，在(20±5)℃的工作温度条件下测试循环泵在不同压力下的流量。

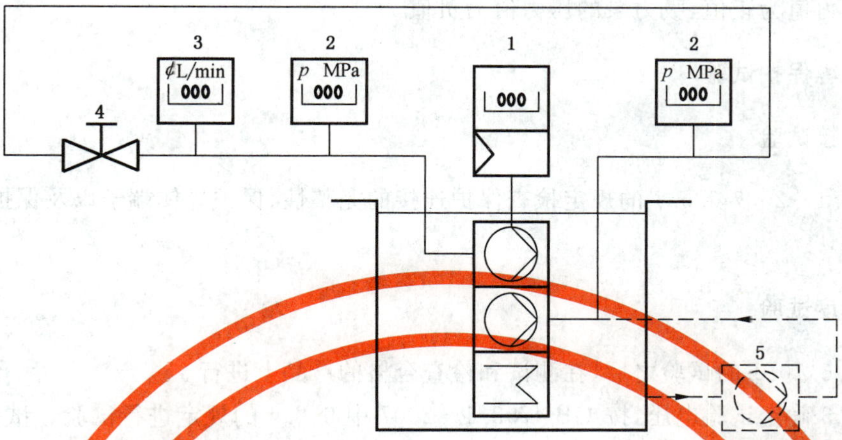

说明：

1——低温循环装置(压力泵/吸力泵)；

2——压力表；

3——流量计；

4——流量调节截止阀；

5——管道式循环泵。

注：循环泵可能为浸入式或管道式。

图6　压力/吸力泵最大流量 ϕ_{max} 的测定装置

图6中，压力表(2)应尽量靠近循环泵的出口或入口连接，比如采用快插接头等。应测量一组与流量 ϕ 直接关联的压力 p，使得80%以上的流量压力特性参数通过测量获得，只有20%的数据来源于计算推断。测量压力的参考点为泵的出口或入口。将测量的压力和流量数据，按最小二乘法制作曲线图(见图7)。应将压力流量曲线外推到压力 $p=0$，曲线与 $p=0$ 的交叉点即为最大流量 ϕ_{max}。

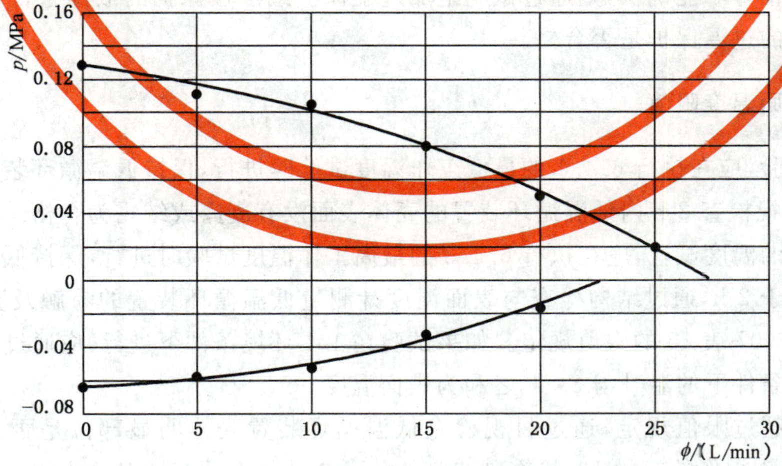

说明：

●——表示实际测量的不同压力下的流量值。

图7　最大流量 ϕ_{max} 测定

6.9 循环泵最大压力试验

根据图7的压力—流量曲线，循环泵的最大压力或吸力为依据6.8的测量在流量 $\phi=0$ 时的压力值。压力泵的压力值为正值，吸力泵的压力值为负值。

6.10 安全和环境保护试验

6.10.1 保护连接试验

按GB 4793.1—2007 6.5.1的规定检查保护连接的完整性、保护导体端子以及保护连接的阻抗，并判别其是否合格。

6.10.2 介电强度试验

本试验应在6.10.1的试验之后，在测试和检查合格的产品上进行。

按5.3.2表3确定试验电压，按GB 4793.1—2007中6.8.4的规定进行试验。试验时应将有关的外部开关处于开启状态，如果电加热装置、制冷装置、循环和搅拌装置等部件是通过自动控制电路才能接入测量电路的，则应对这些部件进行单独的试验，其结果应符合5.3.2的规定。

6.10.3 接触电流试验

试验时应将电源输入的保护接地断开，采用1.1倍的额定电源电压和制造商技术文件规定的最不利组合操作条件，按GB 4793.1—2007图A.1的模拟人体网络电路及相应的规定进行试验，其结果应符合5.3.3的规定。

6.10.4 过温保护试验

通过检查低温循环装置的分类标识、制造商技术文件中关于低温循环装置分类的声明，以及检查低温循环装置的电气原理图和过温保护元器件的技术文件，确认制造商采取的过温保护措施及元器件是否符合5.3.4的规定。

如果经过目视检查不能确认，则通过试验施加过温保护或液位保护的故障条件，一次施加一个，检查单一故障条件下的过温保护是否合格。

6.10.5 保温及表面温度限值

凝露或结霜试验，应在执行6.4.1的最低工作温度试验时进行，保持低温循环装置在最低工作温度工作不少于2 h，目视检查2 h内低温循环装置的壳体表面没有凝露或结霜为合格。

壳体发热表面的温度试验，应在执行6.4.3的最高工作温度试验时进行，保持低温循环装置在最高工作温度工作不少于2 h，通过结构检查与表面温度计测量低温循环装置的易触及壳体表面温度没有超过GB 4793.1—2007表15的限值规定。如果试验在4.1环境条件下进行，应通过测量并计算低温循环装置在环境温度条件下的温升与35 ℃之和为表面温度。

如果测量结果超过限值规定，通过目视检查低温循环装置壳体明显部位是否具有GB 4793.1—2007表1规定的防止烫伤的符号13，检查制造商的技术文件是否具有针对防止烫伤符号的警告说明。

6.10.6 制冷剂试验

通过检查低温循环装置的铭牌标识、制造商技术文件中关于低温循环装置制冷剂的说明，以及检查低温循环装置的制冷原理图和产品实际使用的压缩机型号，确认制造商采用的制冷剂是否为不含CFC（氯氟烃）的环保制冷剂。

6.10.7 噪声试验

低温循环装置整机的噪声声功率级应按 JB/T 9512—1999 规定的方法测量，发射噪声级应按 GB/T 17248.3—1999 规定的方法测量，结果应符合 5.3.7 的规定。

7 检验规则

7.1 检验分类

低温循环装置的检验分为：

a) 出厂检验；

b) 定型检验；

c) 周期检验。

7.2 检验项目

出厂检验、定型检验和周期检验的项目、要求及试验方法的条款号见表 6。

表 6

序号	检验项目	要求的条款号	试验方法的条款号	出厂检验	定型检验	周期检验
1	外观及结构	5.1	6.3	•	•	•
2	工作温度范围	5.2 表 2	6.4	•	•	•
3	ACC 工作温度	5.2 表 2	6.5	•	•	•
4	温度波动度	5.2 表 2	6.6	•	•	•
5	制冷量	5.2 表 2	6.7	•	•	•
6	循环泵最大流量	5.2 表 2	6.8	—	•	•
7	循环泵最大压力	5.2 表 2	6.9	—	•	•
8	保护连接	5.3.1	6.10.1	•	•	•
9	介电强度	5.3.2	6.10.2	•	•	•
10	接触电流	5.3.3	6.10.3	•	•	•
11	过温保护	5.3.4	6.10.4	•	•	•
12	保温及表面温度限值	5.3.5	6.10.5	—	•	•
13	制冷剂	5.3.6	6.10.6	—	•	•
14	噪声	5.3.7	6.10.7	—	•	•
注：符号"•"表示应检验的项目，符号"—"表示不必检验的项目。						

7.3 检验条件

检验条件应满足 6.2 的有关规定。

7.4 出厂检验

7.4.1 出厂检验由制造商质量检验部门负责。检验合格后签发产品合格证，方能出厂。

7.4.2 出厂检验项目分逐台检验和抽样检验，逐台检验项目为表6中序号1、2、5、8、9、10和11项，抽样检验项目为表6中序号3和4项。

7.4.3 抽样检验项目采用随机抽样检验，抽样数量为20%，批量不大于5台时，所有项目都应逐台检验。

7.4.4 检验项目应全部合格，抽检时，如有一台不合格，应对不合格项目加倍抽检；第二次检验合格时，仅将第一次抽样不合格的产品返修，检验合格以后允许出厂。如第二次抽检仍有一台不合格，则应对该批产品逐台检验，检验合格时允许出厂。

7.5 定型检验

7.5.1 有下列情况之一，应进行定型检验：

a) 新产品设计定型或生产定型时；

b) 老产品转厂生产时；

c) 产品的设计结构、工艺、材料有较大变动且有可能影响产品性能时；

d) 质量监督机构要求时。

7.5.2 低温循环装置定型检验的样本为3台，检验项目为5.1～5.3，所有项目应符合规定的要求。

7.5.3 定型检验由制造厂质量检验部门执行，也可委托质量检验技术机构执行，应出具定型检验报告。

7.5.4 经定型检验合格的低温循环装置应整修，更换寿命终了或接近终了的零部件，并重新进行出厂检验。检验合格后签发产品合格证，方能出厂。

7.6 周期检验

7.6.1 检验情况

产品有下列情况之一时，应进行周期检验：

a) 正常生产时，每两年进行至少一次的检验；

b) 产品停产一年后，恢复生产时；

c) 出厂检验结果与上次周期检验有重大差异时；

d) 国家质量监督机构要求时。

注：特殊订货或非批量生产的产品除外。

7.6.2 抽样方案及合格或不合格判断

7.6.2.1 周期检验采用GB/T 2829—2002中判别水平Ⅰ的一次抽样方案。

7.6.2.2 周期检验项目的不合格分类、不合格质量水平(RQL)、判别水平(DL)及判定数组(Ac,Re)，见表7。

7.6.2.3 周期检验按GB/T 2829—2002的规定进行合格或不合格判断，其中批质量以每百单位产品不合格数表示。

7.6.3 样本抽取

周期检验的样本应在出厂检验合格品中随机抽取。

7.6.4 周期检验后的处置

7.6.4.1 周期检验不合格，应分析原因，找出问题并落实措施，重新进行周期检验。若再次周期检验不合格，则应停产整顿，产品停止出厂检验，待解决问题，周期检验合格后，方可恢复出厂检验。

7.6.4.2 若周期检验合格，经出厂检验合格的批可以作为合格品出厂或入库。

表 7

序号	不合格分类	检验项目及条款		不合格质量水平(RQL)	判别水平(DL)	抽样方案	
		项目	条款			样本量 n	判定组数(Ac,Re)
1	A	工作温度范围	5.2 表 2	30	Ⅰ	3	(0,1)
2		ACC 工作温度	5.2 表 2				
3		温度波动度	5.2 表 2				
4		制冷量	5.2 表 2				
5		保护接地完整性	5.3.1				
6		介电强度	5.3.2				
7		接触电流	5.3.3				
8		过温保护	5.3.4				
9	B	外观及结构	5.1	65			(1,2)
10		最大循环泵流量	5.2 表 2				
11		最大循环泵压力	5.2 表 2				
12		保温材料及表面温度限值	5.3.5				
13		制冷剂	5.3.6				
14		噪声	5.3.7				

8 标志

8.1 一般要求

8.1.1 低温循环装置应有醒目的耐久性标志，定位准确，指向无任何歧义。

8.1.2 由于标志的内容过多，而不利于在低温循环装置外表完整和清晰地表达时，应采用 GB 4793.1—2007 表 1 的符号 14，并在随机技术文件中附加说明。

8.2 分类标志

8.2.1 应按照表 1 的要求对低温循环装置适用的液体传热介质进行分类标识。“NFL”和“FL”可以由制造商自由选择附加使用或不使用。

8.2.2 分类标识可以单独标注，也可以在操作面板或产品铭牌上等明显位置进行标注。

8.3 产品铭牌标志

产品铭牌应包含下列内容：

a) 制造商的名称或商标；

b) 产品名称、型号或能识别、追踪设备的其他有效方法，系列号；

c) 电源的性质、电压、频率及输入电流或功率；

d) 主要的制冷剂种类及充装量。

8.4 与操作有关的标志

产品宜包含下列与操作有关的标志：

a) 输入输出插头、插座、连接端子的标识，包括电源性质及额定值；

b) 循环管接口出口与入口的标志，温度超过+70 ℃或低于−5 ℃，或压力超过 0.05 MPa 时，应附加说明温度、压力范围及连接要求；

c) 熔断器的标识、规格及容量；

d) 操作按键、旋钮、开关、调节装置；

e) 指示装置；

f) 其他可能影响正常操作的内容。

8.5 安全标志

有可能出现电击，机械损伤，过高温和火焰蔓延，声、光和超声辐射，以及气体、液体过高压和爆炸危险的部位或部件应进行标识。安全标志应符合 GB 4793.1—2007 中 5.1 关于标志的规定。

8.6 包装标志

产品包装上应标明下列内容：

a) 产品名称、型号及商标。

b) 执行产品标准号。

c) 包装储运图示标志应符合 GB/T 191—2008 中的规定。制造商应对低温循环装置的包装、储存和运输是否允许倾斜，最大倾斜角度等进行附加说明。

d) 生产单位名称、地址、邮政编码。

e) 包装箱外型尺寸及包装件重量。

9 包装、运输、贮存

9.1 包装

9.1.1 低温循环装置的包装应符合设计图纸规定。按产品大小和重量不同宜使用多层纸板箱、多层夹板或 OSB 板(定向结构刨花板)等合成板包装箱，不宜使用原木包装箱。

9.1.2 产品应采用防雨、防潮气聚集的塑料薄膜包裹，顶部、底部及产品四角应按需衬垫泡沫层。

9.1.3 技术文件如使用说明书、合格证明书和保修单等应进行密封防潮包装，固定在包装箱内部明显的位置。

9.1.4 可能影响运输安全的专用工具，部分附件，突出的部件，包括活动盖板等应拆卸以后单独包装，然后再牢固地固定和整体装箱，以避免运输过程中的碰伤、变形或划伤。

9.1.5 安装移动滑轮的低温循环装置，应采用撑高垫块，将产品的滑轮与包装箱的底板脱开，并采用合适的螺杆将设备与包装箱底板固定。采用特殊方式包装时，应对包装箱进行合理的标识，并将技术文件中说明拆卸的过程和需要再次包装时的要求拷贝两份，分别张贴在包装箱外部明显位置和开箱以后即可显见的部位。

9.2 运输

低温循环装置的运输必须严格遵照包装箱上注明的要求，严禁日晒、雨淋、倾斜或强烈振动。运输方式按订货合同上载明的要求执行。

9.3 贮存

包装后的低温循环装置应贮存在相对湿度不超过85%，无凝露，无腐蚀性气体和腐蚀性化学药品，通风良好的室内，贮存期不得超过一年。

10 随行文件

10.1 技术文件

10.1.1 为了操作和安全目的，应当随同设备提供含有下述内容的技术文件：

a) 低温循环装置的预定用途；

b) 与安全有关的指引；

c) 包括工作温度范围、ACC工作温度、温度波动度、制冷量、循环泵最大流量、循环泵最大压力、电源额定值、加热器功率值、最大启动电流等在内的技术指标；

d) 详细的设备安装、操作与维护说明，必要的故障排除说明；

e) 可获得技术支持的制造商的名称和联系方式；

f) 对标在设备上的警告符号做出明确解释。

特别是应当给出一段叙述，说明在标有GB 4793.1—2007表1符号14的所有的情况下均需要查阅文件，以便弄清潜在危险的性质以及必须采取的应对措施。

10.1.2 作为技术文件的使用说明书的内容应符合GB/T 9969—2008的规定。

10.2 其他文件

应随同设备提供下述文件：

a) 合格证；

b) 保修单；

c) 装箱单。

ICS 71.040.10
N 53

中华人民共和国国家标准

GB/T 26810—2011

可见分光光度计

Visible spectrophotometer

2011-07-29 发布

2011-12-01 实施

中华人民共和国国家质量监督检验检疫总局
中国国家标准化管理委员会 发布

前　言

本标准按照 GB/T 1.1—2009 给出的规则起草。

本标准由中国机械工业联合会提出。

本标准由全国工业过程测量和控制标准化技术委员会(SAC/TC 124)归口。

本标准起草单位:北京瑞利分析仪器有限公司、上海精密科学仪器有限公司、上海天美科学仪器有限公司、北京普析通用仪器有限责任公司、上海光谱仪器有限公司、上海棱光技术有限公司、中国科学院上海生物工程研究中心、北京市计量检测科学研究院、中国人民解放军总后勤部卫生部药品仪器检验所、中国人民解放军军事医学科学院实验仪器厂。

本标准主要起草人:武进田、李源、李征、俞霆、刘景会、陈建刚、钱光蓓、李昌厚、臧甲鹏、姜雄平、梁晓会。

可见分光光度计

1 范围

本标准规定了可见分光光度计的产品分级、技术要求、试验方法、检验规则、标志、包装、运输、贮存。

本标准适用于主要光谱区为 360 nm～900 nm，波长连续可调的可见分光光度计(以下简称“仪器”)，与此波长范围相近的专用分光光度计也可参考使用。

2 规范性引用文件

下列文件对于本文件的应用是必不可少的。凡是注日期的引用文件，仅注日期的版本适用于本文件。凡是不注日期的引用文件，其最新版本(包括所有的修改单)适用于本文件。

GB/T 191—2008 包装储运图示标志

GB/T 2829—2002 周期检验计数抽样程序及表(适用于对过程稳定性的检验)

GB 4793.1—2007 测量、控制和实验室用电气设备的安全要求 第1部分:通用要求

GB/T 11606—2007 分析仪器环境试验方法

GB/T 13384—2008 机电产品包装通用技术条件

3 分级

仪器按指标从高到低分为Ⅰ，Ⅱ，Ⅲ，Ⅳ共四级。每级仪器的各项指标均应达到或优于相应的等级要求。

4 技术要求

4.1 仪器正常工作条件

a) 环境温度 5 ℃～35 ℃；

b) 环境相对湿度不大于 85%；

c) 仪器应放置于平稳的工作台上，不应有强光、强气流、强烈的振动和电磁干扰；

d) 环境无腐蚀性气体、烟尘干扰；

e) 供电电源电压 220 V±22 V，频率 50 Hz±1 Hz。

4.2 波长准确度及波长重复性

仪器波长准确度及波长重复性不应超过表1的要求。

表 1

单位为纳米

仪器分级	波长准确度	波长重复性
Ⅰ	±0.3	0.2
Ⅱ	±1.0	0.5
Ⅲ	±3.0	1.5
Ⅳ	±6.0	3.0

4.3 透射比准确度及透射比重复性

仪器透射比准确度及透射比重复性不应超过表 2 的要求。

表 2

%

仪器分级	透射比准确度	透射比重复性
Ⅰ	±0.3	0.1
Ⅱ	±0.5	0.2
Ⅲ	±1.0	0.5
Ⅳ	±2.0	1.0

4.4 杂散光

仪器杂散光不应超过表 3 的要求。

表 3

仪器分级	测定波长 nm	测试用物质	杂散光 %
Ⅰ	360(420)	亚硝酸钠溶液(硫酸镍溶液)或截止滤光片	0.1
Ⅱ			0.3
Ⅲ			0.5
Ⅳ			2.0

4.5 波长边缘噪声

仪器透射比 0%线,100%线在 3 min 内的噪声不应超过表 4 的要求。

表 4

%

仪器分级	0%线	100%线
Ⅰ	0.1	0.3
Ⅱ	0.2	0.5
Ⅲ	0.3	1.0
Ⅳ	0.5	1.5

4.6 基线平直度

仪器的基线平直度不应超过表 5 的要求。

表 5

仪器分级	基线平直度 Abs
Ⅰ	±0.002
Ⅱ	±0.003
Ⅲ	±0.005
Ⅳ	±0.010

注：无波长自动扫描功能的仪器无此要求。

4.7 基线暗噪声

仪器的基线暗噪声不应超过表 6 的要求。

表 6

%

仪器分级	基线暗噪声
Ⅰ	±0.1
Ⅱ	±0.3
Ⅲ	±0.5
Ⅳ	±1.0

注：无波长自动扫描功能的仪器无此要求。

4.8 光谱带宽

仪器光谱带宽应在标称值的(0.8～1.2)倍范围。

4.9 漂移

仪器的漂移不应超过表 7 的要求。

表 7

仪器分级	漂移 Abs/30min
Ⅰ	0.002
Ⅱ	0.003
Ⅲ	0.005
Ⅳ	0.007

注：无时间自动扫描功能的仪器无此要求。

4.10 电源电压变化时引起的透射比变化

电源电压 220 V 变化±22 V 时所引起透射比示值变化不应超过表 8 的要求。

表 8

%

仪器分级	透射比示值变化
Ⅰ	±0.2
Ⅱ	±0.3
Ⅲ	±0.5
Ⅳ	±0.5

4.11 安全要求

4.11.1 接触电流

由交流电网供电的仪器，其接触电流应符合 GB 4793.1—2007 中 6.3 的有关规定。

4.11.2 保护接地

由交流电网供电的仪器，其保护接地应符合 GB 4793.1—2007 中 6.5.1 的有关规定。

4.11.3 介电强度

由交流电网供电的仪器，在正常工作条件下，应能承受 1 500 V 交流有效值连续 1 min 的电压试验，不应出现飞弧或击穿现象。

4.11.4 安全警示

4.11.4.1 警告标志

警告标志应符合 GB 4793.1—2007 中 5.2、5.3 的相关规定。

4.11.4.2 防电击警示

仪器高电压部分应有必要的警示标识，应符合 GB 4793.1—2007 中第 5 章的相关规定，必要时应使用绝缘材料予以防护。

4.11.4.3 防光源烫伤警示

光源高温部分应有防止烫伤警示标志。

4.12 外观

a) 仪器所有喷塑喷漆电镀表面应色泽均匀，不应有脱皮、明显的擦伤、露底、裂纹、起泡现象。
b) 刚性连接部位不应松动；可动件的运动应平稳灵活并能正确定位，不应有卡死突跳及显著的空回现象。
c) 外露零部件接合处应平整，无毛刺锐棱和粗糙不良现象。
d) 文字、符号、标志应清晰可辨，牢固可靠。

4.13 成套性

应符合仪器装箱清单的规定。

4.14 运输、运输贮存

仪器在运输包装状态下，应按 GB/T 11606—2007 的 2.4 试验项目中的交变湿热试验、低温贮存试验、高温贮存试验、跌落试验和碰撞试验进行试验，其中高温 55 ℃、低温 −20 ℃，交变湿热：相对湿度 95%、温度 40 ℃，跌落高度 250 mm。试验后包装箱不应有较大的变形和损伤，受试仪器不应有变形松脱涂覆层剥落等机械损伤。全部试验完成后，将仪器置于正常工作条件下进行检验，应符合 4.2～4.13 的要求。

5 试验方法

5.1 试验条件

5.1.1 本标准各项试验均应在 4.1 所规定的条件下进行。

5.1.2 仪器在试验前应先开机预热 30 min。

5.2 波长准确度及波长重复性

5.2.1 试验工具

a) 低压汞灯；

b) 氧化钬溶液，氧化钬玻璃，镨钕玻璃；

c) 干涉滤光片若干片(光谱半带宽不应大于 10 nm，其中心波长在整个波长范围内均匀选取，每 100 nm 左右选一个)。

上述试验工具的参考波长数据，应采用与被测仪器光谱带宽相同(或相近)的仪器带宽标定的数据，尽量选单吸收峰作为测试波长。用作标定的仪器应比被测仪器波长准确度提高一倍以上，波长采样间隔不应大于波长准确度数值的三分之一。参考波长数据应具有可溯源性，并应定期进行检定。所有试验工具通光(透光)面应清洁干燥。当一种波长测试工具波长范围不能满足需要时可选用本条所列几种波长标准工具分段使用。

5.2.2 试验程序

5.2.2.1 试验方法一

在整个波长范围内按大约每 100 nm 左右选择一个波长点，参考波长值见附录 A。对波长准确度小于或等于 2 nm 的仪器，用低压汞灯作光源，将低压汞灯置于灯室光源位置，选能量测量方式，调整低压汞灯位置使仪器能量达到最大值，测低压汞灯发射谱线的峰值；也可以以空气作参比，测氧化钬溶液，氧化钬玻璃或镨钕玻璃吸收峰的透射比(或吸光度)。按波长顺序单方向对选定的一组谱线依次测量，从短(长)波到长(短)波测完为一次，测量 3 次。

5.2.2.2 试验方法二

对波长准确度大于 2 nm 的仪器，除上述方法外也可以以空气作参比，用干涉滤光片的中心波长作为参考波长测试，测试方法及要求同本标准 5.2.2.1。

5.2.3 计算与评定

每个波长 3 次测量值的平均值与参考波长标称值之差为单波长误差，单波长误差中的最大值为波长准确度；每个波长3次测量的最大值与最小值之差为该波长的重复性（单波长重复性），所有单波长重复性之中的最大值为仪器波长重复性。

上述工具测试结果采纳的优先顺序是低压汞灯，氧化钬溶液，氧化钬玻璃，镨钕玻璃，干涉滤光片。

5.3 透射比准确度及透射比重复性

5.3.1 试验工具

透射比约为10%，20%，30%的中性滤光片，测试波长440 nm，546 nm，635 nm，其透射比不确定度不大于0.2%，测试波长的透射比值应具有可溯源性，并应定期进行检定。

5.3.2 试验程序

以空气作参比，调整仪器透射比100%及透射比0%后，分别用3片中性滤光片在440 nm，546 nm，635 nm处测得实际透射比，每个波长每片测3次。

5.3.3 计算与评定

每个波长每种滤光片测量3次，3次测量的平均值与标称值之差为单波长透射比误差，单波长透射比误差中的最大值为透射比准确度，每个波长每种滤光片3次测量的最大值与最小值之差为单波长透射比重复性，单波长透射比重复性中的最大值为透射比重复性。

注：仪器完成调整100%或0%的响应时间不应大于8 s。本注适用于本标准中仪器调整100%或0%的所有条款。

5.4 杂散光

5.4.1 试验工具和试剂

a) 比色皿一对，光程为1cm，在测试波长处透射比配套误差不大于0.2%。
b) 360 nm（或420 nm）截止滤光片（截止波长不小于365 nm（或425 nm），截止区吸光度不小于4，透光区平均透射比不低于80%，最大透射比半高波长分别为420 nm（或460 nm）附近）；其360 nm（或420 nm）透射比应具有可溯源性，并应定期进行检定。
c) 亚硝酸钠（$NaNO_2$）溶液〔标准溶液的配制见附录B.1〕。
d) 硫酸镍（$NiSO_4$）溶液〔标准溶液的配制见附录B.2〕。
e) 硫酸（H_2SO_4）溶液（0.05 mol/L）。
f) 蒸馏水。

5.4.2 试验程序

光谱带宽2 nm，以蒸馏水作参比，在360 nm处，测定亚硝酸钠溶液的透射比，或以空气作参比，在360 nm处测定截止滤光片的透射比。

如360 nm无法测量，则以浓度为0.05 mol/L的硫酸溶液为参比，测硫酸镍溶液在420 nm处的透射比，或以空气作参比测420 nm截止滤光片在420 nm处的透射比。

上述不同工具测试结果采纳的优先顺序是：标准溶液、截止滤光片。

注：只有单一带宽的仪器不做光谱带宽选择操作。本注适用于以下所有选择光谱带宽2 nm的款项。

5.4.3 试验结果的评定

透射比测定值即为仪器杂散光。

5.5 波长边缘噪声

5.5.1 试验工具

秒表。

5.5.2 试验程序

光谱带宽 2 nm(对最小光谱带宽大于 2 nm 的仪器用其最小光谱带宽),采样间隔或积分时间不大于 1 s,调整波长后允许稳定 5 min。

透射比测量方式,量程显示范围为 99%~101%,样品和参比皆为空气,分别在仪器波长两端点内缩 10 nm 处测量。调整仪器 100%及 0%,定波长扫描 100.0%线 3 min。分别计算图谱上最大值与最小值之差值,此即为 100%线的波长边缘噪声。

量程显示范围为−1%~1%,参比为空气,分别在仪器波长两端点内缩 10 nm 处测量。对仪器进行 100%及 0%校准操作后,将样品路挡光,定波长扫描 0%线 3 min。分别计算图谱上最大值与最小值之差值,此即为 0%线仪器波长边缘噪声。

对透射比范围只有 0%~100%的仪器,对仪器进行 100%及 0%校准操作后可用挡光的办法,分别在 95%附近和 1%附近进行测试,测试 3 min,测量图谱上最大值与最小值之差,即为波长边缘能量噪声;对无时间自动扫描功能的仪器,人工观察记录 3 min,完成测试。

5.6 基线平直度

光谱带宽 2 nm,扫描步距 1 nm,吸光度测量方式,样品和参比光束皆为空气,量程范围为 ±0.01 Abs (或其他适当范围),进行全波段扫描,波长两端内缩 10 nm,测量图谱中最大偏移量与0 Abs (吸光度零坐标线)线之差,即为基线平直度。

5.7 基线暗噪声

光谱带宽 2 nm,扫描步距 1 nm,透射比测量方式,量程±1%,以空气为参比扫完参比后将样品路完全挡光,进行全波段扫描,波长两端内缩 10 nm,测量谱图中谱线相对于 0%(透射比坐标零线)线的最大偏移量,此偏移量即为基线暗噪声。

5.8 光谱带宽

5.8.1 试验工具

低压汞灯。

5.8.2 试验程序

将低压汞灯作为光源,测量其 546.07 nm(如波长范围不能覆盖 546.07 nm,则选用 435.83 nm 谱线)特征谱线轮廓,先找出峰高(峰最大能量值与峰两侧背景能量值之差),然后使波长单向移动,记下峰高 50%时的波长读数 λ_2,λ_1。

5.8.3 计算

光谱带宽按公式(1)计算:

$$\Delta\lambda = |\lambda_1 - \lambda_2| \quad \cdots\cdots (1)$$

式中:

$\Delta\lambda$ ——实测光谱带宽;

λ_1,λ_2——峰高 50%时的波长示值。

5.9 漂移

仪器开机预热 30 min 后,将波长置于 500 nm 处,光谱带宽 2 nm,吸光度测量方式,样品和参比皆为空气,量程为±0.01 A 或其他适当量程,采样间隔或积分时间不大于 1 s,校零后定波长扫描 30 min,读出图谱包络线中心线的最大值和最小值之差即为仪器的漂移。

5.10 电源电压变化时引起的透射比变化

5.10.1 试验工具

a) 秒表;

b) 功率不小于 0.5 kVA 调压变压器;

c) 电压表(检定有效期内)。

5.10.2 试验程序

采样间隔或积分时间不大于 1 s,分别在仪器工作波长两端内缩 10 nm 处,用电压表读取电压值。调压变压器输出 220 V 做为仪器电源电压,调节仪器透射比 100%(对于透射比最大只能显示 100%的仪器,可用样品光路挡光的办法将透射比调至 95%~100%某一值),用调压变压器改变仪器输入电压,分别观察仪器在 198 V,242 V 时的透射比与 100%(或 95%~100%某值)的最大差值,即为电源电压变化引起的透射比变化。

5.11 安全要求

5.11.1 接触电流

5.11.1.1 豁免条件

在正常工作条件下,交流电压有效值不超过 30 V,或直流电压不超过 60 V 可以不进行该项试验。

5.11.1.2 试验方法

应按 GB 4793.1—2007 中 6.3 的有关规定进行试验。

5.11.2 保护接地

应按 GB 4793.1—2007 中 6.5.1 的有关规定进行试验。

5.11.3 介电强度

5.11.3.1 试验工具

耐电压测试仪。

耐电压测试仪产生的试验电压应为正弦波形,其失真系数不大于 5%,频率为 50 Hz±2.5 Hz。

5.11.3.2 试验程序

仪器的电源插头不接入电网,电源开关置于接通位置,将耐电压测试仪的输出电流置于适当挡位,耐电压测试仪的高压输出一端接在电源插头的相线和中线连线上,另一端接在连接一起的所有可触及导电零部件之间,在 2 s 内试验电压从 0 V 开始逐渐上升到 1 500 V,并保持 1 min,然后平稳下降到 0 V。

5.11.4 安全警示

5.11.4.1 警告标志

应按 GB 4793.1—2007 中 5.2、5.3 的有关规定进行试验。

5.11.4.2 防电击警示

目视检查。

5.11.4.3 防光源烫伤警示

目视检查。

5.12 外观

目视和手感检查。

5.13 成套性

按仪器装箱单目视检查。

5.14 运输、运输贮存

应按 GB/T 11606—2007 中第 8 章、第 15 章、第 16 章、第 17 章和第 18 章的方法进行试验。

6 检验规则

6.1 检验分类

产品的检验分为：

a) 出厂检验；

b) 型式检验。

6.2 出厂检验

a) 每台仪器须经检验合格，并附有产品合格证方能出厂；

b) 出厂检验按 4.2～4.10、4.11.2、4.11.3、4.11.4.2、4.11.4.3、4.12、4.13 要求进行；

c) 若入库超过 12 个月再出厂，则应重新进行出厂检验。

6.3 型式检验

6.3.1 仪器在下列情况之一时，应按 4.2～4.14 的要求进行型式检验。

a) 老仪器转厂生产和新仪器试制定型鉴定；

b) 正式生产后，如结构、材料、工艺有较大改变，可能影响仪器性能时；

c) 正常生产时，定期或积累一定产量后，应周期不超过 3 年进行一次检验；

d) 仪器长期停产，恢复生产时；

e) 出厂检验结果与上次型式检验有较大差异时。

6.3.2 型式检验的样品应在出厂检验合格的批中随机抽取

型式检验应按 GB/T 2829—2002 的规定进行，采取一次抽样方案。仪器的检验项目、不合格分类、不合格质量水平(RQL)、判别水平(DL)按表 9 的规定进行。批质量以每百单位仪器不合格数表示。

表 9

<table>
<tr><th rowspan="2">序号</th><th rowspan="2">不合格分类</th><th colspan="3">检验项目及章条</th><th rowspan="2">不合格质量水平(RQL)</th><th rowspan="2">判别水平(DL)</th><th colspan="2">抽样方案</th></tr>
<tr><th>项　目</th><th>要求章条</th><th>试验方法章条</th><th>样品量(n)</th><th>判定数组(Ac,Re)</th></tr>
<tr><td>1</td><td rowspan="8">A</td><td>波长准确度及波长重复性</td><td>4.2</td><td>5.2</td><td rowspan="8">30</td><td rowspan="18">Ⅰ</td><td rowspan="18">3</td><td rowspan="8">(0,1)</td></tr>
<tr><td>2</td><td>透射比准确度及透射比重复性</td><td>4.3</td><td>5.3</td></tr>
<tr><td>3</td><td>接触电流</td><td>4.11.1</td><td>5.11.1</td></tr>
<tr><td>4</td><td>保护接地</td><td>4.11.2</td><td>5.11.2</td></tr>
<tr><td>5</td><td>介电强度</td><td>4.11.3</td><td>5.11.3</td></tr>
<tr><td>6</td><td>警告标志</td><td>4.11.4.1</td><td>5.11.4.1</td></tr>
<tr><td>7</td><td>防电击警示</td><td>4.11.4.2</td><td>5.11.4.2</td></tr>
<tr><td>8</td><td>防光源烫伤警示</td><td>4.11.4.3</td><td>5.11.4.3</td></tr>
<tr><td>9</td><td rowspan="8">B</td><td>杂散光</td><td>4.4</td><td>5.4</td><td rowspan="8">65</td><td rowspan="8">(1,2)</td></tr>
<tr><td>10</td><td>波长边缘噪声</td><td>4.5</td><td>5.5</td></tr>
<tr><td>11</td><td>基线平直度</td><td>4.6</td><td>5.6</td></tr>
<tr><td>12</td><td>基线暗噪声</td><td>4.7</td><td>5.7</td></tr>
<tr><td>13</td><td>光谱带宽</td><td>4.8</td><td>5.8</td></tr>
<tr><td>14</td><td>漂移</td><td>4.9</td><td>5.9</td></tr>
<tr><td>15</td><td>电源电压变化时引起的透射比变化</td><td>4.10</td><td>5.10</td></tr>
<tr><td>16</td><td>运输、运输贮存</td><td>4.14</td><td>5.14</td></tr>
<tr><td>17</td><td rowspan="2">C</td><td>外观</td><td>4.12</td><td>5.12</td><td rowspan="2">100</td><td rowspan="2">(2,3)</td></tr>
<tr><td>18</td><td>成套性</td><td>4.13</td><td>5.13</td></tr>
</table>

6.3.3　若型式检验不合格，应分析原因找出问题并落实措施，重新进行型式检验。若再次型式检验不合格，则应停产整顿，仪器停止出厂，待问题解决，型式检验合格后方可恢复出厂检验。

6.3.4　若型式检验合格，经出厂检验合格可作为合格品出厂或入库。

7　标志、包装、运输及贮存

7.1　标志

7.1.1　仪器标志

a）制造厂名称、地址；

b）仪器型号规格；

c）仪器名称；

d）商标；

e) 制造日期或出厂编号；

f) 制造计量许可证标志和编号。

7.1.2 包装标志

a) 制造厂名称及地址；

b) 仪器型号规格；

c) 仪器名称；

d) 商标；

e) 制造计量器具许可证标志和编号；

f) 仪器净重和毛重，单位为 kg；外形尺寸：长×宽×高，单位为 mm；

g) 包装储运图示标志："易碎物品"、"向上"、"怕雨"等应符合 GB/T 191—2008 的规定；

h) 发货、收货单位名称及地址。

7.2 包装

a) 仪器包装应符合 GB/T 13384—2008 中防潮、防震包装规定；

b) 仪器装箱应有下列文件：

1) 装箱单；

2) 使用说明书；

3) 合格证等。

7.3 运输

仪器在包装完整的情况下，可用一般交通工具运输。运输过程中应按印刷的运输标志要求进行运输作业，防止雨淋、翻倒、曝晒及剧烈冲击。

7.4 贮存

仪器在包装状态下，应贮存在环境温度 0 ℃～40 ℃，相对湿度不应大于 85%，无酸、碱及空气中不应含有腐蚀性气体的室内。

附　录　A
（规范性附录）
参考波长表

A.1　汞灯发射光谱参考波长表

表 A.1　　单位为纳米

编号	波长	编号	波长	编号	波长
1	313.18	4	435.83	7	579.07
2	365.01	5	546.07	8	690.72
3	404.66	6	576.96	9	1014.00

A.2　氧化钬玻璃吸收峰参考波长表(光谱带宽 2 nm)

表 A.2　　单位为纳米

编号	波长	编号	波长	编号	波长
1	333.7	4	418.7	7	484.5
2	360.9	5	453.2	8	536.2
3	385.9	6	460.0	9	637.5

A.3　镨钕玻璃吸收峰参考波长值(光谱带宽 2 nm)

表 A.3　　单位为纳米

编号	波长	编号	波长	编号	波长
1	431.3	4	572.9	7	739.4
2	513.7	5	585.8	8	807.7
3	529.8	6	684.5	9	878.9

A.4　氧化钬溶液吸收峰参考波长表(光谱带宽 2 nm)

表 A.4　　单位为纳米

编号	波长	编号	波长	编号	波长
1	333.4	4	385.7	7	485.3
2	345.5	5	416.3	8	536.6
3	361.3	6	451.3	9	640.5

附 录 B
（规范性附录）
标准溶液的配制方法

B.1 亚硝酸钠溶液(50 g/L)

在天平上称取干燥过的分析纯亚硝酸钠($NaNO_2$)50.0 g 置于 250 mL 烧杯中，用去离子水溶解，移入 1 000 mL 容量瓶中，以去离子水稀释至刻度，摇匀并避光保存。

B.2 硫酸镍溶液

在天平上称取约 50.0 g 分析纯硫酸镍固体试剂，置于 250 mL 烧杯中，再用量筒量取 70 mL 浓度为 0.05 mol/L 的硫酸溶液，倒入烧杯，分数次用玻璃棒搅拌至全部溶解，直至略有结晶析出，使溶液呈饱和状态为止，最后将烧杯中的溶液倒入 100 mL 容量瓶中，塞好瓶盖备用，使用前注意摇匀。

B.3 氧化钬溶液(40 g/L)

在天平上称取干燥过的氧化钬（基准试剂）(Ho_2O_3)4.0 g，置于 50 mL 烧杯中，加入体积分数 10% 的高氯酸溶液溶解，移入 100 mL 容量瓶中，以体积分数 10% 的高氯酸溶液定容至刻度，摇匀并避光保存。

注：标准溶液应由具有相应资质的人员或机构配制。

ICS 71.040.01
N 53

中华人民共和国国家标准

GB/T 26811—2011

离子选择电极

Ion selective electrodes

2011-07-29 发布 2011-12-01 实施

中华人民共和国国家质量监督检验检疫总局
中国国家标准化管理委员会 发布

前　言

本标准按照 GB/T 1.1—2009 给出的规则起草。

请注意本文件的某些内容可能涉及专利。本文件的发布机构不承担识别这些专利的责任。

本标准由中国机械工业联合会提出。

本标准由全国工业过程测量和控制标准化技术委员会分析仪器分技术委员会(SAC/TC 124/SC 6)归口。

本标准起草单位:上海精密科学仪器有限公司、华东师范大学、上海市计量测试技术研究院、上海雷磁仪器厂浦东联营厂。

本标准主要起草人:王巧梅、金春法、吴建忠、丁敏、何品刚、何海东。

离 子 选 择 电 极

1 范围

本标准规定了离子选择电极的类型、要求、试验方法、检验规则、标志、包装、运输、贮存。

本标准适用于敏感膜类型的钾、钠、氟、氯、氨等五种通用离子选择电极(以下简称电极)。

2 规范性引用文件

下列文件对于本文件的应用是必不可少的。凡是注入期的引用文件,仅注入期的版本适用于本文件。凡是不注入期的引用文件,其最新版本(包括所有的修改单)适用于本文件。

GB/T 191—2008 包装储运图示标志(ISO 780:1997,MOD)

GB/T 2828.1—2003 计数抽样检验程序 第1部分:按接收质量限(AQL)检索的逐批检验抽样计划(ISO 2859-1:1999,IDT)

GB/T 2829—2002 周期检验计数抽样程序及表(适用于对过程稳定性的检验)

GB/T 11606—2007 分析仪器环境试验方法

GB/T 26812—2011 离子选择电极校准溶液制备方法

3 电极分类

电极按敏感膜分为表1所规定的类型。

表1 敏感膜类型

电极名称	钾电极	钠电极	氟电极	氯电极	氨电极(复合型)
敏感膜类型	PVC膜	玻璃膜	单晶膜	晶体膜	玻璃膜+透气膜
注:氨电极为复合电极,其他电极与适当的参比电极构成电极对。					

4 要求

4.1 电极正常工作条件

电极在表2规定的条件下应能正常工作。

表2 正常工作条件

工作条件	钾电极	钠电极	氟电极	氯电极	氨电极
环境温度/℃	5~40				
环境相对湿度/%	≤85				
被测溶液浓度 mol/L	10^{-1}~10^{-5}	10^{-1}~10^{-6}		10^{-1}~5×10^{-5}	
被测溶液温度/℃	5~50	20~40	5~45		10~40

4.2 性能指标

电极性能指标应符合表3的要求。

表3 性能指标

序号	性能	钾电极	钠电极	氟电极	氯电极	氨电极
1	斜率/mV	≥55	≥56	≥56	≥54	≥55
2	实用响应时间/min	≤2	≤3	≤1	≤2	≤3
3	适用 pH 范围	4～10	≥10	4～6	2～6	≥11
4	内阻/MΩ	≤50	≤250	≤1	≤0.1	≤1500
5	重复性/mV	≤2.5	≤3	≤2.5		≤3
6	稳定性/(mV/24 h)	不超过±8				
7	选择系数	$K^{pot}_{K^+,NH_4^+} \leqslant 10^{-1}$ $K^{pot}_{K^+,Na^+} \leqslant 5 \times 10^{-3}$	$K^{pot}_{Na^+,K^+} \leqslant 10^{-1}$	—	$K^{pot}_{Cl^-,Br^-} \leqslant 10$ $K^{pot}_{Cl^-,I^-} \leqslant 10^3$	—
8	绝缘电阻/Ω	$\geqslant 10^{11}$			—	
注：稳定性指标仅适用于在线使用的电极。						

4.3 电极的外观

电极的外观应满足以下要求：

a) 电极应粘结牢固，完整光洁；

b) 电极的导线不应有烫伤；芯线、屏蔽线与电极的插头接触应良好，无松动现象；

c) 电极的标志应符合7.1的要求。

4.4 电极运输、运输贮存基本环境适应性

电极经包装后，应符合GB/T 11606—2007中的相关要求，其中：

a) 低温贮存：(－15±2) ℃；

b) 高温贮存：(55±2) ℃；

c) 交变湿热：温度55 ℃；相对湿度95%；

d) 碰撞：加速度(100±10) m/s^2，脉冲持续时间：(16±2) ms，碰撞次数：(1 000±100)次，碰撞频率(60～100)次/min；

e) 跌落：自由跌落高度250 mm。

电极经上述试验后，应满足4.2(适用pH范围和选择系数除外)和4.3的要求。

5 试验方法

5.1 试验条件与要求

5.1.1 试验条件与设备

电极的试验条件与设备要求：

a) 在GB/T 11606—2007规定的参比条件下进行试验；

b) 被测液温度除标准中另有规定外均为(25±0.2) ℃；

c) 制备溶液或清洗电极用的纯水：实验室一级水或电导率不大于 0.2×10^{-6} S/cm 的蒸馏水(去离子水)；
d) 离子计：输入阻抗大于 1×10^{12} Ω，分辨率为 0.1 mV；
e) pH 计和 pH 电极：仪器分辨率不低于 0.01 pH；
f) 高阻计：量程不小于 1×10^{14} Ω，准确度不低于 20%；
g) 恒温槽：温度波动度为 ±0.2 ℃；
h) 分析天平：最大秤量不大于 200 g，检定分度值为 0.1 mg；
i) 溶液搅拌器；
j) 容量瓶、移液管，均为 A 级；
k) 与电极内阻阻值相当，其误差不超过 ±2% 的电阻(如 1 MΩ、10 MΩ、100 MΩ)；
l) 溶液流动池：如图 1 所示。

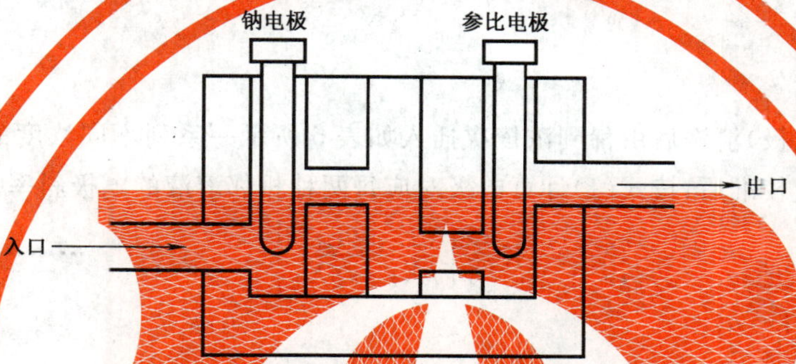

图 1　溶液流动池示意图

5.1.2　参比电极的选择

参比电极的选择见表 4。

表 4　对应的参比电极

电极	钾电极	钠电极	氟电极	氯电极
参比电极	双盐桥饱和甘汞电极 外盐桥为内充 0.1 mol/L 醋酸锂的 3% 琼脂溶液	饱和甘汞电极		汞—硫酸亚汞 电极或外盐桥为 硫酸盐的双盐桥电极
注：也可采用生产厂规定的参比电极。				

5.1.3　校准溶液

按 GB/T 26812—2011 规定的方法制备。

5.1.4　电极的预处理

电极的预处理按制造厂规定或按下列方法进行：
a) 钾电极：电极应在 10^{-3} mol/L 氯化钾溶液中浸泡 2 h 以上，再用纯水清洗到稳定的空白电位；
b) 钠电极：电极应在 10^{-3} mol/L 氯化钠溶液中浸泡 3 h 以上，再用纯水清洗到稳定的空白电位；
c) 氟电极：电极应在 10^{-3} mol/L 氟化钠溶液中浸泡 2 h 以上，再用纯水清洗到稳定的空白电位；

d) 氯电极:电极应在 10^{-3} mol/L 氯化钾溶液中浸泡 2 h 以上,再用纯水清洗到稳定的空白电位;

e) 氨电极:内电极应在纯水中浸泡 8 h 以上,组装后再用纯水清洗到稳定的空白电位。

5.1.5 测试要求

电极的测试要求:

a) 测试时,除试验方法中另有规定外,均在仪器的示值变化每分钟不超过 1 mV 时读数。

b) 钠电极除绝缘电阻、内阻外的其他项目测试均须在流动溶液中进行。流动池中溶液的流速应调节到使电极的实用响应时间达到规定的指标,并保持稳定。

c) 氨电极除内阻,绝缘电阻外的其他项目的测试均在 50 mL 校准溶液中加入 10 mol/L NaOH 溶液 0.2 mL 进行。

5.2 电极性能试验

5.2.1 电极的斜率

将电极对(或氨电极)清洗后由稀到浓依次插入如表 5 所示一系列不同浓度的校准溶液中,读取稳定电位值,经活度系数校准后,按式(1)计算电极对应每两种相邻溶液的电极斜率。

$$K = \left| \frac{E_2 - E_1}{pX_2 - pX_1} \right| \qquad \cdots\cdots(1)$$

式中:

K ——斜率;

E_1、E_2 ——电极在两种相邻校准溶液中的电位值,单位为毫伏(mV);

pX_1、pX_2 ——电极在两种相邻校准溶液中的离子活度标称值(见附录 A)。

表 5 校准溶液

单位为摩尔每升

钾电极	钠电极	氟电极	氯电极	氨电极
—	10^{-6}	10^{-6}	—	—
10^{-5}	10^{-5}	10^{-5}	5×10^{-5}	5×10^{-5}
10^{-4}	10^{-4}	10^{-4}	10^{-4}	10^{-4}
10^{-3}	10^{-3}	10^{-3}	10^{-3}	10^{-3}
10^{-2}	10^{-2}	10^{-2}	10^{-2}	10^{-2}
10^{-1}	10^{-1}	10^{-1}	10^{-1}	10^{-1}

5.2.2 电极的实用响应时间

将电极对插入浓度为 10^{-3} mol/L 的校准溶液中,在搅拌或流动状态下测定。从电极接触溶液的瞬间起用秒表计时,每 10 s 读数一次,至记录的数据每分钟变化不超过 1 mV 前的这段时间即为电极的实用响应时间。

5.2.3 电极的适用 pH 范围

将电极对插入浓度为 10^{-3} mol/L 的校准溶液,调节 pH 值如表 6 所示,在搅拌或流动状态下分别测定一系列不同 pH 值时的稳定电位值 E,作 E-pH 曲线。由曲线的平坦部分(±2mV)确定电极的适用 pH 值范围(如图 2)。

表 6 适用 pH 范围

电极	钾电极	钠电极	氟电极	氯电极	氨电极
校准液 pH 值	3、4、5、7、9、10、11	8、10、12	3、4、5、6、8	2、3、4、6、8	—
调节 pH 值的试剂	0.2 mol/L $Ba(OH)_2$ 或 HCl	二异丙胺	NaOH 或 HCl	HNO_3 或 NaOH	—

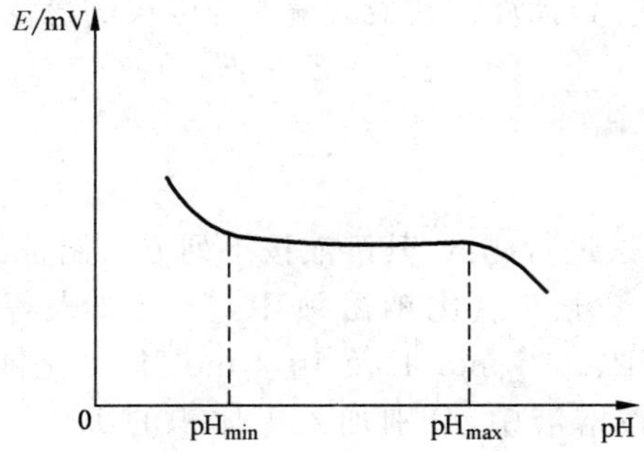

图 2 *E*-pH 曲线

5.2.4 电极的内阻

将电极对插入浓度为 10^{-3} mol/L 的校准溶液中，测得电极电位 E_{R1}，然后用与被测电极的内阻相当的电阻 R_s 与待测电池并联（如图 3 所示）。测得电位 E_{R2}。用式（2）计算电极的内阻 $R_内$。

$$R_内 = \frac{E_{R1} - E_{R2}}{E_{R2}} R_s \qquad \cdots\cdots (2)$$

式中：

E_{R1}——电极对在校准溶液中电位，单位为毫伏（mV）；

E_{R2}——与 R_s 并联后测得的电位，单位为毫伏（mV）。

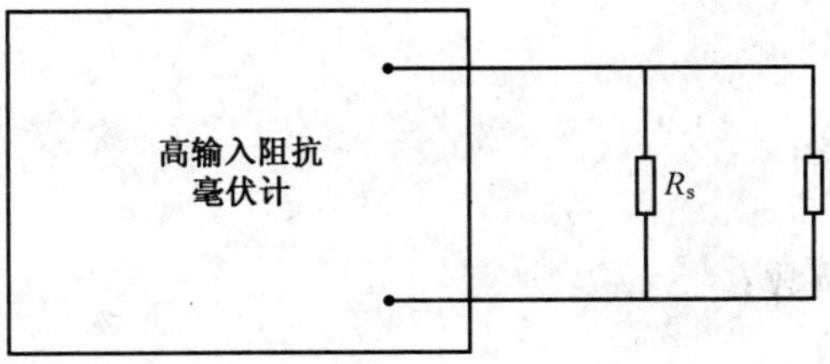

图 3 电极内阻试验接线图

5.2.5 电极的重复性

将电极对插入浓度为 10^{-3} mol/L 的校准溶液中至规定的实用响应时间读数，取出电极。每次间隔 5 min，重复测试六次，将每次测得的值按式（3）计算。用标准偏差作为重复性。

$$S = \sqrt{\frac{\sum_{i=1}^{6} (x_i - \bar{x})^2}{5}} \qquad \cdots\cdots (3)$$

式中：

S——标准偏差，单位为毫伏(mV)；

x_i——第 i 次测量值，单位为毫伏(mV)；

$\bar{x}$——六次测量值的平均值，单位为毫伏(mV)。

氨电极测试时必须每次更换溶液，并清洗到电位变化大于 55 mV。

5.2.6 电极的稳定性

将电极对插入浓度为 10^{-3} mol/L 的校准溶液中测量电位，1 h 起读取电位值 E_0，每隔 1 h 记录一次电位值 E_i，连续运行 24 h，按式(4)计算。其最大偏差为电极的稳定性。

$$\Delta E = E_i - E_0 \quad \cdots\cdots(4)$$

5.2.7 电极的选择系数

用固定干扰离子的混合溶液法进行测试，其溶液按下列方法制备：

a) 钾电极：在六份 10^{-1} mol/L 氯化钠溶液中，分别加入等体积 10^{-6} mol/L、10^{-5} mol/L、10^{-4} mol/L、10^{-3} mol/L、10^{-2} mol/L 及 10^{-1} mol/L 氯化钾溶液，制备成六种混合溶液。在六份 10^{-1} mol/L 氯化铵溶液中，分别加入等体积的 10^{-6} mol/L、10^{-5} mol/L、10^{-4} mol/L、10^{-3} mol/L、10^{-2} mol/L 及 10^{-1} mol/L 氯化钾溶液，制备成六种混合溶液。

b) 钠电极：在六份 10^{-3} mol/L 氯化钾溶液中，分别加入等体积的 10^{-6} mol/L、10^{-5} mol/L^3、10^{-4} mol/L、10^{-3} mol/L、10^{-2} mol/L 及 10^{-1} mol/L 氯化钠溶液，制备成六种混合溶液。

c) 氯电极：在五份 10^{-2} mol/L 溴化钠溶液中，分别加入等体积的 10^{-5} mol/L、10^{-4} mol/L、10^{-3} mol/L、10^{-2} mol/L 及 10^{-1} mol/L 氯化钾溶液，制备成五种混合溶液。

在四份 10^{-2} mol/L 碘化钠溶液中，分别加入等体积的 10^{-4} mol/L、10^{-3} mol/L、10^{-2} mol/L 及 10^{-1} mol/L 氯化钾溶液，制备成四种混合溶液。

将电极对依次插入上述对应的溶液(浓度从低到高)中，在搅拌或流动状态下测得稳定电位值 E。并作 E-Pa 曲线，由图测得 a_A 值(如图 4)，并由式(5)计算相应的选择系数。

$$K_{A,B}^{Pot} = \frac{a_A}{(a_B)^{Z_A/Z_B}} \quad \cdots\cdots(5)$$

式中：

$K_{A,B}^{Pot}$——A 离子选择电极对 B 离子的选择系数；

A ——选择性离子；

B ——干扰离子。

a_A ——选择性离子的活度；

a_B ——干扰离子的活度；

Z_A ——选择性离子的电荷数；

Z_B ——干扰离子的电荷数。

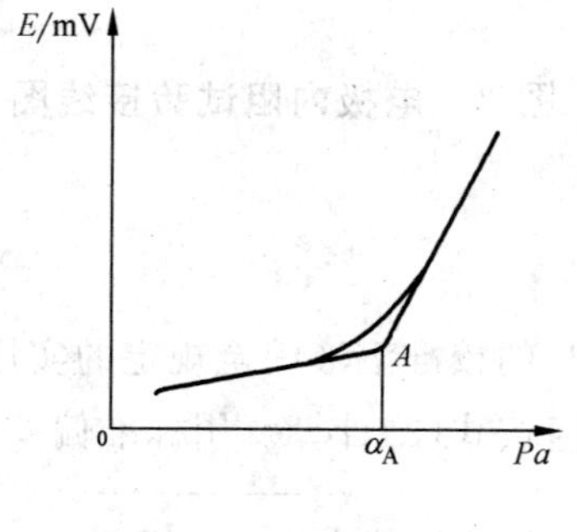

图 4 *E-Pa* 曲线

5.2.8 电极的绝缘电阻

将高阻计接在电极插头的两端进行测量，测量前允许对电极插头、外壳进行清洁干燥处理。

5.2.9 电极的外观

用目测和手感进行检验。

5.2.10 电极的运输、运输贮存基本环境适应性

将电极按7.2要求包装后，进行运输、贮存的环境适应性试验。

a) 低温贮存试验按GB/T 11606—2007中第15章规定的方法进行；

b) 高温贮存试验按GB/T 11606—2007中第16章规定的方法进行；

c) 交变湿热试验按GB/T 11606—2007中第8章规定的方法进行；

d) 碰撞试验按GB/T 11606—2007中第18章规定的方法进行；

e) 自由跌落试验按GB/T 11606—2007中第17章规定的方法进行。

6 检验规则

6.1 检验分类

检验分出厂检验和型式检验。

6.2 出厂检验

6.2.1 每支电极须经检验部门检验合格后，并附有产品合格证方能出厂。

6.2.2 电极的出厂检验项目按表7进行。"全数"检验项目不允许有不合格项出现，"抽样"检验项目按GB/T 2828.1—2002规定的方法进行检验。

表7 出厂检验

序号	检验项目	条款		检验方法	检验水平 IL	接受质量限 AQL	抽样方案 (Ac Re)
		要求	试验方法				
1	电极的斜率	4.2	5.2.1	全检	—	—	—
2	电极的绝缘电阻		5.2.8				
3	电极的外观要求	4.3	5.2.9				
4	电极的实用响应时间	4.2	5.2.2	抽检	I	2.5	二次
5	电极的内阻		5.2.4				
6	电极的重复性		5.2.5				
7	电极的稳定性		5.2.6				

6.2.3 出厂抽样检验不合格的批，应退回车间进行100%挑剔和返工，挑剔后可再次提交验收，对再次提交批应采用相应的加严检验(或正常检验)抽样方案，若再次提交批仍不合格，则不得再次提交验收。此时应分析原因，提出改进措施和处理该批次产品的办法。

6.2.4 若入库超过六个月再出厂，则必须重新进行出厂检验。

6.3 型式检验

6.3.1 电极在下列情况之一时，应进行型式试验：

a) 电极设计定型时；

b) 当电极生产中断一年以上又恢复生产时；

c) 当电极的设计、工艺和材料有较大改变时；

d) 出厂检验结果与上次型式检验有较大差异时；

e) 正常生产的电极的周期性检验，每年进行一次。

6.3.2 型式检验的电极样本必须从出厂检验合格的批中随机抽取，若发现电极玻壳冷爆（仅对玻璃外壳电极），允许重新抽取样本替换一次。

6.3.3 型式检验采用 GB/T 2829—2002 周期检验的一次抽样方案。其检验分组、检验项目、不合格质量水平（RQL）、判别水平（DL）及抽样方案（n/Ac，Re）应符合表 8 的规定。批质量以不合格品百分数表示。

表 8 型式检验

序号	检验分组	检验项目	要求章条	试验方法章条	不合格质量水平（RQL）	判别水平（DL）	抽样方案（n/Ac，Re）
1	A	电极的斜率	4.2	5.2.1	25	Ⅱ	6/(0 1)
2		电极的绝缘电阻		5.2.8			
3		电极的外观	4.3	5.2.9			
4	B	电极的实用响应时间	4.2	5.2.2	50	Ⅱ	6/(1 2)
5		电极的内阻		5.2.4			
6		电极的重复性		5.2.5			
7		电极的稳定性		5.2.6			
8		电极的适用 pH 范围		5.2.3			
9		电极的选择系数		5.2.7			
10		电极的运输、运输贮存基本环境适应性	4.4	5.2.10			
注：适用 pH 范围和选择系数仅在设计定型时检验。							

6.3.4 若型式检验不合格，应分析原因，找出问题并落实措施，重新进行型式检验。若型式检验再次不合格，则应停产整顿，产品停止出厂检验，待解决问题，经型式检验合格后，方可恢复出厂检验。

6.3.5 若型式检验合格，经出厂检验合格的批，可以出厂或入库。

7 标志、包装、运输、贮存

7.1 标志

7.1.1 产品标志

电极标志应包括以下内容：

a) 电极的型号及名称；

b) 制造厂或供应商的名称、商标；

c) 生产日期和出厂编号；

d） 生产地点：如果标有相同识别标志（型号）的电极是在一个以上的生产地点制造的，则对每一个生产地点制造的电极，其标志应能识别出其生产地点；

e） 生产地点的标志可以采用代码，而且不必标在电极的外部；

f） 法律法规和相关标准涉及的与安全有关的标志。

7.1.2 包装标志

电极的包装标志应包括以下内容：

a） 电极型号及名称、制造标准编号、商标；

b） 制造厂或供应商的名称及详细地址；

c） 易碎物品、怕雨、温度极限、堆码质量极限、堆码层数极限等包装、储运的图示标志的尺寸和颜色应符合GB/T 191—2008；

d） 收、发货方名称及详细地址。

7.2 包装

电极应包装在具有防震措施的包装盒内，盒内附有使用说明书、产品合格证，然后再装入具有防震、防潮的外包装箱内。

7.3 运输

电极在运输时，应防止雨、雪淋袭，暴晒，腐蚀性物质侵袭和强烈的冲击震动。

7.4 贮存

电极应贮存在环境温度0 ℃～45 ℃，相对湿度不大于85%的库房中，库房中不得有腐蚀性气体。

附　录　A
（规范性附录）
离子活度标度值

25 ℃时各离子活度标度值。

表 A.1　25 ℃时各离子活度标度值

物质	mol/kg	pNa	pCa	pCl	pF	pK	pNH_4
NaCl	0.001 0.01 0.1 1.0	3.015 2.044 1.108 0.160	—	3.015 2.044 1.110 0.204	—	—	
NaF	0.001 0.01 0.1	3.015 2.044 0.108	—	—	3.015 2.048 1.124	—	
$CaCl_2$	0.000 333 0.003 33 0.033 3 0.333	—	3.537 2.653 1.887 1.105	3.191 2.220 1.286 0.381	—	—	
KCl	0.001 0.01 0.1 1.0	—	—	3.016 2.045 1.115 0.232	—	3.016 2.045 1.112 0.206	
NH_4Cl	0.001 0.01 0.1	—	—		—	—	

ICS 71.040.01
N 53

中华人民共和国国家标准

GB/T 26812—2011

离子选择电极校准溶液制备方法

Preparation method of reference solutions for the measurement of ion selective electrodes

2011-07-29 发布　　2011-12-01 实施

中华人民共和国国家质量监督检验检疫总局
中国国家标准化管理委员会　发布

前　言

本标准按照 GB/T 1.1—2009 给出的规则起草。

本标准由中国机械工业联合会提出。

本标准由全国工业过程测量和控制标准化技术委员会分析仪器分技术委员会(SAC/TC 124/SC 6)归口。

本标准起草单位:上海精密科学仪器有限公司、上海市计量测试技术研究院、华东师范大学、上海雷磁仪器厂浦东联营厂。

本标准主要起草人:王巧梅、金春法、吴建忠、丁敏、何品刚、何海东。

离子选择电极
校准溶液制备方法

1 范围

本标准规定了离子选择电极校准溶液制备用的试剂、设备、步骤等。

本标准适用于钠离子、氯离子、氟离子、硝酸根离子的选择电极、氨气敏电极校准溶液的制备。

本标准亦适用于相应的离子浓度计校准溶液制备。

2 溶液种类

本标准列有六种溶液,其组成浓度见表1。

表1 溶液种类及其浓度

溶液代号	溶液名称	试剂		贮备液浓度 mol/L	校准溶液浓度 mol/L
		名称	分子式		
a	钠离子	氯化钠	NaCl	10^{-1}	10^{-1}～10^{-8}
b	氯离子	氯化钠	NaCl	10^{-1}	10^{-1}～10^{-6}
c	氟离子	氟化钠	NaF	10^{-1}	10^{-1}～10^{-7}
d	铵离子	氯化铵	NH_4Cl	10^{-1}	10^{-1}～10^{-6}
e	硝酸根离子	硝酸钾	KNO_3	10^{-1}	10^{-1}～10^{-5}
f	钾离子	氯化钾	KCl	10^{-1}	10^{-1}～10^{-5}

3 试剂

试验用的试剂:

a) 氯化钠:优级纯;

b) 氟化钠:优级纯;

c) 氯化铵:优级纯;

d) 硝酸钾:优级纯;

e) 氯化钾:优级纯;

f) 水:电导率不大于 0.1×10^{-6} S/cm (钠离子 0.2×10^{-6} S/cm) 去离子水;

g) 无铵水:按附录A配制;

h) 亚沸水。

4 设备

试验用的设备及器皿:

a) 分析天平：最大秤量不大于 200 g，检定分度值 0.1 mg；
b) 1 000 mL 容量瓶：A 级；
c) 100 mL 移液管：A 级；
d) 电热干燥箱；
e) 有盖称量瓶；
f) 100 mL 烧杯；
g) 聚乙烯瓶；
h) 亚沸水蒸馏器。

5 溶液制备

5.1 警告

使用本标准的人员应有正规实验室工作的实践经验。本标准并未指出所有可能的安全问题。使用者有责任采取适当的安全和健康措施，并保证符合国家有关法规规定的条件。

5.2 环境条件

制备溶液的基本环境条件：
a) 环境温度：(20±2)℃；
b) 相对湿度：不大于 85%。

5.3 贮备液的组成

本标准六种贮备液溶液的组成和制备 1 L 溶液所需的标准物质见表 2。

表 2 贮备液的组成

溶液代号	溶液名称	试剂		贮备液浓度 mol/L	标准物质质量 g
		名称	分子式		
a	钠离子	氯化钠	NaCl	10^{-1}	5.844 3
b	氯离子	氯化钠	NaCl	10^{-1}	5.844 3
c	氟离子	氟化钠	NaF	10^{-1}	4.198 8
d	铵离子	氯化铵	NH_4Cl	10^{-1}	5.349 1
e	硝酸根离子	硝酸钾	KNO_3	10^{-1}	10.101 3
f	钾离子	氯化钾	KCl	10^{-1}	7.455 1

5.4 溶液的制备方法

5.4.1 钠离子溶液

钠离子溶液制备方法：
a) 将氯化钠放入称量瓶中，置于干燥箱内，在(100～110)℃温度下干燥 2 h，并放入干燥器中冷却至室温。
b) 制备浓度为 10^{-1} mol/L 的溶液：准确称取 5.844 3 g 经过干燥的氯化钠，放入烧杯中，用少量的去离子水溶解，移入 1 000 mL 容量瓶中。烧杯至少用去离子水冲洗三次，洗液并入容量瓶中，用去离子水稀释至刻度，摇匀即可。制备好的溶液保存在聚乙烯瓶中。

c) 取贮备液制备(10^{-2}～10^{-6})mol/L 溶液，用去离子水逐级稀释；制备 10^{-7} mol/L 和 10^{-8} mol/L 溶液，用亚沸水逐级稀释。

d) 制备及保存溶液的器皿应在 1∶3 硝酸溶液中浸泡 24 h，并清洗干净，干燥后备用。

5.4.2 氯离子溶液

氯离子溶液制备方法：

a) 将氯化钠放入称量瓶中，置于干燥箱内，在(100～110)℃温度下干燥 2 h，并放入干燥器中冷却至室温。

b) 制备浓度为 10^{-1} mol/L 的溶液：准确称取 5.844 3 g 经过干燥的氯化钠，放入烧杯中，用少量的去离子水溶解，移入 1 000 mL 容量瓶中。烧杯至少用去离子水冲洗三次，洗液并入容量瓶中，用去离子水稀释至刻度，摇匀即可。制备好的溶液保存在聚乙烯瓶中。

c) 取贮备液用逐级稀释法制备其他浓度的溶液。

d) 制备及保存溶液的器皿应在 1∶3 硝酸溶液中浸泡 24 h，并清洗干净，干燥后备用。

5.4.3 氟离子溶液

氟离子溶液制备方法：

a) 将氟化钠放入称量瓶中，置于干燥箱内，在(105～115)℃温度下干燥 2 h，并放入干燥器中冷却至室温；

b) 制备浓度为 10^{-1} mol/L 的校准溶液：准确称取 4.198 8 g 经过干燥的氟化钠，放入塑料烧杯中，用少量的去离子水溶解，移入 1 000 mL 容量瓶中。烧杯至少用去离子水冲洗三次，洗液并入容量瓶中，用去离子水稀释至刻度，摇匀即可。制备好的溶液保存在聚乙烯瓶中。

c) 取贮备液：用逐级稀释法制备其他浓度的溶液。

d) 制备及保存溶液的器皿应在 1∶3 硝酸溶液中浸泡 24 h，并清洗干净，干燥后备用。

5.4.4 铵离子溶液

铵离子溶液制备方法：

a) 将氯化铵放入称量瓶中，置于干燥箱内，在(100～110)℃温度下干燥 2 h，并放入干燥器中冷却至室温。

b) 制备浓度为 10^{-1} mol/L 的校准溶液：准确称取 5.349 1 g 经过干燥的氯化铵，放入烧杯中，用少量的无铵水溶解，移入 1 000 mL 容量瓶中。烧杯至少用无铵水冲洗三次，洗液并入容量瓶中，用无铵水稀释至刻度，摇匀即可。制备好的溶液保存在聚乙烯瓶中。

c) 取贮备液：用逐级稀释法制备其他浓度的溶液。

d) 制备及保存溶液的器皿应在 1∶2 盐酸溶液中浸泡 24 h，并清洗干净，干燥后备用。

5.4.5 硝酸根离子溶液

硝酸根离子溶液制备方法

a) 将硝酸钾放入称量瓶中，置于干燥箱内，在(100～110)℃温度下干燥 2 h，并放入干燥器中冷却至室温。

b) 制备浓度为 10^{-1} mol/L 的溶液：准确称取 10.101 3 g 经过干燥的硝酸钾，放入烧杯中，用少量的去离子水溶解，移入 1 000 mL 容量瓶中。烧杯至少用去离子水冲洗三次，洗液并入容量瓶中，用去离子水稀释至刻度，摇匀即可。制备好的溶液保存在聚乙烯瓶中。

c) 取贮备液：用逐级稀释法制备其他浓度的溶液。

d）制备及保存溶液的器皿应在 1∶2 盐酸溶液中浸泡 24 h，并清洗干净，干燥后备用。

5.4.6 钾离子溶液

钾离子溶液制备方法：

a）将氯化钾放入称量瓶中，置于干燥箱内，在(100～110)℃温度下干燥 2 h，并放入干燥器中冷却至室温。

b）制备浓度为 10^{-1} mol/L 的溶液：准确称取 7.455 1 g 经过干燥的氯化钾，放入烧杯中，用少量的去离子水溶解，移入 1 000 mL 容量瓶中。烧杯至少用去离子水冲洗三次，洗液并入容量瓶中，用去离子水稀释至刻度，摇匀即可。制备好的溶液保存在聚乙烯瓶中。

c）取贮备液制备(10^{-2}～10^{-6})mol/L 溶液，用去离子水逐级稀释；制备 10^{-7} mol/L 和 10^{-8} mol/L 溶液，用亚沸水逐级稀释。

d）制备及保存溶液的器皿应在 1∶3 硝酸溶液中浸泡 24 h，并清洗干净，干燥后备用。

5.4.7 溶液使用

使用时，校准溶液按需加入离子强度调节剂(按产品使用说明书规定的方法配制)，现用现配。

6 溶液的不确定度

六种溶液的不确定度见表 3(k=2)。

表 3 溶液的不确定度

溶液代号	溶液名称	贮备液浓度 mol/L	溶液不确定度 %
a	钠离子	10^{-1}	0.26
b	氯离子	10^{-1}	0.26
c	氟离子	10^{-1}	0.26
d	铵离子	10^{-1}	0.26
e	硝酸根离子	10^{-1}	1.22
f	钾离子	10^{-1}	0.26

7 溶液的保存

7.1 贮备液在(5～30)℃避光条件下保存，期限为三个月。

7.2 若发现溶液有浑浊、发霉或沉淀现象时不能使用。

附　录　A
（规范性附录）
无铵水制备方法

A.1　离子交换法

将蒸馏水通过一个强酸性阳离子交换树脂（氢型）柱，用带磨口玻璃塞的玻璃瓶收集流出液。贮存时每升流出液中加入约 10 g 同样的树脂。

A.2　蒸馏法

在（1 000±10）mL 的蒸馏水中加入（0.1±0.01）mL 的浓硫酸（密度为 1.84 g·L^{-1}），用一个玻璃装置进行重蒸馏。弃去前 50 mL 的流出液，余下的馏出液收集在带磨口玻璃塞的玻璃瓶中。每升馏出液中加入约 10 g 强酸性阳离子交换树脂（氢型）。

ICS 71.040.01
N 53

GB

中华人民共和国国家标准

GB/T 26813—2011

双光束紫外可见分光光度计

Double beam UV/VIS spectrophotometer

2011-07-29 发布　　　　2011-12-01 实施

中华人民共和国国家质量监督检验检疫总局
中国国家标准化管理委员会　发布

前　言

本标准按照 GB/T 1.1—2009 给出的规则起草。

本标准由中国机械工业联合会提出。

本标准由全国工业过程测量和控制标准化技术委员会(SAC/TC 124)归口。

本标准起草单位:北京瑞利分析仪器有限公司、上海精密科学仪器有限公司、上海天美科学仪器有限公司、北京普析通用仪器有限责任公司、上海光谱仪器有限公司、上海棱光技术有限公司、中国科学院上海生物工程研究中心、北京市计量检测科学研究院、中国人民解放军总后勤部卫生部药品仪器检验所、中国人民解放军军事医学科学院实验仪器厂。

本标准主要起草人:武进田、李源、李征、俞霆、刘景会、陈建钢、钱光蓓、李昌厚、臧甲鹏、姜雄平、梁晓会。

双光束紫外可见分光光度计

1 范围

本标准规定了双光束紫外可见分光光度计的分级、要求、试验方法、检验规则和标志、包装、运输及贮存等。

本标准适用于具有独立参比光束及独立参比样品池，主要光谱区为200 nm～900 nm，波长连续可调的双光束紫外可见分光光度计(以下简称“仪器”)，波长范围与此相近的双光束分光光度计也可参考使用。

2 规范性引用文件

下列文件对于本文件的应用是必不可少的。凡是注日期的引用文件，仅注日期的版本适用于本文件。凡是不注日期的引用文件，其最新版本(包括所有的修改单)适用于本文件。

GB/T 191—2008 包装储运图示标志

GB/T 2829—2002 周期检验计数抽样程序及表(适用于对过程稳定性的检验)

GB 4793.1—2007 测量、控制和实验室用电气设备的安全要求 第1部分:通用要求

GB/T 11606—2007 分析仪器环境试验方法

GB/T 13384—2008 机电产品包装通用技术条件

3 分级

仪器按指标从高到低分为Ⅰ，Ⅱ，Ⅲ 三级。每级仪器的各项指标均应达到或优于相应的等级要求。

4 要求

4.1 正常工作条件

仪器在下列条件下应能正常工作：

a) 环境温度:5 ℃～35 ℃；

b) 环境相对湿度不大于85%；

c) 仪器应放置于平稳的工作台上，不应有强光、强气流、强烈振动和强电磁干扰；

d) 环境无腐蚀性气体、烟尘干扰；

e) 供电电源电压220 V±22 V，频率50 Hz±1 Hz。

4.2 波长准确度及波长重复性

仪器波长准确度及波长重复性不应超过表1的要求。

表 1

单位为 nm

仪器分级	波长准确度	波长重复性
Ⅰ	±0.3	0.2
Ⅱ	±0.5	0.3
Ⅲ	±1.0	0.5

4.3 光谱带宽

仪器的光谱带宽应在其标称值的(0.8～1.2)倍范围。当光谱带宽小于或等于 0.1 nm,不便进行最小光谱带宽测试时可以采用分辨力深度 *D* 测试法。光谱带宽小于或等于 0.1 nm 时,分辨力深度 *D* 应大于或等于 12%。

4.4 透射比准确度及透射比重复性

仪器的透射比准确度及透射比重复性不应超过表 2 的要求。

表 2

%

仪器分级	透射比准确度	透射比重复性
Ⅰ	±0.3	0.1
Ⅱ	±0.5	0.2
Ⅲ	±0.5	0.2

4.5 杂散光

仪器杂散光不应超过表 3 的要求。

表 3

%

仪器分级	测试用物质	杂散光
Ⅰ Ⅱ Ⅲ	10 g/L 的碘化钠溶液或 220 nm 截止滤光片	0.03 0.1 0.3
Ⅰ Ⅱ Ⅲ	50 g/L 的亚硝酸钠溶液或 360 nm 截止滤光片	0.03 0.1 0.3

4.6 电源电压变化时引起的透射比变化

电源电压 220 V 变动±22 V 时所引起透射比示值变化不应超过表 4 的要求。

表 4

%

仪器分级	透射比示值变化
Ⅰ	±0.05
Ⅱ	±0.1
Ⅲ	±0.3

4.7 基线平直度

仪器的基线平直度不应超过表 5 的要求。

表 5

仪器分级	基线平直度 Abs
Ⅰ	±0.000 8
Ⅱ	±0.002
Ⅲ	±0.003

4.8 基线暗噪声

仪器的基线暗噪声不应超过表 6 的要求。

表 6

%

仪器分级	0%线暗噪声
Ⅰ	±0.1
Ⅱ	±0.2
Ⅲ	±0.3

4.9 漂移

仪器的漂移不应超过表 7 的要求。

表 7

仪器分级	漂移 Abs/h
Ⅰ	0.000 5
Ⅱ	0.001
Ⅲ	0.003

4.10 波长边缘噪声

波长边缘噪声不应超过表 8 的要求。

表 8

%

仪器分级	0%线	100%线%
Ⅰ	0.02	0.1
Ⅱ	0.05	0.2
Ⅲ	0.2	0.3

4.11 安全要求

4.11.1 接触电流

由交流电网供电的仪器，其接触电流应符合 GB 4793.1—2007 中 6.3 的有关规定。

4.11.2 保护接地

由交流电网供电的仪器，其保护接地应符合 GB 4793.1—2007 中 6.5.1 的有关规定。

4.11.3 介电强度

仪器在正常工作条件下，应能承受 1 500 V 交流有效值连续 1 min 的电压试验，不应出现飞弧或击穿现象。

4.11.4 安全警示

4.11.4.1 警告标志

警告标志应符合 GB 4793.1—2007 中 5.2、5.3 的相关规定。

4.11.4.2 防电击警示

仪器电压高压部分应有必要的警示标识，应符合 GB 4793.1—2007 中 5 的相关规定，必要时应使用绝缘材料予以防护。

4.11.4.3 防紫外辐射及警示

仪器紫外光源应有相应的安全警示标识，仪器工作时紫外光源的辐射不应从仪器直接射出，必要时应使用不透紫外光的材料予以防护。

4.11.4.4 防光源烫伤警示

光源高温部分应有防止烫伤警示标志。

4.12 外观

a) 仪器所有喷塑喷漆电镀表面应色泽均匀，不应有脱皮、明显的擦伤、露底、裂纹、起泡现象。

b) 刚性连接部位不应松动；可动件的运动应平稳灵活并能正确定位，不应有卡死空跳及显著的空回现象。

c) 外露零部件接合处应平整，无毛刺锐棱和粗糙不良现象。

d) 文字、符号、标志应端正清晰，牢固可靠。

4.13 成套性

应符合产品装箱清单的规定。

4.14 运输、运输贮存

仪器在运输包装状态下，应按 GB/T 11606—2007 的 2.4 试验项目中的交变湿热试验、低温贮存试验、高温贮存试验、跌落试验和碰撞试验进行试验，其中高温 55 ℃、低温 −20 ℃，交变湿热：相对湿度 95%、温度 40 ℃，跌落高度 250 mm。试验后，包装箱不应有较大的变形和损伤，受试仪器不应有变形松脱涂覆层剥落等机械损伤。全部试验完成后，将仪器置于正常工作条件下进行检验。应符合 4.2～4.13 的要求。

5 试验方法

5.1 试验条件

5.1.1 在本标准 4.1 所规定的工作条件下进行。

5.1.2 除非另有规定，仪器在试验前应先开机预热 30 min。

5.2 波长准确度及波长重复性

5.2.1 试验工具

a) 低压石英汞灯；

b) 氧化钬溶液(标准溶液配制见 B.4)；

c) 氧化钬玻璃，镨钕玻璃。

上述试验工具的参考波长数据，应采用与被测仪器光谱带宽相同(或相近)的仪器带宽标定的数据，用作标定的仪器波长准确度应比被测仪器波长准确度提高一倍以上，波长采样间隔不应大于波长准确度数值的三分之一，参考波长数据应具有可溯源性，并应定期进行检定。所有试验工具通光(发光)面应均匀清洁干燥。当一种波长测试工具波长范围不能满足需要时可选用 5.2.1 所列几种波长标准工具分段使用。如果波长扫描范围较宽，允许分段扫描。

5.2.2 试验程序

在整个波长范围内按每大约 100 nm 选择一个波长点，参考波长值见附录 A。用低压石英汞灯作光源，选仪器能量测量方式，使低压石英汞灯的光照在仪器入射狭缝上，调整汞灯位置使仪器能量达到最大值，波长采样间隔不应大于波长准确度数值的三分之一，测其发射谱线的峰值；或以空气作参比，用透射比(或吸光度)方式测氧化钬溶液(氧化钬玻璃、镨钕玻璃)的吸收峰波长，单方向分别对每一组谱线(或吸收峰)进行测量，测量 3 次，每个波长 3 次测量值的平均值与标称值之差为单波长误差，单波长误差中的最大值为波长准确度；每个波长 3 次测量值的最大值与最小值之差为单波长重复性，单波长重复性中的最大值为波长重复性。

上述不同工具测试结果采纳的优先顺序是：低压石英汞灯、氧化钬溶液、氧化钬玻璃、镨钕玻璃。

5.3 光谱带宽

5.3.1 光谱带宽

5.3.1.1 试验工具

低压石英汞灯或氘灯。

5.3.1.2 试验程序

选择仪器能量测量方式，用仪器自有的氘灯特征谱线 656.1 nm，或用低压石英汞灯做光源，选用 546.07 nm 谱线(如波长范围不能覆盖 546.07 nm，则应根据波长覆盖范围依次选用 435.83 nm 或 253.65 nm 谱线)，最小波长扫描间隔，单向移动波长，测量谱线轮廓，先找出峰高(峰最大能量值与峰两侧背景能量值之差)，记下峰高 50%时的波长读数 λ_1，λ_2。

5.3.1.3 计算

按式(1)计算光谱带宽：

$$\Delta\lambda = |\lambda_1 - \lambda_2| \qquad \cdots\cdots (1)$$

式中：

$\Delta\lambda$——光谱带宽；

λ_1，λ_2——峰高能量值 50%时的波长示值。

5.3.2 分辨力

5.3.2.1 试验工具

a) 苯(分析纯)；

b) 石英比色皿，光程 10 mm，干燥并加盖。

5.3.2.2 试验程序

选最小光谱带宽(0.1 nm 或以下)，用仪器波长扫描功能，最小波长扫描步距。取上述 10 mm 光程石英比色皿一只，沿不透光的那一面小心滴入分析纯苯一滴，使其挥发并驱除比色皿内空气，加盖，将其放入样品光束池架中，以空气为参比，扫描 257.5 nm～265.5 nm 的透射比，将波长 257 nm 的透射比作为 100%，按图 1 计算分辨力深度 D。

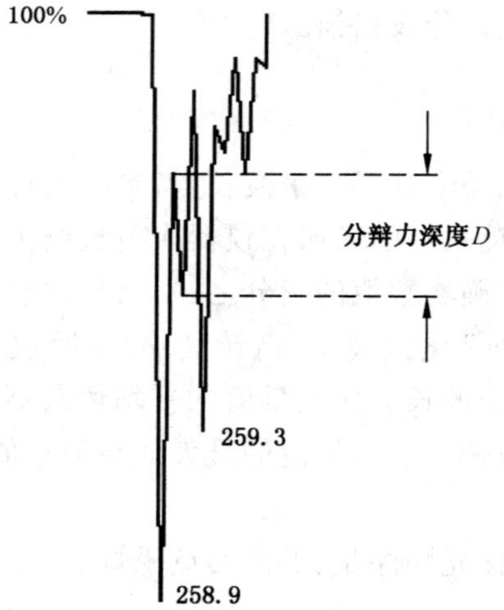

图 1 分辨力深度 D

5.4 透射比准确度及透射比重复性

5.4.1 试验工具

a) 重铬酸钾标准溶液(标准溶液配制见 B.3);

b) 可见中性滤光片,透射比约为 10%,20%,30%,其透射比不确定度不大于 0.2%;

c) 石英比色皿一对,光程 10 mm,在测试波长处透射比配套误差不大于 0.1%;

d) 高氯酸溶液,0.001 mol/L。

注:所列中性滤光片透射比值应具有可溯源性,并应定期进行检定。试验工具通光面应均匀清洁干燥。

5.4.2 试验程序

5.4.2.1 紫外光谱区透射比的测定

选择光谱带宽 2 nm。

样品位与参比位放置装有高氯酸溶液的石英比色皿,按仪器操作要求校正仪器透射比 100%及 0%后,按附录中的表 A.5 提供的数据,分别测重铬酸钾标准溶液在波长 235 nm,257nm,313nm,350nm 的透射比,每个波长测量 3 次,3 次测量的平均值与标称值之差为单波长透射比误差,单波长透射比误差中的最大值为紫外光谱区透射比准确度;每个波长 3 次测量值的最大值与最小值之差为单波长透射比重复性,单波长透射比重复性中的最大值为紫外光谱透射比重复性。

注 1:只有单一光谱带宽的仪器不做光谱带宽选择。本注适用于以下所有选择光谱带宽 2 nm 的条款。

注 2:仪器完成调整 100%或 0%的响应时间不应大于 8 s。本注适用于本标准中仪器调整 100%和 0%的所有条款。

注 3:对无光谱带宽调整档的非 2 nm 光谱带宽的仪器,透射比值应采用与之相同或相近的光谱带宽的标定值,透射比值见附录 A 中的表 A.6。

5.4.2.2 可见光谱区透射比的测定

选择光谱带宽 2 nm。

以空气作参比,分别选择波长 440 nm,546 nm,635 nm,按仪器操作要求校正仪器透射比 100%及 0%,测可见中性滤光片在上述波长的透射比,每个波长测 3 次,3 次测量的平均值与标称值之差为单波长透射比误差,单波长透射比误差中的最大值为可见光谱区透射比准确度;每个波长 3 次测量的最大值与最小值之差为单波长透射比重复性,单波长透射比重复性中的最大值为可见光谱区透射比重复性。

5.5 杂散光

5.5.1 试验工具

a) 10 g/L 的碘化钠溶液:(标准溶液配制见 B.1);

b) 50 g/L 的亚硝酸钠溶液:(标准溶液配制见 B.2);

c) 220 nm 截止滤光片,截止波长不小于 225 nm,截止区吸光度不小于 4,透光区平均透射比不低于 80%,最大透射比半高波长为 280 nm 附近,220 nm 的透射比应具有可溯源性,并应定期进行检定;

d) 360 nm 截止滤光片,截止波长不小于 365 nm,截止区吸光度不小于 4,透光区平均透射比不低于 80%,最大透射比半高波长分为 420 nm 附近,360 nm 的透射比应具有可溯源性,并应定期进行检定;

e) 石英比色皿一对,光程 10 mm,在测试波长处透射比配套误差不大于 0.1%;

f) 蒸馏水。

5.5.2 试验程序

波长220.0 nm，选择2 nm光谱带宽，样品位与参比位放置装蒸馏水的比色皿，校正仪器透射比100%和0%，然后在样品位置代之以装碘化钠溶液的比色皿(或220 nm截止滤光片，以空气作参比)进行测量，读取此时的透射比示值即为仪器在220 nm处的杂散光测定值。

波长360.0 nm，选择2 nm光谱带宽，样品位与参比位放置装蒸馏水的比色皿，校正仪器透射比100%和0%，然后在样品位置代之以装亚硝酸钠溶液的比色皿(或360 nm截止滤光片，以空气作参比)进行测量，读取此时的透射比示值，即得360 nm处的杂散光值。

对于需要测量仪器的极低杂散光数值时，使用适当透射比的衰减片(如1%透射比)一对，配对误差不大于3%，先在测试波长220 nm(或360 nm)，以空气做参比，测得衰减片的透射比值，再将这一对衰减片分别置于参比池位和样品池位，校准仪器透射比100%和0%，然后移走样品池位的衰减片(其透射比值T1)，代之以上述标准溶液(或截至滤光片)置于样品位置，测得其透射比值 $T2$，两者透射比值的乘积 $T = T1 \times T2$ 即为杂散光值。

5.6 电源电压变化时引起的透射比变化

5.6.1 试验工具

a) 功率不小于0.5 kVA调压变压器；

b) 电压表(在检定有效期内)。

5.6.2 试验程序

用调压变压器给仪器供电，用电压表读取电压值。仪器工作波长置于500.0 nm处，采样间隔或积分时间不大于1 s，电压为220 V时，校准仪器透射比为100%和0%，然后用调压变压器改变输入电压，观察仪器在198 V，242 V时的透射比示值变化，此变化值的最大值即为该仪器在电压变动时所引起的透射比示值变化。

5.7 基线平直度

选择2 nm光谱带宽，样品和参比皆为空气，吸光度测量方式，量程为±0.01 Abs(或其他适当量程)，扫描步距1 nm，进行全波段扫描，在波长两端内缩10 nm(光电(倍增)管型接收器的长波端内缩50 nm)范围内，测量图谱中谱线相对于0 Abs(吸光度坐标零点)线的最大偏移量，此最大偏移量即为基线平直度。

5.8 基线暗噪声

选择2 nm光谱带宽，扫描步距1 nm，透射比测量方式，量程±1%，以空气为参比，基线校正后，将样品路完全挡光，进行全波段扫描，波长两端内缩10 nm范围内，测量图谱中谱线相对于0%(透射比坐标零点)线的最大偏移量，此偏移量即为基线暗噪声。

5.9 漂移

仪器冷态开机预热2 h，光谱带宽2 nm，采样间隔或积分时间不大于1 s，样品和参比皆为空气，吸光度测量方式，量程为±0.01 Abs或其他适当量程，分别在250 nm和500 nm校零后定波长时间扫描60 min，读出图谱包络线中心线的最大值和最小值之差即为仪器的漂移。

5.10 波长边缘噪声

5.10.1 试验工具

秒表。

5.10.2 试验程序

光谱带宽 2 nm(对最小光谱带宽大于 2 nm 的仪器用其最小光谱带宽测),采样间隔或积分时间不大于 1 s。

量程显示范围为 99.5%～100.5%或其他适当量程,样品和参比为空气,分别在仪器波长两端点内缩 10 nm(光电(倍增)管型接收器的长波端内缩 50 nm)处测量。对仪器进行 100%及 0%校准操作,定波长扫描 100%线 3 min。分别计算图谱上最大值与最小值之差,此即为 100%线的波长边缘噪声。

量程显示范围为－1%～1%或其他适当量程,样品和参比为空气,分别在仪器波长两端点内缩 10 nm 处测量。对仪器进行 100%及 0%校准操作,将样品路挡光,定波长扫描 0%线 3 min。分别计算图谱上最大值与最小值之差,此即为 0%线仪器波长边缘噪声。

5.11 安全要求

5.11.1 接触电流

5.11.1.1 豁免条件

在正常工作条件下,交流电压有效值不超过 30 V,或直流电压不超过 60 V 可以不进行该项试验。

5.11.1.2 试验方法

应按 GB 4793.1—2007 中 6.3 的有关规定进行试验。

5.11.2 保护接地

应按 GB 4793.1—2007 中 6.5.1 的有关规定进行试验。

5.11.3 介电强度

5.11.3.1 试验工具

耐电压测试仪,其产生的试验电压应为正弦波形,其失真系数不大于 5%,频率为 50 Hz±2.5 Hz。

5.11.3.2 试验程序

仪器的电源插头不接入电网,电源开关置于接通位置,将耐电压测试仪的输出切断电流置于适当挡位,耐电压测试仪的电压输出一端接在电源插头的相线和中线连线上,另一端接在连接一起的所有可触及导电零部件之间,在 2 s 内试验电压从 0 V 开始逐渐上升到 1 500 V,并保持 1 min,然后平稳下降到 0 V。

5.11.4 安全警示

5.11.4.1 警告标志

应按 GB 4793.1—2007 中 5.2、5.3 的有关规定进行试验。

5.11.4.2 防电击警示

目视检查。

5.11.4.3 防紫外辐射及警示

目视检查。

5.11.4.4 防光源烫伤警示

目视检查。

5.12 外观

目视和手感检查。

5.13 成套性

目视检查。

5.14 运输、运输贮存

应按 GB/T 11606—2007 第 8 章、第 15 章、第 16 章、第 17 章和第 18 章的方法进行试验。

6 检验规则

6.1 检验分类

产品的检验分为出厂检验和型式检验。

6.2 出厂检验

a) 每台仪器须经检验合格,并附有产品合格证方能出厂。

b) 出厂检验按 4.2～4.10、4.11.2、4.11.3、4.11.4.2～4.11.4.4、4.12、4.13 的要求进行。

c) 若入库超过 12 个月再出厂,则应重新进行出厂检验。

6.3 型式检验

6.3.1 仪器在下列情况之一时,应按 4.2～4.14 要求进行型式检验。

a) 老仪器转厂生产和新仪器试制定型鉴定;

b) 正式生产后,如结构、材料、工艺有较大改变,可能影响仪器性能时;

c) 正常生产时,定期或积累一定产量后,应周期不超过 3 年进行一次检验;

d) 仪器长期停产,恢复生产时;

e) 出厂检验结果与上次型式检验有较大差异时。

6.3.2 型式检验的样品应在出厂检验合格的批中随机抽取。

型式检验应按 GB/T 2829—2002 的规定进行,采取一次抽样方案。仪器的检验项目、不合格分类、不合格质量水平(RQL)、判别水平(DL)按表 9 规定进行。批质量以每百单位仪器不合格数表示。

表 9

序号	不合格分类	检验项目及章条			不合格质量水平(RQL)	判别水平(DL)	抽样方案	
		项　目	要求章条	试验方法章条			样品量(*n*)	判定数组(Ac,Re)
1	A	波长准确度及波长重复性	4.2	5.2	30	1	3	(0,1)
2		透射比准确度及透射比重复性	4.4	5.4				
3		接触电流	4.11.1	5.11.1				
4		保护接地	4.11.2	5.11.2				
5		介电强度	4.11.3	5.11.3				
6		安全警示	4.11.4	5.11.4				
7	B	光谱带宽	4.3	5.3	65			(1,2)
8		杂散光	4.5	5.5				
9		电源电压变化时引起的透射比变化	4.6	5.6				
10		基线平直度	4.7	5.7				
11		基线暗噪声	4.8	5.8				
12		漂移	4.9	5.9				
13		波长边缘噪声	4.10	5.10				
14		运输、运输贮存	4.14	5.14				
15	C	外观	4.12	5.12	100			(2,3)
16		成套性	4.13	5.13				

6.3.3　若型式检验不合格，应分析原因找出问题并落实措施，重新进行型式检验。若再次型式检验不合格，则应停产整顿，仪器停止出厂，待问题解决，型式检验合格后方可恢复出厂检验。

6.3.4　若型式检验合格，经出厂检验合格可作为合格品出厂或入库。

7　标志、包装、运输及贮存

7.1　标志

7.1.1　仪器标志

仪器标志应有下列内容：

a)　制造厂名称、地址；

b)　仪器型号规格；

c)　仪器名称；

d)　商标；

e)　电源性质、额定电源电压值或额定电源电压范围，接上所有附件或模块时的最大额定电流；

f)　制造日期或出厂编号；

g)　制造计量器具许可证标志和编号。

7.1.2 包装标志

包装标志应有下列内容：

a) 制造厂名称及地址；
b) 仪器型号规格；
c) 仪器名称；
d) 商标；
e) 制造计量器具许可证标志和编号；
f) 仪器净重和毛重，单位为 kg；外形尺寸：长×宽×高，单位为 mm；
g) 包装储运图示标志："易碎物品"、"向上"、"怕雨"等应符合 GB/T 191—2008 的规定；
h) 发货、收货单位名称及地址。

7.2 包装

a) 仪器包装应符合 GB/T 13384—2008 中防潮、防震包装规定；
b) 随机文件
随机文件应有下列内容：
1) 装箱单；
2) 使用说明书；
3) 合格证等。

7.3 运输

仪器在包装完整的情况下，可用一般交通工具运输。运输过程中应按印刷的运输标志要求进行运输作业，防止雨淋、翻倒、曝晒及剧烈冲击。

7.4 贮存

仪器在包装状态下，应贮存在环境温度 0 ℃～40 ℃，相对湿度不应大于 85%，无酸、碱及腐蚀性气体的室内。

附 录 A
（规范性附录）
波长参考表及重铬酸钾标准溶液透射比

A.1 低压石英汞灯发射光谱参考波长表

表 A.1

单位为纳米

编号	波长	编号	波长	编号	波长	编号	波长
1	205.29	6	296.73	11	404.66	16	579.00
2	230.21	7	313.16	12	435.83	17	607.26
3	245.20	8	365.02	13	491.60	18	690.72
4	253.65	9	365.48	14	546.07	19	1014.00
5	275.28	10	366.33	15	576.96		

A.2 氧化钬玻璃吸收峰参考波长表(光谱带宽 2nm)

表 A.2

单位为纳米

编号	波长	编号	波长	编号	波长	编号	波长
1	241.5	4	333.7	7	418.7	10	484.5
2	279.4	5	360.9	8	453.2	11	536.2
3	287.5	6	385.9	9	460.0	12	637.5

A.3 含量为 10%高氯酸中 4%氧化钬溶液吸收峰参考波长表(光谱带宽 2nm)

表 A.3

单位为纳米

编号	波长	编号	波长	编号	波长
1	241.13	4	361.31	7	485.29
2	278.10	5	416.28	8	536.64
3	287.18	6	451.30	9	640.52

A.4 镨钕玻璃滤光片吸收峰参考波长值(光谱带宽 2nm)

表 A.4

单位为纳米

编号	波长	编号	波长	编号	波长
1	431.3	4	572.9	7	807.7
2	513.7	5	585.8	8	878.9
3	529.8	6	739.4		

A.5 重铬酸钾标准溶液在光谱带宽 2 nm 时相应波长下不同温度的透射比

表 A.5

%

温度 ℃	235 nm	257 nm	313 nm	350 nm
10	18.0	13.5	51.2	22.6
15	18.0	13.6	51.3	22.7
20	18.1	13.7	51.3	22.8
25	18.2	13.7	51.3	22.9
30	18.3	13.8	51.4	22.9

A.6 重铬酸钾标准溶液在 20 ℃ 时相应波长下不同光谱带宽的透射比

表 A.6

%

光谱带宽 nm	235 nm	257 nm	313 nm	350 nm
1	18.1	13.6	51.3	22.8
2	18.1	13.7	51.3	22.8
3	18.1	13.7	51.2	22.8
4	18.1	13.7	51.1	22.9
5	18.0	13.8	51.0	22.9
6	18.0	13.8	50.9	22.9

附　录　B
（规范性附录）
标准溶液的配制

B.1　碘化钠溶液(10 g/L)

在天平上称取干燥过的分析纯碘化钠(NaI)10.0 g 置于 100 mL 烧杯中，用去离子水溶解，移入 1 000 mL 容量瓶中，以去离子水稀释至刻度，摇匀并避光保存。

B.2　亚硝酸钠溶液(50 g/L)

在天平上称取干燥过的分析纯亚硝酸钠($NaNO_2$)50.0 g 置于 250 mL 烧杯中，用去离子水溶解，移入 1 000 mL 容量瓶中，以去离子水稀释至刻度，摇匀并避光保存。

B.3　重铬酸钾溶液(60 mg/L)

在分析天平上称取干燥过的重铬酸钾(基准试剂)($K_2Cr_2O_7$)0.060 0 g 置于 50 mL 烧杯中，用适量二次蒸馏水溶解，加入 1 mL 的 1 mol/L 的高氯酸，移入 1 000 mL 容量瓶中，以二次蒸馏水稀释至刻度，摇匀并避光保存。

B.4　氧化钬溶液(40 g/L)

在天平上称取干燥过的氧化钬(基准试剂)(HO_2O_3)4.0 g，置于 50 mL 烧杯中，加入体积分数 10% 的高氯酸溶液溶解，移入 100 mL 容量瓶中，以体积分数 10% 的高氯酸溶液稀释至刻度，摇匀并避光保存。

注：标准溶液应由具有相应资质的人员或机构配置。

ICS 71.040.10
N 61

中华人民共和国国家标准

GB/T 26814—2011

微波消解装置

Microwave digestion equipment

2011-07-29 发布　　2011-12-01 实施

中华人民共和国国家质量监督检验检疫总局
中国国家标准化管理委员会　发布

前　言

本标准按照 GB/T 1.1—2009 给出的规则起草。

本标准由中国机械工业联合会提出。

本标准由全国工业过程测量和控制标准化技术委员会(SAC/TC 124)归口。

本标准起草单位:北京瑞利分析仪器有限公司、上海新仪微波化学科技有限公司、上海新拓分析仪器科技有限公司、上海屹尧微波化学技术有限公司、国家环境分析测试中心、甘肃出入境检验检疫综合技术中心。

本标准主要起草人:郭振库、王旭兵、王勤华、张和清、倪晨杰、黄业茹、周围。

微波消解装置

1 范围

本标准规定了实验室用微波消解装置的分类、要求、试验方法、检验规则和标志、包装、运输及贮存的要求。

本标准适用于实验室用微波消解装置(以下简称“装置”)。

2 规范性引用文件

下列文件对于本文件的应用是必不可少的。凡是注日期的引用文件,仅注日期的版本适用于本文件。凡是不注日期的引用文件,其最新版本(包括所有的修改单)适用于本文件。

GB/T 191—2008 包装储运图示标志

GB/T 2829—2002 周期检验计数抽样程序及表(适用于对过程稳定性的检验)

GB 4706.21—2008 家用和类似用途电器的安全 微波炉,包括组合型微波炉的特殊要求

GB 4793.1—2007 测量、控制和实验室用电气设备的安全要求 第1部分:通用要求

GB 10436—1989 作业场所微波辐射卫生标准

GB/T 11606—2007 分析仪器环境试验方法

GB/T 13384—2008 机电产品包装通用技术条件

GB/T 16607—1996 微波炉在1 GHz以上的辐射干扰测量方法

3 分类

装置按消解容器的密闭性主要分为以下两类(见表1)。

表1 微波消解装置分类

分　　类	根据控制方法的装置分类	不同控制方法装置的说明
非密闭常压微波消解装置	无温度控制型	通过不同微波功率和辐射时间控制装置的运行
	温度控制型	通过设置目标温度控制装置的运行
密闭加压微波消解装置	压力控制型	用具有安全保护措施的密闭加压容器,通过设置目标压力控制装置的运行
	温度控制型	用具有安全保护措施的密闭加压容器,通过设置目标温度控制装置的运行
	温-压双控型	用具有安全保护措施的密闭加压容器,通过选择目标压力或温度控制装置的运行

4 要求

4.1 正常工作条件

装置在室内的下列条件下应能正常工作:

a) 环境温度:5 ℃～40 ℃;
b) 环境相对湿度:应不大于85%;
c) 供电电源:具有良好接地,电压220 V±22 V,频率50 Hz±1 Hz;
d) 室内应无腐蚀性及易燃易爆气体,应有良好的通风装置;
e) 装置应放置于平稳的工作台上,装置不应受强光直射、强烈振动和电磁干扰;
f) 装置周围应至少保留10 cm空间,用于空气流通。

4.2 具有压力控制功能的装置

4.2.1 压力控制

在装置标称的压力范围内,装置运行过程中,当检测的压力在设定压力值上下波动时,装置控制功能在设置压力值的压力测量准确度内应及时通过显示响应。

4.2.2 压力测量准确度

根据装置的压力测量系统范围,分别按照下列表2测量点进行测量,并应满足表2的技术要求。

表2 压力测量点及其对应准确度

单位为兆帕

序号	压力范围	选择压力点	对应压力准确度
1	≤5.0	0.5	±0.1
		2.5	±0.1
		$P_{max}-0.5$	±0.2
2	≤10.0	0.5	±0.1
		4.5	±0.2
		$P_{max}-0.5$	±0.5
3	>10.0	0.5	±0.1
		8.5	±0.5
		$1/2(10+P_{max})$	±0.6
		$P_{max}-0.5$	±0.7
注:P_{max}——装置标称最大压力测量值。			

4.2.3 压力控制稳定性

设定压力值为0.5 MPa～1.0 MPa中任一数值,运行装置进入恒压状态,保持10 min,装置显示的压力值应处于设定值的±0.1 MPa范围内。

4.3 具有温度控制功能的装置

4.3.1 温度控制

在装置标称的温度范围内,装置运行过程中,当检测到的温度在设定的温度值有上下变动现象时,装置控制功能在设置温度值的温度测量准确度内应及时响应。

4.3.2 温度测量准确度

根据装置的温度测量系统范围,分别按照下列表3测量点进行测量,并应满足表3的技术要求。

表 3　温度测量点及其对应准确度

单位为摄氏度

序号	温度范围	选择温度点	对应温度准确度
1	≤100	50	±2
		$T_{max}-10$	±3
2	≤200	50	±2
		100	±3
		$T_{max}-10$	±5
3	>200	50	±2
		100	±3
		$1/2(200+T_{max})$	±5
		$T_{max}-10$	±7
注：P_{max}——装置标称最大压力测量值。			

4.3.3　温度控制稳定性

在设定目标温度值为 50 ℃、100 ℃，$1/2(200+T_{max})$℃和（$T_{max}-10$）℃时，在恒温阶段的温度控制范围应为 50 ℃±2 ℃、100 ℃±3 ℃，$1/2(200+T_{max})$℃±5 ℃和（$T_{max}-10$）℃±7 ℃。运行装置进入恒温状态，保持 10 min，装置显示的温度值应处于设定值的要求范围内。

4.4　密闭加压消解容器

4.4.1　消解容器的耐压和耐热性能

以下两步检测中容器均应无破损、明显变形和泄漏。

a）　在室温下，容器在标称最大压力值 1.2 倍下应能够保持 3 min；

b）　向容器内注入约 1/3 容量的水，放入微波消解装置内加热，根据容器标称的最大压力值，用水加热到表 4 所要求的压力(温度)下，在恒压恒温状态的耐热压力测试应符合表 4 的技术要求。

表 4　容器耐热和耐压测量点及其要求

序号	标称压力范围 MPa	选择压力点(或温度点) MPa 或 ℃	恒压/恒温保持时间 min	次数
1	≤5.0	≈1.0(或≈150)	90	3
2	≤10.0	≈1.5(或≈200)	60	3
3	>10.0	≈2.0(或≈215)	30	3

4.4.2　消解容器的安全保护

在装置安全操作规定下，消解容器应具备容器内压力超载释放功能，在超过容器标称安全使用压力时，可有效释放容器内的压力，容器超载压力释放后，除安全保护部件外，容器其他部件应无破损，装置主机可以正常运行。

4.5 微波炉腔防腐蚀

微波炉腔经强酸腐蚀后，腔体防腐蚀涂层应无脱落或起泡现象。

4.6 安全

4.6.1 标志和文件

装置的警告标志和文件应符合 GB 4793.1—2007 第 5 章的有关要求。

4.6.2 防电击

4.6.2.1 接触电流

在正常条件下，装置外壳与地之间的接触电流应不大于 3.5 mA。

4.6.2.2 介电强度

电源输入端与可触及导电零部件之间施加频率为 50 Hz 或 60 Hz，试验电压为 1 500 V，历时 1 min 不应出现击穿或飞弧现象。

4.6.2.3 保护接地

装置的保护接地应符合 GB 4793.1—2007 中 6.5.1 的要求。

4.6.3 微波辐射泄漏

装置在满功率正常工作条件下，微波辐射泄漏功率应符合 GB 10436—1989 中 2.4 的要求，操作工位最大辐射强度不应大于 5 mW/cm^2。

4.6.4 微波炉结构

微波炉的结构应符合 GB 4706.21—2008 第 22 项 102 部分的要求。

4.6.5 微波炉门联锁装置

微波炉门应符合下列要求：

a） 开启微波炉门的操作至少应包括两个门联锁装置，其中至少有一个是门监控联锁装置；

b） 两个门联锁装置中，至少应有一个联锁装置必须带有一个断开微波发生器或它的供电电路开关；

c） 门联锁装置中至少应有一个是隐蔽的而且用手操作不到的。

4.7 电源电压变化对装置运行稳定性的影响

交流电压在 220 V±22 V 范围内变化，装置应正常运行。在测试期间装置不应因电压变化出现停机、死机或复位现象。如果运行中装置的压力或温度达到一个设定值时，装置的压力或温度显示值不应超出控制稳定性允许值的两倍。

4.8 装置外观

装置外观应符合下列要求：

a） 装置主机外露部件和随机配套装置外露部件应平整，无锐棱、毛刺、锈蚀和破损现象；

b）装置所有喷漆、喷塑或电镀表面应无明显剥落、裂纹、露底、擦伤、起泡及污垢；

c）装置可拆部件应能无障碍地拆装；

d）装置的警告标志应符合 GB 4793.1—2007 中 5.2 的要求，应置于装置使用者易见部位；

e）装置铭牌和标志的文字、符号应端正清晰，并牢固可靠。

4.9 装置的成套性

装置成套标准按出厂必备要求配置，应达到装置正常最低工作需要的全套部件和消耗品要求。

4.10 运输、运输贮存

装置在运输包装状态下，应按 GB/T 11606—2007 中 2.4 试验项目中的交变湿热试验、低温贮存试验、高温贮存试验和跌落试验，其中高温 55 ℃、低温 −40 ℃，交变湿热：相对湿度 95%、温度 40 ℃。倾斜跌落高度 250 mm，试验后，包装箱不应有较大的变形和损坏。受试装置不应有变形松脱，喷、镀或涂层不应有剥落等机械损伤，经试验后的装置各项技术指标应符合本标准 4.2～4.9 的要求。

5 试验方法

5.1 试验条件

装置试验前的条件应符合下列要求：

a）装置在试验前应预热 10 min；

b）本标准试验均应在 4.1 所规定的工作条件下进行。

5.2 具有压力控制功能的装置

5.2.1 压力控制

5.2.1.1 试验工具

经计量检定合格并满足装置测量范围的压力计。

5.2.1.2 试验程序

将装置的压力测量系统与压力计连接，模拟装置运行。在装置标称压力测量范围的每兆帕区间内，编辑一个装置运行方法，设定压力值分别为(P_{max} −0.5)MPa，运行所编辑的方法，在装置运行过程中，分别调整压力计，使装置显示的检测压力值分别在所设定的每步对应压力数值上下变动，在压力测量准确度内，显示器的程序应及时响应。

5.2.2 压力测量准确度

5.2.2.1 试验工具

经计量检定合格并满足装置测量范围的压力计。

5.2.2.2 试验程序

将装置的压力测量系统与压力计连接，根据装置测量范围，分别选择表 2 的测试点进行试验。

向压力测量系统分别施加压力并达到平衡，观察装置测压系统显示的压力值与压力计压力值间的偏差，并记录对应的试验结果。重复该试验 3 次，取其平均值。

5.2.3 压力控制稳定性

5.2.3.1 试验试剂

纯净水(或去离子水)。

5.2.3.2 试验程序

在测压消解容器中加入约1/3体积的纯净水(或去离子水),将该消解容器接装置的压力测量系统。编辑压力控制模式下的装置运行方法(压力值设定为0.5 MPa,压力恒定时间设定为10 min),启动微波加热,运行该方法。在装置运行至设定压力值1 min后,观察并记录装置所显示的压力值偏离设定压力的最大值和最小值。

5.3 具有温度控制功能的装置

5.3.1 温度控制

5.3.1.1 试验试剂

在装置标称的温度范围内,不沸腾、不分解且无毒的试剂。

5.3.1.2 试验程序

准备玻璃容器,加入约1/2体积的试剂,用装置的控制温度测量探头探测玻璃容器中的温度。编辑温度控制模式下的装置运行方法,设置温度值分别为50 ℃、100 ℃和($T_{max}-10$)℃,每个温度测量点的恒温时间2 min,运行该方法。在装置运行至设定温度时,观察装置的运行状态,装置显示温度值高于或低于分别对应的温度设定值的准确内时,在温度控制准确度内,显示器的程序应及时响应。

5.3.2 温度测量准确度

5.3.2.1 试验试剂和工具

在装置标称的温度范围内,不沸腾、不分解且无毒的试剂。

计量检定合格且满足装置测量范围的温度计。

5.3.2.2 试验程序

准备200 mL的玻璃烧杯,加入约1/2体积的试剂,放入具有温度测量系统的待测装置内,用装置的温度测量系统和温度计同时测量玻璃烧杯中的试剂。编辑温度控制模式下的装置运行方法,设置温度值分别为50 ℃,100 ℃,200 ℃,每个温度测量点的恒温时间为2 min,运行该方法。在装置运行至设定温度值1 min后,观察装置测温系统显示的温度值与温度计温度值间的偏差,并记录对应的试验结果。重复该试验3次,取其平均值。

5.3.3 温度控制稳定性

5.3.3.1 试验试剂

在220 ℃以内的温度范围内,不沸腾、不分解且无毒的试剂。

5.3.3.2 试验程序

准备玻璃容器,加入约1/2体积的试剂,放入待测的装置内,用装置的温度测量系统测量玻璃烧杯中的试剂。编辑温度控制模式下的装置运行方法，设置温度分别为 50 ℃、100 ℃、1/2(200＋T_{max})℃和(T_{max}－10)℃，每个温度测量点的恒温时间为 10 min，运行该方法。在装置运行至设定温度值 1 min 后，观察并记录在温度处于恒温期内，装置所显示的温度值偏离设定温度的最高值和最低值。

5.4 密闭加压消解容器

5.4.1 常温下耐压性能

5.4.1.1 试验试剂和工具

液体介质，计量检定合格的压力计。

5.4.1.2 试验程序

室温下将容器内装满液体介质，然后与压力计相连，确保每个连接处密闭良好，加压力到容器标称的 1.2 倍后保持 3 min，泄压后检查容器。

5.4.2 高温下容器耐压性能

5.4.2.1 试验试剂

纯净水(或去离子水)。

5.4.2.2 试验程序

在需要检测的每个消解容器中注入约 1/3 体积的纯净水(或去离子水)后放入装置内，将容器连接压力或温度测量系统。编辑一个运行方法，根据容器的标称压力，按照表 4 设置压力或温度值，恒压或恒温时间，对容器内的纯净水进行微波加热。运行中观察装置的压力显示值或温度显示值在上升中无下降，并在压力或温度设定值上下波动，运行结束和容器泄压后检查容器各部件。

5.4.3 密闭加压容器的安全保护

5.4.3.1 试验试剂

微波加热中安全、无毒且无腐蚀的试剂。

5.4.3.2 试验程序

在需要检测的每个消解容器中注入约 1/3 体积试剂后放入装置内，编辑容器安全保护部件起作用(超过最高安全使用压力时)的装置运行方法。运行该方法对容器内的试剂进行加热，直到容器的安全保护部件发挥作用现象出现，然后停止装置运行，观察此安全部件破坏后的结果，除安全部件被破坏外，确认装置和容器应没有损坏或破裂。

5.5 微波炉腔防腐蚀性能

5.5.1 试验试剂

浓硝酸、浓硫酸、双氧水、高氯酸、浓盐酸和氢氟酸。

5.5.2 试验程序

取两个经防腐蚀涂层处理和清洁后的微波炉腔，在其中的一个内部底板上和另一个内部顶板，分别选择六个不同的点位(包括腔角)，分别滴 3 滴浓硝酸、浓硫酸、双氧水、高氯酸、浓盐酸和氢氟酸，静止保持 24 h 后，观察受强酸腐蚀的炉腔底板防腐蚀涂层，应无脱落或起泡现象出现。

5.6 安全

5.6.1 标志和文件

目视检查。

5.6.2 防电击要求

5.6.2.1 接触电流

5.6.2.1.1 试验工具

泄漏电流测量仪。

5.6.2.1.2 试验程序

将装置置于绝缘工作台上，将泄漏电流测量仪的专用电源输出线接于装置金属外壳与电源火线之间，调节电压输出为 1.06 倍的额定电压，开启耐压泄漏电流测试仪的电源开关，测量泄漏电流值。

5.6.2.2 介电强度

5.6.2.2.1 试验工具

耐电压测试仪。

5.6.2.2.2 试验程序

装置电源插头不接入电网，将耐电压测试仪的高压输出线分别接装置电源插头的火线或零线，低电位输出线（黑色）接装置电源插头的保护接地端。打开装置电源开关，然后打开耐电压试验仪将电压逐渐加大到 1 500 V，保持 1 min，装置各部分应无击穿或飞弧现象。

5.6.2.3 保护接地

应按 GB 4793.1—2007 中 6.5.1.3 规定方法进行。

5.6.3 微波辐射泄漏要求

5.6.3.1 试验试剂及工具

水、1 000 mL 玻璃烧杯或氟塑料杯、1 GHz 以上微波漏能测试仪。

5.6.3.2 试验程序

在装置内放入盛装约 800 mL 水的玻璃烧杯（或氟塑料杯），设置装置的运行时间为 3 min，微波辐射功率 100%，运行装置。在装置运行中，在距离微波消解装置外壳表面 6 cm 的任何点（特别是炉门、微波辐射部件附近和排风口周围）测量，测量方法按照 GB/T 16607—1996 中“6 测量方法 Ⅰ”的规定进行，并对结果详细记录。

5.6.4 微波炉结构

通过目视检查。

5.6.5 微波炉门联锁装置

通过目视检查。

5.7 外电压变化对装置运行稳定性的影响

5.7.1 试验工具

调压变压器。

5.7.2 试验程序

向 1 000 mL 玻璃烧杯中注入约 500 mL 水后，放入装置内。编辑一个装置运行方法，总时间设定为 10 min～15 min。运行装置，改变输入电压，依次调整电源电压使之在 198 V 和 242 V 的条件下保持数分钟，观察装置运行状态。

5.8 装置外观

通过目视检查。

5.9 装置的成套性

通过目视检查。

5.10 运输、运输贮存

装置在运输包装状态下，按 GB/T 11606—2007 中第 8 章、第 15 章、第 16 章、第 17 章的方法进行。

6 检验规则

6.1 检验分类

装置的检验分为出厂检验和型式检验。

6.2 出厂检验

装置出厂检验应符合下列要求：

a） 每台装置应经检验合格，并附有装置合格证方可出厂；

b） 出厂检验应按 4.2，4.3，4.6，4.8 和 4.9 的要求进行。

6.3 型式检验

6.3.1 装置在下列情况之一时，应按 4.2～4.10 的要求进行型式检验。

a） 新装置和老装置转厂生产试制定型鉴定；

b） 正式生产后，如结构、材料、工艺有较大改变，可能影响装置性能时；

c） 正常生产时，积累 500 台产量后，应进行一次型式检验；

d） 装置长期停产，恢复生产时；

e） 出厂检验结果与上次型式检验有较大差异时。

6.3.2 型式检验的样品应从出厂检验合格的产品中随机抽取。

6.3.3 型式检验应按 GB/T 2829—2002 的规定进行，采用一次抽样，装置的检验项目，不合格质量水平(RQL)，判别水平(DL)按表 5 规定进行。批质量以每百单位产品的不合格数表示。

表 5 型式检验

<table>
<tr><th rowspan="2">序号</th><th rowspan="2">不合格分类</th><th colspan="3">检验项目及对应章条</th><th rowspan="2">不合格质量水平(RQL)</th><th rowspan="2">判别水平(DL)</th><th colspan="2">抽样方案</th></tr>
<tr><th>项　目</th><th>要求章条</th><th>试验方法章条</th><th>样品量(n)</th><th>判定数组(Ac,Re)</th></tr>
<tr><td>1</td><td rowspan="7">A</td><td>消解容器的安全保护</td><td>4.4.2</td><td>5.4.3</td><td rowspan="7">30</td><td rowspan="20">Ⅰ</td><td rowspan="20">3</td><td rowspan="7">(0,1)</td></tr>
<tr><td>2</td><td>微波炉腔防腐</td><td>4.5</td><td>5.5</td></tr>
<tr><td>3</td><td>接触电流</td><td>4.6.2.1</td><td>5.6.2.1</td></tr>
<tr><td>4</td><td>介电强度</td><td>4.6.2.2</td><td>5.6.2.2</td></tr>
<tr><td>5</td><td>保护接地</td><td>4.6.2.3</td><td>5.6.2.3</td></tr>
<tr><td>6</td><td>微波辐射泄漏</td><td>4.6.3</td><td>5.6.3</td></tr>
<tr><td>7</td><td>微波炉门联锁装置</td><td>4.6.5</td><td>5.6.5</td></tr>
<tr><td>8</td><td rowspan="11">B</td><td>压力控制</td><td>4.2.1</td><td>5.2.1</td><td rowspan="11">65</td><td rowspan="11">(1,2)</td></tr>
<tr><td>9</td><td>压力测量准确度</td><td>4.2.2</td><td>5.2.2</td></tr>
<tr><td>10</td><td>压力控制稳定性</td><td>4.2.3</td><td>5.2.3</td></tr>
<tr><td>11</td><td>温度控制</td><td>4.3.1</td><td>5.3.1</td></tr>
<tr><td>12</td><td>温度测量准确度</td><td>4.3.2</td><td>5.3.2</td></tr>
<tr><td>13</td><td>温度控制稳定性</td><td>4.3.3</td><td>5.3.3</td></tr>
<tr><td>14</td><td>消解容器的耐压和耐热性能</td><td>4.4.1</td><td>5.4.1
5.4.2</td></tr>
<tr><td>15</td><td>标志和文件</td><td>4.6.1</td><td>5.6.1</td></tr>
<tr><td>16</td><td>微波炉结构</td><td>4.6.4</td><td>5.6.4</td></tr>
<tr><td>17</td><td>电源电压变化对装置运行稳定性的影响</td><td>4.7</td><td>5.7</td></tr>
<tr><td>18</td><td>运输、运输贮存</td><td>4.10</td><td>5.10</td></tr>
<tr><td>19</td><td rowspan="2">C</td><td>装置外观</td><td>4.8</td><td>5.8</td><td rowspan="2">100</td><td rowspan="2">(2,3)</td></tr>
<tr><td>20</td><td>装置的成套性</td><td>4.9</td><td>5.9</td></tr>
</table>

6.3.4 若型式检验不合格,应分析原因找出问题并落实措施,对装置产品改进后,重新进行型式检验。若再次型式检验不合格,则应停产整顿,装置停止出厂,待问题解决,型式检验合格后方可恢复出厂检验。

6.3.5 型式检验合格,经出厂检验合格方可作为合格品出厂或入库。若入库超过 12 个月再出厂,则应重新进行出厂检验。

7 标志、包装、运输及贮存

7.1 标志

7.1.1 装置的标志

装置应粘贴产品标志牌,标志牌应包括下列内容:

a) 制造厂名称、地址；
b) 装置型号；
c) 装置名称；
d) 装置商标；
e) 制造日期及编号；
f) 供电电压、电流及频率；
g) 微波功率及频率；
h) 其他必要的标志。

7.1.2 包装箱的标志

装置包装箱应在明显位置标志如下标记：
a) 制造厂名称及地址；
b) 装置型号、名称、商标；
c) 体积：长×宽×高，单位为毫米(mm)；毛重和净重，单位为千克(kg)；
d) 出厂编号、包装箱序号、数量及出厂日期；
e) 包装储运图示标志："易碎物品"、"向上"、"怕雨"等应符合 GB/T 191—2008 规定；
f) 发货、收货单位名称及地址。

7.2 包装

7.2.1 装置包装

装置包装应执行 GB/T 13384—2008。

7.2.2 随机文件

装置包装箱应有下列文件：
a) 装箱单；
b) 合格证；
c) 使用说明书(关于安全的要求应符合 GB 4793.1—2007 第 5 章有关规定)；为了密闭微波消解装置的使用安全，应在说明书内包含腐蚀性、易燃易爆性或化学反应不稳定性试剂与可能的样品产生剧烈化学反应或其他需要注意安全事项的内容；
d) 备件清单等。

7.3 运输

装置在包装完整的情况下，可用一般交通工具运输。运输过程中应按印刷的运输标志要求进行运输作业，防止雨淋、翻倒、曝晒及剧烈地冲击。

7.4 贮存

装置在包装状态下，贮存的环境温度 0 ℃～40 ℃、相对湿度不应大于 85% 、且空气中不应含有酸、碱及腐蚀性气体。

ICS 25.040.40
N 10

中华人民共和国国家标准

GB/T 26815—2011

工业自动化仪表术语　执行器术语

Terminologies for industrial-process measurement and control instruments—Terms of final controlling elements

2011-07-29 发布　　　　2011-12-01 实施

中华人民共和国国家质量监督检验检疫总局
中国国家标准化管理委员会　发布

前　言

本标准中方括号[ ]内的词为可换用词。

本标准由中国机械工业联合会提出。

本标准由全国工业过程测量和控制标准化技术委员会(SAC/TC 124)归口。

本标准负责起草单位:上海工业自动化仪表研究所。

本标准参加起草单位:上海仪器仪表自控系统检验测试所、上海西派埃仪表成套有限公司、宁夏银星能源股份吴忠仪表有限公司、天津精通控制仪表技术有限公司、天津津伯仪表技术有限公司、上海自动化仪表股份有限公司自动化仪表七厂、重庆川仪总厂有限公司执行器记录仪公司、重庆川仪十一厂有限公司、河北申科电子股份有限公司。

本标准主要起草人:王炯、陈蒙南、李明华、高强、杨建文、季锋、李云翱、范萍、游军、张世淑、支树龙。

工业自动化仪表术语　执行器术语

1　范围

本标准规定了工业过程控制系统中执行器的术语和定义。

本标准适用于工业生产过程中控制工艺流体的控制阀、电磁阀、自力式调节阀等执行器产品的术语和定义。

本标准主要供制定执行器产品标准、编制文件、编写教材和书刊以及翻译文献等工作使用。

2　执行器及零部件术语

2.1　基本术语

2.1.1

执行器[终端控制元件]　final controlling element

控制系统正向通路中直接改变操纵变量的仪表，由执行机构和调节机构组成。

2.1.2

控制阀[调节阀]　control valve

过程控制系统中用动力操作去改变流体流量的装置，由执行机构和阀组成，执行机构按照控制信号改变阀内截流件的位置。

2.1.3

电磁阀　solenoid valve

利用线圈通电激磁产生的电磁力来驱动阀芯开关的阀。

2.1.4

自力式调节阀　self-operated regulator [self-actuated regulator]

无需外加动力源，依靠被控流体的能量实现自行操作并调节被控变量的阀。

2.1.5

调节机构　correcting element

由执行机构驱动，直接改变操纵变量的机构。

2.1.6

阀　valve

内含控制流体流量用的截流件的压力密封壳体组件。

2.1.7

执行机构　actuator

将控制信号转换成相应的动作以控制阀内截流件的位置或其他调节机构的装置。信号或动力源可为气动、电动、液动的或此三者的任意组合。

2.1.8

气动执行机构　pneumatic actuator

利用有压气体作为动力源的执行机构。

2.1.9

电动执行机构　electric actuator

利用电作为动力源的执行机构。

2.1.10

液动执行机构　hydraulic actuator

利用有压液体作为动力源的执行机构。

2.1.11

电液执行机构　electro-hydraulic actuator

接受电信号并利用有压液体作为动力源的执行机构。

2.1.12

执行机构动力部件　actuator power unit

执行机构中能将流体、电、热或机械的能量转换成输出杆[轴]的动作并产生输出力或转矩的部件。

2.1.13

执行机构输出杆[执行机构推杆]　actuator stem

执行机构中传递动力部件的直线动作和输出力的零件。

2.1.14

执行机构输出轴　actuator shaft

执行机构中传递动力部件的转角动作和输出转矩的零件。

2.1.15

支架　yoke

刚性连接执行机构动力部件和阀的零件。

2.1.16

连接端　end connection

阀体上用来对工艺管道进行密封连接的结构。

2.1.17

法兰连接端　flanged ends

带有与管道法兰配对连接而实现压力密封的法兰的连接端。

2.1.18

无法兰连接端　flangeless ends

阀体上不带法兰而以它的端面被夹紧在管道法兰之间实现压力密封的连接端。

2.1.19

螺纹连接端　threaded ends

带有外螺纹或内螺纹的连接端。

2.1.20

焊接连接端　welded ends

阀体上用于与管道或其他管件焊接的连接端。

2.2　阀

2.2.1

直行程阀　linear motion valve

具有直线移动式截流件的阀。

2.2.2

角行程阀　rotary motion valve

具有旋转运动式截流件的阀。

2.2.3

高压力恢复阀　high-recovery valve

内部流路引起流体的低度湍动，能量损失较小，在缩流断面下游的流体压力可恢复到入口压力的高百分数的阀。

2.2.4

低压力恢复阀　low-recovery valve

内部流路引起流体的高度湍动，能量损失较大，在缩流断面下游的流体压力只能恢复到入口压力的低百分数的阀。

2.2.5

无法兰阀　flangeless valve

阀体上无连接法兰而以夹紧在管道法兰之间的方式来实现安装的阀。

2.2.6

球形阀　globe valve

具有球形阀体，其截流件垂直于阀座平面方向移动的阀。

2.2.7

蝶阀　butterfly valve

由圆环形阀体和以转轴支承旋转动作的圆板形截流件构成的阀。

2.2.8

偏心旋转阀　rotary eccentric plug valve; camflex valve

阀芯绕偏心轴旋转动作的阀。

2.2.9

球阀　ball valve

用与转轴同心或偏心的、内部有通道的球体或部分球体作为截流件的阀。

2.2.10

隔膜阀　diaphragm valve; Saunders valve

用使阀内流体与执行机构隔离的挠性成形膜片作为截流件的阀。

2.2.11

旋塞阀　plug valve

用旋转动作的、内部有通道的圆柱体、圆锥体或偏心的部分球体作为截流件的阀。

2.2.12

闸阀　gate valve

用直线移动的、穿过阀座面的平板或楔形闸板作为截流件的阀。

2.2.13

角形阀　angle valve

进出口接管的轴线互相垂直的阀。

2.2.14

三通合流阀　converging three-way valve

具有两个入口和一个出口，用于流体混合的阀。

2.2.15

三通分流阀　diverging three-way valve

具有一个入口和两个出口，用于流体分配的阀。

2.2.16

分体阀　split-body valve

阀体由两半合成以利于衬里和拆装清洗的阀。

2.2.17

卫生阀　sanitary valve

阀体内部光滑流畅，易于拆卸清洗，防止染菌，符合卫生要求的阀。

2.2.18

低噪声阀　low noise valve

对降低流体流动噪声具有特殊效果的阀。

2.2.19

防空化阀　anti-cavitation valve

可防止流过的液体产生空化现象的阀。

2.2.20

数字阀　digital valve

直接接受数字信号驱动，节流面积由一系列依次按 2 的 n 次乘幂($n=0,1,2\cdots\cdots$)设计的两位式截流件组成的阀。

2.2.21

阀体　valve body

提供流体流路和管道连接端的、阀的主要承压零件。

2.2.22

上阀盖　bonnet

含有阀杆密封装置并与阀体构成承压阀腔的零件。

2.2.23

散热片型上阀盖　radiation fin bonnet

带有翅片以减少阀体与填料函之间热传导的上阀盖。

2.2.24

伸长型上阀盖　extension bonnet

为用于高温和低温流体，在与阀体连接的法兰和填料函之间有一伸长部分的上阀盖。

2.2.25

波纹管密封型上阀盖　bellows seal bonnet

采用波纹管密封，以防止阀内流体沿阀杆和填料函漏出的上阀盖。

2.2.26

下阀盖　bottom flange

与上阀盖相对，可含有阀芯导向等其他装置并与阀体构成承压阀腔的零件。

2.2.27

阀内件　trim

阀内与流体接触并可拆卸的、起改变节流面积和截流件导向等作用的零件总称。例如阀芯、阀座、阀杆、套筒、导向套等。

2.2.28

全容量阀内件　full capacity trim

在同一规格阀体中可配用的最大容量的阀内件。

2.2.29

低容量阀内件　reduced capacity trim

与全容量相比，按一定比例缩减容量的阀内件。

2.2.30

截流件　closure member

处于阀流道中，用于流体节流的可动零件。它可以是柱塞形阀芯、球、阀板、闸板、隔膜等。

2.2.31

阀芯 valve plug

塞式截流件。例如柱塞形阀芯、盘形阀芯、圆锥形阀芯等。

2.2.32

平衡型阀芯 balanced plug

流体压力对阀芯的作用力能完全或绝大部分抵消的阀芯。

2.2.33

柱塞形阀芯 contoured plug

具有回转曲面轮廓的阀芯，该曲面作为节流表面并按一定的流量特性制成。

2.2.34

盘形阀芯 disc plug

圆形平板状阀芯。

2.2.35

圆锥形阀芯 cone plug

节流表面为圆锥形的阀芯。

2.2.36

多级阀芯 multiple step plug

由多个阀芯串联制成一体、起多级节流作用的阀芯。

2.2.37

隔膜 diaphragm

隔膜阀中用作截流件的一种挠性成形薄片零件。

2.2.38

阀板 disc;vane

蝶阀的截流件。

2.2.39

阀座 seat ring

安装于阀体中制有阀座面的可拆卸环形零件。

2.2.40

阀座面 valve seat

阀关闭时与截流件完全接触的密封面。

2.2.41

套筒 cage

一种起阀芯导向、固定阀座，或具有决定流量特性等作用的圆筒形阀内件。

2.2.42

多层叠板式节流组件 multi-plate trim

由多块带有大量节流孔的圆板叠合而成的起多级节流作用的阀内件。

2.2.43

阀杆 valve stem

直行程阀中连接截流件和执行机构并使截流件定位的零件。

2.2.44

阀轴 valve shaft

角行程阀中连接截流件和执行机构并使截流件定位的零件。

2.2.45

顶导向　top guiding

用阀体上部或上阀盖中的导向套来保证阀芯与阀座同轴的一种结构。

2.2.46

顶底导向[双导向]　top and bottom guiding

用分别在阀体中或上阀盖及下阀盖中的两个导向套来保证阀芯与阀座同轴的一种结构。

2.2.47

阀口导向　port guiding

以阀座孔导向来保证阀芯与阀座同轴的一种结构。

2.2.48

套筒导向　cage guiding

以套筒作为导向套来保证阀芯与阀座同轴的一种结构。

2.2.49

阀杆导向　stem guiding

由阀杆作为导向杆来保证阀芯与阀座同轴的一种结构。

2.2.50

填料函组件　packing box assembly

上阀盖或阀体中为防止流体沿阀杆(轴)泄漏,起密封作用的各零件组合,包括填料压板、填料压盖、填料、填料垫、油环、填料弹簧、密封环等。

2.2.51

注油器　lubricator

用于向填料函注入润滑剂的器件。

2.2.52

隔断阀　isolating valve

在填料函和注油器之间,用于切断两者间的通道以隔离压力的阀。

2.3　气动执行机构

2.3.1

薄膜执行机构　diaphragm actuator

利用气压在膜片上所产生的力,通过输出杆驱动阀或其他调节机构的一种机构。

2.3.2

滚动膜片执行机构　rolling diaphragm actuator

利用气压在滚动膜片[深波纹膜片]上所产生的力,通过输出杆驱动阀或其他调节机构的一种机构。

2.3.3

活塞执行机构　piston actuator

利用气压在活塞上产生的力,通过输出杆驱动阀或其他调节机构的一种机构。

2.3.4

角行程气动执行机构　pneumatic rotary actuator

由气压操作旋转式动力部件而输出角位移和转矩的执行机构。

2.3.5

正作用执行机构　direct actuator

随操作压力增大输出杆向外伸出,压力减小又自行向里退回的执行机构。

2.3.6

反作用执行机构　reverse actuator

随操作压力增大输出杆向里退回,压力减小又自行向外伸出的执行机构。

2.3.7

膜片　diaphragm

一种周边固定、中心可移动的挠性平板或成形薄片零件。它可把压力转换成力。

2.3.8

活塞　piston

一种刚性圆盘形零件。它可把压力转换成力。

2.3.9

气缸　cylinder

供活塞在其内部移动的圆筒形承压零件。

2.3.10

执行机构弹簧　actuator spring

引起输出杆朝执行机构输出力的相反方向移动的弹簧。

2.4　电动执行机构

2.4.1

直行程电动执行机构　linear electric actuator

输出直线位移的电动执行机构。

2.4.2

角行程电动执行机构　part-turn electric actuator

输出小于360°角位移的电动执行机构。

2.4.3

多转电动执行机构　multi-turn electric actuator

输出多转角位移的电动执行机构。

2.4.4

数字式电动执行机构　digital electric actuator

接受数字信号而输出相应的直线位移或角位移的电动执行机构。

2.4.5

步进电机执行机构　stepmotor actuator

采用步进电动机作为驱动部件的电动执行机构。

2.4.6

调节型电动执行机构　adjustable [PID] controlled electric actuator

输出的直线位移或角位移与输入信号成连续响应(比例、积分、微分或其组合)的电动执行机构。

2.4.7

开关型电动执行机构　switching [on-off] controlled electric actuator

输出的直线位移或角位移与输入信号成二位式响应(开或关)的电动执行机构。

2.4.8

无触点电动执行机构　contactless controlled electric actuator

用无触点结构形式的伺服放大器和位置发送器进行控制的电动执行机构。

2.4.9

有触点的电动执行机构　contact controlled electric actuator

用有触点结构形式的伺服放大器和位置发送器进行控制的电动执行机构。

2.4.10

防爆型电动执行机构　explosion-proof electric actuator

符合防爆标准的电动执行机构。

2.4.11

整体式电动执行机构　servo amplifer combined mounting electric actuator

将伺服放大器集成安装于执行机构本体的电动执行机构。

2.4.12

分体式电动执行机构　servo amplifer split mounting electric actuator

将伺服放大器与执行机构本体分离安装的电动执行机构。

2.4.13

智能型电动执行机构　intelligent electric actuator

以微处理器技术为基础,可接受模拟信号或通过现场总线传送的数字信号,采用数字化技术进行数据处理,具有双向通讯功能的电动执行机构。

2.4.14

伺服放大器　servo amplifier

一种把电的控制信号与位置反馈信号相比较,并放大其偏差信号,以控制电动机开停和旋转方向的放大器。

2.4.15

无触点伺服放大器　contactless servo amplifier

用无触点元件(如可控硅)来控制电动机的伺服放大器。

2.4.16

有触点伺服放大器　contact servo amplifier

用有触点元件(如继电器)来控制电动机的伺服放大器。

2.4.17

数字驱动器[数字伺服放大器]　digital power driver

将数字控制信号和位置反馈的数字信号进行比较,转换和放大后去驱动电动机的伺服放大器。

2.4.18

伺服电动机　servo motor

具有无自转和软机械特性,用作执行机构动力部件的电动机。

2.4.19

永磁式低速同步电动机　low-speed magneto synchronous motor

利用永磁代替直流励磁的一种低转速的同步电动机。

2.4.20

步进电动机　stepmotor

将电脉冲信号转换成相应的直线位移或角位移的增量输出的电动机。

2.4.21

杠杆式制动电动机　lever-braked motor

利用定子磁场吸力和杠杆原理,通过摩擦轮和制动盘制动的电动机。

2.4.22

无刷直流电动机　brushless DC motor

采用电子式控制器,依据转子位置的反馈信息采用电子换相运行的交流永磁同步电机,在额定负载范围内能保持电机的转速不受负载变化的影响,接近直流电机特性的一种电动机。

2.4.23

开关磁阻电动机　switched reluctance motor

带有光、机、电一体化技术的无级调速系统,具有高起动转矩、低起动电流、宽调速范围、适应频繁起停及正反向转换运行等特点的一种电动机。

2.4.24

电磁式制动器　electromagnetic brake

借制动线圈失电使制动闸制动电动机的机构。

2.4.25

减速器　gear reducer

按一定速比降低电动机转速的传动机构。它也可附有将角位移转换成直线位移的功能。

2.4.26

行星齿轮减速器　planetary reducer

采用行星齿轮传动的减速器。

2.4.27

滚珠丝杠副　ball screw assembly

在丝杠和螺母间以滚珠为滚动体的螺旋传动元件。

2.4.28

位置发送器　electric position transmitter

将电动执行机构输出的直线位移或角位移转换成电信号的装置。

2.4.29

无触点位置发送器　contactless electric position transmitter

采用无触点型转换器件(如差动变压器)的位置发送器。

2.4.30

有触点位置发送器　contact electric position transmitter

采用有触点型转换器件(如滑线电阻或多转电位器)的位置发送器。

2.4.31

数字式位置发送器　digital position transmitter

将数字式电动执行机构输出的直线位移或角位移转换成数字信号的装置。

2.4.32

磁放大器　magnetrol

利用铁磁材料的交流导磁系数随直流磁场大小而变化的原理,把直流输入信号进行加减和放大的一种电磁元件。

2.4.33

差动变压器　differential transformer

位置发送器中将与行程对应的动铁芯位置转换成交流信号的变压器。

2.4.34

行程开关　position limit switch

当电动执行机构行程达到设定值时发出通、断信号的开关。

2.4.35

力矩开关　torque limit switch

根据电动执行机构设定力矩来开断电源以起到安全保护作用的开关。

2.4.36

电动操作器　electric operating station

具有完成电动执行机构手动自动切换、远方操作和自动跟踪无扰动切换等功能的仪表。

2.5　电磁阀

2.5.1

常开式电磁阀　normally open solenoid valve

断电时开启、通电时关闭的电磁阀。

2.5.2

常闭式电磁阀 normally closed solenoid valve

断电时关闭、通电时开启的电磁阀。

2.5.3

保持式电磁阀 self-latch solenoid valve

线圈通电后断电而阀芯仍保持在断电前位置的电磁阀。

2.5.4

直动型电磁阀 direct action solenoid valve

电磁力直接驱动阀芯开关的电磁阀。

2.5.5

先导型电磁阀 pilot-operated solenoid valve

由电磁力驱动先导阀以建立主阀芯上下部的压差来使主阀开关的电磁阀。

2.5.6

无填料函型电磁阀 packless solenoid valve

工作流体直接与电磁铁工作部件相接触的电磁阀。

2.5.7

填料函型电磁阀 packed-type solenoid valve

用填料函将工作流体与电磁铁工作部件隔离的电磁阀。

2.5.8

防水型电磁阀 water-proof solenoid vdve

使用填料、密封圈或塑料封装等结构，以防止水进入线圈罩壳内的电磁阀。

2.5.9

防尘型电磁阀 dust-proof solenoid valve

使用填料、密封圈或塑料封装等结构，以防止灰尘进入线圈罩壳内的电磁阀。

2.5.10

防爆型电磁阀 explosion-proof solenoid valve

符合防爆标准的电磁阀。

2.5.11

水用电磁阀 solenoid valve for water

适用于工作流体为水的电磁阀。

2.5.12

蒸汽电磁阀 solenoid valve for steam

适用于工作流体为蒸汽的电磁阀。

2.5.13

煤气电磁阀 solenoid valve for gas

适用于工作流体为煤气的电磁阀。

2.5.14

氟里昂用电磁阀 solenoid valve for freon

适用于工作流体为氟里昂的电磁阀。

2.5.15

电磁线圈 solenoid coil

通电后形成磁场产生电磁力的线绕部件。

2.5.16

动铁芯　plunger;armature

受激磁线圈产生的电磁力吸动，使阀芯或先导阀动作的铁芯。

2.5.17

定铁芯　fixed core

构成导磁回路中铁芯的固定部分。

2.5.18

隔磁管　plunger tube

动铁芯在其中滑动的非磁性导向管。

2.5.19

导磁套　concentrating flux sleeve

磁路中为补充通路截面不足而配置的套环。

2.5.20

导磁板　concentrating flux plate

磁路中为补充通路截面不足而配置的平板。

2.5.21

分磁环　shading coil

交流电磁阀的磁路中，以产生短路电流形成磁场，使工作磁通分裂为有相角差的两个磁通，从而消除嗡声现象为目的所配置的环状零件。

2.5.22

先导阀　pilot

由电磁力驱动，起改变主阀芯上下部压差作用的节流阀。

2.5.23

主阀　main valve

直接控制工作流体的阀组件。

2.5.24

平衡孔　equalizing orifice

连通阀芯一侧与阀入口侧流体压力的小孔，按照其两侧压力的平衡与否使阀芯开关。

2.5.25

复位弹簧　return spring

电磁阀断电时，使阀芯恢复原始位置的弹簧。

2.5.26

手动装置　manual operating device

电磁阀断电或失控时，用手动来保持其正常工作的机构。

2.6　自力式调节阀

2.6.1

直接作用自力式调节阀　direct-operated regulator

被控变量的变化直接作用在动力部件上进行操作的自力式调节阀。

2.6.2

指挥器操作型自力式调节阀　pilot-operated regulator

被控变量的变化通过驱动指挥器来操作主阀以提高调节品质的自力式调节阀。

2.6.3

整体指挥器操作型自力式调节阀　internally piloted regulator

被控变量的变化通过驱动本体内的指挥器来操作主阀的自力式调节阀。

2.6.4

组合指挥器操作型自力式调节阀　externally piloted regulator

被控变量的变化通过驱动外部连接的指挥器来操作主阀的自力式调节阀。

2.6.5

重力型自力式调节阀　weight-loaded regulator

利用物体的重力与被控流体在膜片或活塞上的作用力相平衡的原理进行操作的自力式调节阀。

2.6.6

弹簧型自力式调节阀　spring-loaded regulator

利用弹簧力与被控流体在膜片或活塞上的作用力相平衡的原理进行操作的自力式调节阀。

2.6.7

自力式温度调节阀　self-operated temperature regulator

用于调节温度的自力式调节阀。

2.6.8

自力式压力调节阀　self-operated pressure regulator

用于调节压力的自力式调节阀。

2.6.9

自力式差压调节阀　self-operated differential pressure regulator

用于调节入口和出口之间压力差的自力式调节阀。

2.6.10

自力式流量调节阀　self-operated flow regulator

用于调节流量的自力式调节阀。

2.6.11

自力式液位调节阀　self-operated level regulator

用于调节液位的自力式调节阀。

2.6.12

浮子型液位调节阀　float level regulator

借浮子在液体中的浮力来驱动阀开关的自力式调节阀。

2.6.13

主阀芯　main valve plug

自力式调节阀主流道中用于改变流量的塞式截流件。

2.6.14

设定弹簧　setting spring

用以设定被控变量值的弹簧。

2.6.15

执行机构波纹管　actuator bellows

自力式调节阀中作为动力部件，把被控流体或充液的压力转换成驱动力的波纹管。

2.6.16

温包　bulb

用于自力式调节阀温度的测量，将温度转换成压力的充有感温介质的薄壁管状密封元件。

2.6.17

调节波纹管　adjustment bellows

用于改变温包内容积以调节被控温度设定值的波纹管。

2.6.18

指挥器　pilot valve

按照被控变量的变化，以一定规律改变自力式调节阀动力部件上的压力来操作主阀的一种器件。

2.6.19

取压管　pipe with pressure tap

与工艺管道和自力式压力调节阀阀体连接端相连接的管件，在其管壁上有用于引出流体压力的圆孔，圆孔轴线与管道轴线垂直。

2.6.20

导压管　control line

与自力式压力调节阀执行机构相连接的引压管件。

2.6.21

冷凝器　condensation chamber

用于隔离高温被控介质直接进入自力式压力调节阀执行机构的容器。

2.6.22

温控器　thermostat

自力式温度调节阀的驱动部件，利用温包内特殊感温介质对温度的敏感性，将其体积和饱和蒸汽压力的变化通过毛细管传递，转换成输出轴的位移，以驱动阀截流件动作。

2.7　附件及其他

2.7.1

控制阀附件　control valve accessory

为了使控制阀提高性能、增加功能、扩大应用而与其配合使用的附加装置。例如定位器、手轮机构、增强器等。

2.7.2

手轮机构　handwheel

装有手轮用来手动操作控制阀的附件，形式上分为侧装或顶装。

2.7.3

定位器　positioner

一种与阀或执行机构机械相联，自动调整输出到执行机构的压力，以保证阀位与输入信号具有精确规定关系的位置控制器。

2.7.4

单作用定位器　single acting positioner

仅有一个输出信号的定位器。

2.7.5

双作用定位器　double acting positioner

具有两个作用方向相反的输出信号的定位器。

2.7.6

数字式定位器　digital positioner

接收数字信号，直接或通过数模转换执行控制功能的一种定位器。

2.7.7

智能型阀门定位器　intelligent valve positioner

以微处理器技术为基础，可接收模拟信号或通过现场总线传送的数字信号，采用数字化技术进行数据处理，具有双向通信功能的一种定位器。

2.7.8

阀位传送器　valve stem position transmitter

将阀的行程转换成具有一定对应关系的气或电信号输出的附件。

2.7.9

阀位指示开关　position indicating switch

发送阀行程上下限位置信号的开关。

2.7.10

增强器[继动器]　booster;air relay

起气动信号体积流量放大作用的一种控制阀附件。它也可同时具有压力放大作用。

2.7.11

气锁阀[保位阀]　air lock

当气源压力降至规定值时,能把气信号闭锁而保持原有阀位的一种控制阀附件。

2.7.12

气动释放阀　air trip valve

当气源压力降至规定值时,能通过它的作用使附加容器内的气压释放以保持无弹簧执行机构安全位置的一种控制阀附件。

2.7.13

控制阀阀组　control valve manifold

由控制阀、旁路阀和控制阀上下游的切断阀连接而成,为便于控制阀维修和提供后备旁路操作手段的组合体。

2.7.14

管件　fitting

与控制阀连接端相连接或连成一体的任何连接件,例如异径接管、弯头、三通接管、弯管等。

2.7.15

标准试验段　standard test section

符合有关标准规定的、用于阀流量测试的阀前后直管段组。

2.7.16

直管段　straight length

轴线为直线、内径相同的一段光滑管道。

2.7.17

取压口　tapping

在管壁上用于引出静压的圆孔,其轴线与管道轴线垂直相交,且边缘锐利无毛刺。

2.7.18

异径接管　pipe reducer

阀与不同公称通径的管子或管件之间的连接件。

3　功能和技术参数术语

3.1　基本术语

3.1.1

公称压力　nominal pressure rating

阀耐压等级的数字标志。它是一个仅供参考的圆整数,常用 10^5 Pa 为单位,并冠以“PN”来表示具体的耐压等级。

3.1.2

公称通径　nominal size; nominal diameter

阀尺寸的数字标志。它是一个近似于接管内径的圆整数,常用 mm 为单位,并冠以"DN"来表示具体规格。

3.1.3

行程　travel; stroke

在阀中,指截流件离开关闭位置的位移量。在执行机构中,指输出杆[轴]离开起始位置的位移量。

3.1.4

额定行程　rated travel; rated stroke

在阀中,指截流件从关闭位置到规定的全开位置的位移量。在执行机构中,指输出杆[轴]在对应于上下限输入信号的起始和终止位置之间所规定的位移量。

3.1.5

相对行程　relative travel

某一开度时的行程与额定行程之比,以 h 表示。

3.1.6

执行机构行程特性　actuator travel characteristic

执行机构行程与输入信号之间的关系,一般用相对量表示。

3.1.7

基本误差　intrinsic error

在规定的参比条件下,实际的行程特性曲线与规定的行程特性曲线之间的最大差值。

3.1.8

回差　hysteresis plus dead band

同一输入信号上升和下降的两个相应行程值间的最大差值。

3.1.9

死区　dead band

输入信号正反方向变化不致引起行程有任何可察觉变化的有限区间。

3.1.10

阀容量　valve capacity

在规定条件下通过阀的流体流量。

3.1.11

阀额定容量　rated valve capacity

在规定条件和额定行程下通过阀的流体流量。

3.1.12

关闭位置　closed position

截流件与阀座面形成接触面或接触线时所处的位置,对于无阀座面的阀,则为流动通道最小时的截流件位置。

3.1.13

阀座泄漏量　seat leakage

在规定试验条件和关闭位置下流过阀的流体流量。

3.1.14

阀关闭出入口压力　shut off pressure

在安装条件下,阀关闭时出入口压力。

3.1.15

允许压差　allowable pressure differential

控制阀为维持正常工作所能承受的、阀两端最大的压差。

3.1.16

流开　flow to open

趋于阀开的流体流向。

3.1.17

流关　flow to close

趋于阀关的流体流向。

3.1.18

阀断源位置　failure valve position

失去驱动能源后阀截流件的规定位置。

3.1.19

气开[压开][温开]　air[pressure][thermo] to open

随[气动执行机构操作压力][自力式压力阀设定压力][自力式温度阀温包温度]增大阀截流件趋于开启的动作方式。

3.1.20

气关[压闭][温闭]　air[pressure][thermo] to close

随[气动执行机构操作压力][自力式压力阀设定压力][自力式温度阀温包温度]增大阀截流件趋于关闭的动作方式。

3.1.21

法兰面间距[端面距]　face to face dimension

(直通阀)与管道连接的阀体两法兰端面间的尺寸。

3.1.22

端距　end to end dimension

(无法兰阀、焊接端阀、螺纹端阀)阀体两连接端面间的尺寸。

3.1.23

中心至端面的间距　center to face dimension

(角形阀)与管道连接的阀体任一端面[法兰端面]与垂直于其轴线的另一端面[法兰端面]中心线间的尺寸。

3.1.24

时间常数　time constant

对比例式执行机构输入一规定的阶跃信号后,其行程从0变化至稳态值的63.2 %所需的时间。

3.1.25

时滞　dead time

从输入信号产生变化的瞬间起到执行机构行程开始变化的瞬间为止的时间间隔。

3.1.26

执行机构负载　actuator load

被驱动的对象作用在执行机构输出杆[轴]上阻止其动作的力[力矩]。

3.1.27

执行机构输出力[执行机构推力]　actuator stem force

执行机构可用于驱动阀或其他调节机构的力。

3.1.28

执行机构输出转矩[输出轴转矩]　actuator shaft torque

执行机构可用于驱动阀或其他调节机构的转矩。

3.1.29

弹簧范围　bench set [bench range]

带弹簧的气动执行机构在正、反两个方向上均能达到其额定行程的压力范围。

3.2　阀

3.2.1

固有流量特性　inherent flow characteristic

相对流量系数 φ 与对应的相对行程 h 之间的关系。固有流量特性与执行方式无关。

3.2.2

理想的固有直线流量特性　ideal inherent linear flow characteristic

相对行程 h 的等值增量产生相对流量系数 φ 的等值增量的一种固有流量特性。数学式为：

$$\varphi=\varphi_0+mh$$

式中：

φ_0——$h=0$ 时的相对流量系数；

m——直线的斜率。

3.2.3

理想的固有等百分比流量特性　ideal inherent equal percentage flow characteristic

相对行程 h 的等值增量产生相对流量系数 φ 的等百分比增量的一种固有流量特性。数学式为：

$$\varphi=\varphi_0 e^{nh}$$

式中：

φ_0——$h=0$ 时的相对流量系数；

n——以 $\ln\varphi$ 和 h 为坐标画出的等百分比特性曲线的斜率。

3.2.4

固有快开流量特性　inherent quick opening flow characteristic

从阀开启初始段起即能以相对行程 h 的微小变化产生相对流量系数 φ 极大变化的一种固有流量特性。

3.2.5

安装流量特性　installed flow characteristic

在安装条件下，阀的相对流量与相对行程之间的关系。

3.2.6

固有可调比　inherent rangeability

在规定偏差内的最大流量系数与最小流量系数之比。

3.2.7

安装可调比　installed rangeability

在安装条件下，阀的最大可控流量与最小可控流量之比。

3.2.8

间隙流量　clearance flow

阀一经打开，从阀芯与阀座间由结构设计留有的固定间隙中通过的流量。

3.2.9

阀座负载　seat load

阀芯与阀座接触时阀座承受的合力。

3.2.10

阀杆不平衡力　valve stem unbalance

流体压力作用于阀杆上而产生影响其移动的轴向力。

3.2.11

静态不平衡力　static unbalance

阀芯处于关闭位置时流体压力对阀芯产生的轴向合力。

3.2.12

动态不平衡力　dynamic unbalance

流体动力对阀芯产生的轴向合力。

3.3　气动执行机构

3.3.1

执行机构刚度　actuator stiffness

引起执行机构改变单位行程的负载变动量。

3.3.2

膜片有效面积　effective diaphragm area

膜片受压力作用而产生有效力的当量面积。

3.3.3

膜片压力量程　diaphragm pressure span

引起阀截流件移动额定行程的膜片信号压力的上下限之差值。

3.3.4

固有膜片压力范围　inherent diaphragm pressure range

阀内常压时，引起阀截流件移动额定行程而施加在膜片上的信号压力范围。

3.3.5

安装膜片压力范围　installed diaphragm pressure range

阀在规定的条件下，使阀截流件移动额定行程而施加在膜片上的信号压力范围。

3.3.6

气缸效率　cylinder efficiency

活塞受压力作用产生的有效力与该压力和活塞面积乘积之比值。

3.4　电动执行机构

3.4.1

启动电流　starting current

电动机在静止状态下施加额定电压的瞬间所产生的激磁电流。

3.4.2

启动转矩　starting torque

电动机在静止状态下施加额定电压的瞬间所产生的转矩。

3.4.3

输出轴转角范围　output shaft rotation range

输出轴旋转角度的上下限值。

3.4.4

输出轴[杆]全行程时间　rated travel time

以输入信号下限为起点，从加入上下限差值100%的阶跃信号起，到输出轴[杆]移动额定行程为止的时间间隔。

3.4.5

输出轴间隙角 output shaft rotation clearance

角行程电动执行机构在断电条件下,用手动空载操作到某行程值后,再加上额定负载时所引起输出轴的转角变化值。

3.4.6

输出杆间隙位移 output stem travel clearance

直行程电动执行机构在断电条件下,用手动空载操作到某行程值后,再加上额定负载时所引起输出杆的位移变化值。

3.4.7

输出轴最大转数 maximum revolutions of output shaft

相应于额定行程的输出轴转数。

3.4.8

输出轴每转时间 one-turn time of output shaft

以输出轴旋转一周的时间来表示驱动转速快慢的参数。

3.4.9

阻尼特性 damping characteristic

当电动执行机构输入信号改变后,其输出轴[杆]达到稳定行程的减幅运动方式。

3.4.10

惰走量 inertial motion

处于动作过程中的执行机构电机断电后,因惯性引起继续动作的位移量。

3.4.11

外壳极限温度 limit housing temperature

电动执行机构在额定工作状态下,外壳表面(包括电动机)允许的最高温度。

3.5 电磁阀

3.5.1

工作压差 operating pressure differential

电磁阀能可靠开关的阀入口与出口之间的压差。

3.5.2

最小工作压差 minimum operating pressure differential

先导式电磁阀可靠开关所需的阀入口与出口之间的最小压差。.

3.5.3

最大工作压差 maximum operating pressure differential

保证电磁阀可靠开关的阀入口与阀出口之间的最大压差。

3.5.4

开阀时间 opening valve time

在规定条件下通有一定压力流体的电磁阀,从通电或断电瞬间开始至阀后压力上升到一定值所需的时间。

3.5.5

关阀时间 closing valve time

在规定条件下通有一定压力流体的电磁阀,从通电或断电瞬间开始至阀后压力下降到一定值所需的时间。

3.5.6

开关频度 switching frequency

单位时间内电磁阀正常开关的工作次数。

3.5.7

额定吸力　rated attraction force

在规定环境温度下，对电磁阀施加额定电压，其电磁铁在额定行程范围内所具有的最小吸力。

3.5.8

残留吸力　remanent attraction force

电磁阀施加额定电压后，在断电瞬间因剩磁所产生的吸力。

3.5.9

启动电流　starting current

电磁阀在断电情况下施加额定电压瞬间所产生的激磁电流。

3.5.10

吸持电流　holding current

电磁阀施加额定电压后保持动铁芯与定铁芯吸合的线圈激磁电流。

3.5.11

额定功耗　rated power consumption

在规定环境温度下，电磁阀施加额定电压工作后，由电磁线圈所消耗的电力。

3.5.12

温升　temperature rising

电磁阀在额定电压和规定环境温度的条件下，因线圈通电发热而造成的温度升高。

3.6　自力式调节阀

3.6.1

下降特性　drooping characteristic

流过自力式调节阀的流体从最小可控流量增加到最大流量过程中，随流量变化的被控变量实际值与对应于最小可控流量的设定值之间的偏差变化关系。

3.6.2

静差　offset

自力式调节阀稳定操作时被控变量的实际值与设定值之差。

3.6.3

压力负载特性　pressure load characteristic

自力式压力调节阀在输出流量不变的条件下，当阀前压力在规定范围内变化时，引起阀后压力稳态值的相应变化。

3.6.4

流量负载特性　flow load characteristic

自力式压力调节阀在一定进口压力条件下，当阀后输出流量在规定范围内变化时，引起阀后压力稳态值的相应变化。

3.6.5

设定压力　set pressure

自力式压力调节阀正常工作时的目标压力值。

3.6.6

压力调节范围　set pressure range

自力式压力调节阀通过设定弹簧来调节的目标压力值范围。

3.6.7

开启压力偏差　opening pressure error

压开型调压阀实际开启压力与设定开启压力之差。

3.6.8

启闭压差 difference of pressure

压开型调压阀开启压力与回座压力之差。

3.6.9

减压比 pressure reducing ratio

保证自力式压力调节阀正常工作的阀前压力与阀后压力的最小比值。

3.6.10

设定温度 set temperature

自力式温度调节阀正常工作时的目标温度值。

3.6.11

超温保护极限温度值 safety temperature limit

自力式温度调节阀温控器允许超出设定温度的最大值。

3.6.12

温度设定范围 set temperature range

通过温控器调节的自力式温度调节阀目标温度值范围。

3.6.13

传递系数 transfer coefficient

温控器输出轴在温度升高或降低1℃时,输出轴产生的实际位移(mm/℃)。

3.6.14

全行程温度范围 temperature range for rated travel

温控器完成全行程需要的温度变化值,温度范围(℃)为全行程与传递系数之比。

4 计算和应用术语

4.1 阀尺寸计算

4.1.1

阀尺寸计算[阀口径计算] valve sizing

为了选定阀的尺寸,根据有关工艺参数来确定所需阀流量系数的计算。

4.1.2

流量系数 flow coefficient

在规定条件下用于表示阀流通能力的基本系数。目前常用的流量系数根据不同单位制分 K_v 和 C_v。

4.1.3

流量系数 K_v flow coefficient K_v

国际单位制的流量系数。数值上等于温度为278 K~313 K(5 ℃~40 ℃)的水在 10^5 Pa压降下1 h内流过阀的立方米数。

4.1.4

流量系数 C_v flow coefficient C_v

英制单位的流量系数。数值上等于温度为40 ℉~100 ℉(4 ℃~38 ℃)的水在1 psi(6894.8 Pa)压降下1 min内流过阀的美加仑(3.78×10^{-3} m^3)数。

4.1.5

额定流量系数 rated flow coefficient

额定行程下的流量系数值。

4.1.6

相对流量系数　relative flow coefficient

相对行程(h)下的流量系数与额定流量系数之比，以 φ 表示。

4.1.7

液体压力恢复系数　liquid pressure recovery factor

估量阀压力恢复能力的系数。数值上等于产生阻塞流时的实际最大流量与以此时阀入口压力和缩流断面压力之压差按非阻塞流条件计算而得的理论流量之比，以 F_L 表示。

4.1.8

最大流量　maximum flow rate

生产过程要求控制阀能通过的最大的流量。

4.1.9

正常流量　normal flow rate

生产过程在额定状态下稳定运行时流经控制阀的流量。

4.1.10

最大计算流量系数　calculated maximum flow coefficient

根据最大流量及相应压差算得的流量系数。

4.1.11

正常计算流量系数　calculated normal flow coefficient

根据正常流量及相应压差算得的流量系数。

4.1.12

阻塞流方程　choked flow equation

用以判别液体通过阀时有无阻塞现象的方程式，表示为：

$$\Delta p_{max} = F_L^2(p_I - F_F p_V)$$

式中：

Δp_{max}——在阻塞条件下用于计算流量系数的最大有效压差，单位为 10^5 帕(10^5 Pa)；

F_L——液体压力恢复系数；

F_F——液体临界压力比系数；

p_V——液体入口温度下的饱和蒸气压，单位为 10^5 帕(10^5 Pa)；

p_I——液体入口压力，单位为 10^5 帕(10^5 Pa)。

4.1.13

临界压差　critical pressure differential

流经阀的流体达到极限的或最大的流量时阀两端的压差。

4.1.14

临界压差比　critical pressure differential ratio

可压缩流体达到临界流量时阀两端压差与入口绝对压力之比值。

4.2 阀噪声计算

4.2.1

声压级　sound pressure level

噪声声压与基准声压之比的对数量，以分贝 dB(A)为单位表示噪声的大小。

4.2.2

噪声预估　noise prediction

对阀使用时会产生的噪声声压级的估算。

4.2.3

阀出口马赫数 valve outlet Mach number

以马赫数表示的流体流出阀体时的速度。

4.2.4

气体动力噪声 aerodynamic noise

在阀的节流区和出口，由强烈湍动的气流所产生的噪声。

4.2.5

液体动力噪声 hydrodynamic noise

液体流经阀时由湍流、空化和闪蒸等作用所产生的噪声。

4.2.6

空化噪声 cavitation noise

阀内液体空化过程中气泡溃裂时发出的噪声。

4.3 应用

4.3.1

缩流断面 vena contracta

流体流经阀节流口后流速最高、静压最低的流束的最小截面部分。

4.3.2

压力恢复 pressure recovery

流体经阀内节流，在缩流断面后流速降低、静压升高的过程。

4.3.3

阻塞流 choked flow

不可压缩或可压缩流体在流过控制阀时所能达到的一种极限或最大流量的状态。无论何种流体，在固定的入口条件下，阻塞流可由增大压差不能进一步增加流量加以证实。

4.3.4

闪蒸 flashing

液体通过阀节流后，从缩流断面直至阀出口的静压降低到等于或低于该液体在阀入口温度下的饱和蒸气压时，部分液体汽化使阀后形成气液两相的现象。

4.3.5

空化 cavitation

液体通过阀节流后，在缩流断面其静压降低到等于或低于该液体在阀入口温度下的饱和蒸气压时，部分液体汽化形成气泡，继而当静压又恢复到高于该饱和蒸气压时，气泡溃裂回复为液相的现象。

4.3.6

气蚀 cavitation erosion

空化作用对材料的侵蚀。

4.3.7

分程操作 split range operation

两个或两个以上控制阀接收同一控制器的信号，并各自工作在信号范围不同区间内的一种操作方式。

索　引

汉语拼音索引

英文对应词索引

A

B

C

D

M

N

O

P

R

S

ICS 35.240.01
L 67

中华人民共和国国家标准

GB/T 26816—2011

信息资源核心元数据

Information resource core metadata

2011-07-29 发布

2011-12-01 实施

中华人民共和国国家质量监督检验检疫总局
中国国家标准化管理委员会 发布

前　言

本标准由中国标准化研究院提出并归口。

本标准主要起草单位：中国标准化研究院、七易时代科技（北京）有限公司。

本标准主要起草人：张艳琦、杨少锋、孙文峰。

本标准为首次制定。

引 言

信息资源是人类社会经济生活的重要生产要素和三大战略资源之一，其重要性已日益为政府、社会各部门所重视。自20世纪90年代以来，相关政府部门、科研机构、大专院校、企业等，在多年的信息化活动中，积累了海量信息资源。然而，随着我国信息资源开发利用的不断广泛和深入开展，各行业、地方都逐渐形成了各自的信息资源开发利用的模式，制定了各自相应的信息资源的描述标准或规范。其中，元数据标准是各种信息资源描述方法中的基础性标准。目前，各行业、地方所制定的元数据标准都各不相同，这样，在涉及大量不同种类信息资源的环境中，就不能做到信息资源的统一描述，也就不能实现信息资源的相互访问，信息资源无法进行共享与交换。

为此，本标准规定了各行业、地方所共同使用的核心元数据，以及元数据在具体应用中的扩展方法，以实现信息资源的统一描述，促进我国的信息资源开发利用水平。

信息资源核心元数据

1 范围

本标准规定了信息资源元数据的属性、核心元数据的构成、元数据扩展原则和方法。

本标准适用于信息资源的编目、归档、建库、发布、共享、交换和查询等。

2 规范性引用文件

下列规范性引用文件通过本标准的引用而成为本标准的条款。凡是注日期的引用文件，其随后所有的修改单(不包括勘误的内容)或修订版均不适用于本标准，然而，鼓励根据本标准达成协议的各方研究是否可使用这些文件的最新版本。凡是不注日期的引用文件，其最新版本适用于本标准。

GB/T 7408—2005 数据元和交换格式 信息交换 日期和时间表示法(ISO 8601:2000,IDT)

GB/T 18391.3—2009 信息技术 元数据注册系统(MDR) 第3部分:注册系统元模型与基本属性(ISO/IEC 11179-3:2003,IDT)

GB/T 19710—2005 地理信息 元数据(ISO 19115:2003,MOD)

RFC 2396 统一资源标识符:一般句法

3 术语和定义

下列术语和定义适用于本标准。

3.1

信息资源 information resource

在政治、经济和社会等各领域产生和使用、具有各种载体形式的信息内容。

3.2

元数据 metadata

定义和描述其他数据的数据。

[GB/T 18391.3—2009,定义 3.2.18]

3.3

元数据元素 metadata element

元数据的基本单元。

注:元数据元素在元数据实体中是唯一的。

[GB/T 19710—2005,定义 4.6]

3.4

元数据实体 metadata entity

一组说明信息资源相关特性的元数据元素。

注:可以包含一个或一个以上元数据实体。

[GB/T 19710—2005,定义 4.7]

3.5

核心元数据 core metadata

描述信息资源基本属性的元数据元素和元数据实体。

4 元数据的属性

本标准采用摘要表示的方式定义和描述元数据，摘要内容包括以下几个属性:中文名称、定义、英文名称、数据类型、值域、缩写名、约束/条件、最大出现次数、备注。

4.1 中文名称

指元数据元素或元数据实体的中文名称，用5.3中各条的标题来表达。

4.2 定义

给出信息资源某个特性的解释和说明。

4.3 英文名称

元数据元素的英文名称，一般用小写英文全称，英文单词之间用空格分隔。

元数据实体的英文名称中没有空格，而是多个单词连写，其中每一个单词首字母为大写。

4.4 数据类型

说明元数据元素或元数据实体的数据类型。

例如复合型、数值型、布尔型、字符串、日期型等。

4.5 值域

规定了元数据元素的有效值域。

4.6 缩写名

元数据元素或元数据实体的英文缩写名称。缩写规则如下：

a） 缩写名在本标准范围内必须唯一；

b） 缩写名不应包括任何空格、破折号、下划线或分隔符等；

c） 缩写名不应使用复数形式的英文单词，除非该单词本身就是复数形式，如“Goods”；

d） 元数据实体缩写名描述应采用UCC方式，即每个英文单词的首字母均大写；元数据元素缩写名描述应采用LCC方式，即除第一个英文单词外，每个单词的首字母大写，并把这些单词组合起来；

e） 对存在国际或行业领域惯用英文名称缩写的，采用惯用缩写。

4.7 约束/条件

说明一个元数据元素或元数据实体是否选取的描述符。该描述符分别为：

a） M：必选，表明该元数据元素或元数据实体必须选择。

b） O：可选，根据实际应用可以选择也可以不选的元数据元素或元数据实体。已经定义的可选元数据元素和可选元数据实体，可指导部门元数据标准制定人员充分说明其信息。

如果一个可选元数据实体未被使用，则该实体所包含的元素（包括必选元素）也不选用。可选元数据实体可以有必选元素，但只当可选实体被选用时才成为必选。

c） C：条件必选，当满足约束条件中所定义的条件时应选择。条件必选用于以下三种可能性之一：

——当在多个选项中进行选择时，至少一个选项必选，且必须使用；

——当另一个元数据元素已经使用时，选用一个元数据实体或元数据元素；

——当另一个元数据元素已经选择了一个特定值时，选用一个元数据元素。

4.8 最大出现次数

说明元数据元素或元数据实体可以出现的最大次数。只出现一次的用“1”表示，多次重复出现的用“N”表示。允许不为1的固定出现次数用相应的数字表示，例如“2”、“3”、“4”等。

4.9 备注

对元数据元素或实体进一步的补充说明。（根据需要选用）

5 核心元数据

5.1 概述

信息资源核心元数据的构成包含4个必选的元数据元素（标识符、名称、关键字和访问限制）和2个必选的元数据实体(分别是责任者和信息资源分类),还包含可选的 1 个元数据实体(日期)和 2 个元数据元素(摘要和信息资源链接地址)。

4 个必选的元数据元素和 2 个必选的元数据实体分别是:

a) 标识符:见 5.3.1。

b) 名称:见 5.3.2。

c) 关键字:见 5.3.3。

d) 责任者:见 5.3.4。

e) 信息资源分类:见 5.3.5。

f) 访问限制:见 5.3.6。

可选的 1 个元数据实体和 2 个元数据元素分别是:

a) 日期:见 5.3.7。

b) 摘要:见 5.3.8。

c) 信息资源链接地址:见 5.3.9。

5.2 核心元数据模型

本标准采用统一建模语言(UML)描述元数据元素和元数据实体之间的关系。用 UML 中的类表示元数据实体,属性表示元数据元素。本标准中使用的 UML 符号如图 1 所示。

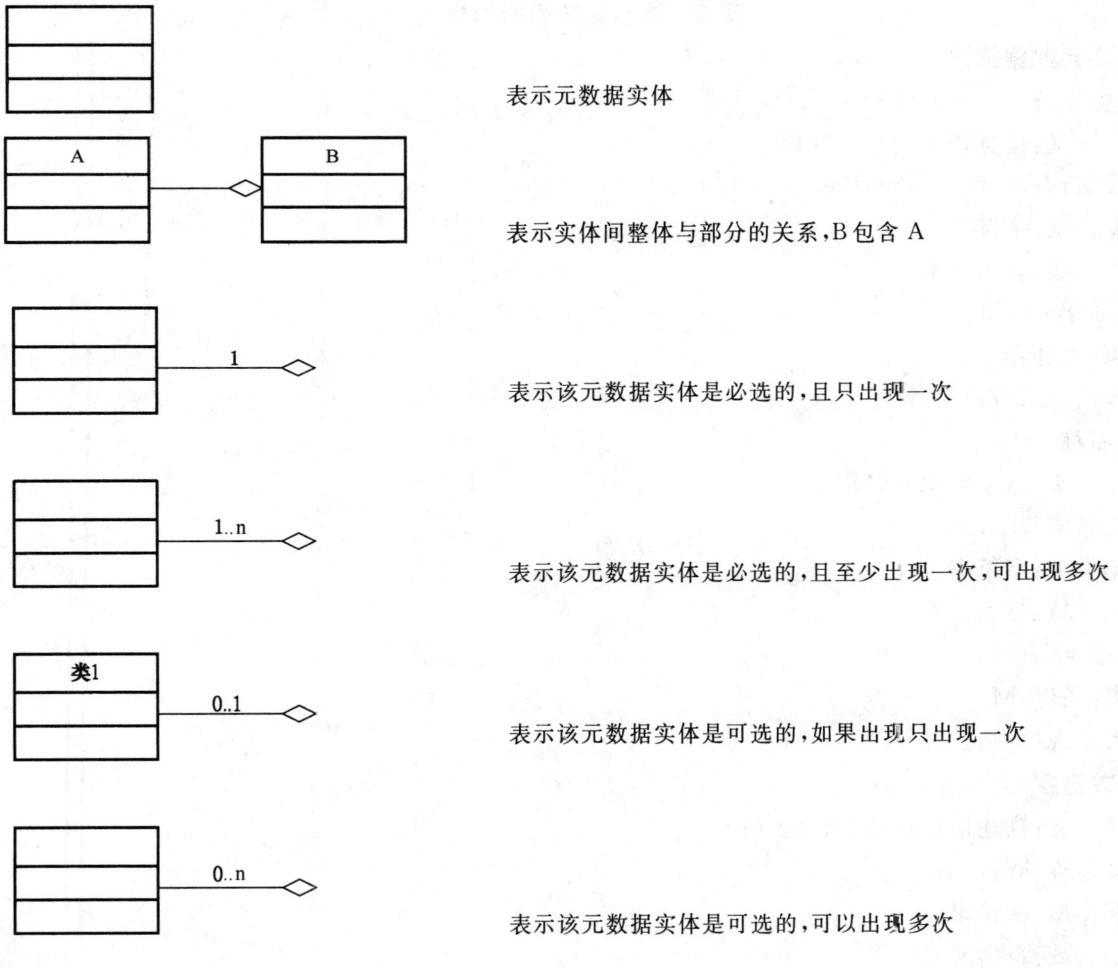

图 1 UML 符号及说明

核心元数据的构成见图 2。

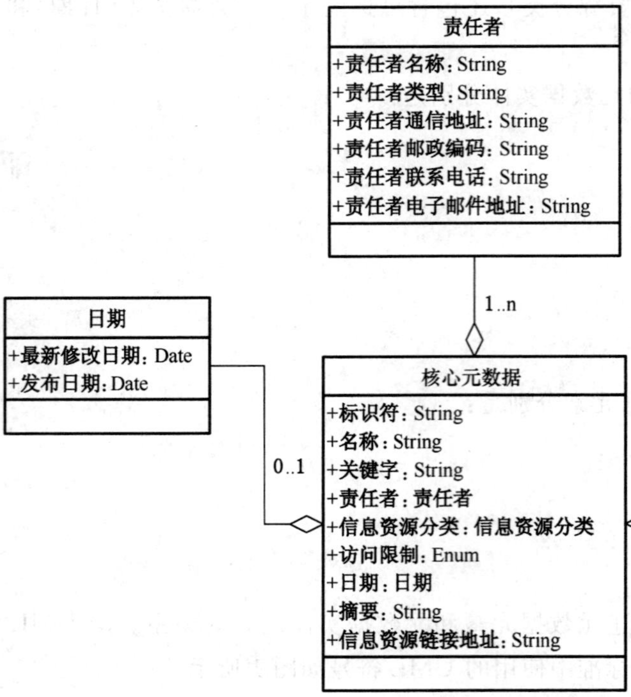

图 2 核心元数据的构成

5.3 核心元数据描述

5.3.1 标识符

定　　义:信息资源的唯一标识

英文名称:resource identifier

数据类型:字符串

值　　域:自由文本

缩 写 名:resId

约束/条件:M

最大出现次数:1

5.3.2 名称

定　　义:信息资源的名称

英文名称:resource title

数据类型:字符串

值　　域:自由文本

缩 写 名:resTitle

约束/条件:M

最大出现次数:1

5.3.3 关键字

定　　义:描述信息资源主题的词语

英文名称:keyword

数据类型:字符串

值　　域:自由文本

缩 写 名:keyword

约束/条件:M

最大出现次数:N

5.3.4 **责任者**

定　　义:负责信息资源的创建、保存、管理、发布或提供服务的单位

英文名称:ResponsibleParty

数据类型:复合型

缩 写 名:RespParty

约束/条件:M

最大出现次数:N

5.3.4.1 **责任者名称**

定　　义:信息资源责任者名称

英文名称:responsible party name

数据类型:字符串

值　　域:自由文本

缩 写 名:respName

约束/条件:M

最大出现次数:1

5.3.4.2 **责任者类型**

定　　义:信息资源责任者所属的类型

英文名称:responsible party type

数据类型:字符串

值　　域:自由文本

缩 写 名:respType

约束/条件:M

最大出现次数:1

5.3.4.3 **责任者通信地址**

定　　义:信息资源责任者联系的通信地址

英文名称:responsible party address

数据类型:字符串

值　　域:自由文本

缩 写 名:respAdd

约束/条件:O

最大出现次数:1

5.3.4.4 **责任者邮政编码**

定　　义:信息资源责任者通信地址相对应的邮政编码

英文名称:responsible party postal code

数据类型:字符串

值　　域:自由文本

缩 写 名:respPostCode

约束/条件:O

最大出现次数:1

5.3.4.5 **责任者联系电话**

定　　义:信息资源责任者的联系电话

英文名称:responsible party phone

数据类型:字符串

值　　域:自由文本

缩 写 名:respPhone

约束/条件:O

最大出现次数:N

5.3.4.6　责任者电子邮件地址

定　　义:信息资源责任者的电子邮件地址

英文名称:responsible party electronic mail address

数据类型:字符串

值　　域:自由文本

缩 写 名:respEmailAdd

约束/条件:O

最大出现次数:N

5.3.5　信息资源分类

定　　义:信息资源的分类信息

英文名称:ResourceCategory

数据类型:复合型

缩 写 名:ResCat

约束/条件:M

最大出现次数:N

5.3.5.1　类目名称

定　　义:信息资源分类中某个具体类目

英文名称:category name

数据类型:字符串

值　　域:自由文本

缩 写 名:catName

约束/条件:M

最大出现次数:1

5.3.5.2　类目编码

定　　义:类目名称对应的编码

英文名称:category code

数据类型:字符串

值　　域:自由文本

缩 写 名:catCode

约束/条件:O

最大出现次数:1

5.3.5.3　分类标准名称

定　　义:信息资源分类标准的名称

英文名称:category standard name

数据类型:字符串

值　　域:自由文本

缩 写 名:catStdName

约束/条件:O

最大出现次数:1

5.3.5.4 **分类标准版本号**

定　　义：信息资源分类标准的版本号

英文名称：category standard version

数据类型：字符串

值　　域：自由文本

缩 写 名：catStdVer

约束/条件：O

最大出现次数：1

5.3.6 **访问限制**

定　　义：对访问信息资源施加的限制或约束

英文名称：access constraints

数据类型：枚举型

值　　域：公开级为1，限制级为2

缩 写 名：accessConst

约束/条件：M

最大出现次数：1

5.3.7 **日期**

定　　义：信息资源的相关日期

英文名称：Date

数据类型：复合型

缩 写 名：Date

约束/条件：O

最大出现次数：1

5.3.7.1 **最新修改日期**

定　　义：最近一次修改信息资源的日期

英文名称：date of update

数据类型：日期型

值　　域：按GB/T 7408—2005执行，格式为CCYY-MM-DD

缩 写 名：upDate

约束/条件：O

最大出现次数：1

5.3.7.2 **发布日期**

定　　义：发布信息资源的日期

英文名称：date of publication

数据类型：日期型

值　　域：按GB/T 7408—2005执行，格式为CCYY-MM-DD

缩 写 名：pubDate

约束/条件：O

最大出现次数：1

5.3.8 **摘要**

定　　义：对信息资源内容进行概要说明的文字

英文名称：abstract

数据类型：字符串

值　　域：自由文本

缩 写 名：abstract

约束/条件：O

最大出现次数：1

5.3.9　**信息资源链接地址**

定　　义：可以获取信息资源的有效网络地址

英文名称：physical address

数据类型：字符串

值　　域：自由文本，按 RFC 2396 规定

缩 写 名：phyAdd

约束/条件：O

最大出现次数：N

6　核心元数据扩展原则和方法

6.1　概述

信息资源在不同行业、不同地区的应用需求可能存在变化，要根据需求在应用中对本标准规定的元数据进行补充。在对本标准规定的元数据内容进行扩展时，应包含信息资源核心元数据。信息资源核心元数据允许进行下列类型的扩展：

a)　增加新的元数据元素；

b)　增加新的元数据实体；

c)　建立新的代码表，代替值域为"自由文本"的现有元数据元素的值域；

d)　创建新的代码表元素(对值域为代码表的元数据的值域进行扩充)；

e)　对现有元数据施加更严格的可选性限制；

f)　对现有元数据施加更严格的最大出现次数限制；

g)　缩小现有元数据的值域。

6.2　核心元数据扩展原则

新建元数据需要遵循如下基本原则：

a)　选取元数据时，既要考虑信息资源在应用中的特点以及工作的复杂、难易程度，又要充分满足信息资源应用建设以及用户的查询、提取数据的需要。

b)　选取的元数据不但要满足当前阶段的应用需求，更应该考虑将来一定时间内可能产生的标准化需求。扩展过程中，可以积极参考国内和国外先进标准。

c)　新建的元数据不应与本标准定义的元数据中的现有的元数据实体、元素、代码表的名称、定义相冲突。

d)　增加的元数据元素应按照本标准所确定的层次关系进行合理的组织。如果本标准现有的元数据实体无法满足新增元数据的需要，则可以新建元数据实体。

e)　允许以枚举型替代值域为自由文本的现有元数据元素的值域。

f)　允许对现有的元数据元素的值域进行缩小(例如，在本标准中规定的元数据元素的值域为自由文本的，在扩展后可以规定它的值域为枚举型，采用某个代码表中的值)。

g)　允许对现有的元数据的可选性和最大出现次数施以更严格的限制(例如，在本标准中定义为可选的元数据，在扩展后可以是必选的；在本标准中定义为可无限次重复出现的元数据，在扩展后可以是只能出现 1 次)。

6.3　核心元数据扩展实施

在对信息资源核心元数据进行扩展时，主要分为 7 个步骤，如图 3 所示。

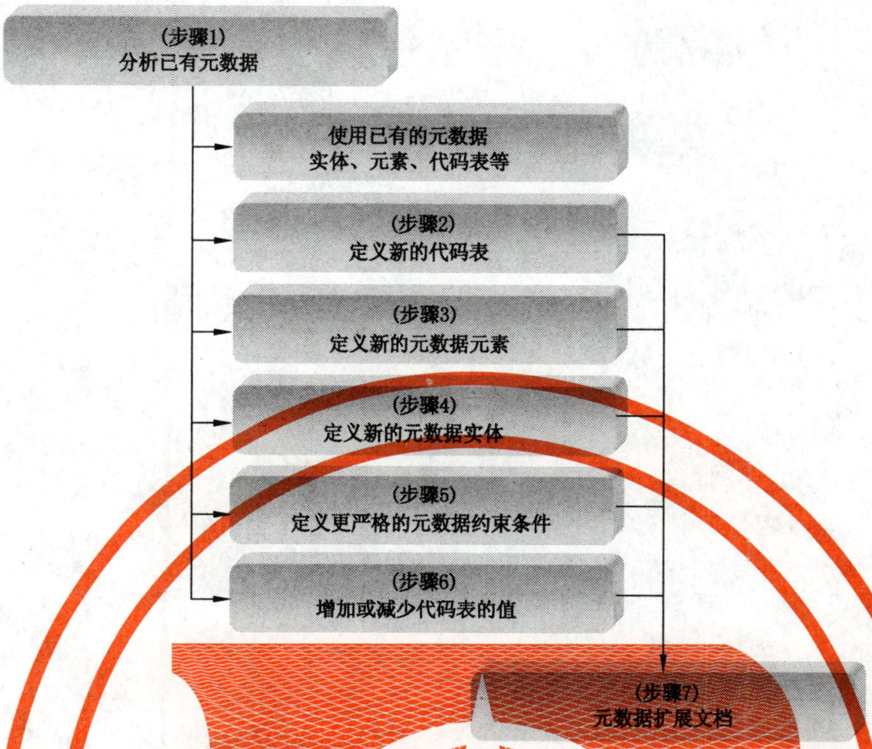

图3　核心元数据扩展步骤

ICS 03.080.99
A 02

中华人民共和国国家标准

GB/T 26817—2011

企业信用调查报告格式规范 基本信息报告、普通调查报告、深度调查报告

**Specification of business credit information reports—
Basic credit information report, standard report, indepth report**

2011-07-29 发布　　　　2011-12-01 实施

中华人民共和国国家质量监督检验检疫总局
中国国家标准化管理委员会　发布

前 言

本标准按照 GB/T 1.1—2009 给出的规则起草。

本标准由中国标准化研究院提出。

本标准由全国信用标准化技术工作组归口。

本标准主要起草单位:中国标准化研究院、武汉信用风险管理有限公司、北京信构信用管理有限公司、中国市场学会信用工作委员会、福建省企业信用信息管理有限公司、重庆市商务信用调查咨询中心、北京中小快线科技有限公司。

本标准主要起草人:陈玉忠、钱玉民、冯进、孙毅、林钧跃、陈桂龙、徐兵、李安渝、丁于思、李向华、宋黎、高卿、韩爱红、尹彦。

企业信用调查报告格式规范 基本信息报告、普通调查报告、深度调查报告

1 范围

本标准规定了企业信用调查报告中的基本信息报告、普通调查报告及深度调查报告制定的基本原则、包含的基本格式及内容，专项报告另行规定。

本标准适用于企业信用调查服务活动。

2 规范性引用文件

下列文件对于本文件的应用是必不可少的。凡是注日期的引用文件，仅注日期的版本适用于本文件。凡是不注日期的引用文件，其最新版本(包括所有的修改单)适用于本文件。

GB/T 22117—2008 信用 基本术语

3 术语和定义

GB/T 22117—2008 中界定的及下列术语和定义适用于本文件。

3.1

信用调查 **credit reporting；credit checking；credit investigation**

征信

对信用信息进行采集、调查、处理、使用等的商业性活动，包括报告式征信和调查式征信两种形式。

[GB/T 22117—2008，定义 4.1]

3.2

企业征信 **business credit reporting；business credit investigation**

企业资信调查

征信机构接受委托对企(事)业法人进行的征信活动。

[GB/T 22117—2008，定义 4.5]

3.3

信用调查报告 **credit information reports**

征信报告

征信机构对组织[机构]或自然人某段时间内信用状况的记录和分析。主要包括企业征信报告和个人征信报告。

注 1：企业征信报告主要包括基本信用信息报告、普通调查报告、深度调查报告和专项调查报告。

注 2：个人征信报告主要包括当事人报告、雇主报告、商业信用报告和房贷信用报告。

[GB/T 22117—2008，定义 4.4]

3.4

征信机构 **credit reporting agency**

合法生产和提供征信产品和服务的专业机构。

[GB/T 22117—2008，定义 4.2]

4 基本原则

4.1 科学性

调查报告内容的分类合理，数据项的选择科学，结构完整，能够准确反映企业信用调查的目的。

4.2 易读性

调查报告格式的编写应易于理解，用词不生涩，方便用户使用。

5 调查报告的格式与内容

5.1 格式

调查报告共包括四个部分，依次为封面、声明、正文、附件。

5.2 内容

5.2.1 封面

封面内容应主要包括以下内容：

——密级；

——编号；

——报告名称；

——完成时间；

——出具报告单位名称。

5.2.2 声明

声明内容应为向本报告用户给予的提示或特别说明。

5.2.3 正文

5.2.3.1 基本信息报告

基本信息报告的正文内容应主要包括企业注册信息、企业联系信息等。

基本信息报告的正文基本内容见附录A。

5.2.3.2 普通调查报告

普通调查报告的正文内容应主要包括以下内容：

——基本信息；

——经营管理信息；

——财务信息；

——银行往来信息；

——进出口信息；

——历史沿革信息；

——公共信息；

——现场核实；

——其他信息。

普通调查报告的正文基本内容见附录 B。

5.2.3.3 深度调查报告

深度调查报告的正文内容应主要包括以下内容：

——基本信息；

——组织机构信息；

——经营管理信息；

——主要关联关系信息；

——财务信息；

——银行往来与融资信息；

——其他融资信息；

——担保信息；

——付款信息；

——进出口信息；

——历史沿革信息；

——行业分析；

——公共信息；

——信用评价信息；

——现场核实；

——其他信息；

——综合评价。

深度调查报告的正文基本内容见附录 C。

5.2.4 附件

附件为根据报告内容需要附加的其他内容。

附　录　A
（规范性附录）
基本信息报告正文基本内容

基本信息报告见表 A.1。

表 A.1　基本信息报告

组织信用主体标识码	
企业名称（中文）	
企业名称（英文）	
组织机构代码	
住所	
营业执照注册号	
工商注册登记机构	
法定代表人	
注册资本	
经营范围	
经济性质[1]	
企业类型[2]	
成立日期	
营业期限起始日期	
营业期限终止日期	
最新企业年检日期	
最新企业年检结果	
税务登记代码	
联系地址	
邮政编码	
联系电话	
传真	

1）“经济性质”和“企业类型”选择填写一个信息项。

2）“经济性质”和“企业类型”选择填写一个信息项。

附　录　B
（规范性附录）
普通调查报告正文基本内容

B.1　基本信息

基本信息见表 B.1。

表 B.1　基本信息表

组织信用主体标识码	
企业名称(中文)	
企业名称(英文)	
组织机构代码	
住所	
营业执照注册号	
工商注册登记机构	
法定代表人	
注册资本	
经营范围	
经济性质[3]	
企业类型[4]	
成立日期	
营业期限起始日期	
营业期限终止日期	
最新企业年检日期	
最新企业年检结果	
税务登记代码	
联系地址	
邮政编码	
联系电话	
传真	
电子邮件	
企业网址	

3）“经济性质”和“企业类型”选择填写一个信息项。

4）“经济性质”和“企业类型”选择填写一个信息项。

B.2 经营管理信息

B.2.1 经营场所信息

经营场所信息见表 B.2。

表 B.2 经营场所信息表

经营场所建筑面积/m^2	
经营场所使用面积/m^2	
经营场所使用关系	

B.2.2 主要资质信息

主要资质信息见表 B.3。

表 B.3 主要资质信息表

资质证名称	资质证号码	资质证发证机关	资质证核发日期	资质证有效期起始日期	资质证有效期终止日期	备注

B.2.3 专项登记证信息

专项登记证信息见表 B.4。

表 B.4 专项登记证信息表

专项登记证名称	专项登记证形式	专项登记证号码	专项登记证审批机关	专项登记证核发日期	专项登记证有效期起始日期	专项登记证有效期终止日期	备注

B.2.4 上市信息

上市信息见表 B.5。

表 B.5 上市信息表

上市地点	上市时间	备　注

B.2.5 股权结构信息

股权结构信息见表 B.6。

表 B.6 股权结构信息表

<table>
<tr><td>机构投资者名称</td><td colspan="2">组织机构代码</td><td colspan="2">出资方式</td><td>认缴出资额/万元</td><td>出资比例/%</td><td>实缴出资额/万元</td></tr>
<tr><td></td><td colspan="2"></td><td colspan="2"></td><td></td><td></td><td></td></tr>
<tr><td>个人投资者姓名</td><td>身份证件名称</td><td colspan="2">身份证件号码</td><td>出资方式</td><td>认缴出资额/万元</td><td>出资比例/%</td><td>实缴出资额/万元</td></tr>
<tr><td></td><td></td><td colspan="2"></td><td></td><td></td><td></td><td></td></tr>
</table>

B.2.6 主要经营管理者信息

B.2.6.1 董(监)事会主要成员

董(监)事会主要成员见表 B.7。

表 B.7 董(监)事会主要成员表

姓名	职务	国籍 (地区)	性别	身份证件名称	身份证件号码	学历	履历	备注

B.2.6.2 经理及其他高级管理人员

经理及其他高级管理人员见表 B.8。

表 B.8 经理及其他高级管理人员表

姓名	职位	国籍 (地区)	性别	履历	备　　注

B.2.7 人员构成

人员构成见表 B.9。

表 B.9 人员构成表

<table>
<tr><td>人员总数</td><td>从业 3 年以下员工数</td><td>从业 3～5 年员工数</td><td>从业 5 年以上员工数</td></tr>
<tr><td rowspan="4"></td><td></td><td></td><td></td></tr>
<tr><td>初级职称员工数</td><td>中级职称员工数</td><td>高级职称员工数</td></tr>
<tr><td></td><td></td><td></td></tr>
</table>

B.2.8 分支机构信息

分支机构信息见表 B.10。

表 B.10 分支机构信息表

中文名称	
英文名称	
组织机构代码	
负责人	
住所	
联系电话	
传真电话	
备注	

B.2.9 经营状况信息

B.2.9.1 主要设备

主要设备见表 B.11。

表 B.11 主要设备表

设备名称	型号	数量	单位	权属	技术状况		备注

B.2.9.2 主要产品(商品)

主要产品(商品)见表 B.12。

表 B.12 主要产品(商品)表

产品名称	型号	产品认证认可(执行标准)	上一年度年产量	销售地区	上一年度销售额/万元	备注

B.2.9.3 主要服务项目

主要服务项目见表 B.13。

表 B.13 主要服务项目表

服务项目名称	服务领域	服务地区	上一年度收入/万元	备注

B.2.9.4 无形资产

无形资产见表 B.14。

表 B.14　无形资产表

名称	证书编号	登记机关	受保护起始日期	受保护终止日期	备注

B.3　财务信息

B.3.1　资产负债表(资产)(单位:人民币万元)

资产负债表(资产)见表 B.15。

表 B.15　资产负债表(资产)

资　　产	前 2 年	前 1 年	当年
流动资产:			
货币资金			
短期投资			
应收票据			
应收账款			
减:坏款准备			
应收账款净额			
预付账款			
应收补贴款			
其他应收款			
存货			
减:存货跌价准备			
存货净额			
待摊费用			
待处理流动资产净损失			
一年内到期的长期债权投资			
其他流动资产			
流动资产合计			
非流动资产:			
可供出售金融资产			
持有至到期投资			
投资性房地产			
长期股权投资			
长期应收款			
固定资产			

表 B.15（续）

资　　产	前2年	前1年	当年
在建工程			
工程物资			
固定资产清理			
生产性生物资产			
油气资产			
无形资产			
开发支出			
商誉			
长摊待摊费用			
递延所得税资产			
其他非流动资产			
非流动资产合计			
资产总计			

B.3.2　资产负债表(负债及所有者权益(股东权益))(单位:人民币万元)

资产负债表(负债及所有者权益(股东权益))见表B.16。

表 B.16　资产负债表(负债及所有者权益(股东权益))

负债及所有者权益	前2年	前1年	当年
流动负债:			
短期借款			
交易性金融负债			
应付票据			
应付账款			
预收账款			
应付职工薪酬			
应交税费			
应付利息			
应付股利			
其他应付款			
预提费用			
预计负债			
一年内到期的长期负债			

表 B.16（续）

负债及所有者权益	前2年	前1年	当年
其他流动负债			
流动负债合计			
非流动负债：			
长期借款			
应付债券			
长期应付款			
专项应付款			
递延所得税负债			
其他非流动负债			
非流动负债合计			
负债合计			
所有者权益(或股东权益)：			
实收资本(或股本)			
资本公积			
盈余公积			
未分配利润			
减:库存股			
所有者权益(或股东权益)合计			
负债和所有者权益(或股东权益)合计			

B.3.3　利润表(单位:人民币万元)

利润表见表 B.17。

表 B.17　利润表

项　目	前2年	前1年	当年
一、营业收入			
减:营业成本			
营业税费			
销售费用			
管理费用			
财务费用(收益以“－”号填列)			
资产减值损失			
加:公允价值变动净收益(净损失以“－”号填列)			
投资净收益(净损失以“－”号填列)			

表 B.17(续)

项　　目	前2年	前1年	当年
二、营业利润(亏损以"-"号填列)			
加:营业外收入			
减:营业外支出			
其中:非流动资产处置净损失(净收益以"-"号填列)			
三、利润总额(亏损总额以"-"号填列)			
减:所得税			
四、净利润(净亏损以"-"号填列)			
五、每股收益			
(一)基本每股收益			
(二)稀释每股收益			

B.3.4　现金流量表(单位:人民币万元)

现金流量表见表B.18。

表 B.18　现金流量表

项　　目	前2年	前1年	当年
一、经营活动产生的现金流量:			
销售商品、提供劳务收到的现金			
收到的税费返还			
收到其他与经营活动有关的现金			
经营活动现金流入小计			
购买商品、接受劳务支付的现金			
支付给职工以及为职工支付的现金			
支付的各项税费			
支付其他与经营活动有关的现金			
经营活动现金流出小计			
经营活动产生的现金流量净额			
二、投资活动产生的现金流量:			
收回投资收到的现金			
取得投资收益收到的现金			
处置固定资产、无形资产和其他长期资产收回的现金净额			
处置子公司及其他营业单位收到的现金净额			
收到其他与投资活动有关的现金			

表 B.18(续)

项　　目	前2年	前1年	当年
投资活动现金流入小计			
购建固定资产、无形资产和其他长期资产支付的现金			
投资支付的现金			
取得子公司及其他营业单位支付的现金净额			
支付其他与投资活动有关的现金			
投资活动现金流出小计			
投资活动产生的现金流量净额			
三、筹资活动产生的现金流量:			
吸收投资收到的现金			
取得借款收到的现金			
收到其他与筹资活动有关的现金			
筹资活动现金流入小计			
偿还债务支付的现金			
分配股利、利润或偿付利息支付的现金			
支付其他与筹资活动有关的现金			
筹资活动现金流出小计			
筹资活动产生的现金流量净额			
四、汇率变动对现金的影响			
五、现金及现金等价物净增加额			
期初现金及现金等价物余额			
期末现金及现金等价物余额			
补　充　资　料			
1.将净利润调节为经营活动现金流量:			
净利润			
加:资产减值准备			
固定资产折旧、油气资产折耗、生产性生物资产折旧			
无形资产摊销			
长期待摊费用摊销			
待摊费用减少(增加以"—"号填列)			
预提费用增加(减少以"—"号填列)			
处置固定资产、无形资产和其他长期资产的损失(收益以"—"号填列)			

表 B.18（续）

项　　目	前2年	前1年	当年
固定资产报废损失(收益以“－”号填列)			
公允价值变动损失(收益以“－”号填列)			
财务费用(收益以“－”号填列)			
投资损失(收益以“－”号填列)			
递延所得税资产减少(增加以“－”号填列)			
递延所得税负债增加(减少以“－”号填列)			
存货的减少(增加以“－”号填列)			
经营性应收项目的减少(增加以“－”号填列)			
经营性应付项目的增加(减少以“－”号填列)			
其他			
经营活动产生的现金流量净额			
2.不涉及现金收支的重大投资和筹资活动：			
债务转为资本			
一年内到期的可转换公司债券			
融资租入固定资产			
3.现金及现金等价物净变动情况：			
现金的期末余额			
减：现金的期初余额			
加：现金等价物的期末余额			
减：现金等价物的期初余额			
现金及现金等价物净增加额			

B.4　银行往来信息

B.4.1　开户信息

开户信息见表B.19。

表 B.19　开户信息表

开户银行名称	开户时间	银行账号	账户用途	账户状态	备注

B.4.2　银行融资信息

银行融资信息见表B.20。

表 B.20 银行融资信息表

银行名称	融资形式	融资额度	融资金额	融资起始日期	融资到期日期	逾期天数	逾期金额	备注

B.5 进出口信息

进出口信息见表 B.21。

表 B.21 进出口信息表

起止时间	描　　述	备　　注

B.6 历史沿革信息

历史沿革信息见表 B.22。

表 B.22 历史沿革信息表

时　　间	内　　容	备　　注

B.7 公共信息

B.7.1 荣誉信息

荣誉信息见表 B.23。

表 B.23 荣誉信息表

评(认)定日期	荣誉名称	荣誉事项	证书编号	评(认)定机构	备注

B.7.2 不良信息

不良信息见表 B.24。

表 B.24 不良信息表

认定日期	事　　项	认定机构	备注

B.7.3 司法记录信息

司法记录信息见表 B.25。

表 B.25 司法记录信息表

结案日期	裁决结果	裁决机构	执行结果	备注

B.8 现场核实

现场核实见表 B.26。

表 B.26 现场核实表

现场调查、核实项目	内 容 说 明	备 注

B.9 其他信息

其他信息见表 B.27。

表 B.27 其他信息表

信息项名称	内 容 说 明	备 注

附　录　C
（规范性附录）
深度调查报告正文基本内容

C.1　基本信息

基本信息见表C.1。

表C.1　基本信息表

组织信用主体标识码	
企业名称（中文）	
企业名称（英文）	
组织机构代码	
住所	
营业执照注册号	
工商注册登记机构	
法定代表人	
注册资本	
经营范围	
经济性质[5]	
企业类型[6]	
成立日期	
营业期限起始日期	
营业期限终止日期	
最新企业年检日期	
最新企业年检结果	
税务登记代码	
联系地址	
邮政编码	
联系电话	
传真	
电子邮件	
企业网址	

5）“经济性质”和“企业类型”选择填写一个信息项。

6）“经济性质”和“企业类型”选择填写一个信息项。

C.2 组织机构信息

组织机构信息见表C.2。

表C.2 组织机构信息表

组织机构简介

C.3 经营管理信息

C.3.1 经营场所信息

经营场所信息见表C.3。

表C.3 经营场所信息表

经营场所建筑面积/m^2	
经营场所使用面积/m^2	
经营场所使用关系	

C.3.2 房产信息

房产信息见表C.4。

表C.4 房产信息表

房产地址	房屋地号	建筑面积	用途	所有形态(股东所有、企业自有、租赁等)	购置时间/租赁期限	原值/租金	是否抵押

C.3.3 地产信息

地产信息见表C.5。

表C.5 地产信息表

地产地址	面积	规划用途	取得来源	购置/租赁时间	使用年限	是否抵押

C.3.4 主要资质信息

主要资质信息见表C.6。

表C.6 主要资质信息表

资质证名称	资质证号码	资质证 发证机关	资质证 核发日期	资质证有效期 起始日期	资质证有效期 终止日期	备注

C.3.5 专项登记证信息

专项登记证信息见表C.7。

表C.7 专项登记证信息表

专项登记 证名称	专项登记 证形式	专项登记 证号码	专项登记证 审批机关	专项登记证 核发日期	专项登记证有 效期起始日期	专项登记证有 效期终止日期	备注

C.3.6 上市信息

上市信息见表C.8。

表C.8 上市信息表

上市地点	上市时间	备　注

C.3.7 股权结构信息

股权结构信息见表C.9。

表C.9 股权结构信息表

<table>
<tr><td>机构投资者名称</td><td colspan="2">组织机构代码</td><td colspan="2">出资方式</td><td>认缴出资额/
万元</td><td>出资比例/
%</td><td>实缴出资额/
万元</td></tr>
<tr><td></td><td colspan="2"></td><td colspan="2"></td><td></td><td></td><td></td></tr>
<tr><td>个人投资者姓名</td><td>身份证件
名称</td><td colspan="2">身份证件
号码</td><td>出资方式</td><td>认缴出资额/
万元</td><td>出资比例/
%</td><td>实缴出资额/
万元</td></tr>
<tr><td></td><td></td><td colspan="2"></td><td></td><td></td><td></td><td></td></tr>
</table>

C.3.8 主要经营管理者信息

C.3.8.1 董(监)事会主要成员

董(监)事会主要成员见表C.10。

表 C.10 董(监)事会主要成员表

姓名	职务	国籍（地区）	性别	身份证件名称	身份证件号码	学历	履历	备注

C.3.8.2 经理及其他高级管理人员

经理及其他高级管理人员见表 C.11。

表 C.11 经理及其他高级管理人员表

姓名	职位	国籍（地区）	性别	履　　历	备注

C.3.9 人员构成

人员构成见表 C.12。

表 C.12 人员构成表

<table>
<tr><td>人员总数</td><td colspan="4"></td></tr>
<tr><td rowspan="2">按工作年限</td><td>从业 3 年以下员工数</td><td colspan="2">从业 3～5 年员工数</td><td>从业 5 年以上员工数</td></tr>
<tr><td></td><td colspan="2"></td><td></td></tr>
<tr><td rowspan="2">按职称</td><td>初级职称员工数</td><td colspan="2">中级职称员工数</td><td>高级职称员工数</td></tr>
<tr><td></td><td colspan="2"></td><td></td></tr>
<tr><td rowspan="2">按学历</td><td>大专及以下员工数</td><td>本科员工数</td><td>硕士员工数</td><td>博士员工数</td></tr>
<tr><td></td><td></td><td></td><td></td></tr>
<tr><td>备注</td><td colspan="4"></td></tr>
</table>

C.3.10 分支机构信息

分支机构信息见表 C.13。

表 C.13 分支机构信息表

中文名称	
英文名称	
组织机构代码	
负责人	
住所	
联系电话	
传真电话	
备注	

C.3.11 经营状况信息

C.3.11.1 主要货物采购

主要货物采购见表C.14。

表C.14 主要货物采购表

货物名称	货物属性	产地	年采购额/万元	供应商	备注

C.3.11.2 主要设备

主要设备见表C.15。

表C.15 主要设备表

设备名称	型号	数量	单位	权属	技术状况		备注

C.3.11.3 主要产品(商品)

主要产品(商品)见表C.16。

表C.16 主要产品(商品)表

产品名称	型号	产品认证认可（执行标准）	上一年度年产量	单位	销售地区	上一年度销售额/万元	备注

C.3.11.4 主要服务项目

主要服务项目见表C.17。

表C.17 主要服务项目表

服务项目名称	服务领域	服务地区	上一年度收入	备注

C.3.11.5 无形资产

无形资产见表C.18。

表 C.18 无形资产表

名称	证书编号	登记机关	受保护起始日期	受保护终止日期	备注

C.3.12 环境行为评价信息

环境行为评价信息见表 C.19。

表 C.19 环境行为评价信息表

评价时间	评价结果	评价机构	备注

C.4 主要关联关系信息

C.4.1 主要关联法人

主要关联法人见表 C.20。

表 C.20 主要关联法人表

组织名称	组织机构代码	法定代表人	住所	联系电话	关联关系类型	出资比例

注：关联关系类型符号表示为：

A——该企业的母公司。

B——该企业的子公司。

C——与该企业受同一母公司控制的其他企业。

D——对该企业实施共同控制的投资方。

E——对该企业施加重大影响的投资方。

F——该企业的合营企业。

G——该企业的联营企业。

H——该企业的主要投资者个人及与其关系密切的家庭成员。主要投资者个人，是指能够控制、共同控制一个企业或者对一个企业施加重大影响的个人投资者。

I——该企业或其母公司的关键管理人员及与其关系密切的家庭成员。关键管理人员，是指有权力并负责计划、指挥和控制企业活动的人员；与主要投资者个人或关键管理人员关系密切的家庭成员，是指在处理与企业的交易时可能影响该个人或受该个人影响的家庭成员。

J——该企业主要投资者个人、关键管理人员或与其关系密切的家庭成员控制、共同控制或施加重大影响的其他企业。

C.4.2 主要关联自然人

主要关联自然人见表 C.21。

表 C.21 主要关联自然人表

姓名	持有(公司)股份的比例	关系

注：关联自然人是指与本组织有关系的股东、董事、监事或其他职务人员。

C.4.3 主要关联交易

主要关联交易见表 C.22。

表 C.22 主要关联交易表

交易主体	交易对象	交易时间	交易种类	交易总金额	交易方式	定价政策	市场价格	市场公允价格	其他

C.5 财务信息

C.5.1 资产负债表(资产)(单位:人民币万元)

资产负债表(资产)见表 C.23。

表 C.23 资产负债表(资产)

资　　产	前 2 年	前 1 年	当年
流动资产:			
货币资金			
短期投资			
应收票据			
应收账款			
减:坏账准备			
应收账款净额			
预付账款			
应收补贴款			
其他应收款			
存货			
减:存货跌价准备			
存货净额			
待摊费用			
待处理流动资产净损失			
一年内到期的非流动资产			
其他流动资产			
流动资产合计			

表 C.23（续）

资　　产	前2年	前1年	当年
非流动资产：			
可供出售金融资产			
持有至到期投资			
投资性房地产			
长期股权投资			
长期应收款			
固定资产			
在建工程			
工程物资			
固定资产清理			
生产性生物资产			
油气资产			
无形资产			
开发支出			
商誉			
长摊待摊费用			
递延所得税资产			
其他非流动资产			
非流动资产合计			
资产总计			

C.5.2 资产负债表(负债及所有者权益(或股东权益))(单位:人民币万元)

资产负债表(负债及所有者权益(或股东权益))见表 C.24。

表 C.24 资产负债表(负债及所有者权益(或股东权益))

负债和所有者权益(或股东权益)	前2年	前1年	当年
流动负债：			
短期借款			
交易性金融负债			
应付票据			
应付账款			
预收账款			
应付职工薪酬			
应交税费			

表 C.24(续)

负债和所有者权益(或股东权益)	前2年	前1年	当年
应付利息			
应付股利			
其他应付款			
预提费用			
预计负债			
一年内到期的长期负债			
其他流动负债			
流动负债合计			
非流动负债:			
长期借款			
应付债券			
长期应付款			
专项应付款			
递延所得税负债			
其他非流动负债			
非流动负债合计			
负债合计			
所有者权益(或股东权益):			
实收资本(或股本)			
资本公积			
盈余公积			
未分配利润			
减:库存股			
所有者权益(或股东权益)合计			
负债和所有者权益(或股东权益)合计			

C.5.3 利润表(单位:人民币万元)

利润表见表C.25。

表 C.25 利润表

项目	前2年	前1年	当年
一、营业收入			
减:营业成本			
营业税费			

表 C.25（续）

项　　目	前2年	前1年	当年
销售费用			
管理费用			
财务费用(收益以“－”号填列)			
资产减值损失			
加:公允价值变动净收益(净损失以“－”号填列)			
投资净收益(净损失以“－”号填列)			
二、营业利润(亏损以“－”号填列)			
加:营业外收入			
减:营业外支出			
其中:非流动资产处置净损失(净收益以“－”号填列)			
三、利润总额(亏损总额以“－”号填列)			
减:所得税			
四、净利润(净亏损以“－”号填列)			
五、每股收益:			
(一)基本每股收益			
(二)稀释每股收益			

C.5.4　现金流量表(单位:人民币万元)

现金流量表见表C.26。

表 C.26　现金流量表

项　　目	前2年	前1年	当年
一、经营活动产生的现金流量:			
销售商品、提供劳务收到的现金			
收到的税费返还			
收到其他与经营活动有关的现金			
经营活动现金流入小计			
购买商品、接受劳务支付的现金			
支付给职工以及为职工支付的现金			
支付的各项税费			
支付其他与经营活动有关的现金			
经营活动现金流出小计			
经营活动产生的现金流量净额			

表 C.26（续）

项　　目	前2年	前1年	当年
二、投资活动产生的现金流量：			
收回投资收到的现金			
取得投资收益收到的现金			
处置固定资产、无形资产和其他长期资产收回的现金净额			
处置子公司及其他营业单位收到的现金净额			
收到其他与投资活动有关的现金			
投资活动现金流入小计			
购建固定资产、无形资产和其他长期资产支付的现金			
投资支付的现金			
取得子公司及其他营业单位支付的现金净额			
支付其他与投资活动有关的现金			
投资活动现金流出小计			
投资活动产生的现金流量净额			
三、筹资活动产生的现金流量：			
吸收投资收到的现金			
取得借款收到的现金			
收到其他与筹资活动有关的现金			
筹资活动现金流入小计			
偿还债务支付的现金			
分配股利、利润或偿付利息支付的现金			
支付其他与筹资活动有关的现金			
筹资活动现金流出小计			
筹资活动产生的现金流量净额			
四、汇率变动对现金的影响			
五、现金及现金等价物净增加额			
期初现金及现金等价物余额			
期末现金及现金等价物余额			
补　充　资　料			
1.将净利润调节为经营活动现金流量：			

表 C.26（续）

项　　目	前2年	前1年	当年
净利润			
加:资产减值准备			
固定资产折旧、油气资产折耗、生产性生物资产折旧			
无形资产摊销			
长期待摊费用摊销			
待摊费用减少(增加以“—”号填列)			
预提费用增加(减少以“—”号填列)			
处置固定资产、无形资产和其他长期资产的损失(收益以“—”号填列)			
固定资产报废损失(收益以“—”号填列)			
公允价值变动损失(收益以“—”号填列)			
财务费用(收益以“—”号填列)			
投资损失(收益以“—”号填列)			
递延所得税资产减少(增加以“—”号填列)			
递延所得税负债增加(减少以“—”号填列)			
存货的减少(增加以“—”号填列)			
经营性应收项目的减少(增加以“—”号填列)			
经营性应付项目的增加(减少以“—”号填列)			
其他			
经营活动产生的现金流量净额			
2.不涉及现金收支的重大投资和筹资活动:			
债务转为资本			
一年内到期的可转换公司债券			
融资租入固定资产			
3.现金及现金等价物净变动情况:			
现金的期末余额			
减:现金的期初余额			
加:现金等价物的期末余额			
减:现金等价物的期初余额			
现金及现金等价物净增加额			

C.5.5 所有者权益变动表

所有者权益变动见表 C.27。

表 C.27 所有者权益变动表

项目	行次	本年金额						上年金额					
		实收资本(或股本)	资本公积	盈余公积	未分配利润	库存股(减项)	所有者权益合计	实收资本(或股本)	资本公积	盈余公积	未分配利润	库存股(减项)	所有者权益合计
一、上年年末余额													
1.会计政策变更													
2.前期差错更正													
二、本年年初余额													
三、本年增减变动金额(减少以"－"号填列)													
(一)本年净利润													
(二)直接计入所有者权益的利得和损失													
1.可供出售金融资产公允价值变动净额													
2.现金流量套期工具公允价值变动净额													
3.与计入所有者权益项目相关的所得税影响													
4.其他													
小计													
(三)所有者投入资本													
1.所有者本期投入资本													
2.本年购回库存股													
3.股份支付计入所有者权益的金额													
(四)本年利润分配													
1.对所有者(或股东)的分配													
2.提取盈余公积													
(五)所有者权益内部结转													
1.资本公积转增资本													
2.盈余公积转增资本													
3.盈余公积弥补亏损													
四、本年年末余额													

C.5.6 主要财务指标

主要财务指标见表C.28。

表C.28 主要财务指标表

考察内容	指　　标	××年×月	××年×月	××年×月	当前行业平均值	与行业平均值比较
营运能力	总资产增长率					
	净资产增长率					
	主营业务收入增长率					
	利润总额增长率					
	销售债权周转次数					
	存货周转次数					
	总资产周转次数					
赢利能力	总资本收益率					
	净资产收益率					
	主营业务利润率					
	现金收入比率					
	利润现金比率					
偿债能力	资产负债率					
	流动比率					
	速动比率					
	经营现金流动负债比率					

C.5.7 审计信息

审计信息见表C.29。

表C.29 审计信息表

审计时间	审计内容	审计结果	审计机构	备注

C.6 银行往来与融资信息

C.6.1 开户信息

开户信息见表C.30。

表 C.30　开户信息表

开户银行名称	开户时间	银行账号	账户用途	账户状态	备注

C.6.2　银行融资信息

银行融资信息见表 C.31。

表 C.31　银行融资信息表

银行名称	融资形式	融资额度	融资金额	融资起始日期	融资到期日期	逾期天数	逾期金额	备注

C.7　其他融资信息

其他融资信息见表 C.32。

表 C.32　其他融资信息表

融资机构名称	融资形式	融资额度	融资金额	融资起始日期	融资到期日期	逾期天数	逾期金额	备注

C.8　担保信息

C.8.1　提供担保信息

提供担保信息见表 C.33。

表 C.33　提供担保信息表

被担保人名称	担保方式	担保额度	担保金额	担保期限	担保起始日期	担保终止日期	备注

C.8.2　接受担保信息

接受担保信息见表 C.34。

表 C.34　接受担保信息表

担保人名称	担保方式	担保额度	担保金额	担保期限	担保起始日期	担保终止日期	备注

C.9　付款信息

付款信息见表 C.35。

表 C.35　付款信息表

时间	事　项	受款方	备注

C.10　进出口信息

进出口信息见表 C.36。

表 C.36　进出口信息表

起 止 时 间	描　述	备注

C.11　历史沿革信息

C.11.1　发展概况(文字描述)

发展概况见表 C.37。

表 C.37　发展概况表

发展概况

C.11.2　发展变更信息

C.11.2.1　注册资本变化

注册资本变化见表 C.38。

表 C.38 注册资本变化表

变更时间	变更内容	变更原因	备注

C.11.2.2 股东变更

股东变更见表 C.39。

表 C.39 股东变更表

变更时间	变更内容	变更原因	所持股份占比	备注

C.11.2.3 名称变更

名称变更见表 C.40。

表 C.40 名称变更表

变更时间	变更内容	变更原因	备注

C.11.2.4 法定代表人变更

法定代表人变更见表 C.41。

表 C.41 法定代表人变更表

变更时间	变更内容	变更原因	备注

C.11.2.5 经营地址变更

经营地址变更见表 C.42。

表 C.42 经营地址变更表

变更时间	变更内容	变更原因	备注

C.11.2.6 企业改制

企业改制见表 C.43。

表 C.43 企业改制表

改制时间	改制情况	改制原因	备注

C.11.2.7 经营方向变更

经营方向变更见表 C.44。

表 C.44 经营方向变更表

变更时间	变更内容	变更原因	备注

C.11.2.8 其他重大历史事件

其他重大历史事件见表 C.45。

表 C.45 其他重大历史事件表

发生时间	事件内容	说　　明

C.12 行业分析

行业分析见表 C.46。

表 C.46 行业分析表

行业状况概述：
产业政策：
上下游企业：
主要竞争对手：
行业发展趋势及前景：

C.13 公共信息

C.13.1 荣誉信息

荣誉信息见表 C.47。

表 C.47 荣誉信息表

评(认)定日期	荣誉名称	荣誉事项	证书编号	评(认)定机构	备注

C.13.2 不良信息

不良信息见表 C.48。

表 C.48 不良信息表

认定日期	事项	认定机构	备注

C.13.3 司法记录信息

司法记录信息见表 C.49。

表 C.49 司法记录信息表

结案日期	裁决结果	裁决机构	执行结果	备注

C.14 信用评价信息

信用评价信息见表 C.50。

表 C.50 信用评价信息表

信用评价时间	风险系数	信用等级	展望	信用评价机构	备注

C.15 现场核实

现场核实见表 C.51。

表 C.51 现场核实表

现场调查、核实项目	内容说明	备注

C.16 其他信息

其他信息见表 C.52。

表 C.52 其他信息表

信息项名称	内容说明	备注

C.17 综合评价

综合评价见表 C.53。

表 C.53 综合评价表

经营管理综述
行业地位评述
竞争优势概述
风险点提示
发展趋势分析
信用等级

ICS 03.080.99
A 02

中华人民共和国国家标准

GB/T 26818—2011

个人信用调查报告格式规范 基本信息报告

Specification of consumer credit information reports—Basic credit report

2011-07-29 发布　　2011-12-01 实施

中华人民共和国国家质量监督检验检疫总局
中国国家标准化管理委员会　发布

前　言

本标准按照GB/T 1.1—2009给出的规则起草。

本标准由中国标准化研究院提出。

本标准由全国信用标准化技术工作组归口。

本标准主要起草单位：中国标准化研究院、鹏元征信有限公司、中国人民大学、中国市场学会信用工作委员会、重庆市个人信用管理有限责任公司。

本标准主要起草人：钱玉民、谷国良、吴晶姝、林钧跃、徐兵、赵锦华、熊晓红、马漫原、李大志、陈俊强、梁日安、高卿、宋黎、李向华、丁于思、韩爱红、尹彦。

个人信用调查报告格式规范 基本信息报告

1 范围

本标准规定了个人信用调查报告中基本信息报告的基本原则、报告格式以及内容。

本标准适用于个人信用调查服务活动。

2 规范性引用文件

下列文件对于本文件的应用是必不可少的。凡是注日期的引用文件，仅注日期的版本适用于本文件。凡是不注日期的引用文件，其最新版本(包括所有的修改单)适用于本文件。

GB/T 22117—2008 信用 基本术语

3 术语和定义

GB/T 22117—2008 中界定的及下列术语和定义适用于本文件。

3.1

信用调查 credit reporting; credit checking; credit investigation

征信

对信用信息进行采集、调查、处理、使用等的商业性活动，包括报告式征信和调查式征信两种形式。

[GB/T 22117—2008，定义 4.1]

3.2

个人信用 consumer credit

消费者信用

由授信方向自然人提供的用于个人目的和家庭生活的信用工具。

[GB/T 22117—2008，定义 3.3.1]

3.3

征信报告 credit information reports

[信用]调查报告

征信机构对组织[机构]或自然人某段时间内信用状况的记录和分析。主要包括企业征信报告和个人征信报告。

[GB/T 22117—2008，定义 4.4]

4 基本原则

4.1 科学性

调查报告内容的分类合理，数据项的选择科学，结构完整，能够准确反映个人信用调查的目的。

4.2 易读性

调查报告的编写格式应易于理解，用词不生涩，方便用户使用。

5 基本信息报告格式

5.1 格式

个人基本信息报告包括四个部分，依次为封面、声明、正文、附件。

5.2 内容

5.2.1 封面

封面内容应主要包括以下内容：

——密级；
——报告类型；
——报告编号；
——当事人姓名；
——委托日期；
——出具报告的单位的名称；
——出具报告日期。

5.2.2 声明

声明内容应为向本报告用户给予的提示或特别说明。

5.2.3 正文

正文内容应包括但不限于以下内容：

——信用主体标识码；
——姓名；
——性别；
——曾用名；
——国籍；
——身份证件类型；
——证件签发机关；
——证件有效期；
——出生地；
——出生日期；
——联系电话；
——户籍所在地；
——联系地址；
——联系地址邮政编码；
——电子邮件；
——信息获取日期；
——本人声明；
——其他情况。

5.2.4 附件

附件为根据报告内容需要附加的其他内容。

参 考 文 献

[1] GA 214.1—2004 常住人口管理信息规范 第1部分:基本数据项
[2] GA 214.2—2004 常住人口管理信息规范 第2部分:户籍管理信息数据项

ICS 03.080.99
A 02

中华人民共和国国家标准

GB/T 26819—2011

信用主体标识规范

Specification of credit subject identifiers

2011-07-29 发布　　2011-12-01 实施

中华人民共和国国家质量监督检验检疫总局
中国国家标准化管理委员会　发布

前　言

本标准按照 GB/T 1.1—2009 给出的规则起草。

本标准由中国标准化研究院提出。

本标准由全国信用标准化技术工作组归口。

本标准主要起草单位：中国标准化研究院、国家开发银行、国家质检总局、北京信构信用管理有限公司、中国人民大学、北京安地企业信用评价有限责任公司、重庆市商务信用调查咨询中心。

本标准主要起草人：尹彦、钱玉民、戴莹、仇京健、胡志荣、孙毅、吴晶姝、李安渝、徐兵、宋黎、丁于思、李向华、高卿、韩爱红、刘田田。

信用主体标识规范

1 范围

本标准规定了信用主体中组织和自然人的标识构成及标识唯一性的确定。

本标准适用于信用调查、信用管理、信用监管及相关信用交易与服务。

2 规范性引用文件

下列文件对于本文件的应用是必不可少的。凡是注日期的引用文件，仅注日期的版本适用于本文件。凡是不注日期的引用文件，其最新版本(包括所有的修改单)适用于本文件。

GB/T 2260 中华人民共和国行政区划代码

GB/T 4754 国民经济行业分类与代码

GB 11643 公民身份号码

GB 11714 全国组织机构代码编制规则

GB/T 19001—2008 质量管理体系 要求

GB/T 22117—2008 信用 基本术语

3 术语和定义

GB/T 22117—2008、GB/T 19001—2008 中界定的及下列术语和定义适用于本文件。

3.1

信用主体 subject of credit

信用交易主体

参与信用交易的组织[机构]或自然人。

[GB/T 22117—2008，定义 2.1.2]

3.2

组织 orgnization

职责、权限和相互关系得到安排的一组人员及设施。

示例：公司、集团、商行、企事业单位、研究机构、慈善机构、代理商、社团或上述组织的部分或组合。

注 1：安排通常是有序的。

注 2：组织可以是公有的或私有的。

[GB/T 19001—2008，定义 3.3.1]

3.3

信用主体标识 credit subject identification

标明、识别信用主体的文字及符号。

3.4

信用主体标识码 credit subject identification code

用以命名、指示或定位信用主体的代码。

4 组织信用主体标识

4.1 组织信用主体标识的构成

由组织的信用主体标识码和组织名称构成。

4.2 组织信用主体标识码

4.2.1 组织信用主体标识码的结构

中国组织信用主体标识码由组织机构代码和参考码组成。

国外组织信用主体标识码以该国主管部门颁发的相关证件号码为准。

4.2.2 组织机构代码

组织机构代码，按照 GB 11714，由 8 位数字(或大写拉丁字母)本体码和 1 位数字(或大写拉丁字母)校验码组成。

4.2.3 参考码

参考码宜为有意义码，其意义和位数由各机构根据实际需要自行确定。

参考码可以是表示组织的经济类型的代码，如采用 GB/T 4754。

参考码可以是表示组织住所地的代码，如 GB/T 2260 或邮政编码等。

4.2.4 组织信用主体标识码表示方法

如需加参考码，为便于人工识别，应使用一个连字符“-”分割组织机构代码与参考码。机读时，连字符省略。

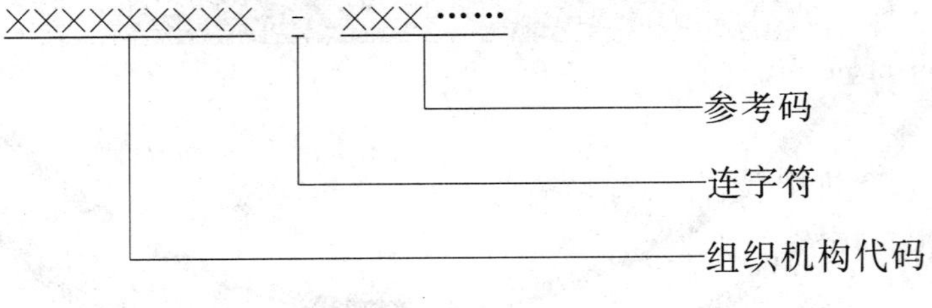

4.3 组织名称

组织名称采用国家或政府组织登记管理机关或批准机关核准注册登记的名称。

5 自然人信用主体标识

5.1 自然人信用主体标识的构成

由自然人的信用标识码和自然人的姓名构成。

5.2 自然人信用主体标识码

5.2.1 自然人信用主体标识码的结构

自然人信用主体标识码由国家和地区名称代码、类型代码、公民身份证号码或其他法定有效号码组成。

5.2.2 国家和地区名称代码

国家和地区名称用三种代码方式表示：两字符拉丁字母代码、三字符拉丁字母代码和阿拉伯数字代码。

5.2.3 代码类型

类型代码用两位字符表示公民身份证号码或其他法定有效号码。如表1所示。

表1 代码类型

代 码	类 型
10	公民身份证
20	军人身份有效证件
30	港澳居民来往内地通行证
40	台湾居民来往大陆通行证
50	护照
90	其他

5.2.4 公民身份证号码

中华人民共和国公民信用标识码为公民身份号码。对于没有公民身份号码的自然人，可以使用其他有效证件号码作为信用标识码，如军人身份有效证件号码、台胞证等。

非中华人民共和国公民以护照号码及中国政府认可的有效身份证件作为自然人信用标识码。

按照GB 11643规定公民身份号码是特征组号码，由17位数字本体码和1位数字校验码组成。

注：中华人民共和国居民身份证编码与公民身份号码为同一号码。

5.2.5 其他法定有效号码

国家授权政府主管机构颁发或认可的其他有效证件号码。如军人身份有效证件号码、港澳居民来往内地通行证号码、台湾居民来往大陆通行证号码、护照号码等。

军人身份有效证件号码采用中国人民解放军军(警)官证、文职干部证、士官证和士兵证等有效证件号码。

港澳居民来往内地通行证号码由公安部授权单位颁发的有效证件号码。

台湾居民来往大陆通行证号码由中华人民共和国出入境管理部门颁发的有效证件号码。

护照号码采用由中国政府认可的、给出入本国国境和到国外旅行或居留公民、证明该公民国籍和身份的有效证件号码。

5.2.6 自然人信用主体标识码表示方法

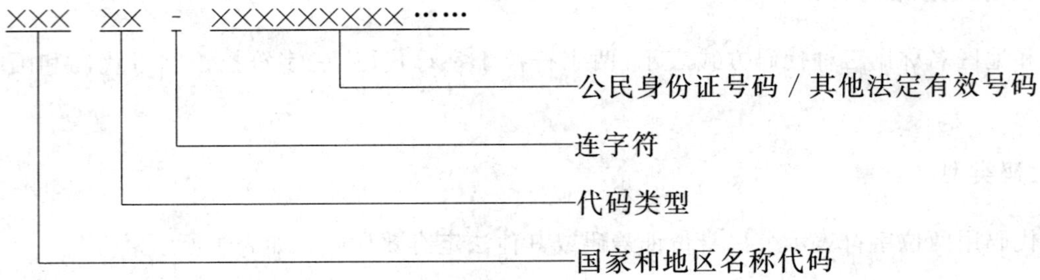

5.3 自然人的姓名

自然人的姓名采用有效证件上所确定的自然人姓氏和名字。

参 考 文 献

[1] GB/T 2659 世界各国和地区名称代码

ICS 35.040
A 24

中华人民共和国国家标准

GB/T 26820—2011

物流服务分类与编码

Classification and coding for logistics service

2011-07-29 发布

2011-12-01 实施

中华人民共和国国家质量监督检验检疫总局
中国国家标准化管理委员会 发布

前　言

本标准按照 GB/T 1.1—2009 给出的规则起草。

本标准由全国物流信息管理标准化技术委员会(SAC/TC 267)提出并归口。

本标准起草单位:中国物品编码中心、北京交通大学物流标准化研究所、北京网路畅想科技发展有限公司、中国外运股份有限公司。

本标准起草人:李素彩、张铎、杜景荣、张倩、王耀球、孙佐。

物流服务分类与编码

1 范围

本标准规定了物流服务的分类与编码原则，给出了物流服务分类代码。

本标准适用于物流服务及相关领域的信息处理和信息交换。

2 规范性引用文件

下列文件对于本文件的应用是必不可少的。凡是注日期的引用文件，仅注日期的版本适用于本文件。凡是不注日期的引用文件，其最新版本(包括所有的修改单)适用于本文件。

GB/T 18354—2006 物流术语

GB/T 24661.3—2009 第三方电子商务服务平台服务及服务等级划分规范 第3部分：现代物流服务平台

3 术语和定义

GB/T 18354—2006 确立的以及下列术语和定义适用于本文件。

3.1

物流服务 logistics service

为满足客户需求所实施的一系列物流活动过程及其产生的结果。

[GB/T 18354—2006，定义2.7]

3.2

物流服务项目 logistics service item

在物流活动过程中能够独立核算和收费的服务。

4 物流服务的分类

4.1 分类原则

物流服务分类原则应具有科学性、系统性、可扩展性、兼容性和综合实用性。

4.2 分类依据

4.2.1 类别

本标准将物流服务分为三个层次，即物流服务大类、物流服务小类、物流服务项目。

4.2.2 物流服务大类的划分

将物流服务按照物流服务的基本属性分为功能型、信息型、咨询型三大类。

功能型物流服务——物流企业所能提供的基本服务，主要依靠物流设施、设备、器具等硬件来完成，无论货物的性质、货主的地理位置，也无论服务模式而普遍存在。

信息型物流服务——物流企业依托技术手段、相关软硬件设施设备为物流服务需求方提供的物流信息服务。

咨询型物流服务——物流企业为需求方(政府或企业)提供的知识型服务,服务结果通常表现为研究报告和解决方案的形式。

4.2.3 物流服务小类的划分

根据物流服务大类的定义和包含的内容分成相应的物流服务小类:

a) 功能型物流服务按照物流定义的基本功能分为仓储服务、运输服务、配送服务、装卸搬运服务、包装服务、流通加工服务。

b) 信息型物流服务按提供服务的工具分为基本信息服务、信息系统服务和信息平台服务。

c) 咨询型物流服务按照咨询内容分为市场调研、物流规划、方案设计、教育培训。

4.2.4 物流服务项目的划分

物流服务项目是相应物流服务小类所涵盖的具体项目。

5 物流服务的编码

5.1 编码原则

本标准根据已完成的物流服务分类进行编码,应遵循以下原则:唯一性、合理性、可扩充性、简明性、适用性、规范性。

5.2 代码结构

5.2.1 编码规则

本标准的代码结构按物流服务所处的层次分为3层6位:物流服务大类由1位数字表示;物流服务小类由2位数字表示;物流服务项目由3位数字表示。具体结构如图1所示。

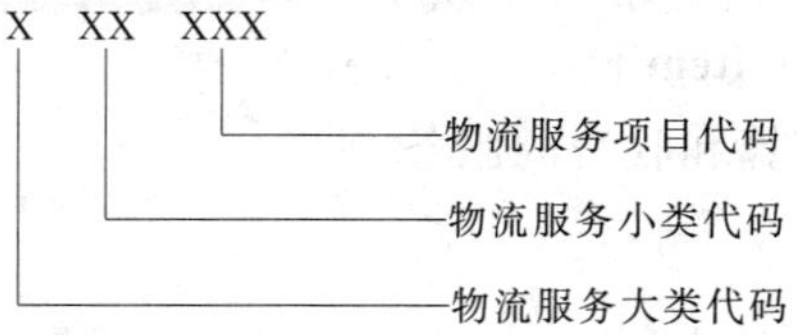

图1 物流服务分类代码结构示意图

5.2.2 物流服务大类的编码规则

第一层的物流服务大类用1位阿拉伯数字表示,其代码见表1。

表1 物流服务分类大类代码表

代码	大类名称	代码	大类名称
1	功能型	2	信息型
3	咨询型		

5.2.3 物流服务小类、物流服务项目的编码规则

第二层由2位阿拉伯数字表示,代码从01开始,按升序排列,最多编至99;第三层以3位阿拉伯数

字表示，代码从001开始，按升序排列，最多编至999。

6 物流服务分类与代码表

表2 物流服务分类与代码表

代码	服务大类	服务小类	服务项目	备注
1	功能型物流服务			
101		仓储服务		
101001			存储保管	
101002			验收检测	
101003			出入库服务	
101004			库存管理与控制	定期提供库存报告和库存控制方案
101005			转让过户	货物仍在仓库内，但所有权发生转移并经由仓库确认登记
101006			存货质押监管	为银行质押提供的监管服务
101999			其他	
102		运输服务		
102001			铁路运输	
102002			公路运输	
102003			水路运输	
102004			航空运输	
102005			管道运输	
102006			多式联运	
102999			其他	
103		配送服务		
103001			门到门服务	
103002			快递	
103003			集拼处理	将上游分散的或小批量的物品集中起来
103004			组配调度	对发出的货物按种类、流向、客户进行分组和调配车辆
103999			其他	
104		装卸搬运服务		
104001			码垛拆垛	
104002			装卸服务	
104003			搬运服务	
104999			其他	
105		包装服务		

表 2（续）

代码	服务大类	服务小类	服务项目	备　　注
105001			组合拼配	根据货物的流向和特点，对货物进行组合、拼配的包装
105002			加固捆扎	
105003			更换包装	将货物的包装更换为适合当前流通环节的包装
105999			其他	
106		流通加工服务		
106001			粘贴标签	
106002			制作并粘贴条码	
106003			辅助加工	对生产过程进行补充，如生产延迟
106999			其他	
2	信息型物流服务			
201		基本信息服务		
201001			信息发布	
201002			信息查询	客户通过电话、传真等方式查询所需的货物信息、商业信息
201003			信息处理	电子数据交换
201004			消息服务	物流服务提供商主动向客户定时的汇报信息，如短信形式
201005			货物跟踪	
201006			业务监控	
201999			其他	
202		物流信息系统		
202001			仓储管理系统	
202002			运输管理系统	
202003			配送管理系统	
202004			货运代理管理系统	
202005			报关报检管理系统	
202999			其他	
203		信息平台服务		引自 GB/T 24661.3—2009《第三方电子商务服务平台服务及服务等级划分规范　第 3 部分：现代物流服务平台》
203001			技术服务	为服务对象提供的网络基础设施和技术支持，以及基于网络的信息处理、数据托管和应用系统等信息技术（IT）外包服务

表 2（续）

代码	服务大类	服务小类	服务项目	备　　注
203002			信息服务	为服务对象提供相关企业、产品、服务相关信息的采集、加工处理、发布等方面的服务
203003			交易服务	为服务对象提供实现供需双方交易或供需双方委托交易时的服务
203004			物流业务服务	为服务对象提供产品运输、储存、装卸、配送等物流基本功能服务
203005			用户服务	
203999			其他	
3	咨询型物流服务			
301		市场调研		
301001			市场容量和结构调查	
301002			营销与物流策略调查	
301003			用户满意度调查	
301999			其他	
302		物流规划		既可以针对企业级，也可以针对区域级
302001			战略规划	物流总体发展战略、阶段性实施计划、各部门的战略规划
302002			物流系统规划	对物流系统进行整体或局部规划，如仓储和运输系统规划
302003			设施设备规划	设施设备的选型
302004			物流园区规划	对物流园区建设进行系统规划
302999			其他	
303		方案设计		
303001			物流外包方案设计	
303002			物流信息化方案设计	
303003			物流营销方案设计	
303004			定制化物流方案设计	
303005			业务流程优化	
303006			组织结构优化	
303999			其他	
304		教育培训		
304001			普及培训	
304002			专业培训	针对具体的公司或项目进行的培训
304999			其他	

ICS 35.040
A 24

中华人民共和国国家标准

GB/T 26821—2011

物流管理信息系统功能与设计要求

Functions and design requirements of logistics management information system

2011-07-29 发布　　2011-12-01 实施

中华人民共和国国家质量监督检验检疫总局
中国国家标准化管理委员会　发布

前　言

本标准按 GB/T 1.1—2009《标准化工作导则　第 1 部分：标准的结构和编写》有关规定编写。

本标准由全国物流信息管理标准化技术委员会(SAC/TC 267)提出并归口。

本标准起草单位：中国物品编码中心、山东省标准化研究院、山东省射频识别应用工程技术研究中心有限公司、青岛开发区物流商会。

本标准起草人：李素彩、钱恒、刘丽梅、苏冠群、李娟、杜景荣、杨明、龚成洁。

物流管理信息系统功能与设计要求

1 范围

本标准规定了物流管理信息系统的功能构成和设计要求。

本标准适用于物流管理信息系统的设计。

2 规范性引用文件

下列文件对于本文件的应用是必不可少的。凡是注日期的引用文件,仅注日期的版本适用于本文件。凡是不注日期的引用文件,其最新版本(包括所有的修改单)适用于本文件。

GB/T 7027 信息分类和编码的基本原则与方法

GB/T 8567 计算机软件文档编制规范

GB/T 11457 信息技术 软件工程术语

GB/T 16680 软件文档管理指南

GB/T 16833—2002 用于行政、商业和运输业电子数据交换的代码表

GB 17859 计算机信息系统 安全保护等级划分准则

GB/T 18354—2006 物流术语

GB/T 19256.8—2009 基于XML的电子商务 第8部分:报文设计规则

GB/T 19947—2005 运输指示报文XML格式

GB/T 19948—2005 运输计划及实施信息报文XML格式

GB/T 20525—2006 运输设备堆存报告报文XML格式

GB/T 20526—2006 运输设备进场/出场报告报文XML格式

GB/T 20534—2006 基于XML的运输工具到达通知报文

GB/T 20535—2006 基于XML的运输工具驶离通知报文

GB/T 20536—2006 基于XML的托运通知报文

GB/T 20537—2006 基于XML的海运提单报文

JT/T 656—2006 基于XML的货物装卸和搬移报告报文

JT/T 725—2008 集装箱多式联运电子数据交换 基于XML的装/卸报告报文

JT/T 726—2008 集装箱多式联运电子数据交换 基于XML的舱单报文

3 术语和定义

GB/T 18354—2006和GB/T 11457界定的以及下列术语和定义适用于本文件。

3.1

物流管理信息系统 logistics management information system

由计算机软硬件、网络通信设备及其他办公设备组成的,服务于物流作业、管理、决策等方面的应用系统。

[GB/T 18354—2006,4.36]

4 物流管理信息系统基本功能

4.1 概述

物流管理信息系统功能模块由客户服务管理、作业管理、综合管理、决策管理四部分构成，不同物流企业可根据自身业务需求选择或增加模块及其子模块。

4.2 客户服务管理功能

客户服务管理可满足客户了解公司业务、开展客户服务（客户信息查询、投诉建议）和商务（洽谈、下单）。

4.3 作业管理功能

4.3.1 功能类型

作业管理功能包括仓储管理、运输管理、配送管理、货运代理管理、报关报检管理等功能，物流企业可通过构建用于作业管理的信息系统实现相应作业管理功能。

4.3.2 仓储管理

4.3.2.1 基础信息管理

仓储规划、货物信息、货主信息、储位信息、仓期信息、货物存放规则、出入库规则、仓租收费标准等基础信息的维护管理。

4.3.2.2 入库管理

入库管理应包括以下基本功能：

——客户单据导入；

——货物信息录入及入库单的生成；

——货物验收、储位确定及上架管理；

——不合格货物不予入库，生成退货单。

4.3.2.3 库存管理

库存管理实现货物盘点、补货、移库等作业的管理，应包括以下基本功能：

——库存调整、移动及原因维护、移库单生成；

——库存状态及属性的变更、货权的转移，中转单或过户单生成；

——自动补货管理；

——按货品、货位和批次进行质量维护；

——按货主、货位等进行库存盘点；

——货物存储、库存的预警。

4.3.2.4 出库管理

出库管理应包括以下基本功能：

——根据开箱加工单进行货品组装、包装管理；

——根据发货单上的生产日期、保质期、批号、货主订单号等进行分拣管理；

——出库单的生成。

4.3.2.5 单证管理

实现对收货单、入库单、中转单、过户单、发货单、移库单、出库单、开箱加工单、退货单等单证的管理。

4.3.3 运输管理

4.3.3.1 基础信息管理

基础信息管理应包括以下基本功能：

——运输工具信息管理：自有和协同运输工具的状况、种类、承载能力等信息的管理；
——客户信息管理：客户基本信息、客户信用信息、运输合同与报价等信息管理；
——货物信息管理：货物信息的录入、查询和更改，包括货物的编号、数量、规格、价值金额、运输时间要求等；
——路线信息管理：路线里程、种类、起止点、途经地、运行周期、路桥收费情况、结算等信息的录入、修改等；
——单证管理：派车单、运输单管理等。

4.3.3.2 运输调度和配载管理

根据货物、客户、运输工具等信息，进行物品分析和配载计算，确定最佳的货物运输工具、运输方式和运输路线。

4.3.3.3 运输跟踪管理

运输跟踪管理是物流运输管理的重要管理功能之一，应包括以下基本功能：

——利用全球定位系统 GPS(Global Positioning System)、地理信息系统 GIS(Geographic Information System)、射频识别 RFID(Radio Frequency Identification)技术、条码自动识别技术等，具备对路径和节点的管理能力，实现对车辆和货物的实时监控；
——通过查看运输单的执行状态，有效跟踪货物的在途状况，为客户提供实时的状态信息反馈。

4.3.3.4 运输成本及绩效管理

对成本类型、成本设定账期、车辆动态和静态成本，以及车辆出车信息、客户投诉反馈信息、货物损坏赔偿率、人员出勤、配送准点率、客户满意度等的管理，实现对成本和绩效的控制。

4.3.4 配送管理

4.3.4.1 订单管理

实行订单集中化管理，接受各类客户配送请求，实现订单信息的录入、审核及拆分、合并等。

4.3.4.2 配送计划管理

配送计划管理应实现以下功能：

——根据客户货物的重量、体积和时间要求等信息，给出最优的配送计划；
——客户路线设置与优化：以实现配送路径最短、配送时间最少、配送成本最低等目标为基础，进行配送线路的优化管理。

4.3.4.3 选货组配

根据货物的货位或客户的要求制定选货计划，并将选出的货物按不同属性、客户、体积等进行组配。

4.3.4.4 单据管理

单据管理应包括以下功能：
——根据配送计划和选货组配情况，确定、生成送货路单；
——配送回单管理。

4.3.5 货运代理管理

4.3.5.1 基本信息管理

基本信息管理应包括以下功能：
——车次/船次/航班信息、提单信息、人员信息等信息管理；
——对标准代码的维护管理，如客户、国家、港口、运输方式、运输条款、币种、付款方式、包装类型、费用代码、货物类型、航线以及集装箱信息、折扣定义等基本信息；
——客户信息、联系人信息、发货人信息、收货人信息、通知人信息、签章信息等管理。

4.3.5.2 业务接单管理

货运委托书、提单、整箱装箱单、拼箱装箱单、报关单、海关单据、客户装箱单、代理提单、客户发票、费用单等的生成与维护。

4.3.5.3 业务操作管理

向运输公司订舱管理、委托派车(通知派车、装货、提交柜、签收)、委托报关(通知报关、报关确认)、委托仓储(通知入仓——收货确认——库存报告)，并自动生成各种单证(委托派车单、委托报关单、装货通知单、提单等)。

4.3.5.4 电子数据交换管理

宜具有电子数据交换功能，从而实现与船公司、海关等合作公司的数据交换。

4.3.6 报关报检管理

4.3.6.1 进出口报检管理

对出口报检的委托信息、报检单号和制单号、货物信息、报检类别、费用等进行管理。

4.3.6.2 进出口报关管理

进出口报关管理宜实现以下功能：
——对进出口报关的委托信息、报关单和核销单等单据、报关类型、操作状态、费用等的维护管理；
——报关状态的查询。

4.3.6.3 转关业务管理

针对客户各类型转关业务(直通、直转、转关等)进行综合管理作业，包括对禁止转运物品的自动警报提示功能、监管车辆海关登记及封号登记作业、大型物件申请管理等。

4.3.6.4 报关工作预警

报关工作预警宜包括以下功能：
——保函保金到期、报关放行状态、商检、开票、退税等各类工作情况预警；

——查验收费、连单费等费用的预警，防止操作人员的误操作及工作中发生费用遗漏等现象。

4.3.6.5 单证管理模块

单证管理应包括以下功能：

——核销单、报关单、手册等相关单据的跟踪、管理；

——应收款项的监控、对应结算的查询等。

4.4 综合管理功能

4.4.1 合同管理

合同管理应包括以下功能：

——对合同编号，合同名称，签署合同各方单位名称、联系地址、联系人、联系方式等相关信息，合同起止时间信息、结算方式、合同金额、合同内容等合同信息的管理；

——合同进展情况及出现的问题、解决方法等合同执行情况的管理；

——合同文件的导入和编辑等其他功能。

4.4.2 客户关系管理

客户管理应包括以下功能：

——客户通讯信息管理：联系人名称、单位名称、职务、地址、联系电话、电子邮件、客户类别等信息；

——客户信息查询：支持以联系人、单位名称等单独查询或组合查询；

——客户状况：客户业务状况、客户意向等；

——其他功能，包括重要信息提示、邮件群发等。

4.4.3 结算管理

结算管理功能辅助仓储管理、运输管理、配送管理、货运代理管理、报关报检管理等业务管理环节实现费用结算功能，宜包括以下功能：

——仓储费用管理：仓储费用计算、收款、付款、预付款、代收款、应收应付账款等管理；

——运输费用管理：运输费用计算、支付等管理；

——配送费用管理：计费方式、应收应付、发票、对账单、收/付款、财务核销等管理；

——货运代理费用管理：对应收/应付账、对账单和发票、结算单（收/付款）、财务核销的管理，发票的生成、打印等管理；

——报关报检费用管理：按海关、出入境检验检疫部门以及不同业务、不同口岸等建立不同的收/付费标准管理、业务往来款项、费用核销结算；

——扩展功能管理：代收货款、到付、预付款等财务结算管理。

4.4.4 办公管理

可实现相关文件的流转和处理。

4.5 决策管理功能

4.5.1 统计报表管理

统计报表管理功能应辅助仓储管理、运输管理、配送管理、货运代理管理、报关报检管理等基本业务管理功能模块实现对相关数据的汇总分析，应包括以下功能：

——仓储统计报表：盘点损益月报表/季报表/年报表，货物类别库存汇总报表、库存明细表等；

——运输统计报表：货运清单报表、运费清单等；
——配送统计报表：订单汇总表、送货路单等；
——货运代理统计报表：客户箱单列表、代理费用清单列表等；
——报关报检统计报表：报关清单、核销清单等。

统计报表功能可辅助合同管理、客户管理、结算管理等功能模块实现各种统计报表，宜包括以下功能：
——合同统计报表：合同签订清单、合同执行情况表等；
——客户统计报表：客户历史交易统计表、客户投诉及意见反馈统计表等；
——结算统计报表：费用分类统计报表、费率设定清单等。

4.5.2 决策支持

物流管理信息系统宜扩展决策支持功能辅助企业决策。该功能通过采集作业管理信息系统的各种有效信息及统计报表信息，运用数据仓库技术、运筹学模型线性规划等分析法，对业务、财务等数据进行多角度、立体的综合分析，实现市场预测分析、运输路线优化、配送中心地点分布优化、优化配载、运输工具调度，仓储库存优化决策支持，效益分析等功能。

5 物流管理信息系统设计要求

5.1 设计原则

5.1.1 适用性

应满足物流企业实际物流管理的信息化需求。

5.1.2 可靠性

可靠性应包括：
——系统应具有较好的容错能力，防止因意外的操作给系统造成严重损失；
——系统应具备一定的业务操作稳定的性能。

5.1.3 经济性

应以成本效益最优为原则，尽可能减少物流企业的建设、运营和维护成本，以最小投入获取最大效益。

5.1.4 可扩展性

应可根据企业应用与业务的扩展进行系统的扩展，可保证在外界要求发生变化时，以较小的代价完成系统调整。

5.1.5 安全性

应保证系统运行环境的安全性，最大限度的避免外部攻击带来的安全问题。

5.1.6 标准一致性

应符合现有物流信息管理相关国家标准。

5.2 设计要求

5.2.1 设计方法要求

物流管理信息系统可采用结构化生命周期法、面向对象法、原型法等设计方法，并宜利用统一建模语言 UML(Unified Modeling Language)辅助系统设计。

5.2.2 系统架构设计要求

物流管理信息系统架构设计宜采用面向服务架构 SOA(Service—Oriented Architecture)的方法，采用 B/S(Browser/Server)架构、C/S(Client/Server)架构或 B/S、C/S 混合架构实现。

5.2.3 代码设计要求

物流管理信息系统的代码设计应遵循规范化、系统化、唯一性、可扩充性、避免错误的原则，并应参考相关国家标准。

5.2.4 数据存储设计要求

数据存储设计包括文件设计、数据定义、数据库设计等，应根据计算机的硬件要求、网络环境和物流管理信息系统的应用要求进行设计：

——文件设计应根据文件的使用要求、处理方式、存储容量、数据的特性及硬件设备的条件等因素，确定文件的类别，选择文件介质，决定文件的组织方式和存取方式。

——数据定义应对数据元定义、数据结构定义、代码表定义进行标准规范，统一数据字典和数据结构。对于储位、货品等数据元的编码应参照 GB/T 7027。

——数据库设计应根据数据库的性能、安全保密性能、数据类型等因素对数据库进行概念结构设计、逻辑结构设计和物理结构设计。

5.2.5 数据交换设计要求

数据格式统一、规范，代码和报文应符合 GB/T 16833—2002、GB/T 19947—2005、GB/T 19948—2005、GB/T 20525—2006、GB/T 20526—2006、GB/T 20534—2006、GB/T 20535—2006、GB/T 20536—2006、GB/T 20537—2006、GB/T 19256.8—2009、JT/T 656—2006、JT/T 725—2008、JT/T 726—2008 的规定。

5.2.6 数据输出设计要求

物流管理信息系统应设计文档、单据、报表等的显示、导出、打印等功能。

5.2.7 安全性设计要求

物流管理信息系统应满足软件系统设计、开发的有关安全技术规定，具备完善的安全保护措施，确保系统的网络安全和数据安全，可根据需要参照 GB 17859 的有关条款设定安全保护等级。

5.2.8 系统运行环境设计要求

物流管理信息系统运行环境方案应根据处理能力、可靠性、响应速度、系统结构、区域范围、数据管理方式等因素进行设计，主要包括计算机硬件选择、计算机网络选择等内容。

计算机硬件应根据物流管理信息系统的数据处理方式和系统的架构来选择，宜选用易升级的计算机、服务器、交换机等硬件设备。

计算机网络环境应根据网络拓扑结构、网络的逻辑设计、网络操作系统等因素进行选择，宜选用网络速度快、安全性高、可靠性高的计算机网络架构。

5.2.9 文档要求

系统开发过程中，应根据 GB/T 8567、GB/T 16680 的规定，编写系统开发文档，保证系统开发的完整性和改进的可持续性。

参 考 文 献

［1］ GB/T 7407—2008 中国及世界主要海运贸易港口代码
［2］ GB 11714—1997 全国组织机构代码编制规则
［3］ GB 12904—2008 商品条码 零售商品编码与条码表示
［4］ GB/T 15419—2008 国际集装箱货运交接方式代码
［5］ GB/T 15420—1994 国际航运货物装卸费用和船舶租赁方式条款代码
［6］ GB/T 15421—2008 国际贸易方式代码
［7］ GB/T 15514—2008 中华人民共和国口岸及相关地点代码
［8］ GB/T 16158—1996 内河船舶分类与代码
［9］ GB/T 16300—1996 民用航空业信息分类与代码
［10］ GB/T 16828—2007 商品条码 参与方位置编码与条码表示
［11］ GB/T 16830—2008 商品条码 储运包装商品编码与条码表示
［12］ GB/T 17295—2008 国际贸易计量单位代码
［13］ GB/T 18127—2009 商品条码 物流单元编码与条码表示
［14］ GB/T 19251—2003 贸易项目的编码与符号表示导则
［15］ GB/T 18283—2008 商品条码 店内条码
［16］ GB/T 18366—2001 国际贸易运输船舶名称与代码编制原则
［17］ GB/T 20538—2006 基于 XML 的电子商务业务数据和过程
［18］ GB/T 23830—2009 物流管理信息系统应用开发指南
［19］ GB/T 23831—2009 物流信息分类与代码
［20］ GB/T 23832—2009 商品条码 服务关系编码与条码表示
［21］ GB/T 23833—2009 商品条码 资产编码与条码表示

ICS 37.080
A 14

中华人民共和国国家标准化指导性技术文件

GB/Z 26822—2011/ISO/TR 15801:2009

文档管理 电子信息存储 真实性可靠性建议

Document management—Information stored electronically—Recommendations for trustworthiness and reliability

(ISO/TR 15801:2009,IDT)

2011-07-29 发布 2011-12-01 实施

中华人民共和国国家质量监督检验检疫总局
中国国家标准化管理委员会 发布

前　言

本指导性技术文件按照GB/T 1.1—2009给出的规则起草。

本指导性技术文件等同采用ISO/TR 15801:2009《文档管理　电子信息存储　真实性可靠性建议》(英文版)。

本指导性技术文件与国际标准ISO/TR 15801:2009在技术内容上相同，但做了以下编辑性修改：

——用小数点符号“.”代替符号“,”；

——编写本标准化指导性技术文件的前言；

——删除ISO/TR 15801:2009的目次，编写本标准化指导性技术文件目次。

本文件的某些内容可能涉及专利。本文件的发布机构不承担识别这些专利的责任。

本指导性技术文件由全国文献影像技术标准化技术委员会(SAC/TC 86)提出并归口。

本指导性技术文件负责起草单位：全国文献影像技术标准化技术委员会七分会。

本指导性技术文件主要起草人：张美芳、樊慧丽、董立康。

引　言

本指导性技术文件推荐了以电子形式存储业务信息或其他信息的方法。针对这一点，即使已存储信息的真实性未受到质疑，遵照本指导性技术文件推荐的方法，对组织机构而言也是非常有价值的。

以数字形式存储的信息有很多来源。本指导性技术文件囊括信息的各种数字形式，包括从传统的扫描图像、Word文档和电子表格到更为现代化一些的电子邮件、网页、即时信息、CAD制图文件、博客、维基等。

使用本指导性技术文件的用户，要意识到仅仅实施此推荐性建议并不能保证信息的凭证作用得到认可。在法庭上利用电子信息时，建议本指导性技术文件的实施者寻求法律建议以确保其严格符合相关法律要求。

本指导性技术文件介绍的一些方法在任何时候都可以证明，产生或存在于计算机系统中的特定电子文件的内容从它在系统中产生或被导入系统后就没有发生改变。

无论电子信息的格式如何，只要是存储于可信系统的信息就可以确保以持续稳定的方式复制原始信息，而没有发生任何改变。

可以合法地产生其他信息版本，比如合同的修订版。在这种情况下，新的版本就按新的电子文件对待。在工作流环境中对一份文档进行较大修改时，该原则同样适用。

文档管理系统可以以电子形式存储文档和记录(与ISO 15489-1中定义相同)。本指导性技术文件描述了以电子形式存储各种信息的可靠方式。当存储记录时，本指导性技术文件中的一些要求可以与ISO 15489-1中的要求结合使用，以确保本指导性技术文件所描述的政策和程序与ISO 15489-1中的具体规定共同发挥作用。

建议各单位在使用本指导性技术文件时要结合其他规范，特别要结合各自司法范围内与政府和法律要求相关的文件。

文档管理 电子信息存储 真实性可靠性建议

1 范围

本指导性技术文件规定了用于确保所存储电子信息真实可靠性文档管理系统的实施和操作。

本指导性技术文件适用于任何使用文档管理系统来存储不断产生的真实的、可靠的、可用的(可读的)电子信息的机构。此类系统将集成政策、程序、技术和审核跟踪等需求,以确保电子信息存储过程中的完整性。

本指导性技术文件虽然没有涉及信息被存储或者输入系统之前对其真实性进行评估的过程,但是它能够用来证明一旦信息被存储到系统中,那么从系统输出的信息将是对原件真实而准确的复制。

如无其他说明,本指导性技术文件中提到的"系统"一词宜理解为正在复审中的可信文档管理系统。

2 术语和定义

GB/T 20225—2006 界定的以及下列术语和定义适用于本指导性技术文件。

2.1

信息类型 information type

相关文档的组合。

注:在具体应用中,"组合"等同于"集合"、"文件"、"馆藏"或者相似的术语。

示例:票据、商业文档、数据单、信函等。

2.2

可信系统 trusted system

〈文档管理〉以一种准确、可靠和可用的(可读的)方式存储电子信息且确保其长期完整的系统。

3 文档管理政策

3.1 通则

信息是任何一个组织机构所拥有的最重要的资产之一。一个组织机构做任何工作都会在一定程度上涉及信息的利用。信息的数量非常大,而且显示和存储信息的方式也有很多。信息的使用价值以及在组织机构内部或者组织机构之间应用和传输信息的方式能够决定这些组织机构的成功或失败。

信息就像其他物质资产一样需要有效的分类、构建、验证、评估、保护、监控、测量和管理。

本章描述了组织机构的信息管理政策。除此之外,针对不同文档级别,本章针对如何确保存储在可信文档管理系统中信息的可靠性、准确性和真实性这一问题,提供了操作指南。本指导性技术文件的应用将进一步证明文档管理是正常业务活动的一部分。

当系统中存储的信息能够作为任何法律或者业务活动中的证据时,宜咨询法律顾问(见 4.4)以确保符合相关法律或者法规要求。由于不同国家(有时同一国家内)的法律法规有所不同,所得到的法律建议宜考虑到所有相关的司法规定。

3.2 文档管理政策文档

3.2.1 内容

宜制定一份文档管理政策文档(简称政策文档)来记录一个组织机构关于信息管理与信息存储的政策,该文档同样适用于可信文档管理系统。

该政策文档宜包括以下部分:

——所包含信息的详细说明(见3.2.2);

——关于存储介质的政策说明(见3.2.3);

——关于电子文件格式和版本控制的政策说明(见3.2.4);

——关于相关文档管理标准的政策说明(见3.2.5);

——保留或销毁政策的界定(见3.2.6);

——文档管理功能的职责界定(见3.2.7);

——监督政策执行的职责界定(见3.2.8)。

政策文档宜得到组织机构的上级管理部门的批准,而且宜定期复审。

保证信息保管期限表的一致和实施对于本指导性技术文件是至关重要的。在本指导性技术文件中,凡提及政策文档之处,也宜提及保管期限表。

3.2.2 信息的范围

为了制定组织机构的文档管理政策,宜把信息划分为不同的类型,针对同一类型的所有信息的政策宜一致。比如:信息类型既可以根据用途(如财务项目、票据、客户地址列表)进行分类,根据所结合的具体业务活动流程(如应用,投诉,更新),也可能根据普通类型(如会计资料,客户文档,生产文档)进行分类。

起草政策文档时,可能需要对一些特殊的信息进行重新分组,以确保同一种信息类型内政策的一致性。

政策文档宜列出欲存储信息的所有类型,也宜将所有符合政策而生成的各种文档都归入同一种信息类型。

3.2.3 存储介质

不同的存储介质具有不同的长期存储特性。大多数的组织机构将信息存储在不同的介质上,如:纸、缩微胶片、电子介质(一次写入、可重写(可擦除)式)或者光学介质(一次写入、可重写(可擦除)式)。在一些应用中,某些特定信息可能在其保管期限内的不同时间存储在不同的介质上。

组织机构宜制定一些政策,针对不同的信息存储要求(如存取要求、保存时间、安全要求)使用不同类型的介质。宜在本政策文档中对这些政策加以详细说明。

对每一类信息存储介质的类型(见3.2.2)都宜加以详细说明。

当电子信息存在复制件时,证明该复制件不带有任何改变也许显得十分重要。按照本指导性文件,当电子信息存在多个不同版本时,宜将每个版本都视为一个新的源文件或原件。

宜在该政策文档中对关于电子文件复制件的管理政策加以详细说明。

3.2.4 数据文件格式和压缩

政策文档宜对已被认可的、可能用于每一种信息类型的数据文件格式进行详细说明。

存储在计算机系统中的所有信息都需要使用软件来检索和显示。新版本的发行,操作系统和(或)硬件的变化,都可能导致软件发生改变。通过采用被认可的数据文件格式和压缩技术(已应用的),就可以成功地实现必要的数据迁移或采用其他措施来保证存储信息的长期检索。

政策文档中宜记录可使用的压缩技术。

当一份文档有多个版本时，需要相应的政策以确保保存所有相关的版本，并且保持它们之间的联系。政策文档宜包含文档不同版本存储政策的详细内容。

更多的信息请见5.5.2，5.10，6.10和7.2.3。

3.2.5 文档管理的相关标准

如果一个组织机构应用了质量管理体系（比如GB/T 19000—2008系列），而该体系的文档范围包括文档管理系统的部分或者全部，那么所有相关程序文档都宜包含在质量体系中。

如果国家或者国际的法规要求具有强制性，或者适用于国家或国际标准时，宜遵守这些法规和标准。

3.2.6 保管和处置期限表

针对每种信息类型都宜建立相应的保管期限表。

组织机构内的相关部门和人员宜对保管期限达成一致意见。

在采取相关建议以确保法律和法规问题得以解决的基础上，使保管期限达成一致。

保管期限表宜涵盖产生的所有相关的系统和程序性文档。

保管期限表中宜包括组织机构的定期复审政策。

保管期限表宜包括组织机构关于信息受控销毁政策。

3.2.7 文档管理的职责

在政策文档中宜明确界定个人责任或工作职责。

政策文档中宜明确界定和包含针对每一种信息类型的个人责任或工作职责。

个人责任或工作职责宜包括在创建或更新政策文档时寻求相关的建议。

3.2.8 政策的遵循

能够证明与政策文档的一致是非常重要的，宜明确并界定实现和保持这种一致性的个人职责或工作职责。

4 保管职责

4.1 通则

4.1.1 可信系统

一个可信文档管理系统是指无论原始信息的格式怎样，该系统能够确保存储的电子信息是原始信息真实和准确的复制。一个可信文档管理系统至少宜包含以下几个方面：

——至少在介质上产生一份拷贝，防止信息在生命周期内被修改、不当添加或者删除。该拷贝件需要保存在一个安全的地方，并与其他复制件分开保存；

——使用硬件和存储介质来防止在信息生命周期内被修改、不当添加或者删除信息；

——通过对软件、硬件和(或)存储介质的单独审核以确定存储的原始信息在生命周期内准确提交。

可信文档管理系统利用一系列组织政策、操作程序以及本指导性技术文件中提到适当安装和管理的技术，这些技术能够使组织证明真实性和可靠性。

4.1.2 控制措施

组织机构意识到设计和维护可信文档管理系统各个方面的重要性，并在保管原则下履行其职责，这两点是至关重要的。

为了达到这个目标，组织机构需要做到：

——建立责任体系，并在电子信息管理活动的各个层面分配责任；

——了解与其业务息息相关的立法和监管机构；

——与相应的团体和组织机构保持联系，以确保与技术、业务程序、制度和立法的同步发展；

——实施信息安全政策。

4.1.3 角色分工

角色分工是管理职责的基本组成部分。它能够检查文件中的错误和蓄意篡改(在这方面，职能分工在一些存在欺诈或其他恶意行为风险的系统中尤为重要)。

文档管理中以下几个方面需要考虑角色的划分：

——对输入数据的整合(见5.4.3)；

——质量控制(见5.4.6)；

——数据输入(见5.6)；

——信息删除(见5.11)；

——信息安全(见4.2)。

确保围绕系统而存在的物理层面和管理层面的角色分工能够通过系统内部设置合理的访问控制环节来体现，这一点也是非常重要的。

宜适时检查和实施原始操作与后期检查之间的角色分工。

4.2 信息安全管理

4.2.1 信息安全政策

所有信息，不管存储在什么载体上，很容易遭到无意或有意丢失或改变。为了保护存储的电子信息，需要采取和实施安全措施以减少电子信息真实性受到破坏的危险。这些安全措施需适用于其所使用的各种信息类型。

在传统意义上，信息安全就是要保密，以确保在本组织机构规定范围外无法获取信息。虽然这对一个组织机构的运行来说很重要(在一些情况下还是至关重要的)，但就本指导性技术文件而言，这却不是最重要的安全问题。

信息安全政策的关键目标是确保存储信息的完整性。在制定信息安全措施的时候，有必要对信息完整性受到威胁的风险与实施这些安全措施的成本进行比较。安全措施需要包括对存储信息的备份和其他拷贝，因为当用它们代替正在使用的数据时，这些备份和拷贝的完整性就非常重要。

可获得性也是非常重要的。在某些情况下，有必要说明关于某一特定主题的所有信息都能够随时获取以备检查。在这种类型中，比如索引的准确性和业务连续性计划是关键。

安全不单是计算机系统要面临的问题。实施环境(包括建筑、温度控制、网络连接等)的安全性和可获得性以及所有程序的审核跟踪都是关键因素。

一个组织机构宜采取囊括文档管理系统所有方面的信息安全政策。

如果一个组织机构拥有针对其他系统的信息安全政策，那么可信文档管理系统宜包括在其范围内。

信息安全政策文档至少宜包含以下几方面内容：

——政策范围；

——关于安全性的管理目标的说明；

——详细的政策说明；

——不同信息分类种类的要求；

——信息安全责任的划分；

——违反安全性的处理政策；

——与相关标准一致的政策。

信息安全政策文档宜得到上级管理部门的批准,并且有相应的证明文档。

为了与信息安全政策文档保持一致,一个组织机构宜商定和记录管理信息的安全级别。

宜考虑与 ISO 27001 保持一致。针对可靠的文档管理系统,要保证与 ISO 27001 一致,宜考虑本指导性技术文件的功能需求。

4.2.2 风险评估

安全措施常常是运用专门方法来实施,以应对安全事故或可用的计算机软件工具。这样的方法经常会留下安全隐患,而这些隐患只能在事后进行弥补。一个更具建设性的方法就是检查组织机构的信息资产,并且指明风险因素(以资产价值、系统的易损性、被攻击的可能性为基础)。在此基础上,信息安全政策才能够出台并获得认可,才能够审核违背信息安全政策的措施。

组织机构宜进行信息安全风险分析,并记录分析结果。

用于控制信息存储介质(包括正在使用的介质和备份介质)的安全措施特别重要。风险的分析需要包括正在使用的对应不同介质类型(如一次写入或可擦写的介质)的风险因素分析。

如果使用不同的存储介质,宜评估它们对风险分析结果的影响。

一旦风险分析完成,它宜作为检查信息安全措施的部分内容,在这个分析的过程中需要平衡实施成本和安全效果,并且考虑风险的评估等因素。

基于风险分析,为了保证安全措施的效果,宜对已有的安全措施进行检查。

如果检查结果表明对安全程序的改变是合适的,就可以采纳。

4.2.3 信息安全的基础结构

宜建立一个管理体系来实施和控制组织机构内部的信息安全措施。该体系的目标包括以下几个方面：

——信息安全政策的批准和审核；

——信息安全威胁的监控；

——安全缺陷的检测和检查；

——加强信息安全主要措施的认可。

4.3 制定业务连续性计划

有时需要实施紧急程序来处理伴随文档管理系统运行产生的问题以从故障中恢复。这种紧急程序可能涉及到临时借助外部或第三方资源。在这个恢复过程中,为了确保信息的完整性不受影响,宜实施一个被一致认可并获得批准的保证业务活动连续性的计划(有时叫做灾难恢复计划)。

为应对主要设备、环境或人员引起的失误,需要开发、测试和维护相关程序。这种程序还要确保在其实施过程中不会对存储信息的完整性产生威胁。

4.4 咨询

使用可信文档管理系统对其他组织机构也有重要的意义,比如：

——法规部门；

——政府机构；
——外部审核机构；
——法律顾问(如组织机构的律师)。

组织机构在执行政策文档之前宜与涉及到存储信息真实性、可靠性和完整性的相关组织机构协商。

这些组织机构包括：
——国家和国际法律；
——工业部门；
——团体；
——组织机构；
——部门；
——个人。

组织机构宜在实施政策文档之前向相关组织机构咨询。咨询的内容包括：
——法律问题；
——政府法规；
——财政规章(如税收)；
——特殊制度(应用于特殊部门)。

所有咨询结果，包括行动的准许、计划或实施，宜作为政策文档一部分或作为其参考资料。

只要存在适用的制度和(或)法律，就宜遵循。

政策文档宜说明对相关的国家或国际标准是全部遵循还是部分遵循。

当组织机构遵循相关的国家或国际标准时，文档管理系统也宜遵循这些标准。

5 程序和过程

5.1 通则

本章涉及到可信文档管理系统的相关操作程序。

5.2 程序手册

5.2.1 证明文档

组织机构宜为每个可信文档管理系统保留一份程序手册。

程序手册中需要有证明文档之处，该证明文档可包含在程序手册中，也可以包含在程序手册的引用文件中。该手册可适用于证明文档的引用文件中。

所有符合条件的系统用户可以方便地利用手册中详细描述或者提及的相关程序。

5.2.2 内容

程序手册宜包括或者引用可信文档案管理系统的操作程序，这些程序包括：
——信息捕获(见 5.3)；
——文档影像捕获(见 5.4)；
——数据捕获(见 5.5)；
——标引(见 5.6)；
——真实输出程序(见 5.7)；
——文件传输(见 5.8)；
——文档保管(见 5.9)；

——信息保存(见 5.10);

——信息销毁(见 5.11);

——备份和系统恢复(见 5.12);

——系统维护(见 5.13);

——安全与保护(见 5.14);

——承包服务的使用(见 5.15);

——工作流(见 5.16);

——日期和时间戳(见 5.17);

——版本控制(见 5.18);

——证明文档的维护(见 5.19)。

为方便起见,程序手册可以根据不同的文档管理领域保存为不同的物理文档。

如果组织机构内部有多个可信文档管理系统,证明文档可以包含一个或多个程序手册。

5.2.3 遵循程序

为了保持与程序手册中的具体操作一致,工作人员宜了解程序并严格遵循。要做到这一点通常需要工作人员接受特定课程的培训或者在日常工作中学习。

宜实施程序以确保所有系统操作人员严格遵守要求。

5.2.4 更新和复审

在所有信息存储阶段内的任何时间,保证程序实施的确定性是非常重要的。要做到这一点就要确保程序手册的不断更新,并且按照政策文档保存所有以前的版本。

对程序所做的任何更改宜用文档来证明,该文档还要包括所使用的更改控制程序的详细信息,以及确保新程序执行的程序。

当实施这些更改时,宜对这些改变进行检查,以确保没有因此而违反操作要求和政策文档的要求。

宜按照政策文档的要求保存作废版本的程序手册。

为了确认证明文档是及时更新的,定期复审非常必要。当法律或制度的变化与文档相关时,这样的复审也是必需的。

每年至少宜复审一次,以确保任何程序或技术的变化在程序手册中有所反映。

定期复审的结果宜用文档来证明,并且要得到相关部分系统负责人的认可。

5.3 信息捕获

5.3.1 通则

当利用可信文档管理系统来存储电子信息时,宜用文档来证明捕获这些电子信息的程序。

这些过程包括:

——电子信息捕获;

——文档准备;

——文档批处理;

——复印;

——扫描;

——影像质量控制。

文档可能包括纸质文档和缩微文档。

5.4 包括与文档扫描相关的更多细则。

5.3.2 信息丢失

存储在可信文档管理系统中的电子信息存在丢失的潜在可能。比如，扫描纸质文档时由于分辨率的原因而导致小的字符在扫描后形成的数字图像上无法识别；或者数字文档从一种格式转换到另一种格式的时候，一些元数据可能会丢失。

当存储载体发生变化时，物理性证据（比如留在纸质文档或者CD上面的指纹）将无法被复制到数字载体上去。在这种情况下，组织机构宜检查任何有可能的信息丢失，并评定该信息的丢失是否对业务活动造成影响。如果无法接受类似的信息丢失，那么就要采取措施来捕获和（或）保留该信息。

5.3.3 形成和输入

一个可信文档管理系统可以自身产生或者通过外界输入电子信息。自身产生或者输入系统时文档的真实性至关重要，因为可信文档管理系统会不断的复制它所存储的信息。

电子信息可以以图像和数据两种形式存储。无论哪种形式，电子信息都可以以多种格式输入可信文档管理系统。

图像格式的获取主要来自于：

——纸质文档（原件、复印件、传真）；

——自动传真记录（通过一个传真服务器）；

——多条信息同时显示时所捕获的屏幕（同样亦称混合瞬时文档）；

——缩微胶片和缩微平片。

图像格式一般是原始模拟文档的位图。图像文档也可以从数字化文档中获取。关于以图像格式捕获模拟文档的程序在5.4中进行了讨论。

数据格式以“原生”格式存储信息，可能需要用原始的软件来检索所包含的信息。许多“标准的”格式都能用很多软件包（比如：文本文件、逗号分隔文件）检索到。数据格式的示例有：

——办公系统中文字处理器、电子表格等；

——CAD图样；

——电子邮件消息；

——电子数据交换（EDI）文件；

——即时消息；

——可扩展标记语言信息（XML）；

——屏幕图像（比如，瞬时文档）。

在所有情况中，数据信息都可通过合适的软件而使用。以数据格式捕获模拟文档的程序在5.5中进行了讨论。

注：数字文档可能同时以图像和数据格式混合保存（比如，以Word格式保存的一个字母同时嵌入位图签名）。

如果即将存入可信文档管理系统的信息产生于可信文档管理系统可控的范围之外，那么对该信息的处理和认证就几乎不能控制、认识和处理。在这种情况下，组织机构就需要注意该信息是否名实相符，是否受到干扰，以及信息形成者的身份是否真实。对于这些条件的检查级别取决于存在问题的特定信息本身。

这类难以控制的情况也可能在一个组织机构内部发生。在这种情况下，使用可信文档管理系统组织中的部门对于一幅图像或者数据文件不能仅仅因为它来自于该组织中的另一个部门就主观猜测。

5.3.4 元数据

当所有的数字和（或）模拟文档产生或者被输入系统时，宜注意确保所有的元数据都被传递，且留意确保捕获所有必需的元数据，以确保数字和（或）模拟文档得到准确解析。

宜检查元数据的内容以确保其完整性和准确性。获得一个具有适当内容的完整数据集将会增加该信息的证据性价值。宜考虑使用适当的元数据方案。

5.4 文档影像捕获

5.4.1 通则

本条推荐了从模拟信息生成数字影像的建议。该建议适用于这样一些用户,其可信文档管理系统包括通过使用扫描仪以数字形式来捕获和存储模拟文档。推荐建议包括以下程序:

——文档的准备;

——文档的批处理;

——复印;

——扫描;

——影像处理。

5.4.2 纸质文档的准备

为了确保影像的质量,在扫描之前需要对所有的纸质文档进行检查。纸张的尺寸、重量和装订、纸张和印刷颜色之类的属性都会影响扫描过程。

在扫描之前,宜检查纸质文档以确保恰当地扫描文档,宜记录检查过程。

对文档的物理状态(薄纸、折痕、已装订等)和信息的属性(黑白、颜色、色调范围等)等因素宜予以考虑。

如果有些文档不能直接用扫描仪来扫描时,还有许多其他技术可以利用,如,复印原始文档或者利用透明夹。

扫描纸质文档的过程中产生困难,宜记录此过程。

在去除订书钉、回形针或其他文档装订物时,要保证对原始文档信息基本无损害,否则可能会影响到文档信息的捕获。

当纸质文档有附属物时,如粘贴的便条,系统宜提供办法以区别这些附属物和原件。

例如,通过捕获附属物的单独影像,再用适当的数据将该影像与源页面关联起来。如果附属物和原件一起只扫描一张影像,那么就要用数据记录此处有附属物。当附属物遮蔽了纸质文档上的信息或者被认为遮蔽了文档信息时,单独对纸质文档进行影像捕获更为合适。

如果纸质文档有物理方式修改,例如不透明的白色颜料,系统宜确保能够对这些修改之处予以注明。

当扫描用订书钉或者书夹夹在一起的多页纸质文档时,宜记录其操作程序。

在扫描之前、扫描过程中以及扫描之后,多页纸质文档宜始终放在一起并保持其适当的顺序。

5.4.3 文档批处理

只要有可能,就宜对文档进行批扫描。

这样可以在抽样的基础上更加容易地管理纸质文档,开展质量控制和实施其他程序。

宜以方便使用为目的决定一批文档的数量。

根据需要确定批处理纸质文档的数量。例如,如果把文档放在文件袋中,平均每袋文档的数量相对比较大,如 100 页,那么一个文件袋中的文档就可能组成一批。如果文件袋装有相对较少的文档,如平均每袋 10 页,那么一批文档可能会由多个文件袋中的文档组成。如果文档以缩微胶片的形式存在,那么一盘胶片就可以组成一批。

批文档的大小不能太大而不方便管理,也不能太小而导致以批为单位抽样进行质量检测时效率太低。样本的大小可能需要使用统计抽样技术来确定。

在某些情况下，文档可能并不容易划分为批。在这种情况下，一个特定时间段输入的文档可以被确定为一批。例如，一批文档可能是一个小时或一天之内所输入的所有文档。

有些情况下文档不能进行批处理（特别在应用工作流管理时），宜建立其他的方法以确保所有的文档都被扫描。这些技术可能包括扫描完成后对文档进行标记，或者对照原始纸质文档进行影像检查。

5.4.4 复印

在扫描之前对某些纸质文档进行复印是非常有益的。这样的文档包括：

——在扫描过程中可能会对其造成不利影响的文档，如已损坏的或容易被损坏的文档；

——原件本身有很大色差或密度明显不均而复印显然可以改善影像质量的文档；

——因文档纸张和字迹颜色的问题而导致不能生成清晰的影像文档；

注1：复印机和扫描仪对不同颜色有不同效果，只在一些特殊情况下，扫描之前的复印技术会产生一些不理想的效果。

——那些因为尺寸太大而不能被扫描成一个完整影像的折叠文档。

注2：扫描之前可以先进行缩小复印，然后对其缩小复印件进行扫描，并且从原件和（或）它的复印件进行分幅扫描。

为了确保复印过程中没有丢失重要信息，宜对复印件本身进行检查。

扫描之前进行复印，宜在程序手册中记录此过程。

为了确保复印件在扫描过程中没有丢失重要信息，宜采用附加的质量控制措施。

如果是缩小复印，宜将原始影像和扫描后的影像进行对比，以确保扫描影像没有因影像有效解像力的降低而丢失重要的细节信息。

如果分幅扫描，宜使这些影像在边缘上重叠，确保在邻接影像的边缘没有重要的信息丢失。

如果影像文档是从复印件获得的，那么它的使用者宜清楚这一点。不论复印件是在文档准备过程中从纸质文档获得的，还是纸质文档本身就被认为是复印件，这些使用者也都宜了解。这是为了确保即使中间的复印文件已被作为文档准备过程的一部分，仍可以确定影像文档是对纸质文档的真实复制，而且是为了区分这些影像与在未知状况下复印的影像。

例如，在文档准备期间，可以通过盖章或标记以区分复印件或者原始复印件，或者以电子方式标记从复印件捕获的影像，由此区别文档准备过程中产生的复印件和现有的纸质文档复印件。

如果不知道一份文档是原件还是复印件时，所使用的程序宜有证明文档。

5.4.5 扫描过程

程序手册中宜包含模拟文档扫描过程的细节。

因扫描文档的类型不同而对扫描程序作的改变都宜在程序手册中进行详细记录。

例如，对于双面文档和单面文档、彩色影像和黑白影像可能需要改变扫描程序。

扫描程序宜确保同一批的所有文档全部被扫描，而没有遗漏任何文档。

为确保所有文档都被扫描，就要比较捕获文档的数量和一批文档的数量。如果未对文档进行分批，那么就可能需要有其他方法确保所有文档都被扫描。

一份多页文档的所有页面都被扫描是非常重要的。因此，需执行确保这一点的程序。

每一份文档所捕获影像的数量可以与每一份文档的页数（如：页面）进行比较，需要考虑空白（或其他）页面删除的操作。然而，手工计算物理文档数和页数的错误可能导致这一工作效率的降低。令人满意的做法是执行程序使任何文档不被扫描的可能性和风险控制在可接受的范围内。宜对该风险进行评估，而且必要时，宜检查程序，规避风险。

许多扫描仪有自动送纸器，能够可靠地检查文档是否被漏送，因此，可以最大程度降低文档被漏扫的风险。如果未使用这样的设备，就需要一些程序来确保扫描操作员手工处理每一份文档，以降低文档被漏扫的可能性。

确保每一页文档都被扫描是非常关键的,为了准确获得每份文档的页数或每组文档的页数,用户宜考虑在扫描前对文档进行清点或编制目次。

使用复式记录技术能够提供极高的页数正确率。这些数据以后可以与扫描的文档页数比较;数量不足,表明一次送入不止一页文档,或者在提前编制目次和扫描之间有文档放错了地方。

如果用一台单面扫描仪(如:一次只能扫一面的扫描仪)扫描双面印刷的文档,宜留意以确保每一个双面文档的两面都被扫描。

如果对大文档进行分幅扫描,就会形成很多影像。宜将不同影像的边缘重叠以确保相邻的两个影像边缘没有信息丢失。

扫描系统宜能够对每个文档进行唯一的标识,而且文档的标识符不能被改变或移除,除非如6.11中所描述的那样得到许可。

唯一的标识符宜是系统生成的只能用于内部控制的顺序号。

5.4.6 质量控制

5.4.6.1 样本集

需要制定程序以减少扫描后的影像不符合质量要求的风险。如果影像质量很好而且扫描工作按照认可的标准进行,就能很容易证明其真实性。

为了根据认可的质量控制指标评估扫描仪的输出结果,原件的样本集或者与原件有同等特征的文档样本集宜组合在一起。样本集中的文档宜能够代表整个即将扫描的文档集。样本集中的文档宜包括相对于大多数文档来说质量较差的文档。

质量控制指标包括:

——整体可读性;

——可清晰捕获的最小细节(例如,文本最小字符的尺寸;标点符号的清晰度,包括小数点);

——细节的完整(如:断笔字符的可读性,线条的缺失部分);

——与原件相比尺寸的正确性;

——扫描仪产生的斑点(如:原件中并没有斑点);

——整个图像区域的完整性(如:在图像边缘缺失的信息);

——黑色实心区域的密度;

——色彩保真度。

宜根据原始资料的性质和扫描设备的特性来制定图像质量控制指标。

宜形成有关扫描文档质量指标的证明性文档。图像质量可能会影响一些用户对影像的使用,包括内部用户和外部用户,该指标宜得到这些用户的认可。

质量控制指标宜以纸质文档样本集为基础来制定。

5.4.6.2 图像质量评估

宜记录详细阐述图像质量日常评估过程的程序。

图像质量评估程序宜包括结果评估的细节以及图像检索设备的特征。

当评估质量控制程序执行的效果时,要格外小心,所获得的效果可能依赖于具体的输出装置(如:显示器或打印机)。

如果打印机被用于质量控制,打印机的分辨率宜等于或大于扫描图像的分辨率。

打印机在相关的应用中宜能够正确输出灰度或色彩。

当灰度和彩色的输出与图像质量相关时,宜评估灰度或色彩再现的准确性。

当尺寸的准确性非常重要时，宜有文档能够说明检查该尺寸在允许误差范围内重复使用。例如，这可能涉及检查扫描仪的分辨率是否正确，以便可以通过计算图像中特定两点之间的像素点数来确定数字图像的尺寸。

如果扫描仪操作人员在扫描过程中检查图像的质量，那么第二次质量控制宜由其他非扫描人员来承担。第二次质量检查可能涉及统计抽样技术。

质量控制程序宜像5.4.3定义的一样与批处理(如果使用)过程相关联，使各批文档的接收和拒绝独立运行。

所有质量控制检查的结果都宜存储在质量控制日志文档(可以人工创建或自动创建)中。

在工作流程中检查文档的工作流环境、检查影像质量以及拒绝接受质量不合格的影像等活动都被视为质量控制过程。

质量控制过程涉及扫描图像和任何相关数据(比如注释)的抽样，抽样的比例可以根据所遇问题的出现频率或原始资料的情况而改变。如果合适，应用统计抽样技术来确定要检查的扫描图像的比例。

正常情况下，不可能检查所有处理的资料，一般只会检查其中一部分。例如，最初开始扫描时，可能会选一个相对大的样本(如20%)，当能够证明可以达到所要求的质量标准时，样本可以减少(如减到10%或者5%)。

当质量控制包括对扫描影像进行抽样时，宜记录抽样的频率。

5.4.6.3 扫描仪性能检查

为监测系统，宜定期检查扫描仪的性能，以确定其性能指标在允许范围内。

硬拷贝印刷品可以由测试标板的扫描影像组成，并且与测试标板本身进行比较以确定其是否符合程序手册中所描述的质量标准。

测试标板能够客观地评估和测试扫描仪的性能。定期的使用可以显示扫描仪是否能够正常工作而且能够测试其工作是否符合说明书中的条款。GB/T 20493.2—2006所给的测试标板可以用于这种评估。

扫描仪性能检测频率宜根据系统使用的情况而定，而且与预期的系统性能的降低有关。这可能需要参考系统供应商的建议和系统使用过程中的经验。最初可能每扫描几千页后扫描一次测试标板。

如果使用的是双面扫描仪，那么最好也使用双面测试标板。只有当找不到双面测试标板时才可以把单面测试标板与双面扫面仪结合使用。

测试标板并不能代表实际扫描的文档，也不能视其为文档样本集的替代品。

5.4.7 重新扫描

宜记录重新扫描纸质文档的程序。因质量问题或其他问题而不能使用的原始影像，需要重新扫描。

宜实施程序以确保重新扫描后的影像代替原始影像，并且不会影响批编号以及审核跟踪程序。

5.4.8 影像处理

用于提高影像质量的处理技术宜在程序手册中有所描述。

如果能够使用人工操控的设备，宜详细记录那些用于特殊数字文档的设备。

5.5 数据捕获

5.5.1 新数据

数据(创建索引的数据或其他相关信息)可以是从现有模拟和(或)数字文档中捕获到的也可以是通过各种方式输入计算机中的，其输入方式包括手工输入(即键盘直接输入)，自动输入(例如条形码扫描、光标阅读(OMR)、OCR/ICR),半自动输入(例如通过OCR自动捕获的数据,需人工再次输入进行确认)。无论哪种捕获数据的方式都要确保捕获的数据是正确的。确保捕获数据100%的正确可能比较困难,用户宜对错误存在的风险进行评估。

如果要把捕获的外部数据导入系统,那么宜确定必要的质量标准,其中包括捕获数据的准确性和完整性。

具体的正确率可以根据每一数据本身的应用和重要性而定。

宜清楚地规定检查正确率是否得到保障的程序。这些程序将以不同批次数据的随机抽样或准随机抽样为基础,同时要和原始资料进行对比。那些没有达到正确率要求的批次通常会被重新处理,而且要再检查处理结果以保证重新处理的数据达到了要求的正确率。

宜记录所有正确率的检查结果。

5.5.2 转换和迁移

作为系统迁移过程的一部分,当从其他系统(或系统的局部)接收数据时,需要建立、执行并记录这个环节的程序和过程。

当信息从目前的格式转换到另一种新格式时,要对任何由于该过程所导致的信息丢失(包括审核跟踪)做记录。

5.6 标引

5.6.1 通则

标引是电子信息存储过程中至关重要的一个环节,因为通过标引可以获取相关的信息。如果标引信息丢失,那么相宜的存储信息也可能丢失。

标引可以自动生成(即系统自动生成,不需要人工干预)或手工生成。如果使用手工生成标引,那么确保能够遵循规定的程序是非常重要的。

有些系统允许在捕获信息时存储部分标引信息,这部分标引随后可能与附加的手工标引条款相结合。

宜记录标引的步骤和规则。

5.6.2 手工标引

手工标引包括系统捕获信息前或者在捕获后而进行可视检查。

与手工标引有关的人员宜接受专业培训,尽可能保证准确性。宜记录建立标引培训的要求和程序。

5.6.3 自动标引

自动标引可能会受到一些因素的影响,例如:条形码的识别,OCR/ICR技术的应用。当使用自动标引时,宜记录检查和纠正错误标引数据的步骤。

5.6.4 索引存储

索引数据保存的时间至少宜与其相关信息的保存时间一样长。

有些系统需要定期重建数据库索引,尤其是为了改善和提高数据库的性能。宜记录重建索引的过程。

5.6.5 索引修改

标引的过程包括检查信息丢失的程序。除非显示信息和原始信息相反或者有固定的信息顺序,否则显示信息的标引过程将检测不到丢失的信息。

宜记录对标引数据进行修改和(或)纠正的程序。如果对索引条目进行了修改,则需要保留修改前和修改后索引的内容。

当一个索引条目与已删除的信息相关时,则要保持这种相关性。

通过索引条目的修改或删除来删除或清除存储信息时,需要依循法规要求,这一过程需要保留记录。

5.6.6 索引准确率

扫描影像的索引数据可能不准确。准确的标引会方便存储信息的检索,如果与存储信息相关索引数据的准确性能够表明存储信息的相关性和完整性,那么它的真实性也可以得到证明。相反,不准确的索引数据可能导致用户检索不到相关信息,或者检索到不相关的信息。

索引准确率指标依据不同的应用而有所不同。在某些情况下,准确率被定义为每 1 000 个被捕获的字符中能够接受的最多的错误字符数(或者相应的百分比)。在其他情况下,准确率被定义为能够接受的含有任何错误(一个或者多个字符)的字符串(或者类似的字符串,例如一个客户或者一个零件号码)的最大数量。

关于索引数据准确率的指标宜是切实可行的,要考虑捕获索引数据的方法,数据录入人员产生的典型随机错误率,原始资料的可读性等因素。这些准确率标准还可能会依据被标引信息的类型不同而有所不同。

在手工或自动标引时,宜认可并记录准确率。宜记录检查索引数据准确性的程序。

5.7 真实输出程序

电子存储系统的输出有两种形式:以纸纸拷贝的形式输出,或以电子文件形式输出到合适的存储介质上,可能需要这些输出信息作为文档性证据。通常,这些拷贝需要经鉴定后才能成为原件的真实拷贝,以减少其被拒绝接受或对其产生质疑的可能性。

记录形成真实拷贝的过程。例如,这些程序需要使用标准的系统性能进行拷贝,由权威人士书写书面证明材料,以证实拷贝过程的正确性。这些过程也许能详细说明文档真实性拷贝是如何进行的。这些过程可以借助审核跟踪数据来证实拷贝过程中的操作步骤。

当纸质文档作为输出的一部分时,这些程序宜包括使用权威签名或其他方法鉴定拷贝文档。

了解由检索设备引起的任何变化的性质和程度并且评估其相关性是非常重要的。正常使用环境下可以接受的变化,在要求输出品作为证据的环境下这种变化可能就不能被接受。例如:

——当与颜色无关时,可用单色来表现彩色影像,但是在色彩信息非常重要的情况下,就宜具备一个不同的检索设备;

——在日常检索中,用低于扫描原始影像时所使用的分辨率浏览影像是可以被接受的,但是因此而丢失的细节可能在其他情况下非常重要,例如,在法庭上被用作证据时,这些细节可能十分重要;

——如果扫描后的影像和检索设备的分辨率不能完全匹配,那么输出影像的尺寸可能不会准确;

——当存储的数据文件被正常转换为另一种格式显示或打印时,细节的丢失或版面设计的不同可能会引起信息的丢失或显示形式的不同。这些差异可能不能被接受,在这种情况下,需要特殊的检索设备,它们不需要对文件进行格式转换就能显示。

如果用于检索、显示和(或)打印的系统设备不能维持原件的版面设计(如字体,页码),宜记录和确定信息检索的特征。

5.8 文件传输

5.8.1 系统内部数据的传输

5.8.1.1 通则

系统内部文件传输是指在本指导性技术文件7.2所定义的系统内部进行的文件传输。系统内部文件传输包括：

——文件在本地局域网的传输；

——文件在系统控制下的存储子系统间的传输，如：在分级存储管理系统的文件传输，或者在高速缓冲存贮器和磁盘之间的文件传输；

——文件在操作员控制下的存储子系统间的传输。

在这些传输过程中，无论是电子的还是手工的程序都要在组织机构的控制下进行。

宜执行一些步骤和程序以确保在传输过程中文件的完整性不受破坏。

文件在设备之间的传输过程宜受到应用软件的控制。

如果需要附加的安全措施，宜考虑使用电子签名。

注：本子条款并不适用于文件迁移，迁移过程中介质的类型和(或)数据文件的格式可能会由于技术迁移的原因而发生改变。见6.10。

5.8.1.2 局域网络的传输

在一些情况下，操作员可以通过利用如6.2中定义的局域网把文件从一个存储设备转移到另一台存储设备。局域网也可以通过固定专线与远程连接。

当文件通过本地局域网络传输时，宜采取一些措施和步骤以确保传输过程中文件的完整性不受破坏。

当文件通过固定(租用的)通讯线路远程传输时，宜采取一些措施和步骤以确保传输过程中文件的完整性不受破坏。

5.8.2 文件的外部传输

本章适用于通过外部网、广域网、通信系统进行的不同系统间的文件传输。这些系统相对于第6章中所描述的系统来说是外部系统。这种发送和接收系统都是相互远程连接的，可能在同一个组织机构内或不同的组织机构之间；无论在同一个机构内还是在不同的机构内都需要第三方提供传输服务。

通信系统可以包括实时传输或者延迟(存储并且转发)传输，如电子邮件服务。

本指导性技术文件关注的是已经传送到另一方和从另一方接收到的影像文件的完整性。本指导性技术文件不直接涉及传输服务。遵照本指导性技术文件的推荐意见，用户可以证明以前某个时间传输到另一方的文件拷贝没有被更改过，而且以前某个时间从另一方接收的文件乜没有被更改过。

宜通过应用软件来控制文件从一个设备到另一个设备的传输。

文件通过传输拷贝到另一方时，原件宜存储在系统内部。

任何文件传输的日期和时间都宜作为审核跟踪数据的一部分存储起来。

接收到从另一方传输来的文件宜存储在系统内部。

任何文件接收的日期和时间宜作为审核跟踪数据的一部分存储起来。

发送的文件和接受的文件之间的差异可能是由传输过程中的错误或对一份文件或其他文件的蓄意更改引起的。传输过程中的失误或者对其中一份文件的故意篡改都可能导致发送文件与接收文件的不一致。证明接受的文件和发送的文件中的数据完全相同就如同证明两个拷贝文件完全相同一样。首先需要证明的是哪一份文件是源文件，哪一份是拷贝，如：哪一份文件最先存在。在一些情况下，通过比较文件存储的时间可以证明这一点。如果系统时钟是准确的(而且要注意时差),接收文件存储的时间宜比源文件传输的时间晚。因此,问题就转变为要能够证明这两个事件发生的时间的可靠性和准确性。

例如,电子(数字)签名可以用来证明接收到的文件或信息与发送的文件或信息完全相同,并且可以证实发送者的身份。如果原始证书不再有效以及其认定机构不再维护其有效性,那么电子(数字)签名对发送者身份证明作用可能就会发生妥协。如果电子(数字)签名证书不可用或者过期,那么电子(数字)签名将会提供相关信息以说明该文档自签署之后是否被修改。

考虑到安全或其他原因,比如,为了防止文件中的信息未经授权被泄露,可以采用其他程序(不在本指导性技术文件范围内的程序)。

如果能够证明一份文件已经被发送很重要时,那么发送方可以要求接收方发送已接收到文件的确认信息,确认信息宜包括传输标识符和接收的日期与时间。

遵照这些程序,就会降低文件被修改的风险,或者降低文件是由指定的发送者以外的其他人发送的风险。

宜对外部文件传输所面临的安全风险程度进行评估以确保符合信息安全政策的要求。

5.9 文档保管

纸质文档扫描后,政策文档规定一般可以销毁某一特定类型的纸质文档,但也有一些特殊情况需要保留纸质文档。宜注意到,当保留有原始纸质文档时,为了证明电子复制件的真实性可能需要利用原始纸质文档。

宜记录那些如何确定特定纸质文档需要保留的作法。

需要保留纸质文档的情况包括以下几种:

——纸质文档质量很差,无法获得清晰可读的影像;

——保留纸质文档可以降低被认为故意使影像模糊不清的可能性,同样可以避免以影像不是原件真实拷贝为理由而拒绝接受此影像的风险;

——或者,可以存储相关注释,以说明原件的质量较差,注释中要包括需要存储的所有可见信息的细节;

——纸质文件包含物理修改或注释,但是从扫描影像中不能识别出这些信息;

——纸质文件包含物理修改或注释,加上物理修改的细节,从而形成一份独立文件,这样能够完整的保存原件;

——已经被确认为欺骗行为,即将宜对诉讼或诉讼进行中;

——有重要价值的文件,如带有签名的大宗合同的原件。

宜记录那些如何判定信息是虚假的过程,以及即将应对诉讼或诉讼进行的过程。这些程序宜包括暂停销毁此类信息的纸质文档的政策。

5.10 信息保存

宜记录长期保存信息的程序。这些程序宜考虑到保管期限和存储系统的预期寿命。当保管期限超过了存储系统的预期寿命,宜记录将信息迁移到新系统的计划(见 6.10)。更多信息请参见 GB/Z 23283—2009。

5.11 信息销毁

在保管期限结束时,宜记录销毁信息和处理信息的程序。

这些做法宜纳入到安全预防措施中以适应待销毁信息的敏感性。

只有当影像信息成功写入存储设备而且适当的备份过程已经完成时,才能销毁纸质文档。

5.12 备份和系统恢复

当发生数据丢失或者实时数据损坏时，文件备份程序能够有效地提供足够的最新备份数据。一旦发生原始系统彻底瘫痪，一个新的完整系统能够保证重建，备份数据要包含所有相关信息(比如，索引文件、审核跟踪数据)是至关重要的。

这些程序宜包括这些备份的安全离线存储。

对系统的恢复程序也宜留有记录，以便能够证明这些程序是用来控制和检测文件可靠性的。

如果存在关于数据真实性的争论，那么有关备份数据安全的问题就可能非常重要。争论的问题可能是备份介质已损坏，但还被用于恢复丢失的信息，从而影响存储信息的真实性。在一些情况下，当数据的真实性受到质疑时，已经安全存储的备份数据能够用来证明存储信息的真实性。

系统设备宜考虑定期对所有文件以及相关信息进行备份和验证，这些相关信息包括审核跟踪数据。

在系统审核跟踪中宜保留所有备份活动的信息，其中包括备份过程中发生的任何问题的详细记录，其中包括备份过程中发生的所有问题的细节。

如果备份文件的结构不同于原件，那么宜在系统描述手册对备份文件的结构进行详细说明。

审核跟踪宜详细记录所有的文件恢复活动，而且宜包括一份对文件恢复过程中出现的所有问题的描述。

文件恢复后，宜记录用来检查文件完整性未受影响的程序。

备份数据用于系统故障恢复时，宜记录这一过程，以确保文件完整性没有受到影响。

用于存储文件备份的介质没有必要符合永久存储的要求。存储介质的供应商通常会提供一些关于推荐性测试系数的信息。或者，如果没有这些特定的信息，在国家或国际标准里也能找到一般性建议。

每一次都在相同的硬件设备上检测介质，即使这些设备是来自同一个供应商，而且型号相同，也并不能保证在其他设备上可读。如果唯一能读取这些备份文件的硬件丢失，那么这些备份也就失去了价值。

用于存储备份文件的介质宜定期检测，并使用不同的硬件读取。

5.13 系统维护

5.13.1 通则

宜维护可信文档管理系统，而且只由有资质的人员进行维护，以保证系统的性能不影响系统从外部捕获、自身形成或储存在其中的数据的完整性。

例如，为了保证影像质量不受影响，在一个纸质文档扫描系统内遵循生产商的说明进行系统维护是尤为重要的。

宜遵循供应商的建议定期对系统进行预防性维护。

宜记录用于预防性维护的程序。

这些程序可能是由系统操作人员或专业维护人员完成。

宜保留系统维护的日志，用来说明预防性和出错维修的完成过程。

一些系统维护硬件和(或)软件能够避开系统访问控制，因此，宜记录控制其使用的程序。严格控制和监督此类工具和设备的使用。

有关系统在故障时间内的信息和采取的具体措施，宜将其保存在系统维护日志中。

5.13.2 扫描系统

在系统维护完成后，进行纸质文档扫描时，宜使用质量控制部分所描述的程序对其进行检查，以确保扫描系统能够继续输出符合质量要求的影像。

这些结果便于判定，日后输出的任何质量差的影像并不是由于系统故障所致。如果输出质量越来越差，有必要进行适当的故障检修。

5.14 安全与保护

5.14.1 安全程序

此类指南可以以如下形式出现，比如，公司的政策或条例、特定行业的指南(如：金融，医学)、国家或国际标准，或者也可以作为法律条款。

在没有内部指导方针的情况下，一些公开的信息可以提供符合组织机构需求的综合安全指导方针。这些公开信息为满足组织机构需求而创建安全指南提供了一定的基础。一些组织机构可能还会吸收一些外界普遍认可的安全方案以补充自身的安全政策。

宜记录按照本机构信息安全政策实施的程序。

为了控制对系统不同级别(管理员，数据输入和检索)的访问，宜使用安全访问控制系统。

可信文档管理系统、信息存储、标记、处理和传输、以及存储介质的维护环境和运行环境都宜遵循供应商的建议和(或)相关的国家或国际标准。

系统的核心部分(包括文件服务器，存储器等)宜安装在安全区域(如组织机构安全程序中所定义的)，并且有严格的访问限制。

5.14.2 密钥

加密技术可以用来提高存储数据的安全性和完整性。一份完整的电子文件可以被加密，从而只有利用密钥才能检索它所包含的信息。加密是一项复杂的技术，而且在不断变化。读者宜参考一些关于这一技术的权威出版物来获取更多详细信息。

长期存储的加密技术存在问题可能是因为某种原因而无法获得密钥和(或)安全证书。

使用加密或数字签名技术之后，一定要安全保管密钥，只有那些拥有授权，需要使用密钥的人才能够得到密钥。

如果使用数字签名，宜采取一些措施，进行密钥的分配和管理以及证书的管理。

如果使用加密和数字签名，那么可以从第三方密钥管理(恢复)和密钥托管服务中获得一些额外的收益，这些都宜加以考虑。

考虑到组织机构内最初负责密钥和证书安全管理的人员离职的可能性，因此，需要一些措施来保证这些密钥和授权能继续使用。

5.15 承包服务的使用

5.15.1 通则

组织机构若使用一些专业服务提供商提供的服务，如：文档扫描、标引、数据转换、存储和其他服务，那么：

a) 在一份合同中关于所使用服务的细节问题宜与服务提供商协商一致。

b) 如果合同没有要求签订合同者遵守本指导性技术文件中所有相关的建议，那么用户对所提供服务的检查程序就无法断定该服务的完整性、质量以及精确度。

下列条款中程序和建议涉及所有服务类型，其中包括以设备管理为基础的服务，旨在确保：

——无论是服务提供商完成的工作还是完全在组织机构内部完成的工作，证明由此产生的信息的真实性的过程都是一样的。

——多年之后，即使服务方已经停止服务，客户方也能够证明合同的遵循情况。

离线工作时，宜记录服务提供商和客户之间信息和(或)载体的传输过程。

如果服务方使用的程序遵循政策文档的要求，客户方宜有服务方遵循该政策文档的证明文档的拷贝，或者当需要时能够获取。

5.15.2 过程因素

在理想的环境中，服务提供商可以证实其实施的程序遵循政策文档。合同只需要确认这种情况，并且要包括被认可的用于检查遵循情况的程序。

如果服务提供商按照双方认可的程序进行操作，那么合同中宜包括一个声明，详细描述程序执行的情况和审核的程度。

下面定义了一些需要检查并包含在合同之内的程序和过程。

——客户方宜检查服务提供商提供的信息是否能够符合双方认可的满足要求的质量标准；

——客户方宜检查服务提供商是否能够对输入的样本信息进行处理，将其以指定的格式输出到指定的载体上，并且能够成功上载到客户方的目标系统中。宜保存该信息样本；

——客户方宜检查服务提供商能否以一种可读的方式提供一份对信息处理过程的审核跟踪数据；

——如果提供标引服务，客户方宜与服务提供商商定确保对方接受客户方对索引数据准确性的要求，并用文档来证明；

——客户方宜检查所建议的工作场所是否可接受，而且符合客户方要求的安全标准；

——客户方宜检查服务中的程序和过程对材料造成的损坏不超过客户自己的程序所造成的破坏；

——客户方宜检查，如果要被处理的材料是唯一的、特别有价值的，那么宜在建议的工作场所使用有效的火灾监测和预防系统；

——客户方宜检查，如果对待处理材料的安全性要求较高，那么服务提供商宜保证操作人员是可信赖的。如果所有员工都签署一份保密协议作为雇用条件之一，将会对服务提供商非常有利；

——纸质文档被送去扫描时，服务提供商宜与客户方达成协议，当文档不在客户方工作场所时，客户方依然可以获取这些文档。

5.15.3 纸质文档的传输

文档从客户方传输到服务提供商的过程中存在着丢失或损坏的风险。因此，需要双方商定一些程序以确保这个风险是可以接受的。每一次传输都宜有一份控制文档，该文档包含文档的数目和标识。

所有被传输的材料宜有适当的包装以避免途中受到损坏。

接收方宜立即对照发送的文档来检查收到的资料，并且尽快通知发送方两者之间的差异。

可以由用户自己进行文档的传输也可以由第三方或独立的快递人员提供文档传输的服务。

提供传输服务的第三方宜是能够满足客户质量要求和可靠性标准的组织机构。

材料移交给传输服务方的日期和时间，以及服务提供商收到材料的日期和时间都宜有记录，而且移交材料和接收材料的人要分别签字。在接收返回的材料时也要执行同样的过程。

5.15.4 可信第三方的使用

检查数据文件是否被篡改或者检验文件内容是否发生变化，一个安全的方法就是使用可信第三方存储一份文件的拷贝。

如果采用这种方法，就宜生成一份电子文件的真实拷贝并且通过物理形式或者是电子方式安全发送给第三方。

可信第三方宜遵循本指导性技术文件所推荐的信息存储的相关程序，并且准备好以与文件拥有者相同的方式证明其服务的有效性和安全性。

注：对可信第三方的安全要求通常比对信息存储组织机构的要求更为严格。

数字签名用于身份认证而不是将其存储在系统中时，组织机构可以把一份文件的数字签名发送到一个可信第三方。第三方会在安全条件下存储数字签名，以便以后可以被检索。

5.16 工作流

一些文档管理系统具有工作流功能。像这样的系统，能通过对工作活动顺序的管理，结合活动进度合理地调用人力资源和系统资源，提供业务处理程序的自动化。

如果使用工作流系统，宜记录操作细节(比如流程图)、过程定义的分类和过程的定义。

过程定义的生命周期包括：

——定义；

——发展；

——实施；

——取消；

——修改。

宜按照存储要求对工作流程系统的所有数据(数据库，审核跟踪等)进行检查，同时遵循政策文档进行存储和应用。

如果工作流程系统有所改变，控制程序也要随之而变，以确保存储信息在此过程中不会丢失。

如果使用特定工作流(即操作过程中可能修改或创建规则的工作流)，过程中所有的审核跟踪数据宜与工作人员的身份认证书保存在一起，工作人员是指那些对标准工作流程环节实施改变的人员。

5.17 日期和时间戳

宜记录定期检查系统日期和时间是否正确的作法。宜纠正所有的错误并且记录纠正过程中采取的所有措施。

如果系统时钟随季节的不同而有所变化，如夏令时，那么要记录接下来随之采取的作法。

只有获得授权的工作人员才可以更改系统时钟。

如果有特别要求要证明日期时间戳的准确性，可以考虑可信第三方服务。如果使用了可信时间，那么宜记录证明时间戳完整性和真实性的作法以及将其附加到特定信息的过程。

5.18 版本控制

5.18.1 信息

在应用中，数字文档可能容易改变。典型的应用就是在绘图室中控制绘图技术。一份文档经过一段时间会产生几个版本，每个文档都有一个版本号。在这种情况下，把每个版本作为独立的文档保存，并且保存版本之间的联系是很重要的。

如果允许对存储的影像文档进行更改，那么宜记录批准和实施每次更改的过程。

要求保留这类文档之前各版本的文档材料宜便于利用。

5.18.2 证明文档

宜运行版本控制系统以确保在文档存储生命周期内能够识别任何标准文档的相关版本。宜为所有的文档建立一个版本控制程序。

被取代版本保留的时间至少宜与相关信息的保存时间一样长。

有必要保留不同版本的记录，这样才能描述和证实从捕获信息的那一刻开始政策和程序有效。如果没有保存此文档，信息的完整性就会有遭到破坏的风险。例如，如果不能确认几年前文档影像的扫描过程和随后几年的存储过程，那么信息真实性和完整性很难得到保障。

5.18.3 程序和过程

宜依照规定的变化控制程序对程序和(或)过程进行更改。

5.19 证明文档的维护

遵循政策文档需要获取并且使用详细证明文档。程序手册中宜包括维护这个文档的过程。维护程序宜包括维护记录的保管。

之所以需要维护文档是因为经过一段时间后，需求可能会发生改变，技术和法规也会改变。在一些情况下，对特定情况的变化识别而采取的维护行为已足够，尤其对于比较重要的文档，定期的检查是非常合理的。

宜记录确保记录文档不断更新的作法。

这些文档宜遵循文档管理规范，规范至少相当于那些应用于组织机构中重要业务活动的文档规范。

特别值得关注的是，无论何时这些文档中的内容被修改，该文档修改之前的拷贝被保留的时间至少宜与相关文档的保留时间一样长。

文档的存储宜考虑让合适的被授权方（如，审核人员）可以在任何需要的时间对全部有效的文档进行确认和检索。

文档可能以电子方式存储于可信文档管理系统中，受本指导性技术文档的控制，或者受安全存放的纸质或缩微胶片的控制，或者受二者的共同控制。

文档存储的政策宜在政策文档中记录。

在大多数情况下文档的改变值得以一定方式记录下来，允许利益相关方追踪版本间的变化。这可以通过记录每一部分文档的变更历史来实现。

6 可实现技术

6.1 通则

本章涉及与本指导性技术文件有关的技术相关问题，包括：

——系统描述手册（见 6.2）；

——存储介质和子系统考虑因素（见 6.3）；

——访问级别（见 6.4）；

——系统完整性检查（见 6.5）；

——图像处理（见 6.6）；

——压缩技术（见 6.7）；

——表格覆盖和移除（见 6.8）；

——环境考虑因素（见 6.9）；

——迁移（见 6.10）；

——信息的删除和（或）清除（见 6.11）。

6.2 系统描述手册

系统描述手册宜包括对硬件、软件和影响系统的网络因素的描述，以及对它们如何相互作用的描述。

宜记录系统配置的详细内容。

宜记录系统所有变化的细节。这些记录文档宜包括影响变化过程的细节。

系统描述手册的内容宜结构化，以便在使用期间随时了解系统的详细内容。要做到这一点就宜在每次系统发生变化时，都要创建一份新的系统描述手册。这样就有可能得到一份和原来一样清晰的系统描述。

对于运行中的系统，在政策文档出台以前存储的信息被视为不符合规定的信息，除非政策文档中描述的控制方法和程序在存储信息时就已经存在。

用户宜评估系统各项指标是否符合相关国家和(或)国际标准的要求。这样能够使系统审核人员根据这些标准对系统的性能和可靠性进行检查。

6.3 存储介质和子系统考虑因素

存储的电子文件被恶意修改的风险根据存储系统和介质的类型不同而有所不同。根据存储系统和介质的类型不同,检测这种修改的能力也有所不同。例如,如果使用一次性写入的存储介质,正常情况下不可能修改以前存储的电子文件,因为这样做即使不会造成全部数据的不可恢复性破坏,也至少会破坏一部分数据,这样就导致了文件的毁坏。相反,如果系统使用在线存储,将不能完全保证不会发生通过访问控制进行管理的非授权修改。

存储在磁盘和其他随机存取可擦写介质上的电子信息原则上是可被修改的。对这些介质而言,文件被修改的风险要小于利用存储子系统和存取软件进行修改的风险。修改文件需要读写访问,设计良好的系统宜有防止未授权读写访问的能力。有只读访问权限的用户不能修改文件。只作到这一点并不令人满意,除非系统也保留了读写访问的安全记录。在文件修改比较频繁的系统内,可能有一个辅助设备记录这些修改,但是如果没有保留记录,就不可能监测到技术高超的黑客或任何有访问特权的人所做的所有修改。

就可擦写串行介质,如磁介质来说,未授权的修改可能比在随机存取介质上进行更困难一些,因为如果修改的文件不是最终存储的文件,那么之后所有的文件都需要拷贝或重写。一旦攻击者能够访问到处于离线状态的介质,那么它就更容易被修改。离线存储介质的物理安全和访问控制是非常重要的。

宜记录利用软件把电子文件写入存储介质的应用程序。

宜选择存储载体和相关子系统来防止不当添加、修改和(或)删除行为的发生。这些检测程序宜包括使用电子(数字)签名和(或)者实施异地备份;可能会涉及到可信第三方。

正常运行期间,如果系统内没有一些自动检测文件被非授权更改或移除的设备,用户宜进行随机检查以确认已经被冻结的文件没有被修改或移除。

如果使用一次性写入介质,宜考虑存储信息的保管期限。在允许的情况下,不同保管期限的信息不宜存储在同样的物理介质上。

6.4 访问级别

宜记录系统所有访问级别的详细内容和它们的使用程序。这些级别通常如下:

——系统管理器;

——系统管理员;

——系统维护;

——责任者或原创者;

——信息存储和标引;

——信息检索。

只有具有相关访问权限的工作人员才允许进入信息系统或修改存储的信息。

只有已经证明确实能够胜任此项工作的员工才会被授予相应的系统访问权限。

6.5 系统完整性检查

6.5.1 通则

系统内宜提供一些设备,以确保信息在存储介质之间传输过程中的完整性。

一种合适的方法是在捕获信息后立即使用一个计算好的校验值进行对比。这项技术能够确保自动发现文件在子系统之间传输时的所有错误。这种方法本身不可能检测出 从捕获信息到将其存储到载体期间对信息的恶意篡改行为。如果已了解校验算法,那么在进行这种操作的同时还要计算一个新的校验值。针对这种情况,需要一些其他程序。简单的方法是计算后把每一个校验值写进审核跟踪中。

为了防止储存信息受到恶意软件的威胁,需要安装合适的安全防护软件,并保持不断更新。

如果可能,宜安装一些硬件防止系统受到断电的影响。

6.5.2 数字和电子签名(包括生物签名)

数字和电子签名也许能够证明检索到的信息和存储的信息完全一样。签名系统的使用通常需要双方的合作。签名是签名数字化设备(电子)或者密钥生成的并且运用于电子文件。在某些情况下,检索者可以使用签名验证原始签名者的身份,而且使用一些签名系统,可以验证文件的完整性。这种技术应用于信息存储、工作流或文件传输,无论是实时传输系统还是转存传输系统都适用。使用签名能够证实接收文件的完整性和发送者的身份。安全保存签名。只有获得授权的工作人员才允许访问签名文件,密钥和算法。

数字或者电子签名当中的检验值或者散列值可以作为信息不可更改性的参数,这种参数存在于文件自身和(或)与原始信息一起绑定存储在安全系统之中。

宜记录针对这一问题的程序,比如电子签名形成和(或)维护的程序。这些过程宜包括验证文件签名人员在注册之前的真实身份。

如果对电子文件的真实性产生质疑,签名就能够作为证实存储或接收的文件与原件信息完全相同的凭证。包含数字签名的电子文件,在对其真实性产生质疑时,宜记录所采取的措施。

6.6 图像处理

为了提供最佳的图像输出,或提高数据自动捕获过程的识别率,扫描后可以对图像进行相关处理。如果要进行扫描后处理,宜分别记录图像的处理效果。

扫描后处理是通过使用硬件和(或)软件来提高图像质量的技术,这些硬件和软件能够单独地影响图像输出的质量和存储文件的大小。它们可以安装在扫描仪工作站或网络服务器上。

更多常规技术包括:

——纠偏技术;

——污点清除(背景净化);

——消除黑边;

——表格移除(见6.8)。

使用图像处理设备时要非常小心。例如,去除污点时可能会去掉小数点,这样就更改了数字的值。

数字化图像作为原件的真实复制,对其所进行的任何处理都不宜影响其完整性,为了确认图像处理没有影响到扫描图像的完整性,宜扫描一份文档的样本集,并将正在处理的图像和这些图像的打印件与原件进行比较。

应用图像处理技术时,宜考虑存储处理前后的文档样本集的图像。

在转换为黑白图像之前,宜检查图像处理对灰度图像的影响能否被接受。

清除斑点时要非常小心,操作过程宜做记录。斑点清除会删除数字图像上的单个像素,或一小群像素,获得主观上感觉比较清晰的图像不能只依赖于从图像上消除污点。有些文档存在信息被删除的高风险,比如断笔字符、分隔符,或图形的精细部分。

如果经常对图像进行污点清除,而没有清楚地说明对哪些图像进行了污点清除,那么就可以假设对所有的图像都使用了污点清除技术。如果对图像的完整性提出任何质疑的话,这就可能会影响这些图像的真实性。

污点清除可以记录在操作人员的日志中,也可以记录在审核跟踪的其他地方,或者记录在与相关图像有关的附加数据中。

比较重要的一点是，除了扫描分辨率的问题，不宜有其他原因导致扫描图像的信息丢失，图像一旦形成就不宜再对其进行处理。

如果图像处理技术可能会影响到储存图像的完整性时，宜考虑储存原始(未经处理过的)的图像。

6.7 压缩技术

宜遵循政策文档要求使用文件压缩技术。为了减小文件大小，提高系统性能，可以在电子文件存储之前或存储过程中应用文件压缩技术。

尽管有些系统可能内置某种压缩，用户没有别的选择只能使用这种压缩，但是使用哪种压缩通常依具体的应用而定。有关压缩方法的更多信息参见 GB/Z 19736—2005。

压缩技术可以通过不同的算法实现，但是总体可以分为两类，有损压缩和无损压缩。

宜将压缩技术，以及其有损或无损的属性记录下来，量化描述压缩技术的文件资料，这些文件资料包括计算损失程度的算法。

这类信息可以作为文件的一部分，也可以作为相关的数据，或者作为单独的日志文件存储。

注：例如，就存储为 TIFF 格式(还有其他格式)的影像文件而言，压缩的方法自动存储在影像文件中。

使用损压缩技术宜小心谨慎。顾名思义，有损压缩技术意味着压缩时会导致存储信息的部分丢失，因此解压后的电子文件可能不同于原件。这会使这些文件的真实性证明变得更加困难：例如，影像文件上的部分文本或图形可能会被删除，会被人工产生的数据代替。因此，对包含重要文本(包括手迹)或线条图形的文件使用有损压缩存在一定的风险。

有损压缩可能适用于照片或其他连续色调的资料，灰度或彩色文件，可以证明压缩后这些文件的扫描影像没有重要的信息丢失。

如果使用有损压缩，宜进行解压文件的样本与原件比较，检查是否存在重要的信息丢失。

如果使用损压缩技术，宜记录下使用的压缩比例。

可能的话，宜选择合适的压缩比率使所有需要的信息都能出现在解压缩文件中。

可接受的最大压缩比率可以通过原件的样本集确定。同一样本集中的不同文件压缩比率可能有所不同。决定不同文件使用不同的压缩比率还是所有文件使用同一个压缩比率非常必要。如果采用后一种方法，通常就意味着影像文件的平均尺寸会更大，但是因为减少了操作员的工作，处理的速度也会更快。

除了扫描分辨率的问题不宜由于其他原因导致扫描影像的信息丢失，这一点被认为很重要时，就不宜使用有损压缩。有些文件不推荐使用有损压缩，其中包括放射线照片(医学和工程 X 射线影响)。

使用压缩技术时，系统宜提供充足的设备，最好通过自动化方式进行压缩，以确保达到压缩文件的质量控制要求(要对扫描后的图像进行检查，控制相关数据的准确性，控制数据的完整性，如果有可能在必要时重新进行扫描)。

6.8 表格覆盖和移除

如果原件是由带信息表格组成，在存储之前可以从扫描的图像上通过电子方式将表格移除掉(表格移除)。

当被移除的表格与其所从属的扫描图像分开保存时，宜加以控制以确保该表格是扫描图像的一部分。

宜保留影像移除的记录和用来移除表格的模版标识。这些信息宜与最终图像一起存储，所使用模版的拷贝也宜保存下来。

尽管将模板和被移除的表格结合而生成的摹本对应用时已足够准确，但它仍不可能是原件的真实复制。

这种合成影像的真实性很难得到证实，尤其是当表格与所覆盖信息之间的不重合性在影像上很明显时就更难。

通过保留原件，制作缩微拷贝或保留表格的完整图像，可以保留对原始表格的真实复制。

6.9 环境考虑因素

宜记录硬件生产商对于系统所有部件和存储介质的运行环境的建议。

宜记录介质的处理和存储过程。

所有类型的存储介质的寿命都有限。为了确保存储信息可以被检索，遵循生产商的建议对介质进行定期检查非常必要。宜记录检查介质的过程。宜遵循介质生产商的建议对介质进行定期检查。

6.10 迁移

信息可能需要存储相当长的时间，更重要的是有的信息可能保存的时间要超过目前存储技术的寿命，因此，为了确保存储信息的完整性，实施外部迁移的计划非常重要。迁移的过程可能涉及介质的改变和(或)计算机硬件和(或)软件的改变。

处理潜在问题的可靠方法是确保以工业标准格式存储电子文件，或者保留每一种存储格式的阅读器。

电子文件的迁移，宜包括元数据、标引数据和审核跟踪的迁移，使用不影响信息完整性的新技术，以及充分记录迁移过程，以便将来任何时候都可以确定信息的完整性。

6.11 信息的删除和(或)清除

遵照立法和规章制度的要求，从可信文档管理系统中删除(清除)特定的信息是必要的。

有些情况可能要求不能删除正常保管期限表上要删除的信息。考虑到这些特殊情况，宜采取措施确保在销毁信息之前对其进行检查。

当信息存储在 WORM 光盘中，特定的信息是不可删除的(除非实施了一个向新介质选择性拷贝数据的控制过程)。在某些情况，在删除与信息相关的标引的同时删除信息本身也是可以接受的。在某些情况下，将信息标识成已删除状态也是可以的。必要时，组织机构宜检查实施的过程是否符合权威部门的要求。执行此过程要格外小心，因为在某些环境中，依然需要检索这些“已删除”的信息。

需要主动从系统移除信息时，就要采取必要措施确认并删除信息的所有拷贝(包括备份介质)。

可信文档管理系统宜能够利用审核程序来删除和清理信息。

实施删除和(或)清除过程时，宜先要获得适当的授权。

可信文档管理系统宜有设备用于修改不正确的信息或移除不需要的信息。

根据立法进行信息的修改或删除时，宜保留适当的记录，以证明此作法符合法规要求。

关于从一次性写入系统删除信息的更多建议，请参见 GB/Z 20648—2006。

7 审核跟踪

7.1 通则

7.1.1 审核跟踪数据

当把信息作为业务活动或事件的证据来利用时，通常需要提供更多的支持信息。这些信息包括信息存储的日期、信息在不同介质之间转移的情况、系统控制运行的依据。这些细节就是审核跟踪信息。本指导性技术文件中描述的审核跟踪包括提供所有与存储信息和可信文档管理系统相关的重要事件的历史记录。这些细节信息可以分为两类：

——系统；

——存储的信息。

那些将来有可能需要重现的关于可信文档管理系统的历史活动或事件宜留有记录，以支持已存储的信息。

审核跟踪宜包括充分且必需的信息以便能够证明存储信息的真实性。

在组织机构内(外部)经常有许多部门(个人)可能需要访问审核跟踪信息，包括用户代表、审核和法律职能部门。

审核跟踪的内容宜由组织机构内所有相关机构协商一致。

大多数组织机构内，审核跟踪是由系统收集的系统日志和操作员日志组成。

审核跟踪宜包括关于存储在系统内信息改变的数据。

7.1.2 创建

就可行性而言，审核跟踪数据宜由系统自动产生，而且系统描述手册宜描述这个过程。

在某些情况下，审核跟踪数据不是由系统自动生成的，产生这些数据的程序宜在程序手册中有所描述。宜考虑每个审核跟踪数据的范围。例如，一条特殊信息以草稿形式创建，随后又经过多次修改产生许多草稿，那么每一份草稿都需要有完整的审核跟踪，还是只有最终文档需要审核跟踪？

自动审核跟踪更加可取，因为它们更容易管理和鉴别。如果没有自动审核跟踪，宜仔细检查创建一个自动化程序所需的资源。

宜在程序手册中记录当一份审核跟踪文件完整(以及对这种状态的标识)时所需要的所有程序。

7.1.3 日期和时间

每一审核数据记录都宜有相关的日期和时间，它们涉及到被存储事件的日期和时间。

被存储事件的日期和时间宜相当准确，以便在日后的调查中确定事件发生的顺序。

那么宜在记录事件以后立即形成审核跟踪数据。

正常情况下，日期和时间是指审核跟踪数据创建的日期和时间，但是如果审核跟踪与记录的事件基本上是同时创建的，那么它实质上就是事件本身的时间。

手动创建的审核跟踪数据，宜在记录事件以后尽快形成审核跟踪数据。例如，如果记录的是操作人员开始工作的时间，意味着在那个时间对事件进行记录。如果记录的是关于某一批特定文档开始准备的时间，意味着在那批文档开始准备之前对事件进行记录。

如果事件发生的确切时间非常重要，就宜考虑使用可信时间。

7.1.4 存储

一个组织机构的文档管理政策通常不会涉及到审核跟踪数据的存储问题。因为它们频繁的自动生成而且几乎没人访问利用，以至于被人忽略，所以不易对其实施足够的控制。

一些系统通过设定数据文件的最大容量来控制审核跟踪数据文件的大小，当达到最大容量时，新的数据就会覆盖文件中最老的数据。因此，老的审核跟踪数据便会丢失。

审核跟踪数据宜作为一种特定的文档类型包含在政策文档中。

审核跟踪数据存储的时间至少宜与其所涉及信息的存储时间一样长。

7.1.5 访问

审核跟踪信息需要相关操作人员在适当的时间才能访问它们。在一些情况下，可能只有专门人员需要访问这些信息，因此，记录访问和解释审核跟踪信息的程序十分重要。

程序手册宜描述如何访问和解释这些审核跟踪信息。

那些对系统不熟悉或者了解甚少的获得授权的外界人员(如审核人员),宜能够检查审核跟踪数据。

7.1.6 安全和防护

如果存储信息的真实性受到质疑,那么审核跟踪的完整性可能就是确定信息真实性的基础。审核跟踪宜按一定的安全级别保存,以防止对其中任何数据进行任何更改。

宜遵循相关的信息安全政策将审核跟踪数据安全存储。审核跟踪宜与组织内其他重要记录一样至少要接受内部文档管理程序的管理。

宜保留审核跟踪的安全备份。这适用于保存在电子介质和纸张(缩微胶片)上的审核跟踪数据。

保存在可信文档管理系统内的审核跟踪信息宜是不可修改的。如果执行文件恢复程序,那么宜存储充分的审核跟踪数据以证明文件恢复没有影响信息的真实性。

为了把风险降到最低,把审核跟踪数据存储在 WORM 介质上。如果使用可擦写介质,宜执行附加程序防止信息被修改。磁带的使用会使数据的更改相对困难一些,因为磁带通常是一种串行写入介质。

如果审核跟踪数据具有被修改的可能性,那么确定与之相关信息的真实性就会更加困难。

用于审核跟踪数据的纸质文档宜经常从使用的地方转移并安全存储。若用于审核跟踪数据(例如操作人员日志)的文档在工作站等相对不安全的地方,则文档留存的时间越长,被损坏的风险就越高。当纸质文档用于记录审核跟踪时,用户需要评估这种风险。如果使用纸质文档,建议把它们的拷贝存储在可信文档管理系统内。

通过迁移或其他技术进行长期保护,见 7.2.3。

7.2 系统

7.2.1 通则

这些记录包括以下详细内容:

——审核跟踪信息;

——迁移和转换。

7.2.2 审核跟踪信息

对所有的系统审核跟踪数据来说,宜能够确定有关过程和事件的日期与时间。

根据其重要性,日期和时间信息可以以批(相关时)或以单个事件为基础进行存储。如果审核跟踪数据是由操作人员手工存储,那么以每个文档为单位创建审核跟踪数据就不具有可行性,而且也没有必要。例如进行文档扫描前的准备时,只要记录准备一批文档开始和结束的时间就足够了;如果以后有可能需要确定是哪个操作人员准备了哪些文档,那么简单记录操作人员开始和结束工作的时间就可以了。

7.2.3 迁移和转换

作为迁移过程的一部分,当信息从一个存储介质迁移到另一个存储介质时,宜在审核跟踪记录迁移的详细过程。

迁移或转换的过程宜包括能够证明相关数据(例如元数据)也被迁移或转换的方法。

就分级存储管理系统而言,如果数据经常在存储设备之间自动地进行迁移,而没有用户干预,可能就没有必要产生关于这些信息迁移的审核跟踪数据。然而,有必要证明当信息迁移时分级存储管理出于正常工作状态。

如果信息已经从一种格式转化为另一种格式,那么宜在审核跟踪中存储信息转换详细过程。例如,通过文字处理过程创建的一份数字文档可能被转换为影像格式,而不改变文档中的文本。从某种角度来说,可能认为这种转换与拷贝文档没有太大的差异,但是如果格式与信息内容密切相关,那么就有可能认为转换后的文档信息内容可能已经发生了改变。

7.3 存储信息

7.3.1 通则

这些记录包括以下几方面的细节：

——信息捕获；

——批次信息；

——标引；

——变化控制；

——数字签名的使用；

——信息销毁；

——工作流程。

7.3.2 信息的捕获

7.3.2.1 通则

关于捕获信息过程的审核跟踪数据对证实存储信息的真实性提供了非常有价值的信息。当信息的真实性受到置疑时，像捕获的时间、操作者、捕获的设备及原始信息的类型这样的细节可能就会显得尤为重要。

系统捕获的信息和输入系统内的信息，宜将其作为审核跟踪的关键信息保存。大量的信息宜与每一个操作过程进行相关保存。

保存在审核跟踪中的特定数据主要包括：

——文档和文件标识；

——处理的日期和时间戳；

——分批依据(批量输入)；

——页数(文档扫描)或数据记录(数据捕获)；

——质量控制的检查认证；

——被标引的每个文档或者文件的标识符；

——操作人员或工作站的身份标识符；

——最后写入存储器的信息。

对存储在审核跟踪中的实际数据的选择将取决于具体的应用和系统。

7.3.2.2 文件信息

信息可以由系统以文件为单位进行捕获。电子文件被输入系统时这种做法尤其正确。如果信息以文件为单位被捕获，宜存储以下审核跟踪信息：

系统可以以文件为单位捕获信息，尤其是当电子文件被载入系统时。当系统以文件为单位捕获信息时宜存储以下审核跟踪信息：

a) 唯一文件标识符；

b) 文件内的文档(页)数；

c) 文件的大小(如千字节)；

d) 文件格式；

e) 文件编码(如 EDI 值，DTD 等)。

7.3.2.3 已扫描文档的信息

系统可以通过扫描原件捕获信息。

涉及文档扫描时，宜存储以下审核跟踪信息：

a) 唯一内部文档标识符；

b) 扫描影像的页数；

c) 发送到存储设备的页数。

7.3.3 批次信息

a) 如果以批为单位捕获数据，尤其在文档扫描时，宜存储下列审核跟踪信息：
   1) 唯一批标识符；
   2) 操作人员身份标识符；
   3) 扫描材料的类型，如纸质、缩微胶卷、开窗卡片；
   4) 一批材料的数量，如文档数，页数(单(双)页)，缩微胶片幅数；
   5) 扫描过程中影像处理的细节，这些细节不同于系统描述手册中的任何默认影像处理。

b) 宜存储审核跟踪数据，以便于检查：
   1) 完成一批文档的处理需要的所有活动；
   2) 遇到的任何反常或出现的差异的细节；
      例如存储的页数与扫描的页数不一致；
   3) 质量控制过程已经完成；
   4) 异常情况的处理。

7.3.4 标引

标引信息对信息的检索是非常重要的，它的准确性是建立存储信息真实性的关键。详细描述标引创建和修改的审核跟踪信息能够证明标引过程的正确利用。

详细描述每一个标引文件创建、修改和删除的日期和时间的信息宜保存在审核跟踪数据中。审核跟踪数据宜包括被标引的每一份文档或数据文件的标识符。

如果标引数据被修改或删除，宜生成相宜的审核跟踪数据。如果正在修改标引，那么也要保存修改的详细内容。

当标引项与删除或清除的信息有关时，宜记录这一情况。

7.3.5 变更控制

存储信息发生变更，宜创建和存储审核跟踪数据，识别变更的性质和引起该变更的人员和程序(当这些变更由系统自动产生时)。

审核跟踪数据宜提及信息先前的版本，以识别这次变更的性质。

7.3.6 数字签名

使用数字签名时(或其他电子签名技术)，宜保存以下审核跟踪数据：

a) 文件标识；

b) 标识证书；

c) 验证权威机构的标识；

d) 签名的日期和时间；

e) 回复凭条(确认函)；

f) 有效性的证明。

7.3.7 信息的销毁

文档扫描之后宜保存销毁纸质文档的审核跟踪数据。保管期限到期之后宜保存信息销毁的审核跟踪数据。宜保存销毁授权的审核跟踪数据。

7.3.8 工作流

每当界定一项新的业务流程或者现有定义发生改变时，出于审核跟踪的目的，都要对其加以记录。

当利用工作流系统时，宜界定产生审核跟踪数据的审核跟踪点。

在大多数工作流系统中，工作流的每一个环节都存在一个审核跟踪点。然而，为了遵循政策文档，并不需要为每一个审核跟踪点都保留审核跟踪信息。用户宜确定哪一个审核跟踪点与工作流中具有潜在证据效力的重要数据相关。宜选择这些审核跟踪点作为产生审核跟踪数据的点。

当工作流过程改变时，选择的审核跟踪点也可能发生改变。

系统宜允许一个获得授权的用户选择和放弃产生审核跟踪数据的点。

参 考 文 献

[1] ISO 2859-1 Sampling procedures for inspection by attributes—Part 1:Sampling schemes indexed by acceptance quality limit (AQL) for lot-by-lot inspection

[2] ISO 9000,Quality management systems—Fundamentals and vocabulary

[3] ISO/TR 12033,Document management—Guidance for the selection of document image compression methods

[4] ISO/TR 12037,Electronic imaging—Recommendations for the expungement of information recorded on write-once optical media

[5] ISO 12651,Electronic imaging—Vocabulary

[6] ISO 12653-2,Electronic imaging—Test target for the black-and-white scanning of office documents—Part 2:Method of use

[7] ISO 15489-1,Information and documentation—Records management—Part 1:General

[8] ISO/TR 15489-2,Information and documentation—Records management—Part 2:Guidelines

[9] ISO/TR 18492,Long-term preservation of electronic document-based information

[10] ISO/IEC 27001,Information technology—Security techniques—Information security management systems—Requirements

[11] The Sedona Principles: Best Practices, Recommendations & Principles for Addressing Electronic Document Production

[12] The Sedona Conference Glossary for E-Discovery and Digital Information Management

ICS 03.120.30
A 41

中华人民共和国国家标准

GB/T 26823—2011/ISO 18414:2006

基于信用原则控制检出质量的零接收数计数抽样检验系统

Acceptance sampling procedures by attributes—Accept-zero sampling system based on credit principle for controlling outgoing quality

(ISO 18414:2006,IDT)

2011-07-29 发布　　2011-12-01 实施

中华人民共和国国家质量监督检验检疫总局
中国国家标准化管理委员会　发布

前　言

本标准按照 GB/T 1.1—2009 规定的起草规则编写。

本标准等同采用国际标准 ISO 18414:2006《基于信用原则控制检出质量的零接收数计数抽样检验系统》,并对 ISO 18414:2006 作了如下技术修正:

——删除了题目中的“计数抽样检验程序——”;

——修改了术语与定义中的编号;

——删除了各个术语下面的符号;

——将第 10 章中抽样所需样本量的表述改为“$n=\left\lceil \frac{N}{(K+N)a+1} \right\rceil$”等。

本标准由全国统计方法应用标准化技术委员会(SAC/TC 21)提出并归口。

本标准起草单位:北京工业大学、中国标准化研究院、深圳市华测检测技术股份有限公司、中科院数学与系统科学研究院、中国人民解放军军械工程学院。

本标准主要起草人:谢田法、丁文兴、张帆、于振凡、朱平、陈敏、张玉柱、李波。

基于信用原则控制检出质量的零接收数计数抽样检验系统

1 范围

1.1 本标准规定了用于逐批计数检验的一次抽样计划。本标准中的所有拍样方案都采用零接收数，即，若从某批抽取的样本中包含一件或一件以上的不合格品则不接收该批。抽样计划依赖于一个合理定义的平均检出质量上限(简记为 AOQL)，它的值由使用者来选定；对 AOQL 值的选择以及连续系列批的长度没有任何限定。长期使用该方法，可以确保使用方得到的产品或进入市场的产品的总平均质量水平不超过 AOQL。

1.2 该抽样计划通过批不接收及由此引起的累积信用降低使生产方在经济上和心理上产生压力，促使其努力维持零不合格品的生产过程。同时通过可行的最低样本量来保证提供给使用方或进入市场的产品的长期不合格品百分数不超过 AOQL。这一目标通过对有良好历史质量记录的产品逐步减少样本量而达到。

1.3 一个抽样计划用于来自同一生产方的系列批。信用原则使得：

a) 如果发现质量变劣，对使用方提供自动保护。这一目的的实现是基于一旦发现一个不合格品就降低累积信用且转到使用相对较大样本量的抽样方案，甚至在以下情况之一时要求 100% 检验：
   1) 第一批未被接收，或
   2) 某一批接收以后接下来出现连续两批未被接收；

b) 如果质量一贯较好，则以降低抽样费用(通过逐步减小所要求的样本量)作为对生产方的激励。

1.4 本标准适用于满足下列条件的情形：

a) 由分立个体产品组成的系列批，并且要求这些产品是由同一生产方采用同一生产过程生产出来的(如果产品来自于不同的生产方或不同的生产过程，本标准只能分别用于每一个生产过程)；

b) 考虑产品的一个或多个质量特性时，必需把它们都归属为合格品或不合格品；

c) 产品质量特性的归属过程中测试误差可忽略；

d) 检验是非破坏性的。

本标准还可实现以下两种目标，以尽可能小的样本量来实现对检出产品期望质量水平的控制；不管各个供应方的系列批的长度是多少，均能够保证对检出产品的实际质量水平的长期控制。生产方、使用方以及管理部门都可用本标准来实现对所接收的来自同一来源、同一类型产品的期望质量水平的控制。

2 规范性引用文件

下列文件对于本文件的应用是必不可少的。凡是注日期的引用文件，仅注日期的版本适用于本文件。凡是不注日期的引用文件，其最新版本(包括所有的修改单)适用于本文件。

GB/T 3358.2 统计学词汇及符号 第2部分：应用统计(GB/T 3358.2—2009，ISO 3534-2:2006，IDT)

3 术语和定义

GB/T 3358.2 界定的以及下列术语和定义适用于本文件。

3.1

信用得分 credit

〈验收抽样〉自拒收的某批后接下来连续接收批中的单位产品总数，或者从检验开始连续接收批中的单位产品总数。

3.2

平均检出质量 average outgoing quality

〈验收抽样〉对于给定的产品质量，检出产品的预期平均质量水平。

注：在本标准中，平均检出质量(AOQ)的计算是基于所有被接收的批以及对不接收的批(信用得分为零)进行100%检验后其中检出的所有合格品。

3.3

平均检出质量上限 average outgoing quality limit

〈验收抽样〉对给定的验收抽样计划，对产品所有可能的质量水平，平均检出质量的最大值。

4 符号和缩略语

AOQ 平均检出质量，以不合格品百分数表示

AOQL 平均检出质量上限，以不合格品百分数表示

a AOQL 的给定值，以不合格品比例表示

d 样本中不合格品数

K 信用得分(整数)

K_{max} 可用的信用得分上限(如果有的话)

n 样本量

N 批量

5 平均检出质量上限

当提交检验批的质量很好时，几乎所有的批都被接收并进入同一市场。因此该市场得到产品的平均质量水平处于较低的不合格品百分数。

当提交检验批的质量很差时，大部分批都不被接收且进行100%检验。在此情形下，大部分单位产品都被检测而只有合格品才被接收。故进入市场的产品平均质量水平仍维持在较低的不合格品百分数，而市场中每单位产品的平均检测费用相对较高。

当质量介于这两种极端情况之间时，AOQ 增加并达到上限后开始降低。平均检出质量水平的最大值称为平均检出质量上限(AOQL)。使用本标准检索出的所有抽样计划，对生产过程进行检验，其期望(或长期)的 AOQ 都不会超过规定的 AOQL。

对于孤立批或较短的系列批，实际的 AOQ 有可能大于 AOQL。这种可能性的大小与系列批的长度、系列批中各批的批量(不必要求各批的批量相同)以及这些批的质量水平有关。该可能性随着系列批长度的增加而趋于零。

特别提示：本标准中的抽样方案不适用于为控制实际平均检出质量的孤立批或较短系列批的检验。

由于样本量取值只能是整数(向上取整),使得本标准中的抽样计划稍偏严格,相应的 AOQL 值稍小于它的规定值。

在提交检验的系列批长度很长后,此时的平均检出质量只有在系列批质量相当差时才会达到 AOQL。实际中,这不大可能发生。这就使得 AOQ 一般趋向于比规定的 AOQL 稍好些。

注:此抽样程序使得批不发生变化或批中的不合格品被去掉。因此,如果提交批的质量持续的显著优于 AOQL,则 AOQ 也将远好于 AOQL。

6 信用得分原则

本标准中抽样计划都依赖于信用得分的概念,并假定生产方提交检验的是一个连续系列批产品,每一批的批量可以是任意的。

注:从期望的检出质量水平不比 AOQL 差的意义上来说,AOQL 保护是有效的。然而,对于短系列批或孤立批,实际的检出质量水平可能比 AOQL 差很多,尽管这一可能随着批序列的变长而降低。此外,生产方不能在信用得分积累和检测费用降低方面获得好处。

在检验开始时,信用得分设为 0。每批所需的样本量由 AOQL、批量和信用得分确定的公式算出。然后,随机抽取样本并进行检测。如果第一批未达到接收准则的要求,则信用得分仍为 0,否则信用得分为该批批量。对连续系列批,信用得分一直按被接收批的批量累加,直到某一批不被接收为止,此时,应重新设定信用得分为 0,并开始新的系列批检验。由此,对持续提交高质量批的生产方,作为回报,要求检测的样本量变小从而降低检测费用,同时还能使所要求的 AOQL 得到保证。

当产品来自于不同的生产方时,本标准需要分别应用于每一生产方提供的连续系列批。每个生产方都应有他们各自的信用得分。

7 不接收批的处置

如果生产方持续提交质量劣于规定的 AOQL 的批,那么直到某一批中抽取的样本满足接收准则时,该批才可接收,而此前未被接收的批不经进一步检验而报废,则这批产品即是进入市场的第一批,且其实际质量水平超过了规定的 AOQL。显然,这并未对使用方提供保护。

本标准通过要求对不被接收的批(信用得分为 0)进行 100%检验,且允许检出的所有合格品进入市场来克服这一问题。这一特性使得设计出来的抽样方案为使用方提供所要求的保护。此外这一保护还通过显著小的样本量(见附录 A)来实现。

如果单位产品的价值较低且批量较大,则 100%检验的费用可能相对较高。对于这样的产品,建议生产方在信用得分为 0 时,先提交批量适当小的批,以降低必须对大批量进行 100%检验的概率。然而,从总体而言,小批量抽检比大批量抽检所需的样本量相对要大。

另一方面,如果单位产品很昂贵。此时,生产方可能更倾向在信用得分大于 0 时对不接收的批进行 100%检验,这样所有的合格品就都能进入市场。

注:如果生产方要求采取这种行动,此时 AOQL 对使用方的保护仍然得到保证。

8 抽样方案

对要求的 AOQL 的某个给定值 a,下一批的样本量由 a、批量 N 以及当前的信用得分 K 确定,不需要任何表,所需的样本量由一个简单的不等式确定。抽样方案是由样本量 n 及以下接收准则组成:

——如果 $d=0$ 则接收;

——否则不接收。

其中 d 是样本中的不合格品数。

9 准备工作

信用得分 K 的初始值应设为 0。

在检验开始之前,生产方和使用方应就信用得分超过零时不接收批的处置达成一致。对于不接收的批,直接退回或进行 100%检验。退回情况下双方还应就样本中检出的合格品和不合格品的处置达成共识;100%检验情况下双方还应就该批中检出的合格品和不合格品的处置达成一致。

注 1:经有关负责部门的同意,应对可用的信用得分施加一个上限 K_{max}。这个数可以在一定程度上降低因长期非常优秀的质量历史掩盖临时质量变劣而增大使用方风险。

注 2:当连续系列批的长度充分大时,即使不对可用的信用得分施加一个上限,也能保证将长期的平均检出质量水平控制在 AOQL 以下。

10 标准程序

本标准中的计数抽样方案所需的样本量都是与零接收数联系在一起的。检验程序如下:

a) 对规定的 AOQL(a)值、累计信用得分 K 以及批量 N,样本量由式(1)计算。

$$n=\left\lceil\frac{N}{(K+N)a+1}\right\rceil,\text{其中记号}\lceil x\rceil\text{表示对 }x\text{ 向上取整} \qquad\cdots\cdots(1)$$

b) 从该批中随机抽取样本量为 n 的样本,检测样本中的每一单位产品的质量特性。如果样本中没有不合格品,则接收该批且信用得分增加 N,否则不接收该批。

c) 在批不被接收的情况下:

1) 如果当前的信用得分为 0,则该批要进行 100%检验且接收其中所有检测合格的单位产品。此时,信用得分仍为 0。

2) 如果当前的信用得分不为 0,那么根据生产方和使用方事先达成的协议决定是 100%检验该批还是报废或者是退回生产方。然后,信用得分重新设定为 0。生产方和使用方应该对样本中或 100%检验中检测为合格的单位产品的处置达成一致。

d) 对来自同一生产方的类似产品组成的后续批,重复 a)到 c)的程序。

注 1:在某些条件下,为了避免由于连续多月或连续多批的产品质量都非常好,而使得根据公式确定的当前批次的样本量非常小,可对信用得分设置一个上限 K_{max}。该 K_{max} 的值可以选为该供应方在有代表性的 x 月或 y 批次总的单位产品数。则式(1)变为

$$n=\left\lceil\frac{N}{[\min(K,K_{max})+N]a+1}\right\rceil$$

其中 $\min(K,K_{max})$ 即 K,K_{max} 中的较小者。

注 2:对可用的信用得分设置一个上限使得任何给定批量的检验批所需的最小样本量变大。这是一个苛刻的要求,它有效地导致 AOQL 减小,但一般来说,减小的幅度很难评估。

注 3:对可用的信用得分设置一个上限并不是标准程序的一个组成部分,因为该方法的量化作用并没有明确的理论保证。然而,如果认为有必要降低名义的 AOQL,那么使用这样的上限是可以接受的。

标准程序的流程图由图 1 给出。

示例:

假设 AOQL 取值 a 为 1.5(%),提交检验的系列批的第一批的批量 $N=201$。测试是非破坏性的。信用得分 K 是 0,故从式(1)得出合适的样本量 n 为

$$n=\left\lceil\frac{N}{(K+N)a+1}\right\rceil=\left\lceil\frac{201}{(0+201)\times 0.015+1}\right\rceil=\lceil 50.06\rceil=51。$$

从第一批中随机抽取 51 个单位产品并进行检测。未发现不合格品,因此信用得分增加到 $K=201$。

假定第二批的批量 $N=192$。由式(1)得第二批产品所需的样本量为

$$n=\left\lceil\frac{N}{(K+N)a+1}\right\rceil=\left\lceil\frac{192}{(192+201)\times0.015+1}\right\rceil=\left\lceil\frac{192}{5.895+1}\right\rceil=\lceil 27.84\rceil=28。$$

从第二批中随机抽取 28 个单位产品并进行检测，发现 1 个不合格品。因此，判该批不可接收且信用得分 K 重置为 0。由于在确定该批所需样本量之前信用得分大于 0，此时若不 100%检验该批，也能保证平均检出质量不超过 AOQL。根据生产方和使用方先前达成的协议，使用方接收该批样本中的所有合格品，剩下的单位产品退回给生产方。因此，使用方接收 27 个第二批中的合格品而把其余 165 个单位产品退回给生产方。

如果第二批的样本中不含有不合格品，则信用得分将从 $K=201$ 增加到 $K=201+192=393$。

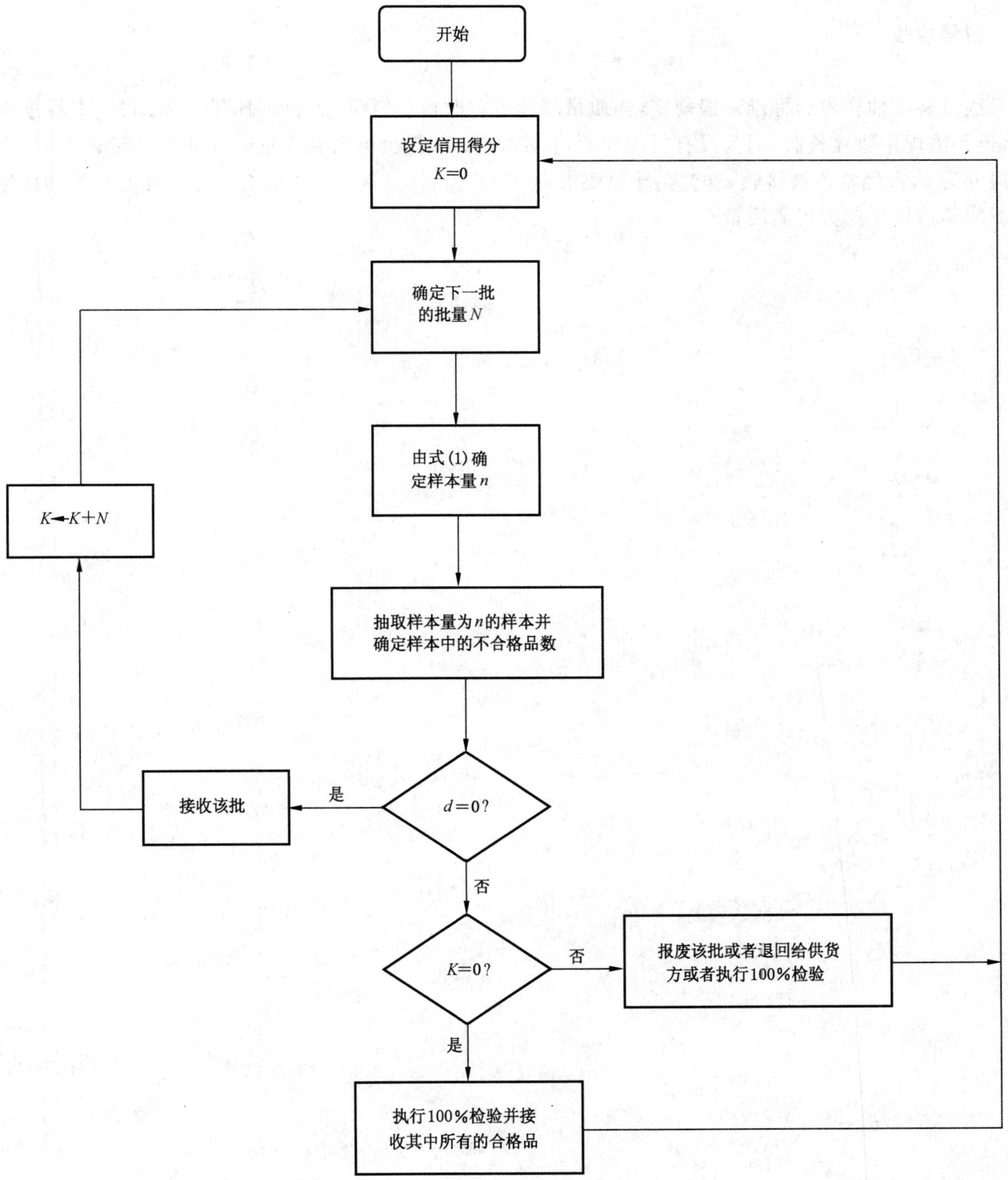

图 1 标准验收程序的流程图

11 持续检验要求

符合本标准的抽样计划仅在遵守自动转换原则[见第10章的a)、b)、c)]以及正确更新信用得分的情况下才能有效执行。应保存完整记录以确保这些要求都得到满足。

注：生产方保存并查看记录是一个辅助活动，通过它可以获得关于生产过程的有用信息。然而，某一批的接收与否应依据第10章中程序最终确定。

12 暂停检验

逐批验收抽样检验标准一般规定，当质量持续较差时检验暂停(例如，GB/T 2828.1)。本标准未规定，也无需规定暂停检验，因为没有暂停检验，长期的AOQL也可得到保证。在质量持续较差时，当信用得分为0，批经常不被接收，这就会导致要求100%检验，且只接收检出的合格品。如此高昂的检测费用就能够迫使生产方提高质量。

附　录　A
（资料性附录）
基于信用得分的零接收数抽样方案所需样本量的示例

从第 10 章中的式(1)可以得到给定 AOQL 下所需的最大样本量。该样本量下所要求的最小批量也可以得到;它出现在当信用得分是 0 时,即检验开始时或未被接收批的下一批。表 A.1 对选定的 AOQL 提供了这些信息。

表 A.1　在选定的 AOQL 下所需的最大样本量以及对应的批量的示例

AOQL (%)	所需的最大样本量	适用于比以下批量大的批
0.1	1 000	999 000
0.2	500	249 500
0.5	200	39 800
1.0	100	9 900
2.0	50	2 450
5.0	20	380
10.0	10	90

举例来说,当 AOQL 是 1(%)时,可能所需的最大样本量为 100。该样本量下,当信用得分为 0 时所要求的最小批量是 9 901。

随着信用得分的逐步增大,所需的样本量快速变小,至少在开始时是如此。表 A.2 给出了 AOQL 是 1(%)且连续系列批的批量相同时,所需样本量减少的示例。

表 A.2　当 AOQL 是 1(%)且连续系列批的批量相同时,样本量减少的示例

批次	每批的批量为 50		每批的批量为 500		每批的批量为 5 000		每批的批量为 50 000		检验结果
	信用得分 K	样本量 n	信用得分 K	样本量 n	信用得分 K	样本量 n	信用得分 K	样本量 n	
1	0	34	0	84	0	99	0	100	接收
2	50	25	500	46	5 000	50	50 000	50	接收
3	100	20	1 000	32	10 000	34	100 000	34	接收
4	150	17	1 500	24	15 000	25	150 000	25	接收
5	200	15	2 000	20	20 000	20	200 000	20	不接收
6	0	34	0	84	0	99	0	100	接收

注:为了简单起见,在表 A.2 的示例中,系列批的批量保持不变。实际中,对系列批的批量并没有这一限定。

参 考 文 献

［1］ BAILLIE D H,KLAASSEN C A J. Credit-based accept-zero sampling schemes for the control of outgoing quality—In: *Frontiers in Intelligent Statistical Quality Control* 6, Heidelberg: Physica-Verlag, 2001, pp. 25-35

［2］ GB/T 2828.1—2003 计数抽样检验程序 第1部分:按接收质量限(AQL)检索的逐批检验抽样计划(ISO 2859-1:1999,IDT)

［3］ KLAASSEN C A J. A Bonus-Malus system in statistical sampling for testing jewelry on fineness. In: *Proc. IPMI Seminar on Precious Metal Sampling and Analysis*, *San Antonio*, *Texas*. Allentown,Pennsylvania:International Precious Metals Institute

ICS 71.060.20
G 13

中华人民共和国国家标准

GB/T 26824—2011

纳米氧化铝

Nano-alumina

2011-07-29 发布　　2011-12-01 实施

中华人民共和国国家质量监督检验检疫总局
中国国家标准化管理委员会　发布

前　言

本标准按照 GB/T 1.1—2009 给出的规则起草。

本标准由全国纳米技术标准化技术委员会纳米材料分技术委员会(SAC/TC 279/SC 1)提出并归口。

请注意本文件的某些内容可能涉及专利,本文件的发布机构不承担识别这些专利的责任。

本标准起草单位:中国检验检疫科学研究院、深圳市德方纳米科技有限公司、浙江省中明化工科技有限公司、江西悦安超细金属有限公司、宣城晶瑞新材料有限公司、冶金工业信息标准研究院。

本标准主要起草人:邹明强、刘名扬、孔令涌、戴品中、羊富强、李上奎、黄蓉、李齐春、栾燕、戴石锋。

纳 米 氧 化 铝

1 范围

本标准规定了纳米氧化铝的技术指标及要求、试验方法、检验规则、标志和标签、包装、运输和贮存。

本标准适用于粒状α、γ纳米氧化铝。该产品主要用于耐火材料、催化剂载体、荧光粉、陶瓷以及不锈钢抛光研磨等领域的化工原料。

分子式：Al_2O_3。

相对分子质量：101.96(按2007年国际相对原子质量)。

2 规范性引用文件

下列文件对本文件的应用是必不可少的。凡是注日期的引用文件，仅注日期的版本适用于本文件。凡是不注日期的引用文件，其最新版本(包括所有的修改单)适用于本文件。

GB/T 191—2008 包装储运图示标志(ISO 780:1997,MOD)

GB/T 6609.2 氧化铝化学分析方法和物理性能测定方法 第2部分：300 ℃和1 000 ℃质量损失的测定(ISO 806:2004,MOD)

GB/T 6609.3 氧化铝化学分析方法和物理性能测定方法 钼蓝光度法测定二氧化硅含量(ISO 1232:1976,NEQ)

GB/T 6609.4 氧化铝化学分析方法和物理性能测定方法 邻二氮杂菲光度法测定三氧化二铁含量(ISO 805:1976,NEQ)

GB/T 6609.5 氧化铝化学分析方法和物理性能测定方法 氧化钠含量的测定

GB/T 6609.13 氧化铝化学分析方法和物理性能测定方法 火焰原子吸收光谱法测定氧化钙含量(ISO 2069:1976,NEQ)

GB/T 6609.20 氧化铝化学分析方法和物理性能测定方法 火焰原子吸收光谱法测定氧化镁含量

GB/T 6678 化工产品采样总则

GB/T 8170 数值修约规则与极限数值的表示和判定

GB/T 19587 气体吸附BET法测定固态物质比表面积(ISO 9277:1995,NEQ)

3 产品分类

本标准中所规定的纳米氧化铝按晶体结构分为α和γ两种。

4 技术要求

4.1 外观：一般为白色粉末。

4.2 纳米氧化铝技术指标应符合表1的规定。

表 1 纳米氧化铝技术指标及要求

项目		指标
主含量(Al_2O_3)(干基)/%	≥	98.0
晶体结构		α 或 γ(见附录 A)
平均粒径/nm	≤	100
比表面积/(m^2/g)	≥	10
灼烧失量/%	≤	0.60
二氧化硅含量(SiO_2 以 300 ℃干基计)/%	≤	0.20
三氧化二铁含量(Fe_2O_3 以 300 ℃干基计)/%	≤	0.20
氧化钠含量(Na_2O 以 300 ℃干基计)/%	≤	0.10
氧化钙含量(CaO 以 300 ℃干基计)/%	≤	0.10
氧化镁含量(MgO 以 300 ℃干基计)/%	≤	0.05

5 试验方法

5.1 安全提示

本试验方法中使用的部分试剂具有毒性或腐蚀性，操作时须小心谨慎！如溅到皮肤上应立即用水冲洗，严重者应立即治疗。使用易燃品时，严禁使用明火加热。

5.2 氧化铝质量分数测定

样品总量设为100%，减去二氧化硅、三氧化二铁、氧化钠、氧化钙、氧化镁杂质含量及灼烧失量所占比例即为该样品的质量分数。

5.3 XRD 测定晶体结构

利用 X 射线衍射仪对样品进行测量，由衍射数据给出对 α-氧化铝和 γ-氧化铝的判断。

5.4 透射电子显微镜平均粒径测定

5.4.1 方法提要

利用透射电子显微镜(TEM)测量纳米材料的平均粒径。

5.4.2 试剂和材料

a) 乙醇：分析纯。

b) 丙酮：分析纯。

c) 醋酸纤维树脂：分析纯。

d) 醋酸纤维树脂丙酮溶液：称取醋酸纤维树脂 2.5 g 置于 1 000 mL 的烧杯中，加入 500 mL 丙酮，超声波振荡下完全溶解，转移至 500 mL 玻璃磨口瓶中，于 4 ℃保存。

e) 蒸馏水：蒸馏水或去离子水。

f) 载玻片：25 mm×75 mm×0.8 mm 或等效者。

5.4.3 仪器和设备

a) 分析天平:感量为 0.1 mg。

b) 烧杯:1 000 mL。

c) 超声波振荡器。

d) 玻璃磨口瓶:500 mL。

e) 铜网:直径 3 mm。

f) 注射器:1 mL,带注射针头。

g) 喷镀仪。

h) 透射电子显微镜:点分辨率不次于 0.3 nm;照相机(CCD)像素≥1 C24×1 024。

5.4.4 透射电子显微镜载膜的制备

配制醋酸纤维树脂丙酮溶液。将干净载玻片 2/3 面积斜插入装有醋酸纤维树脂丙酮溶液的烧杯中,慢慢从烧杯中提取出来,将粘有醋酸纤维树脂薄膜的载玻片慢慢斜放入装有蒸馏水的烧杯,脱去醋酸纤维树脂薄膜,使薄膜浮于水面。在薄膜上面均匀放上电镜试样铜网,铜网间距不小于 10 mm,用滤纸将放有铜网的薄膜从水中粘取备用。或满足测试要求的同类商品化电镜载膜。

5.4.5 透射电子显微镜试样的制备

称取纳米氧化铝试样,以水或乙醇作为溶剂,用超声波振荡器振荡分散 15 min 后,用注射器针头抽取 1 滴滴在铜网上面的薄膜上,形成水滴状,干后用喷镀仪喷镀一层碳膜。

5.4.6 透射电子显微镜平均粒径的测定

将试样放置于透射电子显微镜的样品台上,在 10 万放大倍数下,选择颗粒明显、均匀和集中的区域,用照相机或 CCD 数字记录系统摄下 5 个视域的电子显微镜照片。在照片上用标尺测量不少于 100 个颗粒的长径和短径,取算术平均值。

平均粒径 d 按式(1)计算:

$$d = \frac{\sum(d_1 + d_2)}{2n} \quad \cdots\cdots\cdots\cdots (1)$$

式中:

d_1——微粒的长径,单位为纳米(nm);

d_2——微粒的短径,单位为纳米(nm);

n ——量取微粒的个数。

5.5 XRD 线宽法平均晶粒尺寸的测定

5.5.1 适用范围

本方法适用于 α 纳米氧化铝。

5.5.2 试剂与材料

多晶硅标准样品:GBW(E)130014。

5.5.3 仪器和设备

X 射线衍射仪。

5.5.4 分析步骤

将样品按X射线衍射仪的要求进行制样。按照5.3方法快速扫描样品，确定样品晶体结构，如果样品为α氧化铝则可使用此方法进行测试。

作慢扫描。若使用连续扫描，则扫描速度为0.25°/min；若使用步进扫描，则采用步长为0.01°，每步停留时间为2 s，同时调节衍射仪使被测晶面衍射峰高度在记录范围内得到最大值。以多晶硅的28.4°半高宽作为基准半高宽，用与扫描多晶硅标样相同的条件扫描待测样品25.58°，通过测定其衍射峰半高宽，扣除仪器基准半高宽，利用谢乐公式计算纳米氧化铝平均晶粒尺寸。

5.6 比表面积(BET)测定

按GB/T 19587进行测定。

5.7 灼烧失量测定

按GB/T 6609.2进行测定。

5.8 二氧化硅含量测定

按GB/T 6609.3进行测定。

5.9 三氧化二铁含量测定

按GB/T 6609.4进行测定。

5.10 氧化钠含量测定

按GB/T 6609.5进行测定。

5.11 氧化钙含量测定

按GB/T 6609.13进行测定。

5.12 氧化镁含量测定

按GB/T 6609.20进行测定。

6 检验规则

6.1 本标准采用型式检验和常规检验。

6.1.1 本标准规定的所有要求为型式检验项目，在正常情况下3个月至少进行一次型式检验。有下列情况之一时，必须进行型式检验：

a) 更新关键生产工艺；
b) 主要原料有变化；
c) 停产又恢复生产；
d) 与上次型式检验有较大差异；
e) 合同规定。

本标准未规定的试验方法按供需双方协议方法进行试验。

6.1.2 透射电子显微镜、比表面积、氧化铝、二氧化硅、三氧化二铁、氧化钠、氧化钙、氧化镁、灼烧失量等为常规检验项目，应逐批检验。

6.2 生产企业用相同材料，基本相同的生产条件，连续生产或同一班组生产的纳米氧化铝为一批，每批产品不超过 1 t。

6.3 按 GB/T 6678 的规定确定采样单元数。采样时，将采样器自袋的中心垂直插入至料层深度的 3/4 处采样。将采得的样品混匀后，按四分法缩分至不少于 200 g，分装于两个清洁干燥的具塞广口瓶中，密封。瓶上粘贴标签，注明：物料的名称、来源、编号、数量、包装情况、存放环境、采样部位、所采的样品数和样品量、采样日期、采样人姓名等。一瓶用于检验，另一瓶保存 3 个月备查。生产厂可在包装线上自动取样或包装封口前采样。

6.4 纳米氧化铝由生产厂的质量监督检验部门按本标准的规定进行检验。生产厂应保证所有出厂的纳米氧化铝都符合本标准的要求。

6.5 使用单位有权按照本标准的规定对所收到的纳米氧化铝进行验收，验收应在到货之日算起的 1 个月内进行。

6.6 检验结果如有一项指标不符合本标准要求时，应重新自两倍量的包装袋中采样进行复验，复验的结果即使有一项指标不符合本标准要求时，则整批产品为不合格。

6.7 采用 GB/T 8170 规定的修约值比较法判定检验结果是否符合标准规定。

7 标志和标签

7.1 纳米氧化铝包装容器上应有牢固清晰的标志，内容包括：生产厂名、厂址、产品名称、商标、类别、净含量、批号或生产日期及本标准编号，以及 GB/T 191—2008 规定的“怕雨”标志。

7.2 每批出厂的纳米氧化铝都应附有质量证明书，内容包括：生产厂名、厂址、产品名称、商标、类别、净含量、批号或生产日期、产品质量符合本标准的证明和本标准编号。

8 包装、运输和贮存

8.1 纳米氧化铝的外包装采用多种包装形式：塑料桶、塑料编织袋或纸塑复合袋。内包装采用两层聚乙烯塑料薄膜袋。内袋分别采用高频封口机封口，保证塑料袋密封。每袋净含量为 1.0 kg 或 5.0 kg，或与用户协商包装规格。

8.2 纳米氧化铝在运输过程中应有遮盖物，防止雨淋，受潮。运输工具应清洁、干燥，不得与碱类及酸类混运。

8.3 纳米氧化铝应贮存于阴凉干燥处，防止雨淋、受潮，防止日晒、受热，不得与碱类及酸类物品混贮。

附 录 A
（资料性附录）
氧化铝 X 射线衍射图谱

图 A.1 和图 A.2 分别为 α-氧化铝和 γ-氧化铝的 X 射线衍射图谱。

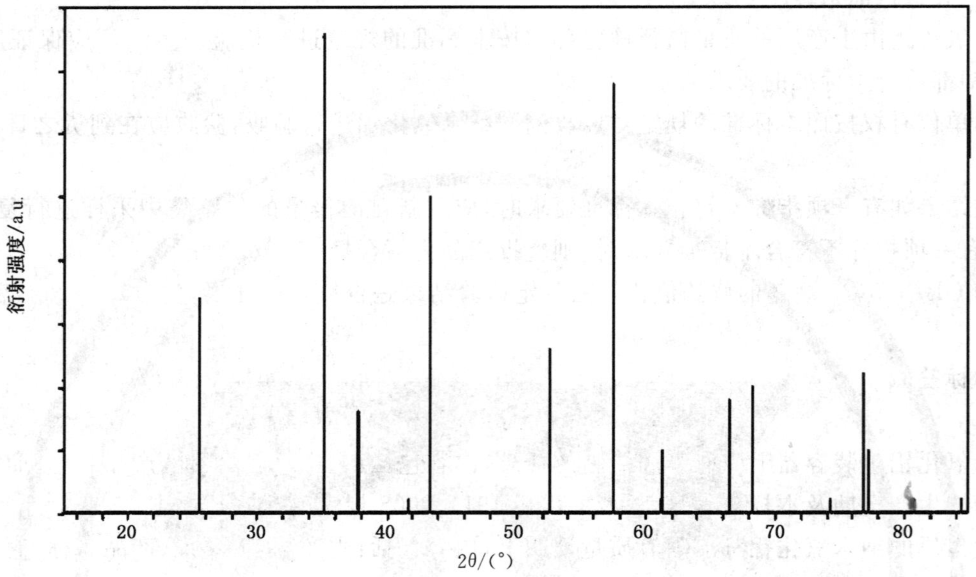

图 A.1　α-氧化铝 X 射线衍射图谱（X 光源：CuKa1）

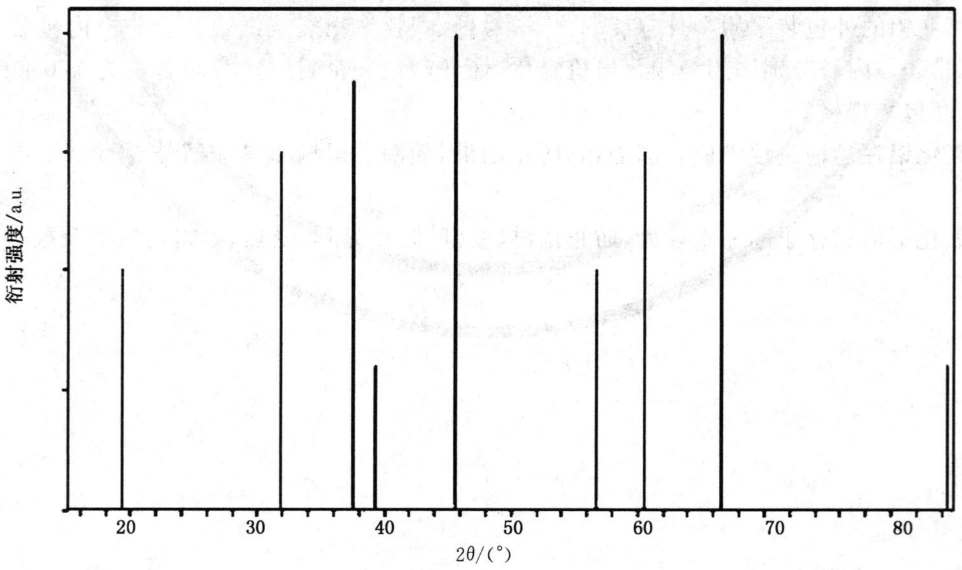

图 A.2　γ-氧化铝 X 射线衍射图谱（X 光源：CuKa1）